工程预决算快学快用系列手册

水暖工程预决算快学快用

（第2版）

左永亮 主编

中国建材工业出版社

图书在版编目(CIP)数据

水暖工程预决算快学快用/左永亮主编．—2版．—北京：中国建材工业出版社，2014.4

(工程预决算快学快用系列手册)

ISBN 978-7-5160-0750-1

Ⅰ．①水…　Ⅱ．①左…　Ⅲ．①给排水系统—建筑安装—建筑经济定额—技术手册　②采暖设备—建筑安装—建筑经济定额—技术手册　Ⅳ．①TU723.3-62

中国版本图书馆CIP数据核字(2014)第022489号

水暖工程预决算快学快用(第2版)

左永亮　主编

出版发行：中国建材工业出版社

地　　址：北京市西城区车公庄大街6号

邮　　编：100044

经　　销：全国各地新华书店

印　　刷：北京紫瑞利印刷有限公司

开　　本：850mm×1168mm　1/32

印　　张：16.5

字　　数：524千字

版　　次：2014年4月第2版

印　　次：2014年4月第1次

定　　价：46.00元

本社网址：www.jccbs.com.cn　　**微信公众号**：zgjcgycbs

本书如出现印装质量问题，由我社营销部负责调换。电话：(010)88386906

对本书内容有任何疑问及建议，请与本书责编联系。邮箱：dayi51@sina.com

内容提要

本书第2版根据《建设工程工程量清单计价规范》(GB 50500—2013)、《通用安装工程工程量计算规范》(GB 50856—2013)和《全国统一安装工程预算定额》编写，详细介绍了水暖工程预决算编制的基础理论和方法。全书主要包括水暖工程系统组成及构成、水暖工程施工图识读、工程造价概论、建筑安装工程造价构成、水暖工程定额计价、水暖工程工程量清单计价、水暖工程清单项目设置及工程量计算、工程项目招标与投标等内容。

本书具有内容翔实、紧扣实际、易学易懂等特点，可供水暖工程预决算编制与管理人员使用，也可供高等院校相关专业师生学习时参考。

第 2 版前言

建设工程预决算是决定和控制工程项目投资的重要措施和手段，是进行招标投标、考核工程建设施工企业经营管理水平的依据。建设工程预决算应有高度的科学性、准确性及权威性。本书第一版自出版发行以来，深受广大读者的喜爱，对提升广大读者的预决算编制与审核能力，从而更好地开展工作提供了力所能及的帮助，对此编者倍感荣幸。

随着我国工程建设市场的快速发展，招标投标制、合同制的逐步推行，工程造价计价依据的改革正不断深化，工程造价管理改革正日渐加深，工程造价管理制度日益完善，市场竞争也日趋激烈，特别是《建设工程工程量清单计价规范》(GB 50500—2013)，《通用安装工程工程量计算规范》(GB 50856—2013)等 9 本工程量计算规范由住房和城乡建设部颁布实施，这对广大建设工程预决算工作者提出了更高的要求。对于《水暖工程预决算快学快用》一书来说，其中部分内容已不能满足当前水暖工程预决算编制与管理工作的需要。

为使《水暖工程预决算快学快用》一书的内容更好地满足水暖工程预决算工作的需要，符合水暖工程预决算工作实际，帮助广大水暖工程预决算工作者更好地理解 2013 版清单计价规范和通用安装工程工程量计算规范的内容，掌握建标[2013]44 号文件的精神，我们组织水暖工程预决算方面的专家学者，在保持第 1 版编写风格及体例的基础上，对本书进行了修订。

(1)此次修订严格按照《建设工程工程量清单计价规范》(GB 50500—2013)和《通用安装工程工程量计算规范》(GB 50856—2013)的内容，及建标[2013]44 号文件进行，修订后的图书将能更好地满足当前水暖工程预决算编制与管理工作需要，对宣传贯彻 2013 版清单计价规范，使广大读者进一步了解定额计价与工程量清单计价的区别与联系提供很好的帮助。

(2)修订时进一步强化了“快学快用”的编写理念，集预决算编制理论与编制技能于一体，对部分内容进一步进行了丰富与完善，对知识体系进行除旧布新，使图书的可读性得到了增强，便于读者更形象、直观地掌握水暖工程预决算编制的方法与技巧。

(3)根据《建设工程工程量清单计价规范》(GB 50500—2013)对工程量清单与工程量清单计价表格的样式进行了修订。为强化图书的实用性，本次修订时还依据《通用安装工程工程量计算规范》(GB 50856—2013)，对已发生了变动的水暖工程工程量清单项目，重新组织相关内容进行了介绍，并对照新版规范修改了其计量单位、工程量计算规则、工作内容等。

本书修订过程中参阅了大量水暖工程预决算编制与管理方面的书籍与资料，并得到了有关单位与专家学者的大力支持与指导，在此表示衷心的感谢。书中错误与不当之处，敬请广大读者批评指正。

第1版前言

工程造价管理是工程建设的重要组成部分，其目标是利用科学的方法合理确定和控制工程造价，从而提高工程施工企业的经营效果。工程造价管理贯穿于建设项目的全过程，从工程施工方案的编制、优化，技术安全措施的选用、处理，施工程序的统筹、规划，劳动组织的部署、调配，工程材料的选购、贮存，生产经营的预测、判断，技术问题的研究、处理，工程质量的检测、控制，以及招投标活动的准备、实施，工程造价管理工作无处不在。

工程预算编制是做好工程造价管理工作的关键，也是一项艰苦细致的工作。所谓工程预算，是指计算工程从开工到竣工验收所需全部费用的文件，是根据工程建设不同阶段的施工图纸、各种定额和取费标准，预先计算拟建工程所需全部费用的文件。工程预算造价有两个方面的含义，一个是工程投资费用，即业主为建造一项工程所需的固定资产投资、无形资产投资；另一方面是指工程建造的价格，即施工企业为建造一项工程形成的工程建设总价。

工程预算造价有一套科学的、完整的计价理论与计算方法，不仅需要工程预算编制人员具有过硬的基本功，充分掌握工程定额的内涵、工作程序、子目包括的内容、工程量计算规则及尺度，同时也需要工程预算人员具备良好的职业道德和实事求是的工作作风，需要工程预算人员勤勤恳恳、任劳任怨，深入工程建设第一线收集资料、积累知识。

为帮助广大工程预算编制人员更好地进行工程预算造价的编制与管理，以及快速培养一批既懂理论，又懂实际操作的工程预算工作者，我们特组织有着丰富工程预算编制经验的专家学者，编写了这套《工程预决算快学快用系列手册》。

本系列丛书是编者多年实践工作经验的积累。丛书从最基础的工程预算造价理论入手，重点介绍了工程预算的组成及编制方法，既可作为工程预算工作者的自学教材，也可作为工程预算人员快速编制预算的实用参考资料。

本系列丛书作为学习工程预算的快速入门读物，在阐述工程预算基础理论的同时，尽量辅以必要的实例，并深入浅出、循序渐进地进行讲解说明。丛书集基础理论与应用技能于一体，收集整理了工程预算编制的技巧、经验和相关数据资料，使读者在了解工程造价主要知识点的同时，还可快速掌握工程预算编制的方法与技巧，从而达到“快学快用”的目的。

本系列丛书在编写过程中得到了有关领导和专家的大力支持和帮助，并参阅和引用了有关部门、单位和个人的资料，在此一并表示感谢。由于编者水平有限，书中错误及疏漏之处在所难免，敬请广大读者和专家批评指正。

目　录

第一章　水暖工程系统组成及构成 …………………………… (1)
第一节　给排水系统 …………………………………… (1)
一、给水系统 ……………………………………… (1)
二、排水系统 ……………………………………… (11)
第二节　采暖系统 …………………………………… (13)
一、采暖系统的分类 ……………………………… (13)
二、采暖系统的供热方式 ………………………… (13)
三、采暖系统的组成 ……………………………… (25)
第三节　燃气系统 …………………………………… (25)
一、燃气输配系统 ………………………………… (25)
二、燃气管道系统 ………………………………… (26)
三、燃气系统附属设备 …………………………… (26)
第二章　水暖工程施工图识读 ………………………… (27)
第一节　工程制图基本规定 ………………………… (27)
一、图纸幅面 ……………………………………… (27)
二、标题栏 ………………………………………… (28)
三、图纸编排顺序 ………………………………… (30)
四、图线与比例 …………………………………… (31)
五、字体 …………………………………………… (33)
六、符号 …………………………………………… (34)
七、定位轴线 ……………………………………… (38)
八、尺寸标准 ……………………………………… (41)
第二节　投影与投影图识读 ………………………… (48)

一、概述 …………………………………………………… (48)
二、三面正投影图 ………………………………………… (50)
三、直线与平面的三面正投影特性 ……………………… (53)
四、投影图识读 …………………………………………… (58)
第三节　剖面图、断面图识读 …………………………… (59)
一、剖面图识读 …………………………………………… (59)
二、断面图识读 …………………………………………… (62)
第四节　给排水工程施工图识读 ………………………… (64)
一、给排水工程施工图分类 ……………………………… (64)
二、给排水工程施工图绘制 ……………………………… (65)
三、给排水工程施工图识读 ……………………………… (69)
四、给排水工程施工图常用图例 ………………………… (71)
第三章　工程造价概论 …………………………………… (88)
第一节　工程造价基本知识 ……………………………… (88)
一、工程造价的含义 ……………………………………… (88)
二、工程造价的特点 ……………………………………… (89)
三、工程造价的职能 ……………………………………… (90)
四、工程造价的作用 ……………………………………… (91)
第二节　工程造价计价 …………………………………… (92)
一、工程造价计价特征 …………………………………… (92)
二、工程造价计价原理 …………………………………… (93)
三、工程造价计价方法 …………………………………… (94)
四、工程造价计价依据及其作用 ………………………… (95)
第四章　建筑安装工程造价构成 ………………………… (100)
第一节　工程造价的构成 ………………………………… (100)
一、工程造价的理论构成 ………………………………… (100)
二、我国现行工程造价的构成 …………………………… (100)
三、国际工程项目建筑安装工程费用的构成 …………… (114)
第二节　建筑安装工程费用项目组成 …………………… (116)

一、建筑安装工程费用项目组成(按费用构成要素划分) …… (116)
二、建筑安装工程费用项目组成(按造价形成划分) …… (120)
第三节　建筑安装工程费用计算方法 …… (123)
一、各费用构成计算方法 …… (123)
二、建筑安装工程计价参考公式 …… (126)
第四节　工程计价程序 …… (127)

第五章　水暖工程定额计价 …… (131)

第一节　工程定额概述 …… (131)
一、定额的概念 …… (131)
二、定额的产生与发展 …… (131)
三、定额的特性 …… (133)
四、定额的作用 …… (135)
五、定额的分类 …… (136)
第二节　工程定额体系 …… (160)
一、投资估算指标 …… (160)
二、概算定额与概算指标 …… (164)
三、预算定额 …… (169)
四、单位估价表 …… (193)
第三节　工程定额计价方法 …… (194)
一、工程投资估算 …… (194)
二、工程设计概算 …… (216)
三、工程施工图预算 …… (242)
四、工程结算 …… (246)
第四节　水暖工程定额计价工程量计算 …… (272)
一、给排水工程全统定额工程量计算 …… (272)
二、采暖工程全统定额工程量计算 …… (275)
三、燃气工程全统定额工程量计算 …… (278)

第六章　水暖工程工程量清单计价 …… (280)

第一节　工程量清单 …… (280)

一、工程量清单的含义 …………………………………… (280)
二、2013 版清单计价规范简介 ………………………… (280)
三、清单计价规范的特点 ……………………………… (282)
第二节 工程量清单编制 ……………………………… (283)
一、工程量清单一般规定 ……………………………… (283)
二、工程量清单编制依据 ……………………………… (283)
三、分部分项工程量清单 ……………………………… (283)
四、措施项目清单 ……………………………………… (286)
五、其他项目清单 ……………………………………… (287)
六、规费项目清单 ……………………………………… (289)
七、税金 ………………………………………………… (290)
第三节 工程量清单计价 ……………………………… (291)
一、工程量清单计价概述 ……………………………… (291)
二、工程量清单计价表格的组成 ……………………… (297)
三、招标控制价 ………………………………………… (338)
四、投标报价 …………………………………………… (340)
五、合同价款约定 ……………………………………… (343)
六、工程计量 …………………………………………… (344)
七、合同价款调整 ……………………………………… (346)
八、合同价款期中支付 ………………………………… (361)
九、竣工结算与支付 …………………………………… (365)
十、合同解除的价款结算与支付 ……………………… (372)
十一、合同价款争议的解决 …………………………… (373)
十二、工程造价鉴定 …………………………………… (376)
十三、工程计价资料与档案 …………………………… (379)
第四节 水暖工程工程量清单计价编制实例 ………… (381)
一、工程量清单编制实例 ……………………………… (381)
二、工程量清单投标报价编制实例 …………………… (394)

第七章 水暖工程清单项目设置及工程量计算 ………… (408)

第一节 水暖工程清单计价规范应用说明 …………… (408)

一、概况 …………………………………………………………………… (408)
二、工程量清单项目说明 …………………………………………………… (409)
第二节　给排水、采暖、燃气管道及附件工程 ……………………… (411)
一、给排水、采暖、燃气管道工程……………………………………… (411)
二、支架及其他 …………………………………………………………… (433)
三、管道附件工程 ………………………………………………………… (436)
第三节　卫生器具和供暖器具 ……………………………………… (447)
一、卫生器具 ……………………………………………………………… (447)
二、供暖器具 ……………………………………………………………… (459)
第四节　采暖、给排水设备 ………………………………………… (466)
一、工程量清单项目设置及工程量计算规则 ………………………… (466)
二、工程量清单项目解析 ………………………………………………… (468)
第五节　燃气器具及其他 …………………………………………… (472)
一、工程量清单项目设置及工程量计算规则 ………………………… (472)
二、工程量清单项目解析 ………………………………………………… (473)
第六节　医疗气体设备及附件 ……………………………………… (477)
一、工程量清单项目设置及工程量计算规则 ………………………… (477)
二、工程量清单项目解析 ………………………………………………… (479)
第七节　采暖、空调水工程系统调试 ……………………………… (480)
一、工程量清单项目设置及工程量计算规则 ………………………… (480)
二、工程量清单项目解析 ………………………………………………… (481)

第八章　工程项目招标与投标 …………………………………… (486)

第一节　概述 ………………………………………………………… (486)
一、工程项目招标投标的概念…………………………………………… (486)
二、工程项目招标投标的意义…………………………………………… (486)
三、工程项目招标投标的原则…………………………………………… (487)
第二节　工程项目招标 ……………………………………………… (489)
一、工程项目招标的分类 ………………………………………………… (489)
二、工程项目招标的条件 ………………………………………………… (491)
三、工程项目招标的范围 ………………………………………………… (492)

四、工程项目招标的方式 …………………………………… (493)
五、工程项目招标的程序 …………………………………… (494)
第三节 工程项目招标实务 ………………………………… (499)
一、招标公告发布或投标邀请书发送 ……………………… (499)
二、资格预审 ……………………………………………… (500)
三、招标文件编制与发售 …………………………………… (502)
四、勘察现场 ……………………………………………… (502)
五、标前会议 ……………………………………………… (503)
六、开标、评标与定标 ……………………………………… (503)
第四节 工程项目投标 ……………………………………… (508)
一、工程项目投标程序 ……………………………………… (508)
二、工程项目投标类型 ……………………………………… (508)
三、工程项目投标决策 ……………………………………… (509)
参考文献 …………………………………………………… (513)

第一章　水暖工程系统组成及构成

第一节　给排水系统

一、给水系统

(一)室内给水系统

1. 室内给水系统的组成

室内给水系统一般由引入管、干管、立管、支管、阀门、水表、配水龙头或用水设备等组成,供日常生活饮用、盥洗、冲刷等用水。当室外管网水压不足时,还需设水箱、水泵等加压设备,以满足室内任何用水点的用水要求。

2. 室内给水系统的管路图式

室内给水系统的管路图式按照水平配水干管的敷设位置不同,可分为下行上给式、上行下给式两种。

(1)下行上给式。这种给水方式的水平干管可以敷设在地下室天花板下、专门的地沟内或在底层直接埋地敷设,自下向上供水。民用建筑直接由室外管网供水时,大都采用下行上给式给水方式。

(2)上行下给式。这种给水方式的水平干管设于顶层天花板下、平屋顶上或吊顶中,自上向下供水。一般当屋顶水箱的给水方式或下行布置有困难时,通常采用这种方式。上行下给式的缺点是在寒冷地区干管容易结冻,必须保温;干管发生损坏漏水时,损坏墙面和室内装修,维修困难,施工质量要求较高。因此,在没有特殊要求和敷设困难时,一般不宜采用这种管路方式。

另外,按照用户对供水可靠程度的要求不同,室内给水管网的布置方式又可分为枝状式和环状式。在一般建筑中,均采用枝状式。在任何时间都不允许间断供水的大型公共建筑、高层建筑和某些生产车间中,需采用环状式。环状式又分为水平环状式(图 1-1)和垂直环状式(图 1-2)。

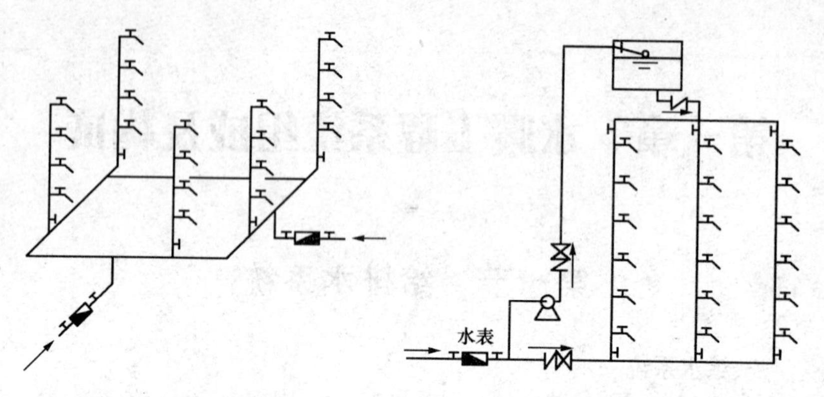

图 1-1　水平环状给水方式　　图 1-2　垂直环状给水方式

3. 室内给水系统的方式

根据供水用途和对水量、水压的要求及建筑物的条件,室内给水系统有不同的给水方式,见表 1-1。

表 1-1　室内给水系统的方式

序号	给水方式	内容说明	优点	缺点
1	直接给水方式	当市政给水管网的水质、水量、水压均能满足室内给水管网要求时,宜采用直接给水方式。即室内给水管网与室外给水管网直接相连,室内给水系统在室外给水管网的压力下工作,如图 1-3 所示	可以充分利用室外管网水压,减少能源浪费,其系统简单、安装维护方便、不设室内动力设备,节省了投资,当外网的水压、水量能够保证时,供水安全可靠	水量、水压受室外给水管网的影响较大
2	设水泵的给水方式	若一天内室外给水管网压力大部分时间不足,且室内用水量较大又较均匀时,则可采用单设水泵的给水方式。此时由于出水量均匀,水泵工作稳定,电能消耗比较经济。这种给水方式适用于生产车间的局部增压给水,一般民用建筑物极少采用	供水安全可靠、不设高位水箱、不增加建筑结构荷载	室外管网的供水水压未得到充分利用

续表

序号	给水方式	内容说明	优点	缺点
2	设水泵的给水方式	当建筑物内用水量大且较均匀时，可用恒速水泵供水；当建筑物内用水不均匀时，宜采用一台或多台水泵变速运行供水，以提高水泵的工作效率。为充分利用室外管网压力，节省电能，当水泵与室外管网直接连接时，应设旁通管，如图 1-4(a)所示。当室外管网压力足够大时，可自动开启旁通管的逆止阀直接向建筑物内供水。因水泵直接从室外管网抽水会使外网压力降低，影响附近用户用水，严重时还可能造成外网负压，在管道接口不严时，其周围土壤中的渗漏水会吸入管内，污染水质，所以当采用水泵直接从室外管网抽水时，必须征得供水部门的同意，并在管道连接处采取必要的防护措施，以免污染水质。为避免上述问题，可在系统中增设贮水池，采用水泵与室外管网间接连接的方式，如图 1-4(b)所示。为了安全供水，我国当前许多城市亦采用这种供水方式，在建筑小区设贮水池和集中泵房，定时或全日供水	供水安全可靠、不设高位水箱、不增加建筑结构荷载	室外管网的供水水压未得到充分利用
3	设水箱的给水方式	当市政管网提供的水压周期性不足时可采用设水箱的给水方式。 当低峰用水时(一般在夜间)，利用室外管网提供的水压，直接向建筑内部给水系统供水并向水箱补水，水箱贮备水量； 当高峰用水时(一般在白天)，室外管网提供的水压不足，由水箱向建筑内部给水系统供水，如图 1-5(a)所示。当室外给水管网水压偏高或不稳定时，为保证建筑物内给水系统的良好工况或满足稳压供水的要求，也可采用设水箱的给水方式，以达到调节水压和水量的目的，如图 1-5(b)所示	供水安全可靠，充分利用市政管网水压，节约能源，系统较简单，安装维护方便，后一种方式供水压力稳定，不受室外给水管网压力波动的影响，当外网压力过高时，还可起到减压作用	增加了建筑结构荷载

续表

<table>
<tr><th>序号</th><th colspan="2">给水方式</th><th>内容说明</th><th>优点</th><th>缺点</th></tr>
<tr><td>4</td><td colspan="2">设水泵和水箱的联合给水方式</td><td>这种方式适用于室外给水管网的水压经常性低于室内给水管网所需的水压，但供水量很充足，且室内用水量又很不均匀的情况，即水泵自室外管网直接抽水加压，利用高位水箱调节水量。如果室外管网不允许直接抽水时，则加设贮水池，如图 1-6 所示</td><td>这种给水方式，水泵可及时向水箱充水，使水箱容积大为减小；又因为水箱的调节作用，水泵出水量稳定，可以使水泵在高效率下工作；水箱如采用浮球继电器等装置，还可使水泵启闭自动化。因此，这种方式技术上合理，供水可靠</td><td>费用较高</td></tr>
<tr><td rowspan="3">5</td><td rowspan="3">竖向分区给水方式</td><td>低区、高区不同给水方式</td><td>如图 1-7 所示
低区直接给水，高区为设贮水池、水泵、水箱的给水方式</td><td>既可充分利用城市配水管网压力，又可减少贮水池和水箱的容量，供水安全且经济</td><td>高区设置贮水池、水泵、水箱一次性投资大，安装、维护较复杂</td></tr>
<tr><td rowspan="2">分区并联给水方式</td><td>如图 1-8 所示，此种给水系统每区均设有单独为本区服务的水泵和水箱，各区水泵集中设置在建筑物的地下室或底层，并将水分别输至相应的水箱内，再经配水管网供各用水设备，低层区可由城市管网直接供水</td><td rowspan="2">各区水泵集中设置，有利于防震、防噪声；便于维护管理；各区均为独立供水系统，互不影响；供水安全可靠，故在高层建筑内较多采用这种系统</td><td rowspan="2">上层区所需水泵扬程大，水泵型号多，压水管线较长</td></tr>
<tr><td>各分区也可以不设水箱(图 1-9)，采用变频调速水泵，如图 1-10 所示，水泵集中设置在建筑物底层的水泵房内，分别向各区管网供水，省去了水箱，节约了使用面积；设备集中布置，便于维护管理，节约能量</td></tr>
</table>

续表

序号	给水方式		内容说明	优点	缺点
5	竖向分区给水方式	分区串联给水方式	这种方式(图 1-11)是在各区的技术层内均设置水泵和水箱,下一区水箱作为上一区的水源,各区水泵从下一区水箱吸水输至本区水箱,再经配水管网供给各配水设备,低层区由城市管网直接供水	供水较可靠,设备、管道较简单,投资较少,节约能源	分层设置加压设备,占用的使用面积较多;在各区的建筑技术层需要防震、防噪声和防漏水;不利于维护管理,下区水泵或管路系统发生故障时,将影响整个建筑供水
		水箱减压给水方式	用水泵将建筑物内用水抽升至顶层的高位水箱,再由各分区采用小容量减压水箱供水,如图 1-12 所示	水泵数目少、维护管理方便;各分区减压水箱容积小,少占建筑面积	以最高区扬程提升全建筑最大时用水量,运行功率较分区设置水箱大,此外屋顶水箱容积大,增加了建筑物的荷载;低区供水受高区影响,供水可靠性差
		减压阀给水方式	高层建筑供水管路,也可采用减压阀。这种供水方式(图 1-13)有高位水箱减压阀给水方式、气压水罐减压阀给水方式及无水箱减压阀给水方式	占用建筑面积少	水泵的运行动力费用高

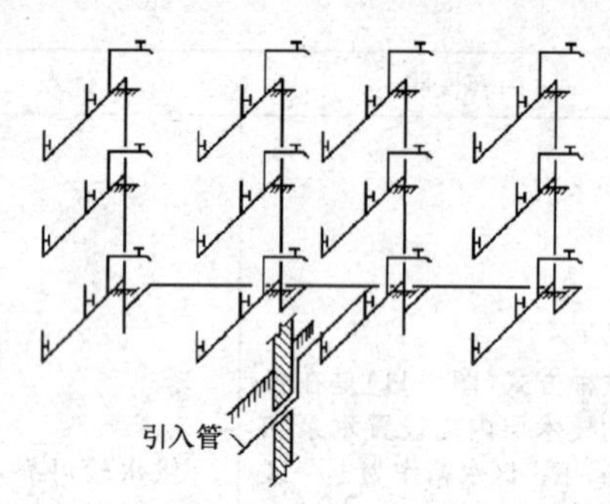

图1-3　直接给水方式

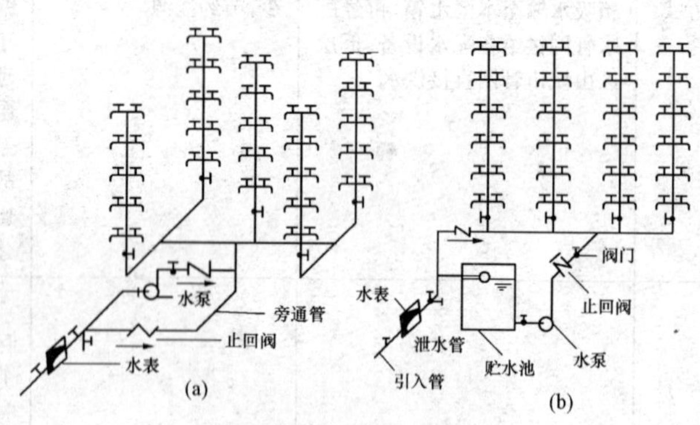

图1-4　设水泵的给水方式

(a)水泵与室外管网直接连接;(b)水泵与室外管网间接连接

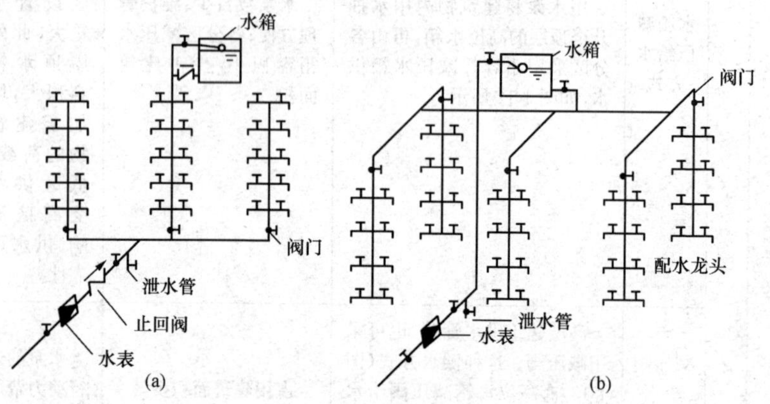

图1-5　设水箱的给水方式

(a)室外管网的水压不足时;(b)室外管网的水压偏高或不稳定时

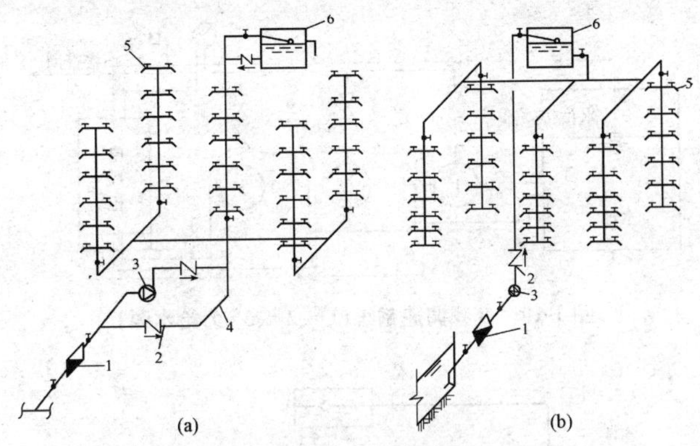

图 1-6　设水箱和水泵的联合给水方式

(a)室外管网水压不足时；(b)室外管网设贮水池时

1—水表；2—止回阀；3—水泵；4—旁通管；5—配水龙头；6—水箱

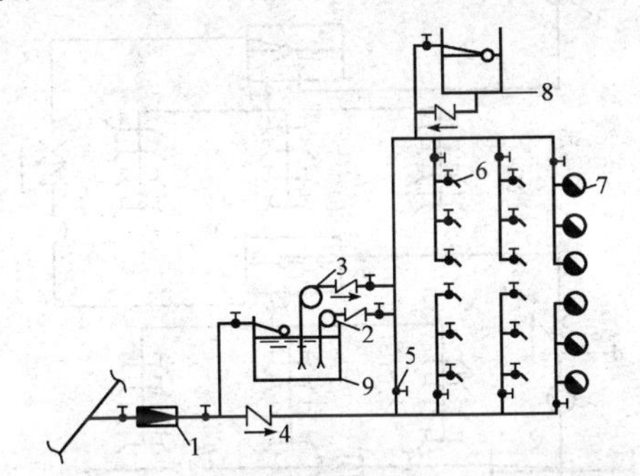

图 1-7　低区直接给水，高区为设贮水池、水泵、水箱的给水方式

1—水表；2—生活用水泵；3—消防泵；4—止回阀；5—阀门；

6—配水龙头；7—消火栓；8—水箱；9—贮水池

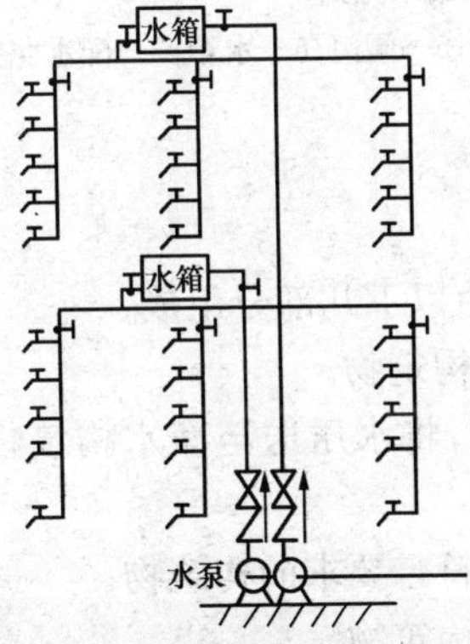

图 1-8　有水箱并联给水方式

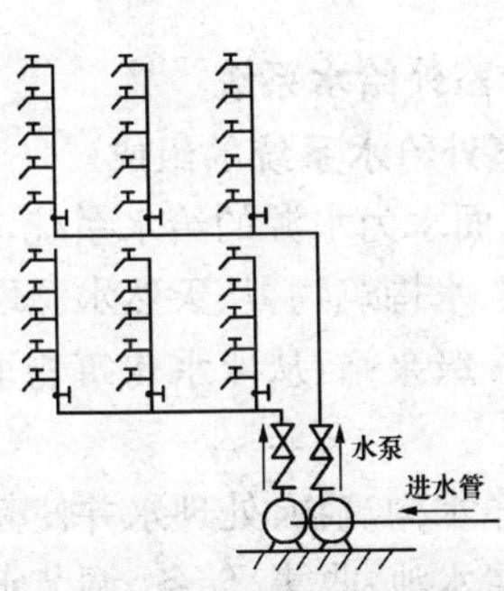

图 1-9　无水箱并联给水方式

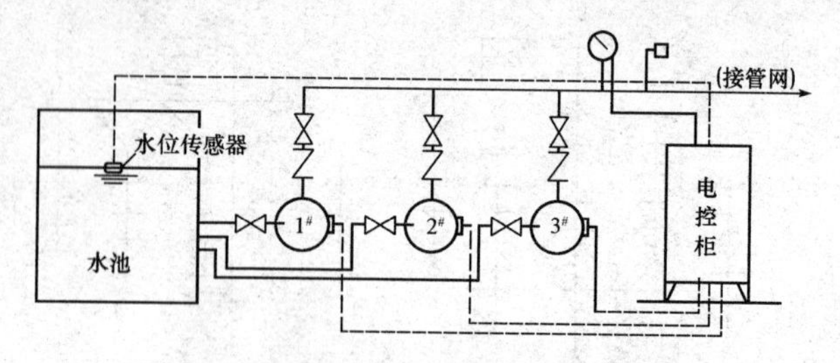

图1-10　变频调速系统(1#、2#、3#为给水泵)

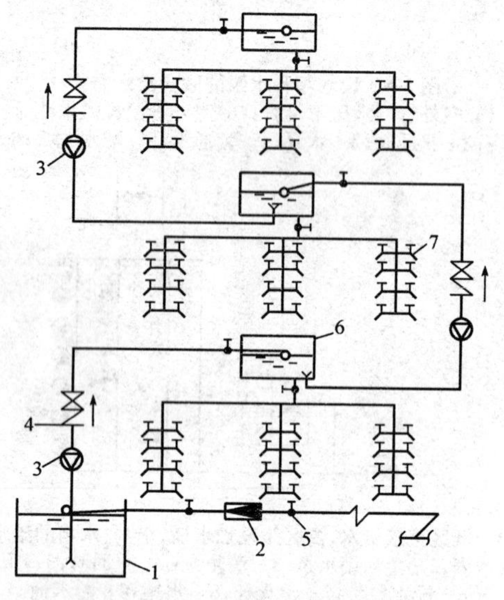

图1-11　分区串联给水方式

1—贮水池;2—水表;3—水泵;4—止回阀;5—阀门;6—水箱;7—配水龙头

(二)室外给水系统

1. 室外给水系统的组成

以地面水为水源的给水系统,一般由以下几部分组成:

(1)取水构筑物:从天然水源取水的构筑物。

(2)一级泵站:从取水构筑物取水后,将水压送至净水构筑物的泵站构筑物。

(3)净水构筑物:处理水并使其水质符合要求的构筑物。

(4)清水池:收集、储备、调节水量的构筑物。

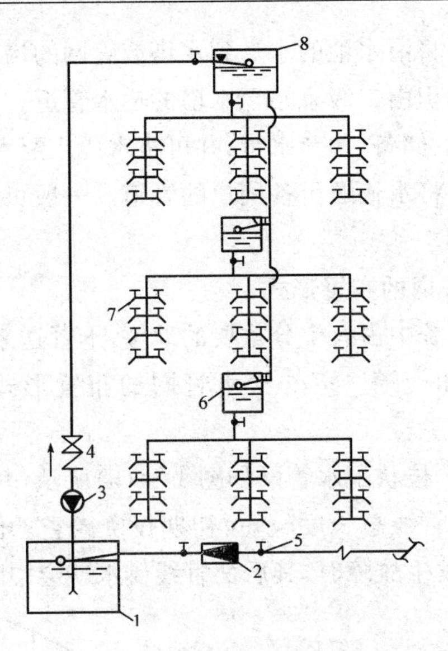

图 1-12　水箱减压给水方式

1—贮水池；2—水表；3—水泵；4—止回阀；5—阀门；6—减压水箱；7—配水龙头；8—高位水箱

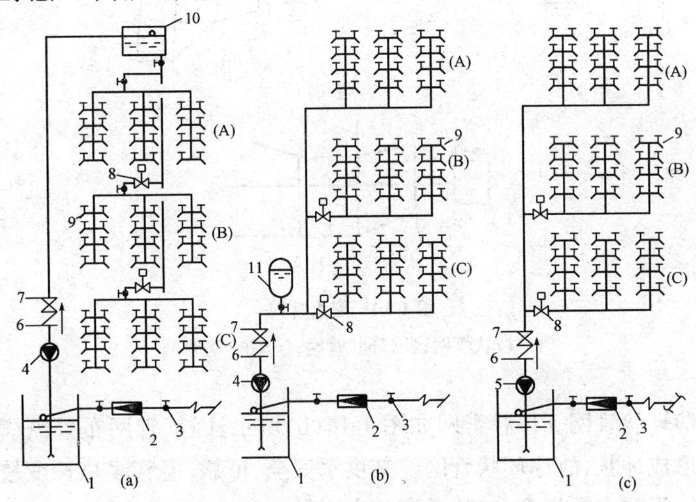

图 1-13　减压阀给水方式

(a)高位水箱减压阀给水方式；(b)气压水罐减压阀给水方式；
(c)无水箱减压阀给水方式

1—贮水池；2—水表；3—阀门；4—水泵；5—变速泵；6—止回阀；
7—闸阀；8—减压阀；9—配水龙头；10—高位水箱；11—气压水罐
(A)—高区给水管网；(B)—中区给水管网；(C)—低区给水管网

(5)二级泵站:将清水池的水送到水塔或管网的构筑物。

(6)输水管:承担由二级泵站至水塔的输水管道。

(7)水塔:收集、储备、调节水量,并可将水压入配水管网的建筑。

(8)配水管网:将水输送至各用户的管道。一般可将室外给水管道狭义地理解为配水网。

2. 室外给水管网的布置形式

管网在给水系统中占有十分重要的地位,干管送来的水,由配水管网送到各用水地区和街道。室外给水管网的布置形式分为枝状和环状两种。

(1)枝状管网。枝状配水管网如图 1-14(a)所示,其管线如树枝一样,向用水区伸展。其管线总长度较短,初期投资较省。但供水安全可靠性差,当某一段管线发生故障时,其后面管线供水就会中断。

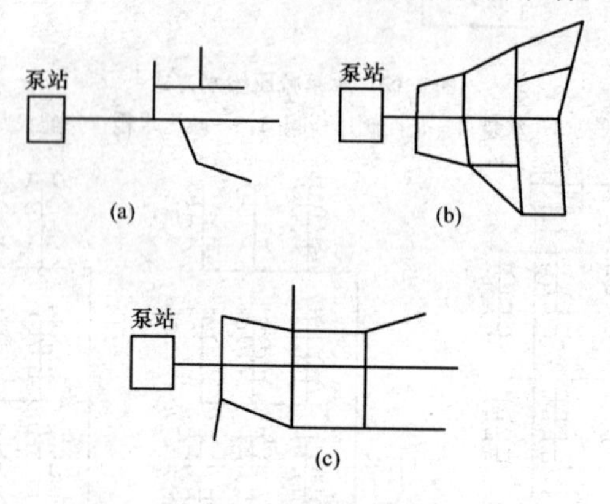

图 1-14　配水管网

(a)枝状管网;(b)环状管网;(c)综合型管网

(2)环状管网。环状管网如图 1-14(b)所示,因其管网布置纵横相互连通,形成环状,故称环状管网。其供水安全、可靠,但管线总长度较枝状管网长,管网中阀门多,基建投资相应增加。

实际工程中,往往将枝状管网和环状管网结合起来进行布置,如图1-14(c)所示。可根据具体情况,在主要给水区采用环状管网,在边远地区采用枝状管网。无论枝状管网还是环状管网,都应将管网中的主干管道布置在两侧用水量较大的地区，并以最短的距离向最大的用水户供水。

二、排水系统

(一)室内排水系统

1. 室内排水系统的分类

根据排水性质不同，室内排水系统可分为生活污水排水系统、工业废水排水系统、雨水排水系统三类。

(1)生活污水排水系统：排除住宅、公共建筑和工厂各种卫生器具排出的污水。生活污水可分为粪便污水和生活废水。

(2)工业废水排水系统：排除工厂企业在生产过程中所产生的生产污水和生产废水。

(3)雨水排水系统：排除屋面的雨水和融化的雪水。

2. 室内排水系统的组成

(1)受水器。受水器是接受污(废)水并转向排水管道输送的设备，如各种卫生器具、地漏、排放工业污水或废水的设备、排除雨水的雨水斗等。

(2)存水弯。各个受水器与排水管之间必须设置存水弯，以使用存水弯的水封阻止排水管道内的臭气和害虫进入室内(卫生器具本身带有存水弯的，就不必再设存水弯)。

(3)排水支管。排水支管是将卫生器具或生产设备排出的污水(或废水)排入到立管中去的横支管。

(4)排水立管。各层排水支管的污(废)水排入立管，立管应设在靠近杂质多、排水量大的排水点处。

(5)排水横干管。对于大型高层公共建筑，由于排水立管很多，为了减少首层的排出管数量而在管道层内设置排水横干管，以接收各排水立管的排水，然后通过数量较少的立管，将污水(或废水)排到各排出管。

(6)排出管。排出管是立管与室外检查井之间的连接管道，它接受一根或几根立管流来的污水排至室外管道中去。

(7)通气管。通气管通常是指立管向上延伸出屋面的一段(称伸顶通气管)。当建筑物到达一定层数且排水支管连接卫生器具大于一定数量时,还应设有专用通气管。

3. 室内排水系统的分流与合流

在一般情况下,室内排水系统的设置应为室外的污水处理和综合利用提供便利条件,尽可能做到清、污分流,以保证污水处理系统的处理效果和有用物质的回收和综合利用。

室内排水包括分流和合流两种方式,根据污水性质、污染程度,结合室外排水制度和有利于综合利用与处理的要求确定分流或合流的排水系统。

室内排水系统的分流与合流一般应遵照以下原则:

(1)当室外无污水管道时,生活污水一般与生活废水分流,生活污水经化粪池处理;当室外有污水管道时,生产污水与生活废水宜合流排出。

(2)当建筑物采用中水系统时,生活废水与生活污水宜分流排出。

(3)含有毒、有害物质的生产废水、含有大量油脂的生活废水及经技术经济比较认为需回收利用的生活废水、生产废水等应分流排出。

(4)生活污水不得与雨水合流排出。

(5)公共厨房的废水在除油前应与生活污水分流排出。

(6)建筑物雨水应单独排出。

(7)生产废水如不含有机物而带有大量泥砂、矿物质时,经污水沉淀池处理后可排入室内雨水管道。

(二)室外排水系统

1. 室外排水系统的组成

室外排水系统由排水管道、检查井、跌水井、雨水口等组成,其中检查井设在管道交汇处、转弯处、管径或坡度改变处、跌水处以及直线管段上每隔一定距离的地方;跌水井按管道跌水水头的大小设置;雨水口按泄水能力及道路形式确定。

2. 室外排水系统的分类与排水制度

室外排水系统分为污水排除系统和雨水排除系统两部分。污水与雨水分别排放时为分流制;污水与雨水同一管道系统排放时为合流制。排水制度的选择，应根据城镇规划、当地降雨情况和排放标准、原有排水设施、污水处理和利用情况、地形和水体等条件，综合考虑确定。一般新建地区的排水系统宜采用分流制。

第二节　采暖系统

一、采暖系统的分类

根据热媒的种类，采暖系统可分为热水采暖系统、蒸汽采暖系统、热风采暖系统三类。

1. 热水采暖系统

热水采暖系统是指热媒为热水的采暖系统。根据热水在系统中循环流动动力的不同，热水采暖系统又分为自然循环热水采暖系统（即重力循环热水采暖系统）、机械循环热水采暖系统（即以水泵为动力的采暖系统）、蒸汽喷射热水采暖系统。

2. 蒸汽采暖系统

蒸汽采暖系统是指热媒为蒸汽的采暖系统。根据蒸汽压力的不同，蒸汽采暖系统又分为低压蒸汽采暖系统和高压蒸汽采暖系统。

3. 热风采暖系统

热风采暖系统是指热媒为空气的采暖系统。这种系统是用辅助热媒（放热带热体）把热能从热源输送至热交换器，经热交换器把热能传给主要热媒（受热带热体），由主要热媒再把热能输送至各采暖房间。例如热风机采暖系统、热泵采暖系统均为热风采暖系统。

二、采暖系统的供热方式

1. 热水采暖系统供热方式

热水采暖系统根据水循环动力的不同可分为自然循环系统和机械循环系统两类供热方式。

（1）自然循环热水采暖系统。自然循环热水采暖系统内的热水是靠水的密度差进行循环的，其只适用于低层小型建筑。一般可分为单管系统和双管系统，见表 1-2。

表 1-2　　自然循环热水采暖系统分类

序号	分类	内 容 说 明
1	单管系统	单管系统是指连接散热器的供水立管和回水立管用同一根立管,其特点是立管将散热器串联起来,构成一个循环管路,各楼层间散热器进水温度不同,离热水进口端越近,温度越高;离热水出口端越远,温度越低。 自然循环上分式单管热水采暖系统的组成如图 1-15 所示。这种系统每组散热器热水流量不能单独调节。单管跨越式在每组散热器前面安装阀门,并用跨越管连通散热器的进口及出口支管,使进入散热器的热水分成两部分,一部分进入散热器,另一部分进入跨越管内与其回水混合,进入下一层散热器,如图 1-16 所示
2	双管系统	双管系统是指连接散热器的供水主管和回水主管分别设置。其特点是每组散热器可以组成一个循环管路,每组散热器的进水温度基本上是一致的,各组散热器可自行调节热媒流量,互相不受影响,因此便于使用和检修。自然循环双管热水采暖系统的组成如图 1-17 所示

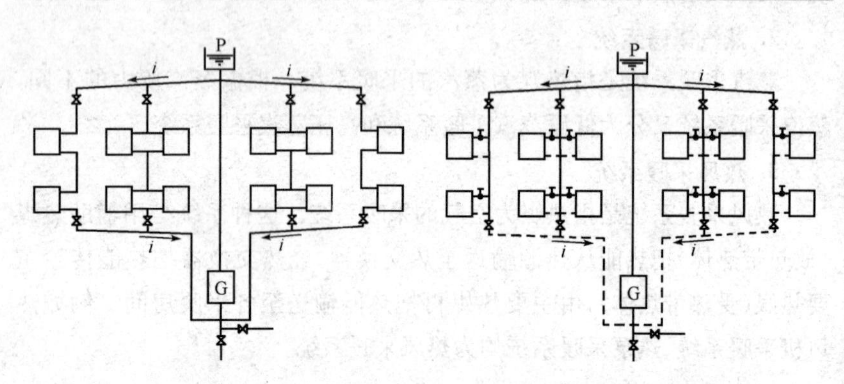

图 1-15　自然循环上分式单管热水采暖系统

图 1-16　自然循环单管跨越式热水采暖系统

单管系统与双管系统的工作过程基本相同,其主要区别是热水流向散热器的顺序不同。单管系统热水按顺序依次流经各组散热器,而双管系统热水平行地流经各组散热器。

自然循环热水采暖系统管路布置的常用形式、适用范围及系统特点简要汇总见表 1-3。

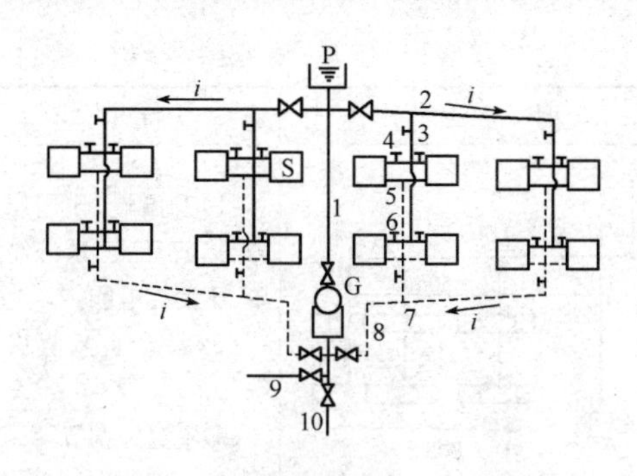

图 1-17　自然循环双管热水采暖系统

G—锅炉；P—膨胀水箱；S—散热器；i—管道坡度值

1—供水总立管；2—供水干管；3—供水立管；4—供水支管；5—回水支管；6—回水立管；7—回水干管；8—回水总立管；9—充水管(给水管)；10—放水管

表 1-3　　　　　　　自然循环热水采暖系统几种常用形式

形式名称	图　式	特点	适用范围
单管上供下回式	P, ≥300, i=0.05, L>50m, 上水, i=0.005	(1)升温慢、作用压力小、管径大、系统简单、不消耗电能。 (2)水力稳定性好。 (3)可缩小锅炉中心与散热器中心距离，节约钢材。 (4)不能单独调节热水流量及室温	作用半径不超过 50m 的多层建筑
单管跨越式	P, i, G	(1)升温慢、作用压力小、系统简单、不消耗电能。 (2)水力稳定性好。 (3)节约钢材。 (4)可单独调节热水流量及室温	作用半径不超过 50m 的多层建筑

续表

形式名称	图　　式	特点	适用范围
双管上供下回式		(1)升温慢、作用压力小、管径大、系统简单、不消耗电能。 (2)易产生垂直失调。 (3)室温可调节	作用半径不超过50m的三层(≤10m)以下建筑
单户式		(1)一般锅炉与散热器在同一平面,故散热器安装至少提高到300～400mm高度。 (2)尽量缩小配管长度以减少阻力	单户单层建筑

(2)机械循环热水采暖系统。机械循环采暖系统内的热水是靠机械(泵)的动力进行循环的。其只适用于作用半径大的热水采暖系统。机械循环热水采暖系统形式与自然循环热水采暖系统形式基本相同,只是机械循环热水采暖系统中增加了水泵装置,对热水加压,使其循环压力升高,使水流速度加快,循环范围加大。

机械循环热水采暖系统几种形式见表1-4。

表1-4　　　　机械循环热水采暖系统几种形式

序号	形式名称	内　容　说　明
1	机械循环上分式双管及单管热水采暖系统	机械循环上分式双管(图1-18)和单管的热水采暖系统,与自然循环上分式双管和单管采暖系统相比,除了增加水泵外,还增加了排气设备。 在机械循环系统中,水的流速快,超过了水中分离出的空气的浮升速度。为了防止空气进入立管,供水干管应设置沿水流方向向上的坡度,使管内气泡随水流方向运动,聚集到系统最高点,通过排气设备排到大气中去,坡度值为0.002～0.003,回水干管按水流方向设下降坡度,使系统内的水能够顺利地排出。上分式系统干管敷设在顶层天棚下,适用于顶层有天棚的建筑物

续表

序号	形式名称	内 容 说 明
2	机械循环下分式双管热水采暖系统	下分式双管热水采暖系统的供水干管和回水干管均敷设在系统所有散热器之下，如图 1-19 所示。下分式双管热水采暖系统排除空气较困难，主要靠顶层散热器的跑风阀排除空气。工作时，热水从底层散热器依次流向顶层散热器。下分式系统供水干管和回水干管均敷设在地沟中，适用于平屋顶的建筑物或有地下室的建筑物
3	机械循环下供上回式热水采暖系统	下供上回式采暖系统（图 1-20）有单管和双管两种形式，其特点是供水干管敷设在所有的散热器之下，而回水干管敷设在系统所有散热器之上。热水自下而上流过各层散热器，与空气气泡向上运动相一致，系统内空气易排除，一般用于高温热水采暖系统
4	机械循环水平串联式热水采暖系统	机械循环水平串联式热水采暖系统的形式及组成如图 1-21 所示。这种形式构造简单，管道少穿楼板，便于施工，有较好的热稳定性。但这种系统串联的环路不宜太长，每个环路散热器组数以8～12组为宜，且每隔 6m 左右必须设置一个方形伸缩器，以解决水平管的热胀冷缩问题。在每一组散热器上安装手动放气阀，以排除系统内空气。水平串联式一般用于厂房、餐厅、俱乐部等采暖房间。供回水干管一般设在地沟内，也可设在散热器上面，如图 1-22 所示
5	同程式采暖系统与异程式采暖系统	同程式采暖系统是指采暖系统中，供回水干管中热媒流向相同，且在各个环路中热媒所流经的管路长度基本相等的系统；反之，为异程式采暖系统。同程式采暖系统的特性是水力稳定，压力易平衡。当系统较大时，采用同程式采暖系统效果较好。同程式采暖系统形式如图 1-23 所示

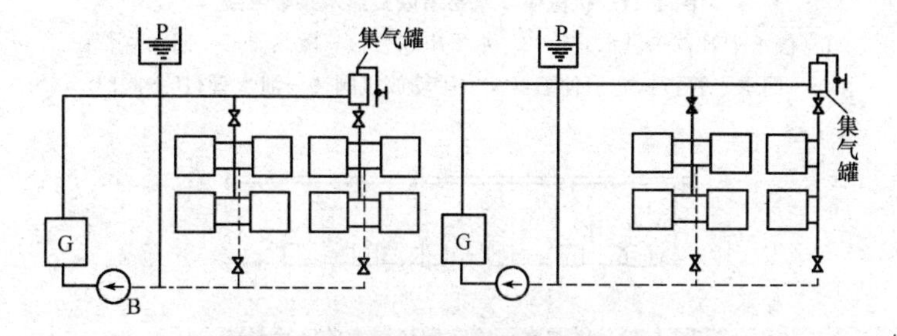

图 1-18　机械循环上分式双管热水采暖系统

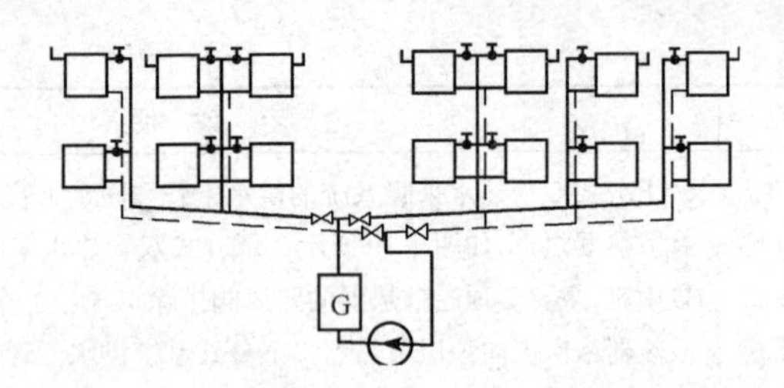

图 1-19　机械循环下分式双管热水采暖系统

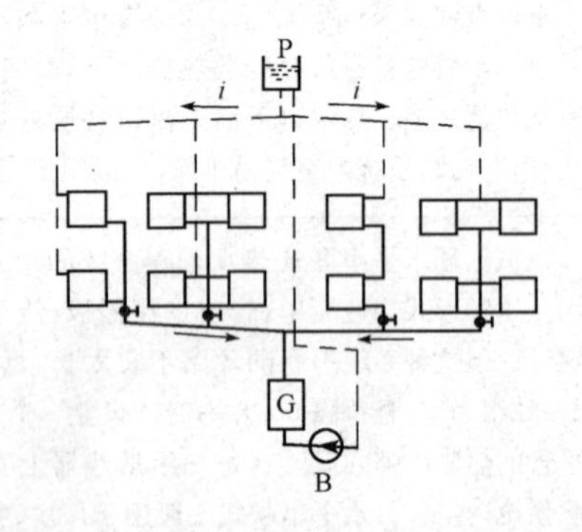

图 1-20　机械循环下供上回式热水采暖系统

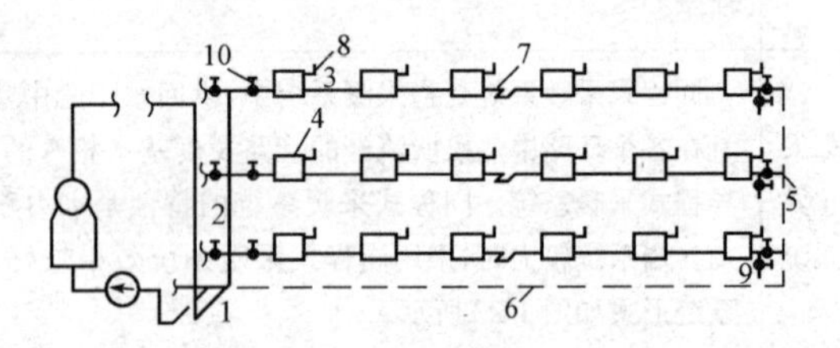

图 1-21　机械循环水平串联式热水采暖系统

1—供水干管；2—供水立管；3—水平串联管；4—散热器；5—回水立管；6—回水干管；7—方形伸缩器；8—手动放气阀；9—泄水管；10—阀门

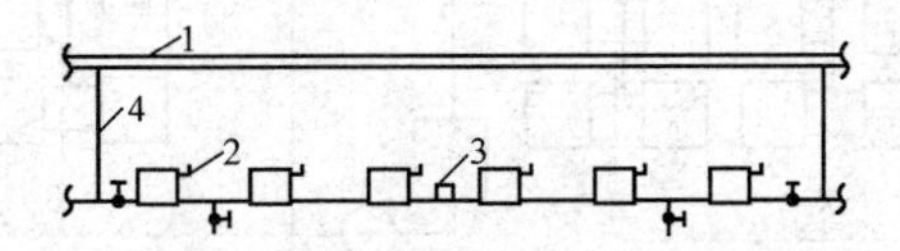

图 1-22　供回水干管在散热器上的连接形式

1—空气管；2—排气装置；3—方形伸缩器；4—闭合管

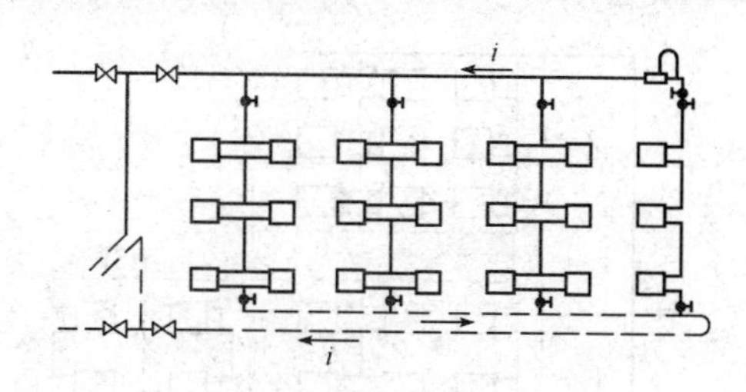

图 1-23　同程式热水采暖系统

高层建筑物机械循环热水采暖系统见表 1-5。

表 1-5　高层建筑物机械循环热水采暖系统

序号	形式名称	内 容 说 明
1	按层分区垂直式热水采暖系统	高层建筑按层分区垂直式热水采暖系统应用较多。这种系统是在垂直方向分成两个或两个以上的热水采暖系统。每个系统都设置膨胀水箱及排气装置,自成独立系统,互不影响。下层采暖系统通常与室外管网直接连接,其他层系统与外网隔绝式连接。通常采用热交换器使上层系统与室外管网隔绝,尤其是高层建筑采用的散热器承压能力较低时,这种隔绝方式应用较多。利用热交换器使上层采暖系统与室外管网隔绝的采暖系统如图 1-24 所示
2	水平双线单管热水采暖系统	水平双线单管热水采暖系统形式如图 1-25 所示。这种系统能够分层调节,也可以在每一个环路上设置节流孔板、调节阀来保证各环路中的热水流量
3	垂直双线单管采暖系统	垂直双线单管采暖系统是由Ⅱ形单管式立管组成(图 1-26)。这种系统的散热器通常采用蛇形管式或辐射板式。这种系统克服了高层建筑容易产生的垂直失调,但这种系统立管阻力小,容易引起水平失调,一般可在每个Ⅱ形单管的回水立管上设置孔板,或者采用同程式系统来消除水平失调现象
4	单、双管混合系统	单、双管混合式热水采暖系统如图 1-27 所示。将高层建筑中的散热器沿垂直方向,每 2～3 层分为一组,在每一组内采用双管系统形式,而各组之间用单管连接,这就组成了单、双管混合式系统。这种系统既能防止楼层过多时双管系统所产生的垂直水力失调现象,又能防止单管系统难以对散热器进行单个调节的缺点

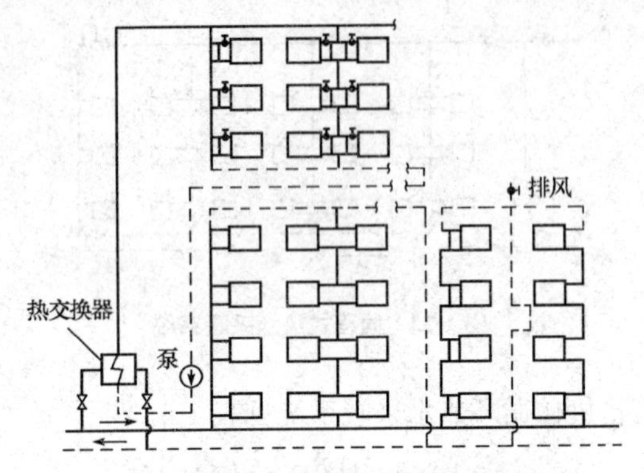

图 1-24　按层分区单管垂直式热水采暖系统

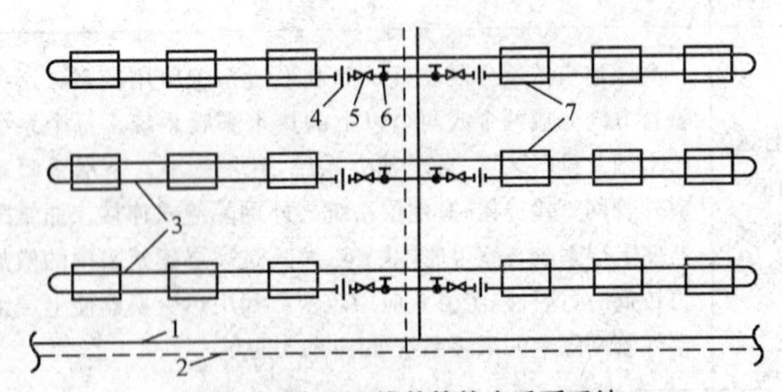

图 1-25　水平双线单管热水采暖系统

1—热水干管;2—回水干管;3—双线水平管;4—节流孔板;5—调节阀;6—截止阀;7—散热器

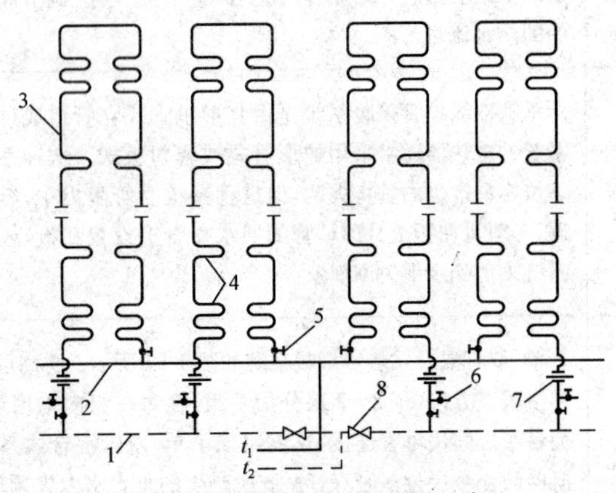

图 1-26　垂直双线单管供暖系统

1—回水干管;2—供水干管;3—双线立管;4—散热器或加热盘管;

5—截止阀;6—立管冲洗排水阀;7—节流孔板;8—调节阀

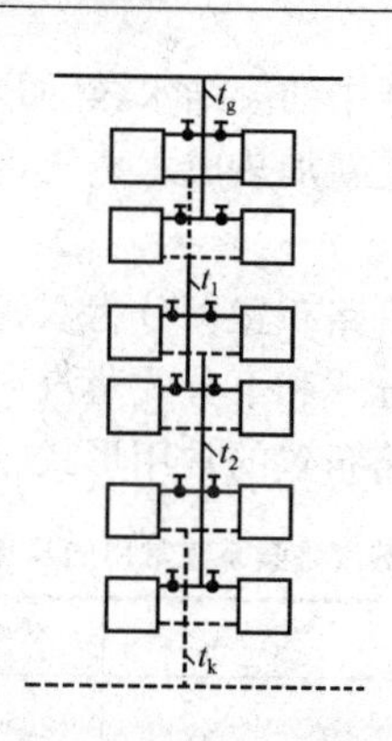

图 1-27　单、双管混合式采暖系统

2. 蒸汽采暖系统供热方式

蒸汽采暖系统按供汽压力可分为低压蒸汽采暖系统和高压蒸汽采暖系统两类供热方式。

(1)低压蒸汽采暖系统。当供汽压力≤0.07MPa时，称为低压蒸汽采暖系统，图 1-28 所示为一完整的上分式低压蒸汽采暖系统的组成形式示意图。

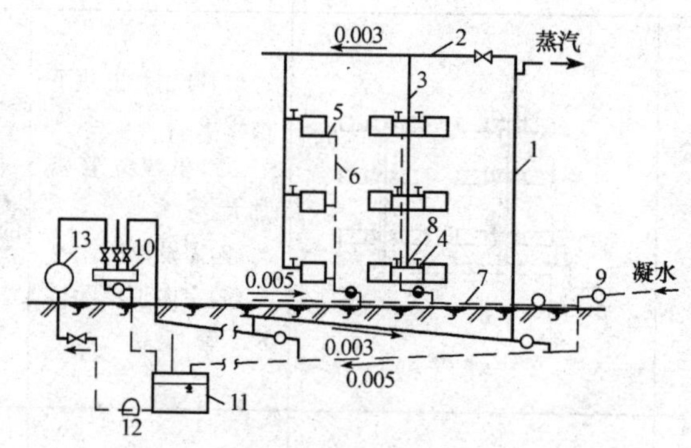

图 1-28　上分式低压蒸汽采暖系统示意图

1—总立管；2—蒸汽干管；3—蒸汽立管；4—蒸汽支管；5—凝水支管；
6—凝水立管；7—凝水干管；8—调节阀；9—疏水器；
10—分汽缸；11—凝结水箱；12—凝结水泵；13—锅炉

系统运行时，由锅炉生产的蒸汽经过管道进入散热器内。蒸汽在散热器内凝结成水，放出汽化潜热，通过散热器把热量传给室内空气，维持室内的设计温度。而散热器中的凝结水,经回水管路流回凝结水箱中,再由凝结水泵加压送入锅炉重新加热成水蒸气,再送入采暖系统中,如此周而复始的循环运行。

低压蒸汽采暖系统的管路布置可分为双管上分式、下分式、中分式蒸汽采暖系统及单管垂直上分式和下分式蒸汽采暖系统。

低压蒸汽采暖系统管路布置的常用形式、特点及适用范围见表1-6。

表1-6　低压蒸汽采暖系统常用的几种形式

形式名称	图式	特点	适用范围
双管上供下回式	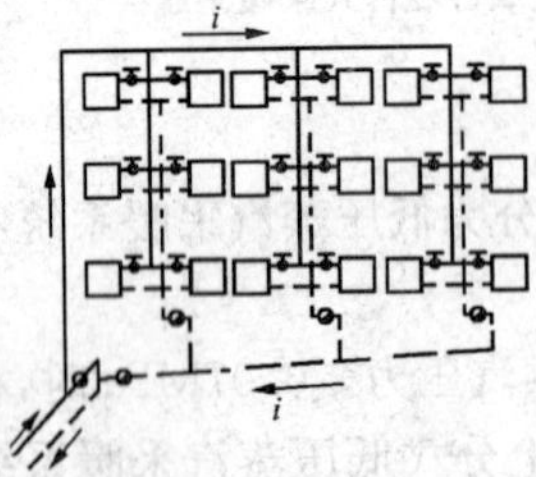	(1)常用的双管做法。(2)易产生上热下冷	室温需调节的多层建筑
双管下供下回式	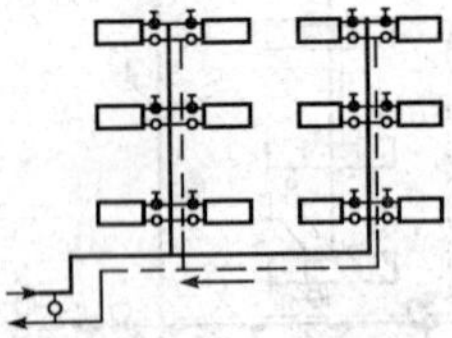	(1)可缓和上热下冷现象。(2)供汽立管需加大。(3)需设地沟。(4)室内顶层无供汽干管,美观	室温需调节的多层建筑
双管中供下回式	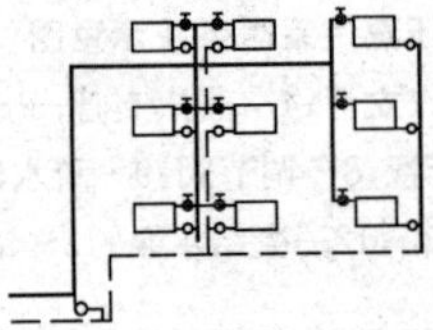	(1)接层方便。(2)与上供下回式对比,对解决上热下冷有利一些	顶层无法敷设供汽干管的多层建筑

续表

形式名称	图　式	特　点	适用范围
单管 下供下回式	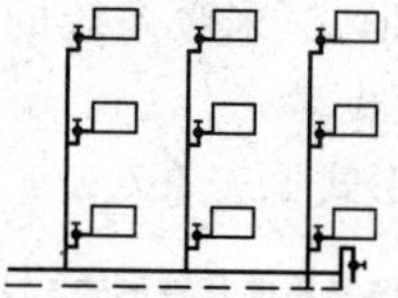	(1)室内顶层无供汽干管,美观。 (2)供汽立管要加大。 (3)安装简便、造价低。 (4)需设地沟	三层以下建筑
单管 上供下回式	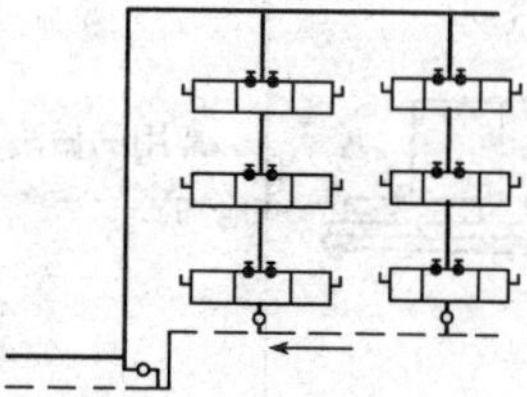	(1)常用的单管做法。 (2)安装简便、造价低	多层建筑

注:1. 蒸汽水平干管汽、水逆向流动时坡度应大于 0.5%,其他应大于 0.3%。

2. 水平敷设的蒸汽干管每隔 30～40m 宜设泄水装置。

3. 回水为重力干式回水方式时,回水干管敷设高度,应高出锅炉供汽压力折算静水压力再加 200～300mm 安全高度。如系统作用半径较大时,则需采取机械回水。

(2)高压蒸汽采暖系统。当供汽压力＞0.07MPa 时,称为高压蒸汽采暖系统。高压蒸汽采暖系统比低压蒸汽采暖系统供汽压力高,流速大,作用半径大,散热器表面温度高,凝结水温度高,多用于工厂里的采暖。双管上分式高压蒸汽采暖系统如图 1-29 所示。

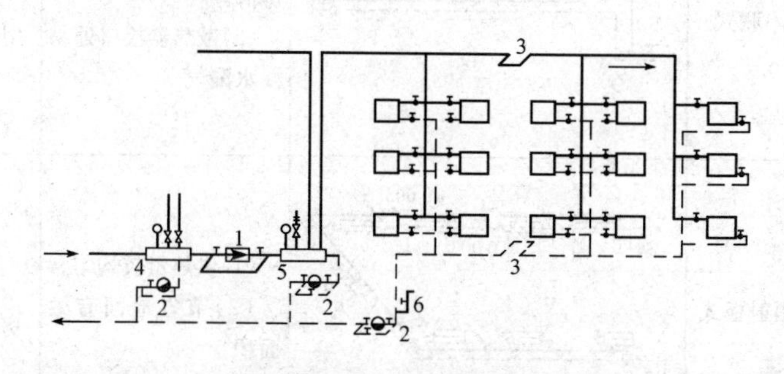

图 1-29　双管上分式高压蒸汽采暖系统

1—减压阀;2—疏水器;3—伸缩器;4—生产用分汽缸;5—采暖用分汽缸;6—放气管

高压蒸汽采暖系统一般采用双管上分式系统形式。因为单管系统里蒸汽和凝水在一根管子里流动,容易产生水击现象,而下分式系统又要求把干管布置在地面上或地沟内,障碍较多,所以很少采用。较小的采暖系统可以采用异程双管上分式的系统形式;采暖系统的作用半径超过 80m 时,最好采用同程双管上分式系统形式。

高压蒸汽采暖系统常用的几种形式见表 1-7。

表 1-7　　高压蒸汽采暖系统常用的几种形式

形式名称	图　式	特　点	适用范围
上供下回式	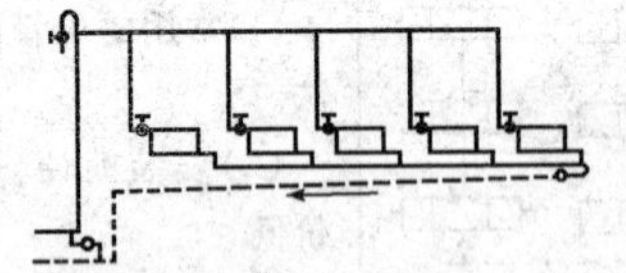	常用的做法,可节省地沟	单层公用建筑或工业厂房
上供上回式	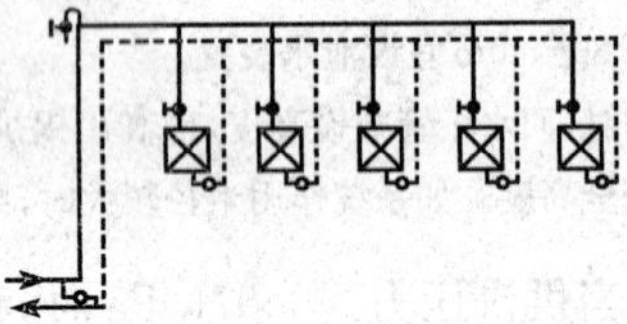	(1)除节省地沟外检修方便。 (2)系统泄水不便	工业厂房暖风机供暖系统
水平串联式	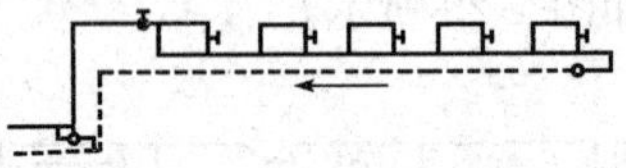	(1)构造最简单、造价低。 (2)散热器接口处易漏水漏气	单层公用建筑
同程辐射板式	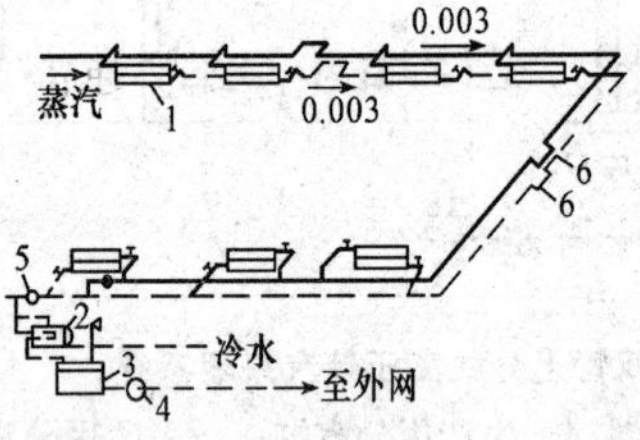 0.003 蒸汽 1 0.003 6 6 5 2 冷水 3 4 至外网	(1)供热量较均匀。 (2)节省地面有效面积	工业厂房及车间

续表

形式名称	图　　式	特　　点	适用范围
双管上供下回式		可调节每组散热器的热流量	多层公用建筑及辅助建筑，作用半径不超过80m

三、采暖系统的组成

室内采暖系统一般是由管道、水箱、用热设备和开关调节配件等组成。其中，热水采暖系统的设备包括散热器、膨胀水箱、补给水箱、集气罐、除污器、放气阀及其他附件等。蒸汽采暖系统的设备除散热器外，还有冷凝水收集箱、减压器及疏水器等。

室内采暖的管道分为导管、立管和支管。一般由热水（或蒸汽）干管、回水（或冷凝水）干管接至散热器支管组成。导管多用无缝钢管，立、支管多采用焊接钢管（镀锌或不镀锌）。管道的连接方式有焊接和丝接两种。ϕ32 以上时多采用焊接；ϕ32 以下时采用丝接。

第三节　燃 气 系 统

一、燃气输配系统

(1)燃气长距离输送系统。燃气长距离输送系统通常由集输管网、气体净化设备、起点站、输气干线、输气支线、中间调压计量站、压气站、分配站、电保护装置等组成，按燃气种类、压力、质量及输送距离的不同，在系统的设置上有所差异。

(2)燃气压送储存系统。燃气压送储存系统主要由压送设备和储存装置组成。

1)压送设备是燃气输配系统的心脏，用来提高燃气压力或输送燃气。目前，在中、低压两级系统中使用的压送设备有罗茨式鼓风机和往复式压送机。

2)储存装置的作用是保证不间断地供应燃气，平衡、调度燃气供应量。其设备主要有低压湿式储气柜、低压干式储气柜、高压储气罐（圆筒形、球形)。

燃气压送储存系统的工艺有低压储存、中压输送,低压储存、中低压分路输送等。

二、燃气管道系统

城镇燃气管道系统由输气干管、中压输配干管、低压输配干管、配气支管和用气管道组成。

(1)输气干管。输气干管是将燃气从气源厂或门站送至城市各高中压调压站的管道,燃气压力一般为高压 A 及高压 B。

(2)中压输配干管。中压输配干管是将燃气从气源厂或储配站送至城市各用气区域的管道,包括出厂管、出站管和城市道路干管。

(3)低压输配干管。低压输配干管是将燃气从调压站送至燃气供应地区,并沿途分配给各类用户的管道。

(4)配气支管。配气支管分为中压支管和低压支管。中压支管是将燃气从中压输配干管引至调压站的管道;低压支管是将燃气从低压输配干管引至各类用户室内燃气计量表前的管道。

(5)用气管道。用气管道是将燃气计量表引向室内各个燃具的管道。

三、燃气系统附属设备

燃气系统附属设备包括凝水器、补偿器、调压器及过滤器等。

(1)凝水器。凝水器按构造可分为封闭式和开启式两种,设置在输气管线上,用以收集、排除燃气的凝水。封闭式凝水器无盖,安装方便,密封良好,但不易清除内部的垃圾、杂质;开启式凝水器有可以拆卸的盖,内部垃圾、杂质清除比较方便。常用的凝水器有铸铁凝水器、钢板凝水器等。

(2)补偿器。补偿器形式有套筒式补偿器和波形管补偿器,常用在架空管、桥管上,用以调节因环境温度变化而引起的管道膨胀与收缩。埋地铺设的聚乙烯管道,在长管段上通常设置套筒式补偿器。

(3)调压器。调压器按构造可分为直接式调压器与间接式调压器两类;按压力应用范围可分为高压、中压和低压调节器;按燃气供应对象可分为区域、专用和用户调压器,其作用是降低和稳定燃气输配管网的压力。直接式调压器靠主调压器自动调节,间接式调压器设有指挥系统。

(4)过滤器。过滤器通常设置在压送机、调压器、阀门等设备进口处,用以清除燃气中的灰尘、焦油等杂质。过滤器的过滤层由不锈钢丝绒或尼龙网组成。

第二章　水暖工程施工图识读

第一节　工程制图基本规定

一、图纸幅面

(1)图纸幅面及图框尺寸应符合表 2-1 的规定及图 2-1～图 2-4 的格式。

表 2-1　　**幅面及图框尺寸**　　mm

尺寸代号＼幅面代号	A0	A1	A2	A3	A4
$b \times l$	841×1189	594×841	420×594	297×420	210×297
c	10			5	
a	25				

注:表中 b 为幅面短边尺寸,l 为幅面长边尺寸,c 为图框线与幅面线间宽度,a 为图框线与装订边间宽度。

(2)需要微缩复制的图纸,其一个边上应附有一段准确米制尺度,四个边上均附有对中标志,米制尺度的总长应为 100mm,分格应为 10mm。对中标志应画在图纸内框各边长的中点处,线宽为 0.35mm,并应伸入内框边,在框外为 5mm。对中标志的线段,于 l_1 和 b_1 范围取中。

(3)图纸的短边尺寸不应加长,A0～A3 幅面长边尺寸可加长,但应符合表 2-2 的规定。

表 2-2　　**图纸长边加长尺寸**　　mm

幅面代号	长边尺寸	长边加长后的尺寸
A0	1189	1486(A0＋1/4l)　1635(A0＋3/8l)　1783(A0＋1/2l) 1932(A0＋5/8l)　2080(A0＋3/4l)　2230(A0＋7/8l) 2378(A0＋l)

续表

幅面代号	长边尺寸	长边加长后的尺寸
A1	841	1051(A1+1/4l)　1261(A1+1/2l)　1471(A1+3/4l) 1682(A1+l)　1892(A1+5/4l)　2102(A1+3/2l)
A2	594	743(A2+1/4l)　891(A2+1/2l)　1041(A2+3/4l) 1189(A2+l)　1338(A2+5/4l)　1486(A2+3/2l) 1635(A2+7/4l)　1783(A2+2l)　1932(A2+9/4l) 2080(A2+5/2l)
A3	420	630(A3+1/2l)　841(A3+l)　1051(A3+3/2l) 1261(A3+2l)　1471(A3+5/2l)　1682(A3+3l) 1892(A3+7/2l)

注:有特殊需要的图纸,可采用 $b\times l$ 为 841mm×891mm 与 1189mm×1261mm 的幅面。

(4)图纸以短边作为垂直边应为横式,以短边作为水平边应为立式。A0~A3 图纸宜横式使用;必要时,也可立式使用。

(5)一个工程设计中,每个专业所使用的图纸,不宜多于两种幅面,不含目录及表格所采用的 A4 幅面。

二、标题栏

(1)图纸中应有标题栏、图框线、幅面线、装订边线和对中标志。图纸的标题栏及装订边的位置,应符合下列规定:

1)横式使用的图纸,应按图 2-1、图 2-2 的形式进行布置;

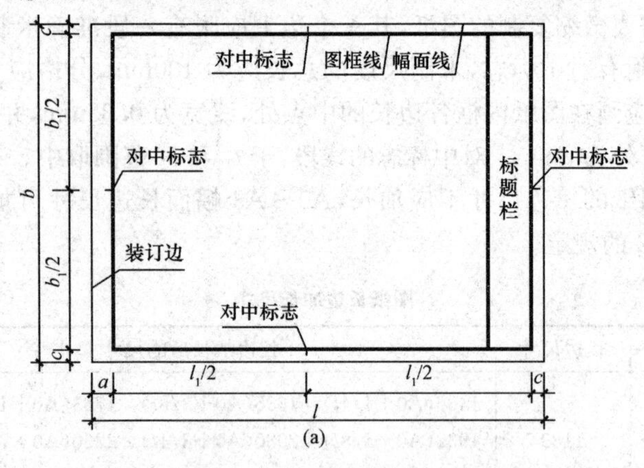

图 2-1　A0~A3 横式幅面(一)

2)立式使用的图纸,应按图 2-3、图 2-4 的形式进行布置。

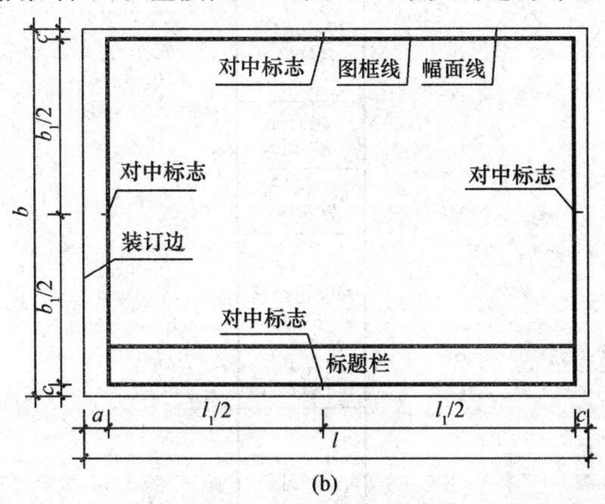

(b)

图 2-2　A0～A3 横式幅面(二)

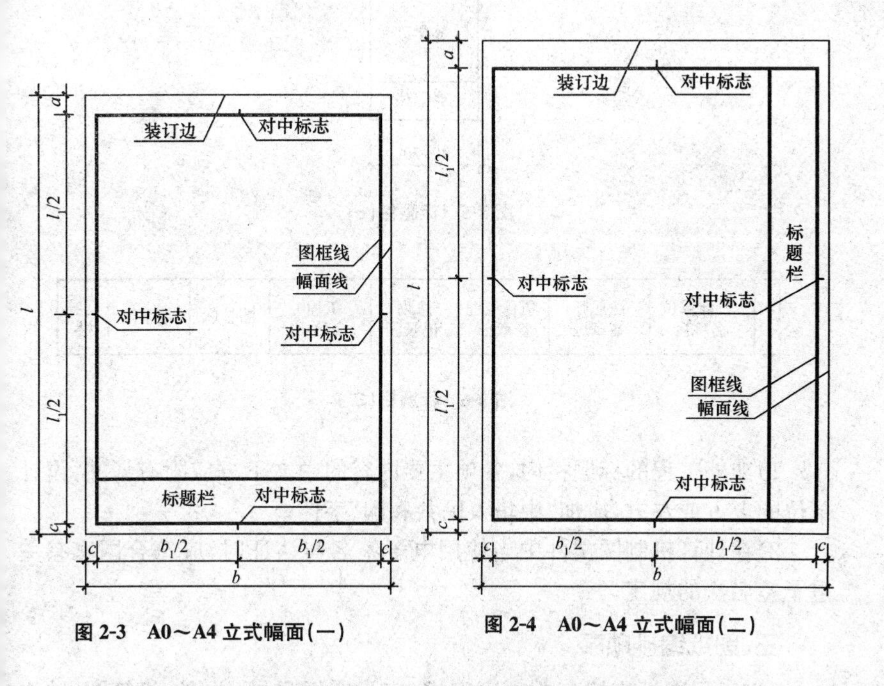

图 2-3　A0～A4 立式幅面(一)

图 2-4　A0～A4 立式幅面(二)

(2)标题栏应符合图 2-5、图 2-6 的规定,根据工程的需要选择确定其尺寸、格式及分区。签字栏应包括实名列和签名列,并应符合下列规定:

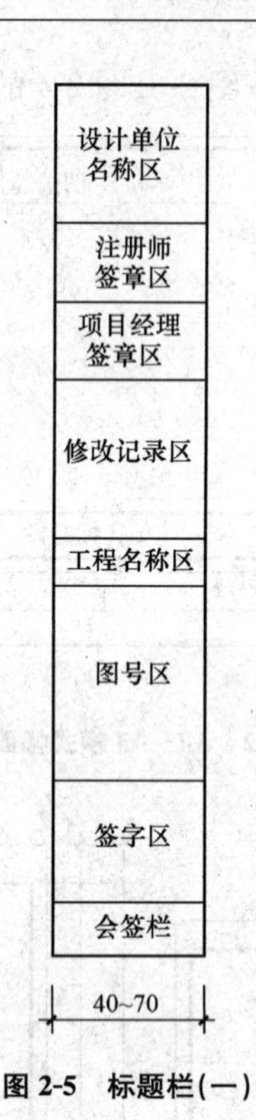

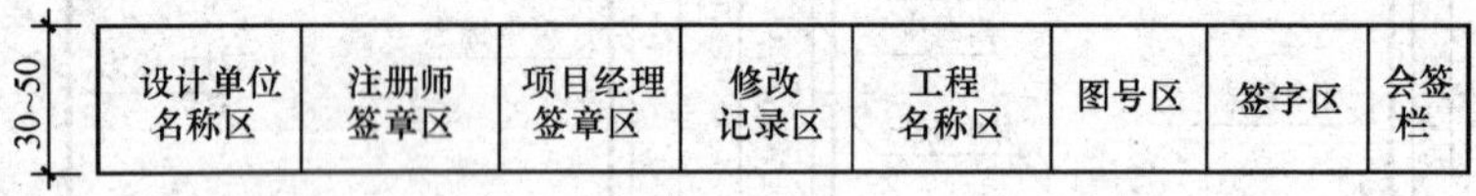

设计单位
名称区
注册师
签章区
项目经理
签章区
修改记录区
工程名称区
图号区
签字区
会签栏
40~70

图 2-5 标题栏(一)

30~50
设计单位
名称区
注册师
签章区
项目经理
签章区
修改
记录区
工程
名称区
图号区
签字区
会签
栏

图 2-6 标题栏(二)

1)涉外工程的标题栏内,各项主要内容的中文下方应附有译文,设计单位的上方或左方,应加"中华人民共和国"字样;

2)在计算机制图文件中当使用电子签名与认证时,应符合国家有关电子签名法的规定。

三、图纸编排顺序

(1)工程图纸应按专业顺序编排,应为图纸目录、总图、建筑图、结构图、给水排水图、暖通空调图、电气图等。

(2)各专业的图纸，应按图纸内容的主次关系、逻辑关系进行分类排序。

四、图线与比例

1. 图线

(1)图线的宽度 b，宜从 1.4mm、1.0mm、0.7mm、0.5mm、0.35mm、0.25mm、0.18mm、0.13mm 线宽系列中选取。图线宽度不应小于 0.1mm。每个图样，应根据复杂程度与比例大小，先选定基本线宽 b，再选用表 2-3 中相应的线宽组。

表 2-3　　线宽组　　mm

线宽比	线宽组			
b	1.4	1.0	0.7	0.5
$0.7b$	1.0	0.7	0.5	0.35
$0.5b$	0.7	0.5	0.35	0.25
$0.25b$	0.35	0.25	0.18	0.13

注：1. 需要缩微的图纸，不宜采用 0.18mm 及更细的线宽。
2. 同一张图纸内，各不同线宽中的细线，可统一采用较细的线宽组的细线。

(2)工程建设制图应选用表 2-4 所示的图线。

表 2-4　　图线

名称		线　型	线宽	用　途
实线	粗		b	主要可见轮廓线
	中粗		$0.7b$	可见轮廓线
	中		$0.5b$	可见轮廓线、尺寸线、变更云线
	细		$0.25b$	图例填充线、家具线
虚线	粗		b	见各有关专业制图标准
	中粗		$0.7b$	不可见轮廓线
	中		$0.5b$	不可见轮廓线、图例线
	细		$0.25b$	图例填充线、家具线
单点长画线	粗		b	见各有关专业制图标准
	中		$0.5b$	见各有关专业制图标准
	细		$0.25b$	中心线、对称线、轴线等

续表

名称		线　型	线宽	用　途
双点长画线	粗		b	见各有关专业制图标准
	中		0.5b	见各有关专业制图标准
	细		0.25b	假想轮廓线、成型前原始轮廓线
折断线	细		0.25b	断开界线
波浪线	细		0.25b	断开界线

(3)同一张图纸内，相同比例的各图样，应选用相同的线宽组。

(4)图纸的图框和标题栏线可采用表 2-5 的线宽。

表 2-5　图框和标题栏线的宽度　　mm

幅面代号	图框线	标题栏外框线	标题栏分格线
A0、A1	b	0.5b	0.25b
A2、A3、A4	b	0.7b	0.35b

(5)相互平行的图例线，其净间隙或线中间隙不宜小于 0.2mm。

(6)虚线、单点长画线或双点长画线的线段长度和间隔，宜各自相等。

(7)单点长画线或双点长画线，当在较小图形中绘制有困难时，可用实线代替。

(8)单点长画线或双点长画线的两端，不应是点。点画线与点画线交接点或点画线与其他图线交接时，应是线段交接。

(9)虚线与虚线交接或虚线与其他图线交接时，应是线段交接。虚线为实线的延长线时，不得与实线相接。

(10)图线不得与文字、数字或符号重叠、混淆，不可避免时，应首先保证文字的清晰。

2. 比例

(1)图样的比例，应为图形与实物相对应的线性尺寸之比。

(2)比例的符号应为"："，比例应以阿拉伯数字表示。

(3)比例宜注写在图名的右侧，字的基准线应取平；比例的字高宜比图名的字高小一号或二号(图 2-7)。

平面图 1:100　　⑥ 1:20

图 2-7　比例的注写

（4）绘图所用的比例应根据图样的用途与被绘对象的复杂程度，从表 2-6中选用，并应优先采用表中常用比例。

表 2-6 绘图所用的比例

常用比例	1∶1、1∶2、1∶5、1∶10、1∶20、1∶30、1∶50、1∶100、1∶150、1∶200、1∶500、1∶1000、1∶2000
可用比例	1∶3、1∶4、1∶6、1∶15、1∶25、1∶40、1∶60、1∶80、1∶250、1∶300、1∶400、1∶600、1∶5000、1∶10000、1∶20000、1∶50000、1∶100000、1∶200000

（5）一般情况下，一个图样应选用一种比例。根据专业制图需要，同一图样可选用两种比例。

（6）特殊情况下也可自选比例，这时除应注出绘图比例外，还应在适当位置绘制出相应的比例尺。

五、字体

（1）图纸上所需书写的文字、数字或符号等，均应笔画清晰、字体端正、排列整齐；标点符号应清楚正确。

（2）文字的字高应从表 2-7 中选用。字高大于 10mm 的文字宜采用 True type 字体，当需书写更大的字时，其高度应按$\sqrt{2}$的倍数递增。

表 2-7 文字的字高 mm

字体种类	中文矢量字体	True type 字体及非中文矢量字体
字高	3.5、5、7、10、14、20	3、4、6、8、10、14、20

（3）图样及说明中的汉字，宜采用长仿宋体或黑体，同一图纸字体种类不应超过两种。长仿宋体的高宽关系应符合表 2-8 的规定，黑体字的宽度与高度应相同。大标题、图册封面、地形图等的汉字，也可书写成其他字体，但应易于辨认。

表 2-8 长仿宋字高宽关系 mm

字高	20	14	10	7	5	3.5
字宽	14	10	7	5	3.5	2.5

（4）汉字的简化字书写应符合国家有关汉字简化方案的规定。

(5)图样及说明中的拉丁字母、阿拉伯数字与罗马数字，宜采用单线简体或 ROMAN 字体。拉丁字母、阿拉伯数字与罗马数字的书写规则，应符合表 2-9 的规定。

表 2-9　　拉丁字母、阿拉伯数字与罗马数字的书写规则

书写格式	字　体	窄字体
大写字母高度	h	h
小写字母高度(上下均无延伸)	$7/10h$	$10/14h$
小写字母伸出的头部或尾部	$3/10h$	$4/14h$
笔画宽度	$1/10h$	$1/14h$
字母间距	$2/10h$	$2/14h$
上下行基准线的最小间距	$15/10h$	$21/14h$
词间距	$6/10h$	$6/14h$

(6)拉丁字母、阿拉伯数字与罗马数字，当需写成斜体字时，其斜度应是从字的底线逆时针向上倾斜 75°。斜体字的高度和宽度应与相应的直体字相等。

(7)拉丁字母、阿拉伯数字与罗马数字的字高，不应小于 2.5mm。

(8)数量的数值注写，应采用正体阿拉伯数字。各种计量单位凡前面有量值的，均应采用国家颁布的单位符号注写。单位符号应采用正体字母。

(9)分数、百分数和比例数的注写，应采用阿拉伯数字和数学符号。

(10)当注写的数字小于 1 时，应写出各位的“0”，小数点应采用圆点，齐基准线书写。

(11)长仿宋汉字、拉丁字母、阿拉伯数字与罗马数字示例应符合现行国家标准《技术制图　字体》(GB/T 14691)的有关规定。

六、符号

1. 剖切符号

(1)剖视的剖切符号应由剖切位置线及剖视方向线组成，均应以粗实线绘制。剖视的剖切符号应符合下列规定：

1)剖切位置线的长度宜为 6～10mm；剖视方向线应垂直于剖切位置线，长度应短于剖切位置线，宜为 4～6mm(图 2-8)，也可采用国际统一和

常用的剖视方法,如图 2-9 所示。绘制时,剖视剖切符号不应与其他图线相接触。

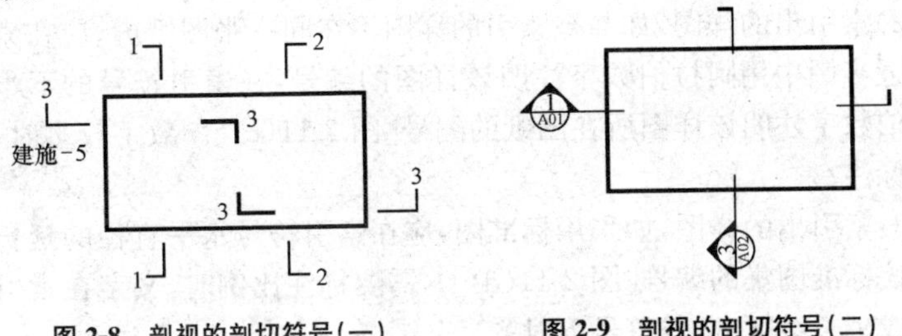

图 2-8 剖视的剖切符号(一)　　图 2-9 剖视的剖切符号(二)

2)剖视剖切符号的编号宜采用粗阿拉伯数字,按剖切顺序由左至右、由下向上连续编排,并应注写在剖视方向线的端部。

3)需要转折的剖切位置线,应在转角的外侧加注与该符号相同的编号。

4)建(构)筑物剖面图的剖切符号应注在±0.000 标高的平面图或首层平面图上。

5)局部剖面图(不含首层)的剖切符号应注在包含剖切部位的最下面一层的平面图上。

(2)断面的剖切符号应符合下列规定:

1)断面的剖切符号应只用剖切位置线表示,并应以粗实线绘制,长度宜为6～10mm;

2)断面剖切符号的编号宜采用阿拉伯数字,按顺序连续编排,并应注写在剖切位置线的一侧;编号所在的一侧应为该断面的剖视方向(图 2-10)。

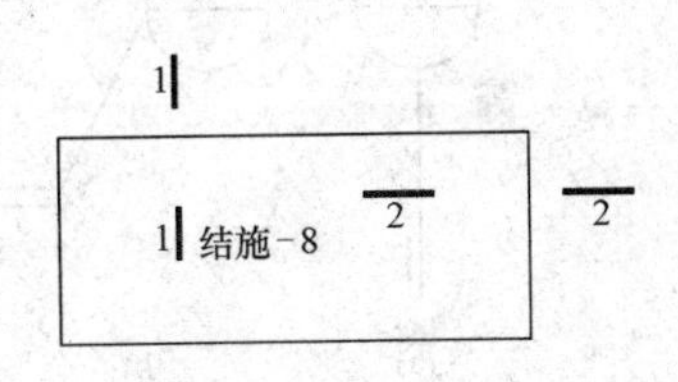

图 2-10 断面剖切符号

(3)剖面图或断面图,当与被剖切图样不在同一张图内,应在剖切位置线的另一侧注明其所在图纸的编号,也可以在图上集中说明。

2. 索引符号与详图符号

(1)图样中的某一局部或构件,如需另见详图,应以索引符号索引[图 2-11(a)]。索引符号是由直径为 8～10mm 的圆和水平直径组成,圆及水平直径应以细实线绘制。索引符号应按下列规定:

1)索引出的详图,如与被索引的详图同在一张图纸内,应在索引符号

的上半圆中用阿拉伯数字注明该详图的编号,并在下半圆中间画一段水平细实线[图 2-11(b)];

2)索引出的详图,如与被索引的详图不在同一张图纸内,应在索引符号的上半圆中用阿拉伯数字注明该详图的编号,在索引符号的下半圆用阿拉伯数字注明该详图所在图纸的编号[图 2-11(c)]。数字较多时,可加文字标注;

3)索引出的详图,如采用标准图,应在索引符号水平直径的延长线上加注该标准图集的编号[图 2-11(d)]。需要标注比例时,文字在索引符号右侧或延长线下方,与符号下对齐。

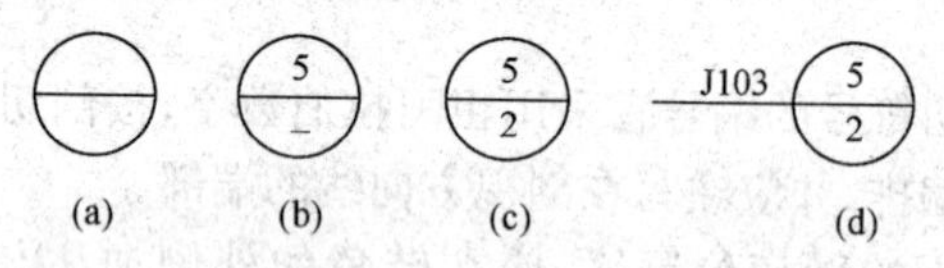

图 2-11　索引符号

(2)索引符号当用于索引剖视详图,应在被剖切的部位绘制剖切位置线,并以引出线引出索引符号,引出线所在的一侧应为剖视方向。索引符号的编写应符合规定(图 2-12)。

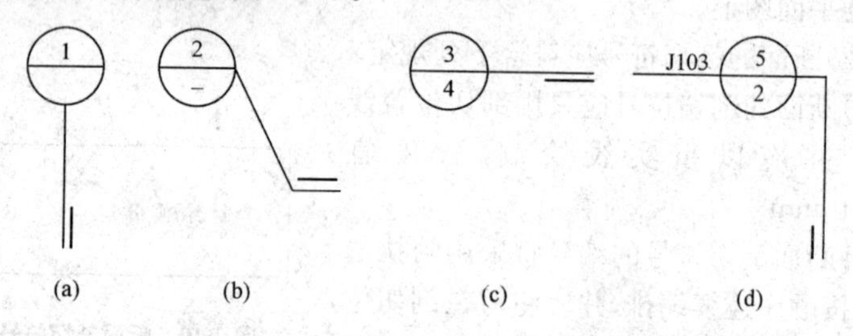

图 2-12　用于索引剖面详图的索引符号

(3)零件、钢筋、杆件、设备等的编号宜以直径为 5～6mm的细实线圆表示,同一图样应保持一致,其编号应用阿拉伯数字按顺序编写(图 2-13)。消火栓、配电箱、管井等的索引符号,直径宜为 4～6mm。

图 2-13　零件、钢筋等的编号

(4)详图的位置和编号应以详图符号表示。详图符号的圆应以直径为 14mm 粗实线绘制。详图编号应符合下列规定:

1)详图与被索引的图样同在一张图纸内时，应在详图符号内用阿拉伯数字注明详图的编号(图 2-14)；

2)详图与被索引的图样不在同一张图纸内时，应用细实线在详图符号内画一水平直径，在上半圆中注明详图编号，在下半圆中注明被索引的图纸的编号(图 2-15)。

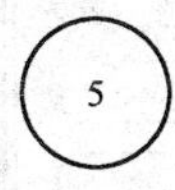

图 2-14　与被索引图样同在一张图纸内的详图符号

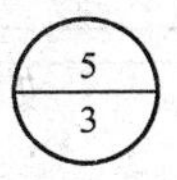

图 2-15　与被索引图样不在同一张图纸内的详图符号

3. 引出线

(1)引出线应以细实线绘制，宜采用水平方向的直线，与水平方向成 30°、45°、60°、90°的直线，或经上述角度再折为水平线。文字说明宜注写在水平线的上方[图 2-16(a)]，也可注写在水平线的端部[图 2-16(b)]。索引详图的引出线，应与水平直径线相连接[图 2-16(c)]。

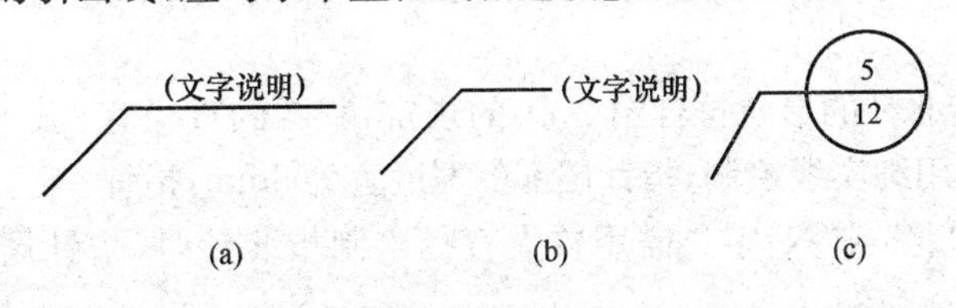

图 2-16　引出线

(2)同时引出的几个相同部分的引出线，宜互相平行[图 2-17(a)]，也可画成集中于一点的放射线[图 2-17(b)]。

(3)多层构造或多层管道共用引出线，应通过被引出的各层，并用圆点示意对应各层次。文字说明宜注写在水平线的上方，或注写在水平线的端部，说明的顺序应由上至下，并应与被说明的层次对应一致；如层次为横向排序，则由上至下的说明顺序应与由左至右的层次对应一致(图 2-18)。

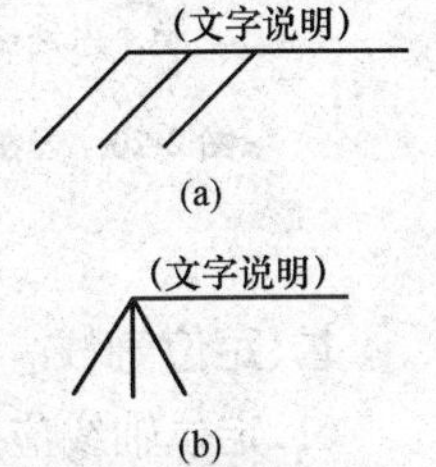

图 2-17　共用引出线

4. 其他符号

(1)对称符号由对称线和两端的两对平行线组成。对称线用细单点长画线绘制；平行线用细实线绘制，其长度宜为 6～10mm，每对的间距宜为 2～3mm；

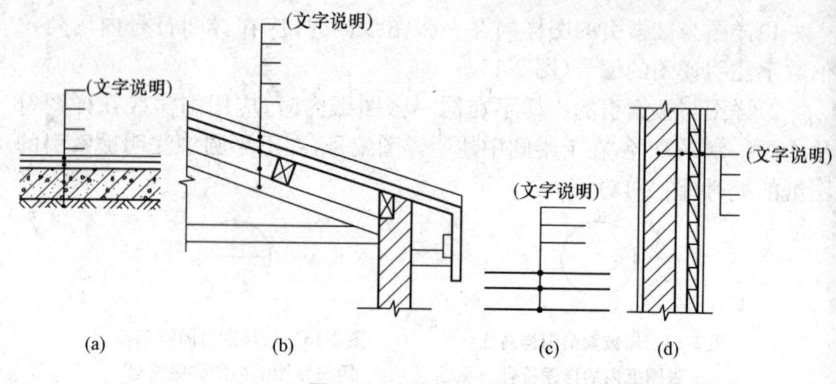

图 2-18　多层构造引出线

对称线垂直平分于两对平行线,两端超出平行线宜为 2～3mm(图 2-19)。

(2)连接符号应以折断线表示需连接的部位。两部位相距过远时,折断线两端靠图样一侧应标注大写拉丁字母表示连接编号。两个被连接的图样应用相同的字母编号(图 2-20)。

图 2-19　对称符号

(3)指北针的形状符合图 2-21 的规定,其圆的直径宜为 24mm,用细实线绘制;指针尾部的宽度宜为 3mm,指针头部应注“北”或“N”字。需用较大直径绘制指北针时,指针尾部的宽度宜为直径的 1/8。

(4)对图纸中局部变更部分宜采用云线,并宜注明修改版次(图 2-22)。

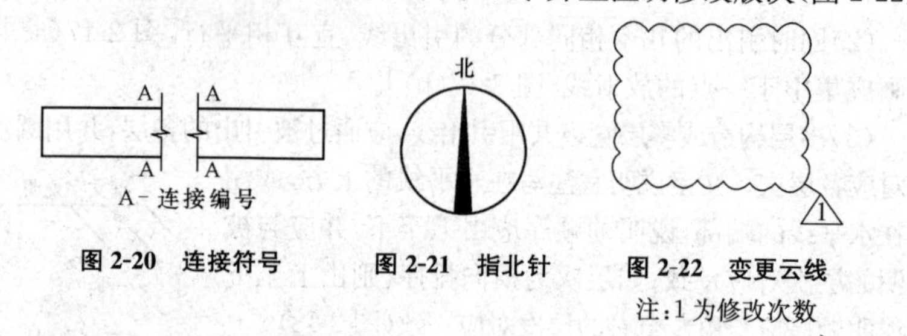

图 2-20　连接符号　　图 2-21　指北针　　图 2-22　变更云线

注:1 为修改次数

七、定位轴线

(1)定位轴线应用细单点长画线绘制。

(2)定位轴线应编号,编号应注写在轴线端部的圆内。圆应用细实线绘制,直径为 8～10mm。定位轴线圆的圆心应在定位轴线的延长线上或延长线的折线上。

(3)除较复杂需采用分区编号或圆形、折线形外,平面图上定位轴线的编号,宜标注在图样的下方或左侧。横向编号应用阿拉伯数字,从左至右顺序编写;竖向编号应用大写拉丁字母,从下至上顺序编写(图 2-23)。

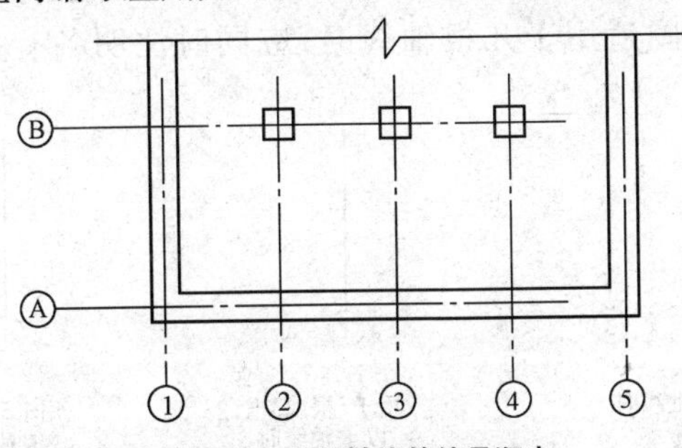

图 2-23　定位轴线的编号顺序

(4)拉丁字母作为轴线号时,应全部采用大写字母,不应用同一个字母的大小写来区分轴线号。拉丁字母的 I、O、Z 不得用做轴线编号。当字母数量不够使用,可增用双字母或单字母加数字注脚。

(5)组合较复杂的平面图中定位轴线也可采用分区编号(图 2-24)。编号的注写形式应为"分区号-该分区编号"。"分区号-该分区编号"采用阿拉伯数字或大写拉丁字母表示。

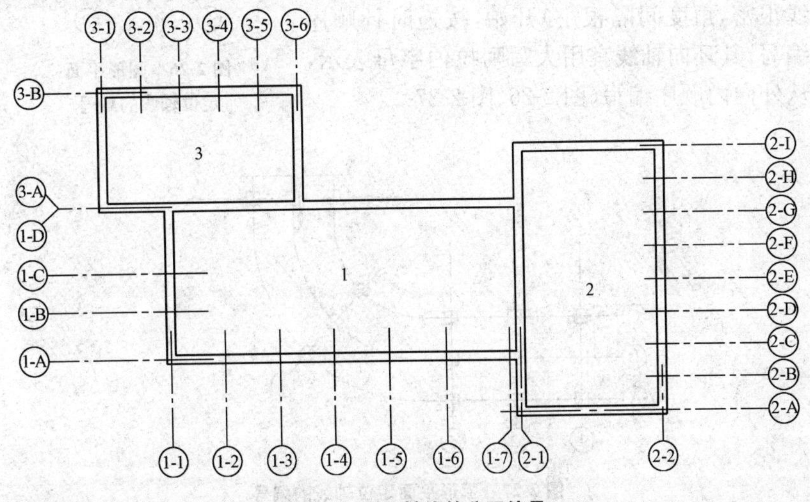

图 2-24　定位轴线的分区编号

(6)附加定位轴线的编号,应以分数形式表示,并应符合下列规定:

1)两根轴线的附加轴线,应以分母表示前一轴线的编号,分子表示附加轴线的编号。编号宜用阿拉伯数字顺序编写;

2)1号轴线或A号轴线之前的附加轴线的分母应以01或0A表示。

(7)一个详图适用于几根轴线时,应同时注明各有关轴线的编号(图2-25)。

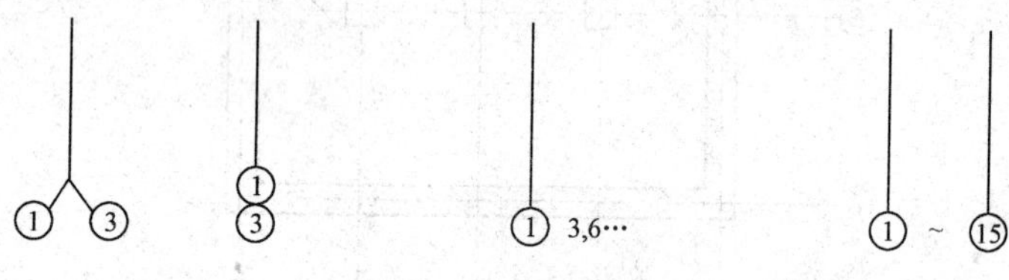

图2-25 详图的轴线编号

(8)通用详图中的定位轴线,应只画圆,不注写轴线编号。

(9)圆形与弧形平面图中的定位轴线,其径向轴线应以角度进行定位,其编号宜用阿拉伯数字表示,从左下角或－90°(若径向轴线很密,角度间隔很小)开始,按逆时针顺序编写;其环向轴线宜用大写阿拉伯字母表示,从外向内顺序编写(图2-26、图2-27)。

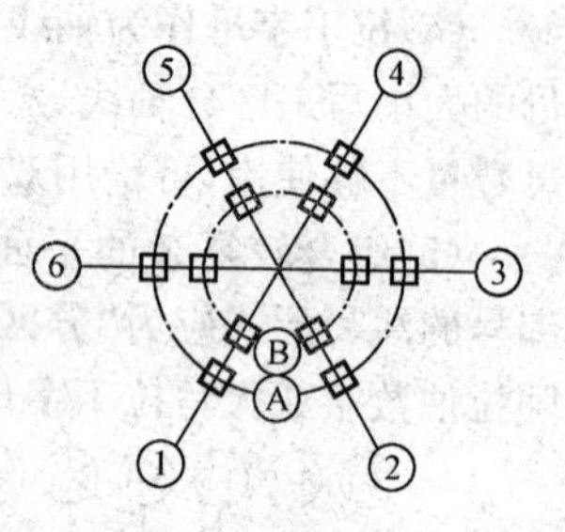

图2-26 圆形平面定位轴线的编号

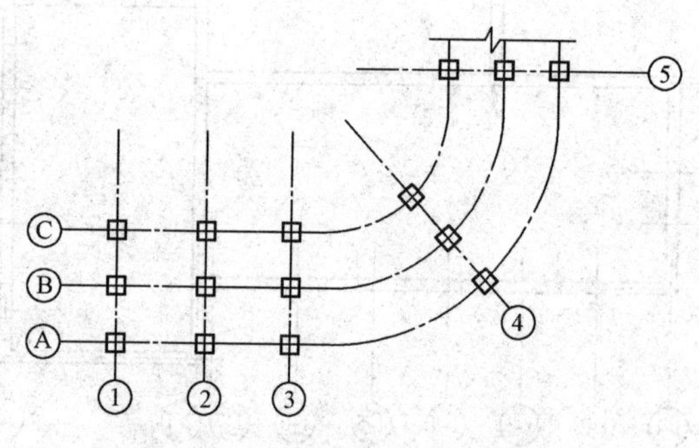

图2-27 弧形平面定位轴线的编号

(10)折线形平面图中定位轴线的编号可按图 2-28 的形式编写。

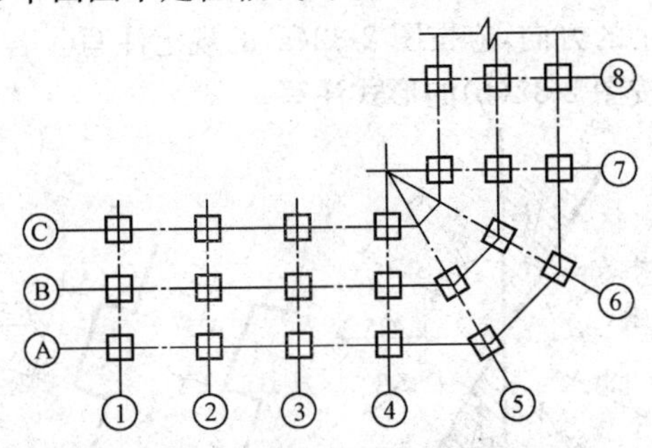

图 2-28　折线形平面定位轴线的编号

八、尺寸标准

1. 尺寸界线、尺寸线及尺寸起止符号

(1)图样上的尺寸,应包括尺寸界线、尺寸线、尺寸起止符号和尺寸数字(图 2-29)。

(2)尺寸界线应用细实线绘制,应与被注长度垂直,其一端应离开图样轮廓线不应小于 2mm,另一端宜超出尺寸线 2～3mm。图样轮廓线可用作尺寸界线(图 2-30)。

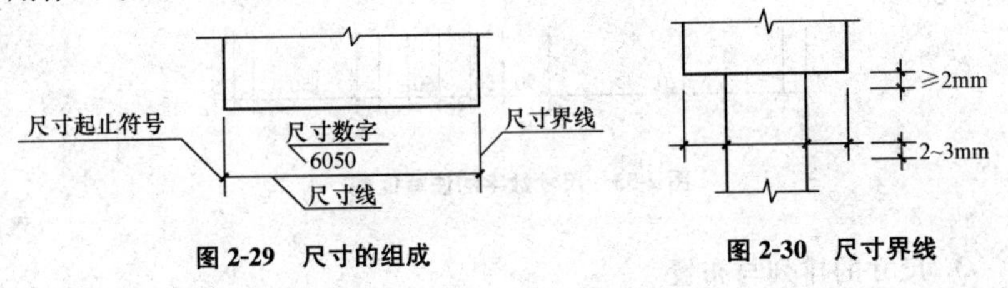

图 2-29　尺寸的组成　　图 2-30　尺寸界线

(3)尺寸线应用细实线绘制,应与被注长度平行。图样本身的任何图线均不得用作尺寸线。

(4)尺寸起止符号用中粗斜短线绘制,其倾斜方向应与尺寸界线成顺时针 45°角,长度宜为 2～3mm。半径、直径、角度与弧长的尺寸起止符号,宜用箭头表示(图 2-31)。

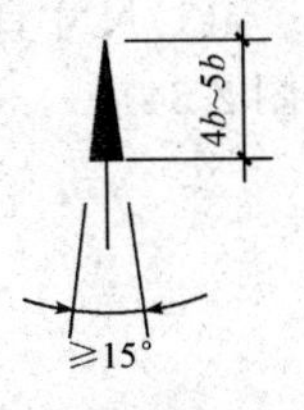

图 2-31　箭头尺寸起止符号

2. 尺寸数字

(1)图样上的尺寸,应以尺寸数字为准,不得从图上直接量取。

(2)图样上的尺寸单位,除标高及总平面以米为单位外,其他必须以毫米为单位。

(3)尺寸数字的方向,应按图 2-32(a)的规定注写。若尺寸数字在 30°斜线区内,也可按图 2-32(b)的形式注写。

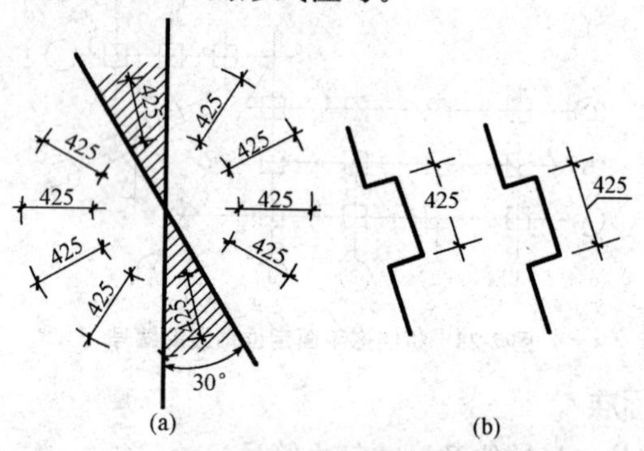

图 2-32　尺寸数字的注写方向

(4)尺寸数字应依据其方向注写在靠近尺寸线的上方中部。如没有足够的注写位置,最外边的尺寸数字可注写在尺寸界线的外侧,中间相邻的尺寸数字可上下错开注写,引出线端部用圆点表示标注尺寸的位置(图 2-33)。

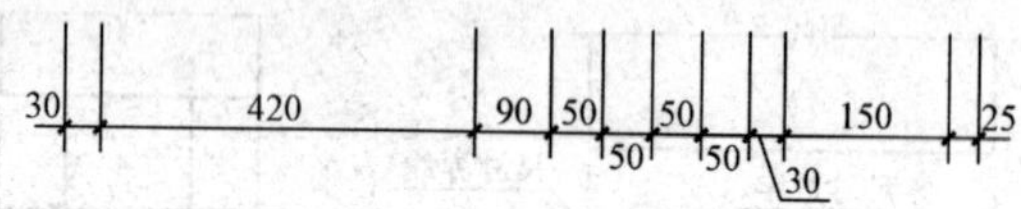

图 2-33　尺寸数字的注写位置

3. 尺寸的排列与布置

(1)尺寸宜标注在图样轮廓以外,不宜与图线、文字及符号等相交(图 2-34)。

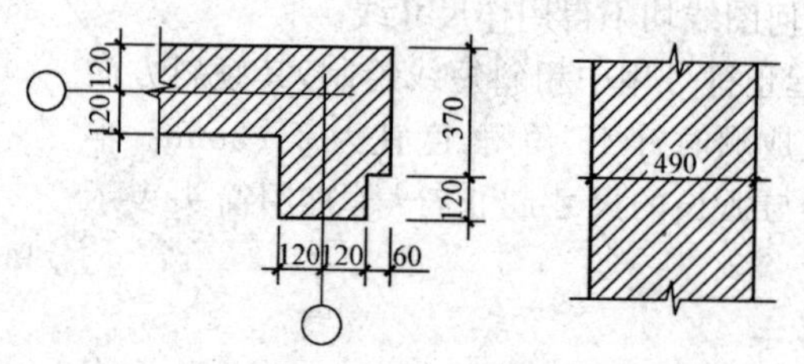

图 2-34　尺寸数字的注写

(2)互相平行的尺寸线,应从被注写的图样轮廓线由近向远整齐排列,较小尺寸应离轮廓线较近,较大尺寸应离轮廓线较远(图 2-35)。

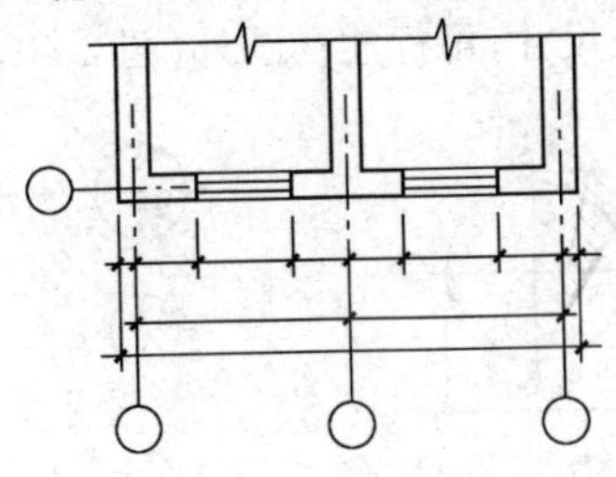

图 2-35　尺寸的排列

(3)图样轮廓线以外的尺寸界线,距图样最外轮廓之间的距离,不宜小于 10mm。平行排列的尺寸线的间距,宜为 7～10mm,并应保持一致(图 2-35)。

(4)总尺寸的尺寸界线应靠近所指部位,中间的分尺寸的尺寸界线可稍短,但其长度应相等(图 2-35)。

4. 半径、直径、球尺寸标注

(1)半径的尺寸线应一端从圆心开始,另一端两箭头指向圆弧。半径数字前应加注半径符号“*R*”(图 2-36)。

(2)较小圆弧的半径,可按图 2-37 形式标注。

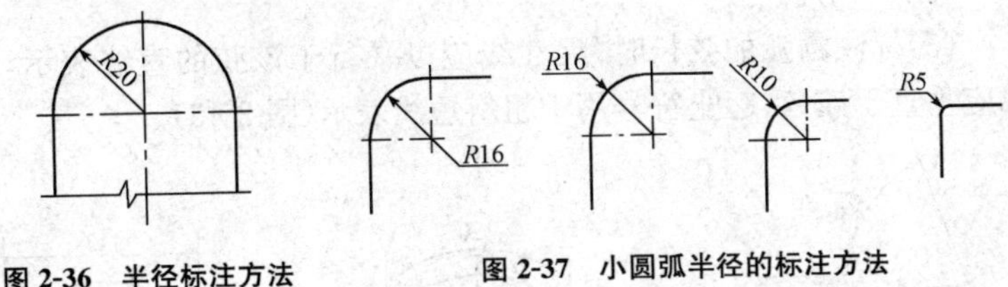

图 2-36　半径标注方法　　图 2-37　小圆弧半径的标注方法

(3)较大圆弧的半径,可按图 2-38 形式标注。

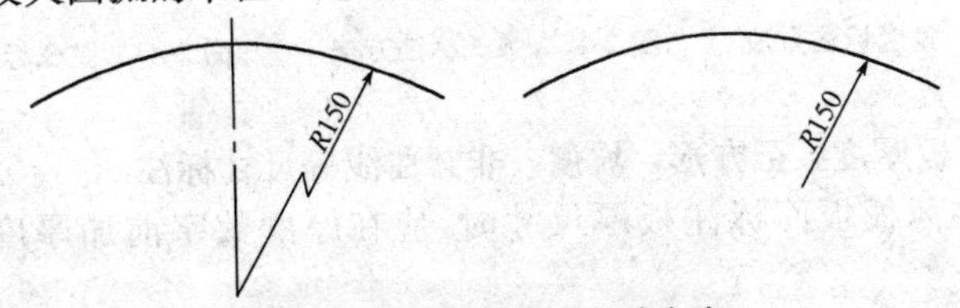

图 2-38　大圆弧半径的标注方法

(4)标注圆的直径尺寸时,直径数字前应加直径符号“ϕ”。在圆内标注的尺寸线应通过圆心,两端画箭头指至圆弧(图2-39)。

(5)较小圆的直径尺寸,可标注在圆外(图2-40)。

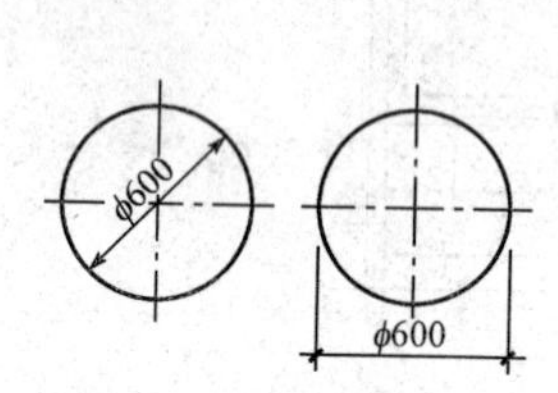

图2-39　圆直径的标注方法

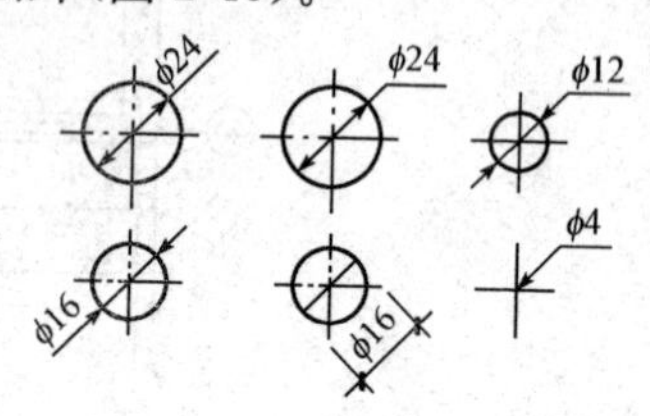

图2-40　小圆直径的标注方法

(6)标注球的半径尺寸时,应在尺寸前加注符号“SR”。标注球的直径尺寸时,应在尺寸数字前加注符号“$S\phi$”。注写方法与圆弧半径和圆直径的尺寸标注方法相同。

5. 角度、弧度、弧长标注

(1)角度的尺寸线应以圆弧表示。该圆弧的圆心应是该角的顶点,角的两条边为尺寸界线。起止符号应以箭头表示,如没有足够位置画箭头,可用圆点代替,角度数字应沿尺寸线方向注写(图2-41)。

(2)标注圆弧的弧长时,尺寸线应以与该圆弧同心的圆弧线表示,尺寸界线应指向圆心,起止符号用箭头表示,弧长数字上方应加注圆弧符号“⌒”(图2-42)。

(3)标注圆弧的弦长时,尺寸线应以平行于该弦的直线表示,尺寸界线应垂直于该弦,起止符号用中粗斜短线表示(图2-43)。

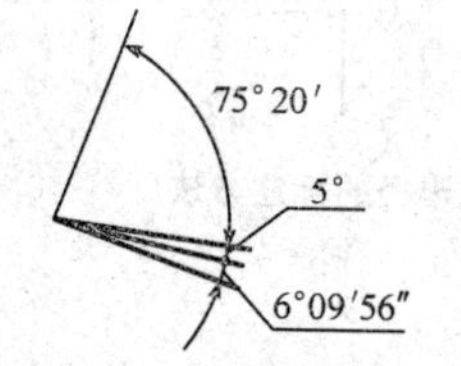

图2-41　角度标注方法

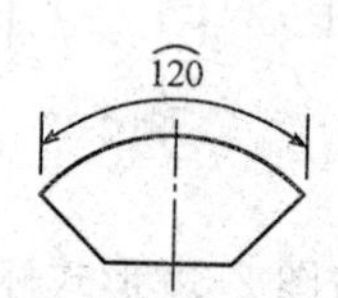

图2-42　弧长标注方法

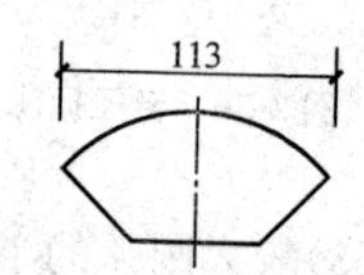

图2-43　弦长标注方法

6. 薄板厚度、正方形、坡度、非圆曲线等尺寸标注

(1)在薄板板面标注板厚尺寸时,应在厚度数字前加厚度符号“t”(图2-44)。

(2)标注正方形的尺寸,可用“边长×边长”的形式,也可在边长数字前加正方形符号"□"(图 2-45)。

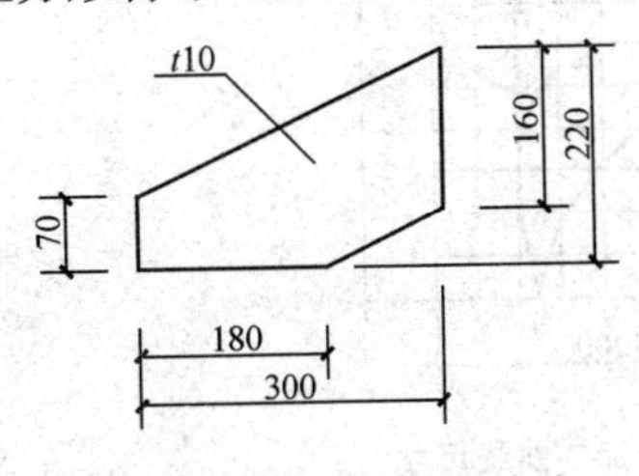

图 2-44　薄板厚度标注方法

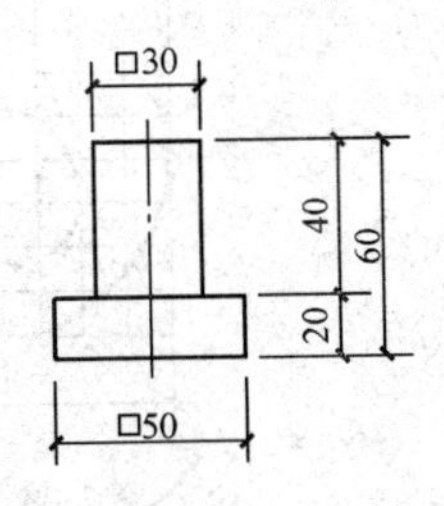

图 2-45　标注正方形尺寸

(3)标注坡度时,应加注坡度符号"←"[图 2-46(a)、(b)],该符号为单面箭头,箭头应指向下坡方向。坡度也可用直角三角形形式标注[图 2-46(c)]。

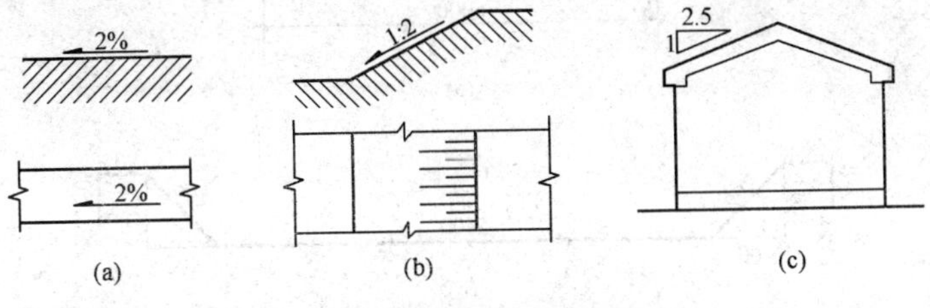

图 2-46　坡度标注方法

(4)外形为非圆曲线的构件,可用坐标形式标注尺寸(图 2-47)。

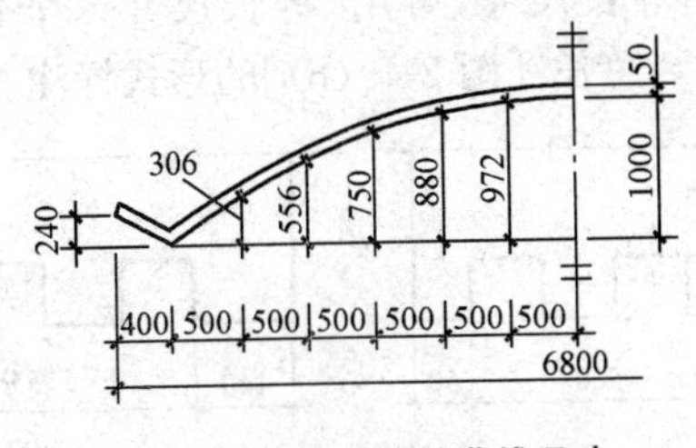

图 2-47　坐标法标注曲线尺寸

(5)复杂的图形,可用网格形式标注尺寸(图 2-48)。

7. 尺寸的简化标注

(1)杆件或管线的长度,在单线图(桁架简图、钢筋简图、管线简图)上,可直接将尺寸数字沿杆件或管线的一侧注写(图 2-49)。

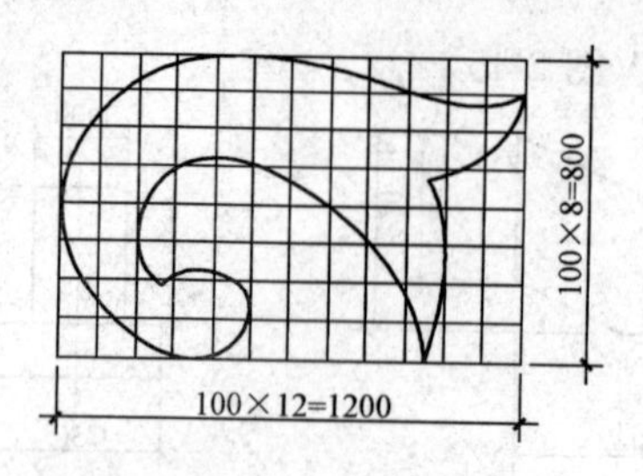

图 2-48　网格法标注曲线尺寸

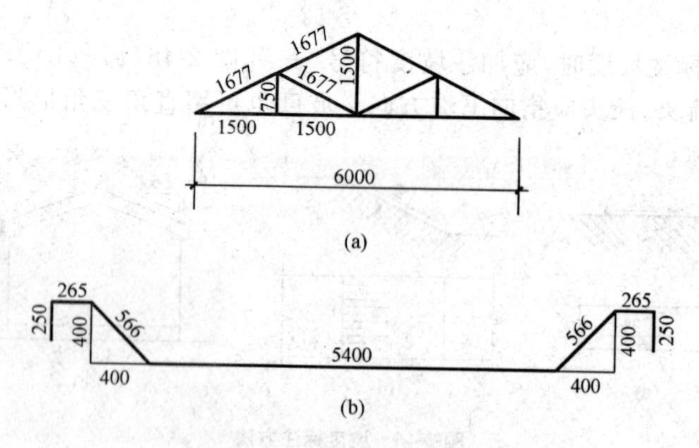

图 2-49　单线图尺寸标注方法

(2)连续排列的等长尺寸,可用“等长尺寸×个数=总长”[图 2-50(a)]或“等分×个数=总长”[图 2-49(b)]的形式标注。

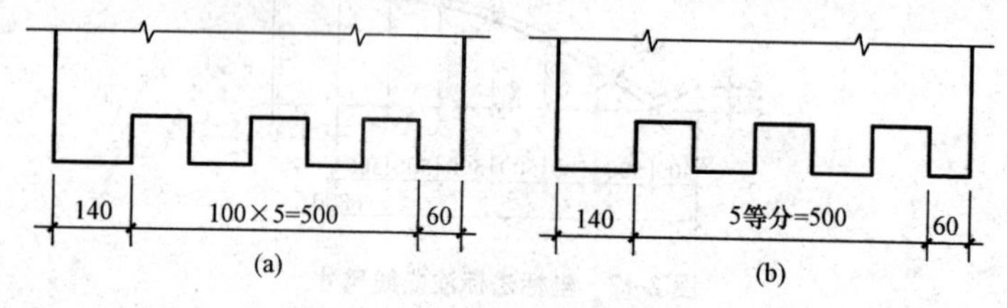

图 2-50　等长尺寸简化标注方法

(3)构配件内的构造因素(如孔、槽等)如相同,可仅标注其中一个要素的尺寸(图 2-51)。

(4)对称构配件采用对称省略画法时,该对称构配件的尺寸线应略超过对称符号,仅在尺寸线的一端画尺寸起止符号,尺寸数字应按整体全尺寸注写，其注写位置宜与对称符号对齐(图 2-52)。

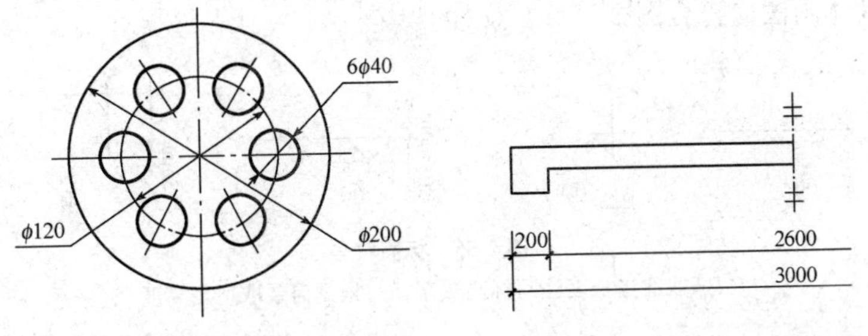

图 2-51　相同要素尺寸标注方法　　　图 2-52　对称构件尺寸标注方法

(5)两个构配件，如个别尺寸数字不同，可在同一图样中将其中一个构配件的不同尺寸数字注写在括号内，该构配件的名称也应注写在相应的括号内(图 2-53)。

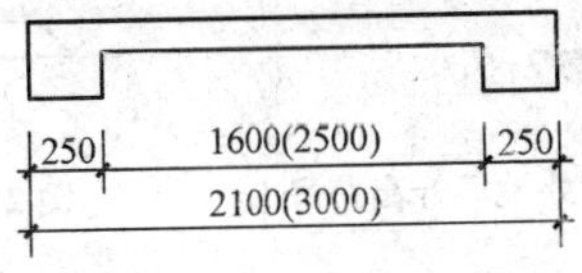

图 2-53　相似构件尺寸标注方法

(6)数个构配件，如仅某些尺寸不同，这些有变化的尺寸数字，可用拉丁字母注写在同一图样中，另列表格写明其具体尺寸(图 2-54)。

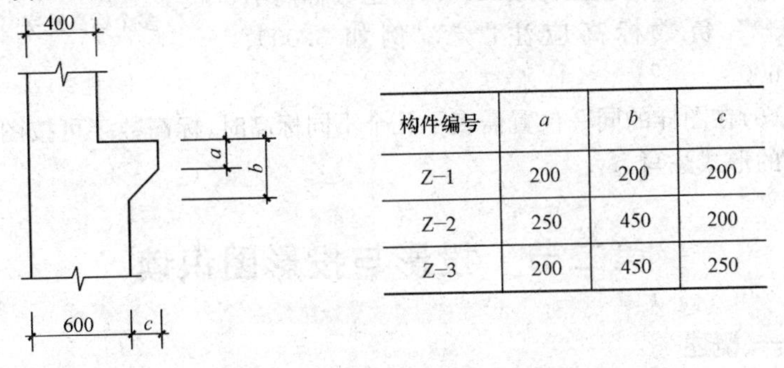

构件编号	*a*	*b*	*c*
Z-1	200	200	200
Z-2	250	450	200
Z-3	200	450	250

图 2-54　相似构配件尺寸表格式标注方法

8. 标高

(1)标高符号应以直角等腰三角形表示，按图 2-55(a)所示形式用细实线绘制，当标注位置不够，也可按图 2-55(b)所示形式绘制。标高符号的具体画法应符合图 2-55(c)、(d)的规定。

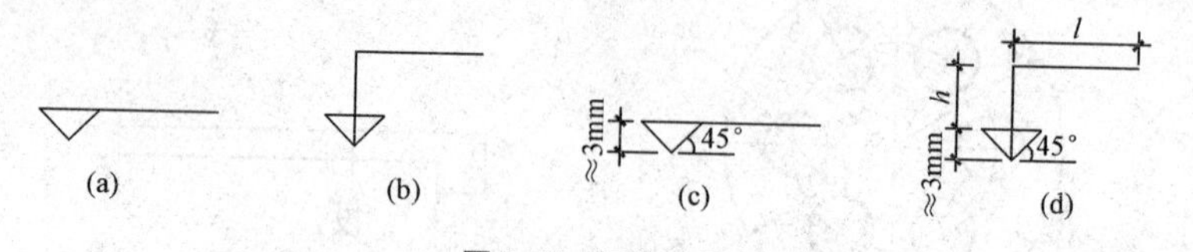

图 2-55　标高符号

l—取适当长度注写标高数字；h—根据需要取适当高度

(2)总平面图室外地坪标高符号，宜用涂黑的三角形表示，具体画法应符合图 2-56 的规定。

(3)标高符号的尖端应指至被注高度的位置。尖端宜向下，也可向上。标高数字应注写在标高符号的上侧或下侧(图 2-57)。

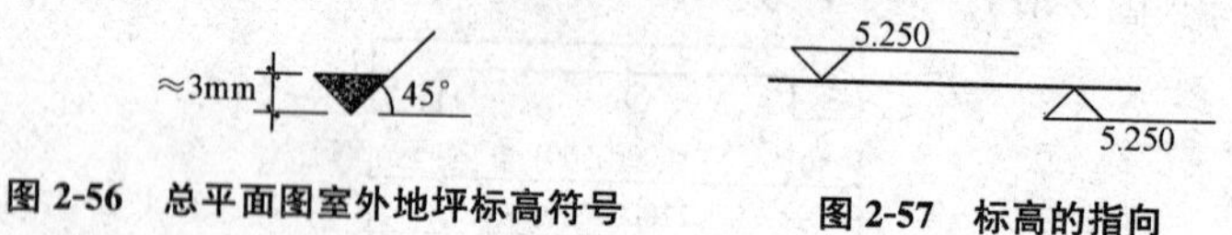

图 2-56　总平面图室外地坪标高符号　　**图 2-57　标高的指向**

(4)标高数字应以米为单位，注写到小数点以后第三位。在总平面图中，可注写到小数字点以后第二位。

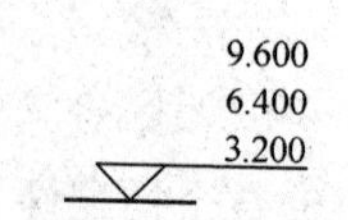

图 2-58　同一位置注写多个标高数字

(5)零点标高应注写成±0.000，正数标高不注“＋”，负数标高应注“－”，例如 3.000、－0.600。

(6)在图样的同一位置需表示几个不同标高时，标高数字可按图 2-58 所示的形式注写。

第二节　投影与投影图识读

一、概述

1. 投影图

光线投影于物体产生影子的现象称为投影，例如光线照射物体在地面或其他背景上产生影子，这个影子就是物体的投影。在制图学上把此投影称为投影图(也称视图)。

用一组假想的光线把物体的形状投射到投影面上，并在其上形成物体的图像，这种用投影图表示物体的方法称投影法，它表示光源、物体和投影面三者间的关系。投影法是绘制工程图的基础。

2. 投影法分类

工程制图上常用的投影法为中心投影法和平行投影法两类。

(1)中心投影法。投射线由一点放射出来的投影方法称为中心投影法，如图 2-59(a)所示。按中心投影法所得到的投影称为中心投影。

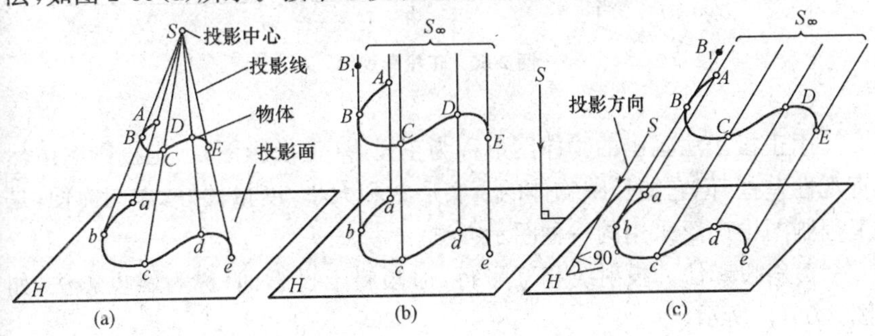

图 2-59　中心投影与平行投影

(2)平行投影法。当投影中心离开投影物而无限远时，投射线可以看作是相互平行的，投射线相互平行的投影方法称为平行投影法。平行投影法所得到的投影称为平行投影。根据投射线与投影面的位置关系不同，平行投影法又可分为正投影法和斜投影法两种。

1)正投影法。投射线相互平行而且垂直于投影面，称为正投影法，又称为直角投影法，如图 2-59(b)所示。

构成物体最基本的元素是点。点运动形成直线，直线运动形成平面。在正投影法中，点、直线、平面的投影，具有以下基本特性：

①显实性。当直线段平行于投影面时，其投影与直线等长。当平面平行于投影面时，其投影与该平面全等。即直线的长度和平面的大小可以从投影图中直接度量出来，这种特性称为显实性，如图 2-60(a)所示，这种投影称为实形投影。

②积聚性。直线、平面垂直于投影面时，其投影积聚为一点、直线时，这种特性称投影的积聚性，如图 2-60(b)所示。

③类似性。直线、平面倾斜于投影面时，其投影仍为直线(长度缩短)、平面(形状缩小)，这种特性称为投影的类似性，如图 2-60(c)所示。

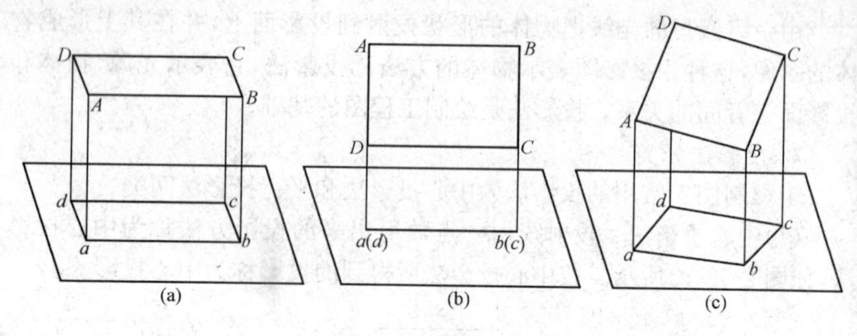

图 2-60　正投影规律

用正投影法画出的物体图形称为正投影(正投影图)。正投影图虽然直观性差些,但它能反映物体的真实形状和大小,度量性好,作图简便,是工程制图中广泛采用的一种图示方法。

2)斜投影法。投射线相互平行,但倾斜于投影面,称为斜投影法,如图 2-59(c)所示。

二、三面正投影图

1. 三面投影体系

如图 2-61 所示,空间五个不同形状的物体,在同一个投影面上的投影都是相同的。所以,在正投影法中形体的一个投影一般是不能反映空间形体形状的。

一般来说,用三个互相垂直的平面作投影面,用形体在这三个投影面上的三个投影才能充分表达出这个形体的空间形状。这三个互相垂直的投影面,称为三投影面体系,如图 2-62 所示。图中水平方向的投影面称为水平投影面,用字母 H 表示,也可以称为 H 面;与水平投影面垂直相交的正立方向的投影面称为正立投影面,用字母 V 表示,也可以称为 V 面;与水平投影面及正立投影面同时垂直相交的投影面称为侧立投影面,用字母 W 表示,也可以称为 W 面。各投影面相交的交线称为投影轴,其中 V 面与 H 面的相交线称作 X 轴;W 面与 H 面的相交线称作 Y 轴;V 面与 W 面的相交线称作 Z 轴,三条投影轴的交点 O 称为原点。

2. 三面投影图的形成与展开

从形体上各点向 H 面作投影线,即得到形体在 H 面上的投影,这个投影称为水平投影;从形体上各点向 V 面作投影线,即得到形体在 V 面上的投影，这个投影称为正面投影；从形体上各点向 W 面作投影线，即得到形体在 W 面上的投影，这个投影称为侧面投影。

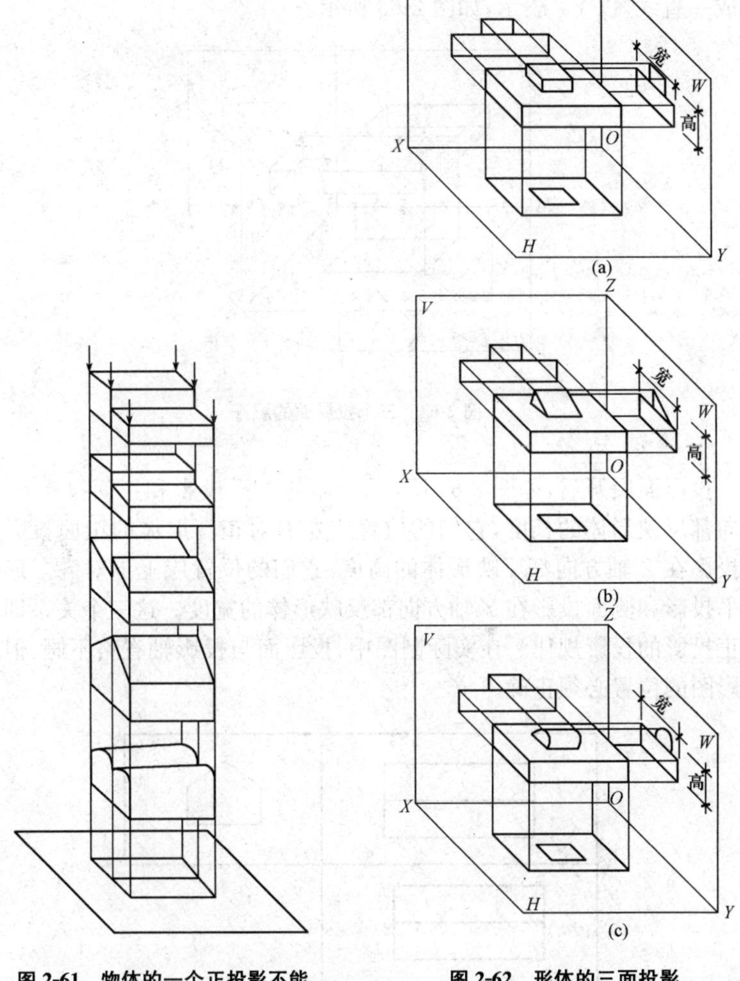

图 2-61　物体的一个正投影不能确定其空间的形状

图 2-62　形体的三面投影

由于三个投影面是互相垂直的，因此图 2-63 中形体的三个投影也就不在同一个平面上。为了能在一张图纸上同时反映出这三个投影，需要把这三个投影面按一定的规则展开在一个平面上，展开时，规定 V 面不动,H 面向下旋转 90°,W 面向右旋转 90°,使它们与 V 面展成在一个平面上,如图 2-63 所示。这时 Y 轴分成两条,一条随 H 面旋转到 Z 轴的正下方与 Z 轴成一直线,以 Y_H 表示;另一条随 W 面旋转到 X 轴的正右方与 X 轴成一直线,以 Y_W 表示,如图 2-63 所示。

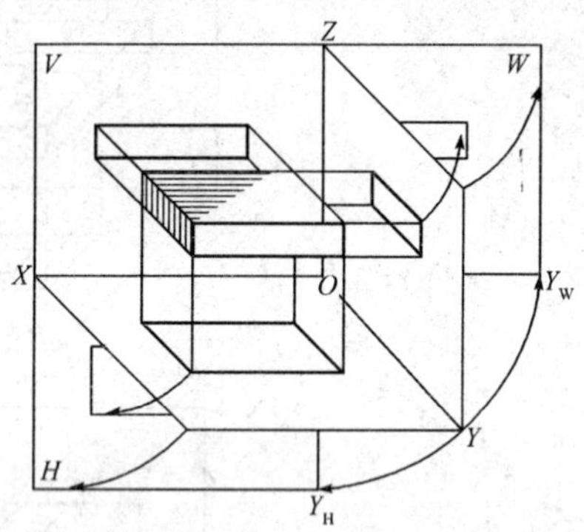

图 2-63　三个投影面的展开

投影面展开后,如图 2-64 所示,形体的水平投影和正面投影在 X 轴方向都反映形体的长度,它们的位置应左右对正。形体的正面投影和侧面投影在 Z 轴方向都反映形体的高度,它们的位置应上下对齐。形体的水平投影和侧面投影在 Y 轴方向都反映形体的宽度。这三个关系即为三面正投影的投影规律。在实际制图中,投影面与投影轴省略不画,但三面投影图的位置必须正确。

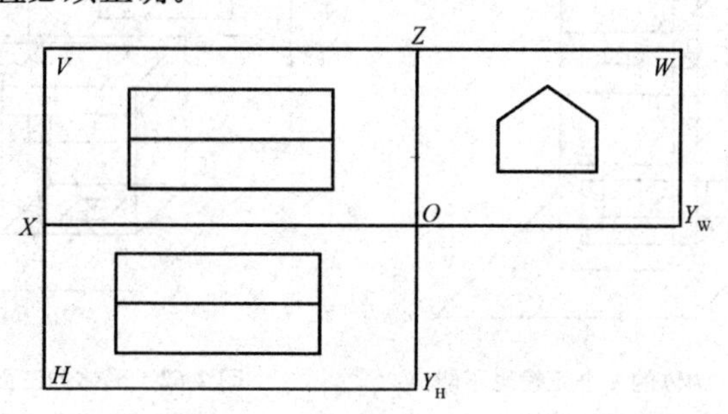

图 2-64　投影面展开图

3. 三面投影图的投影规律

(1)三面投影图中的每一个投影图表示物体的两个向度和一个面的

形状，即：V 面投影反映物体的长度和高度；H 面投影反映物体的长度和宽度；W 面投影反映物体的高度和宽度。

（2）三面投影图的“三等关系”：长对正，即 H 面投影图的长与 V 面投影图的长相等；高平齐，即 V 面投影图的高与 W 面投影图的高相等；宽相等，即 H 面投影图中的宽与 W 投影图的宽相等。

（3）三面投影图与各方位之间的关系。物体都具有左、右、前、后、上、下六个方向，在三面图中，它们的对应关系为：V 面图反映物体的上、下和左、右的关系；H 面图反映物体的左、右和前、后的关系；W 面图反映物体的前、后和上、下的关系。

三、直线与平面的三面正投影特性

1. 直线的三面正投影特性

（1）投影面平行线。平行于一个投影面，而倾斜于另两个投影面的直线，称为投影面平行线。投影面平行线分为水平线、正平线和侧平线。

1）水平线：直线平行于 H 面，倾斜于 V 面和 W 面。水平线的直观图如图 2-65 所示，投影图如图 2-66 所示，其投影特性包括以下几点：

①水平投影反映实长。

②水平投影与 X 轴和 Y 轴的夹角，分别反映直线与 V 面和 W 面的倾角 β 和 γ。

③正面投影及侧面投影分别平行于 X 轴及 Y 轴，但不反映实长。

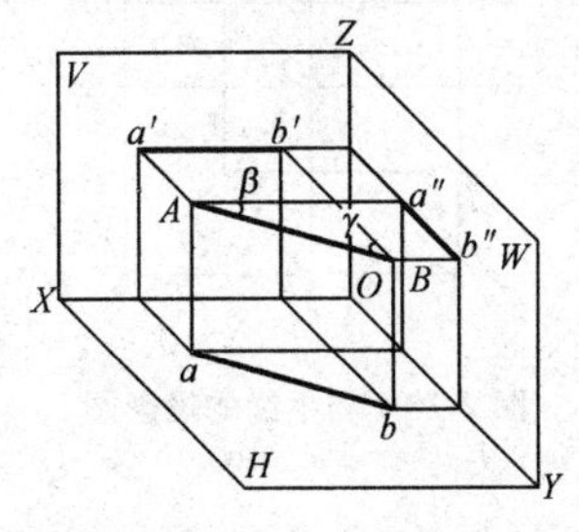

图 2-65　水平线的直观图

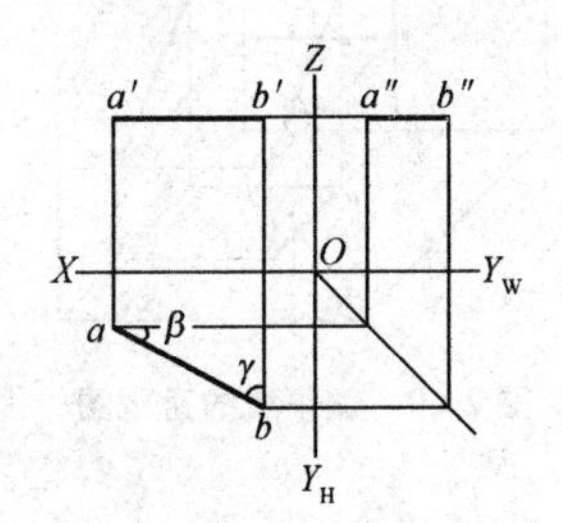

图 2-66　水平线的投影图

2）正平线：直线平行于 V 面，倾斜于 H 面和 W 面。正平线的直观图如图 2-67 所示，投影图如图 2-68 所示，其投影特性包括以下几点：

①正面投影反映实长。

②正面投影与 X 轴和 Z 轴的夹角，分别反映直线与 H 面和 W 面的

倾角 α 和 γ。

③水平投影及侧面投影分别平行于 X 轴及 Z 轴，但不反映实长。

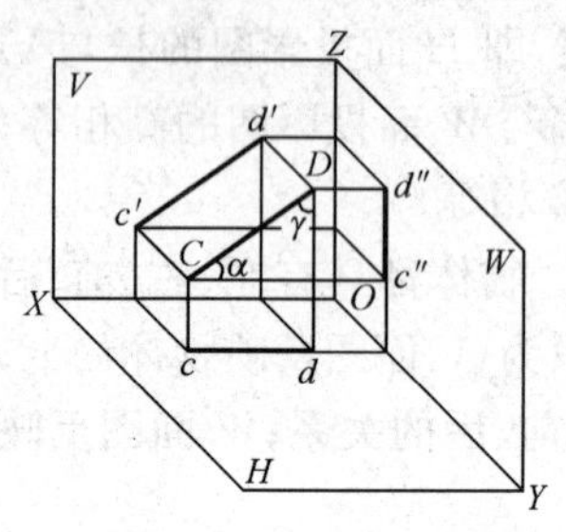

图 2-67　正平线的直观图

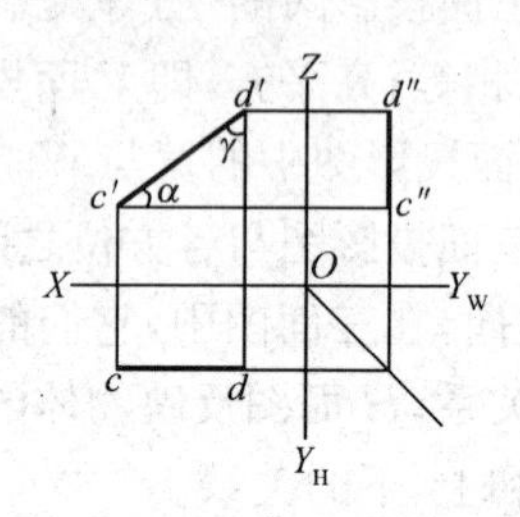

图 2-68　正平线的投影图

3)侧平线：直线平行于 W 面，倾斜于 H 面和 V 面。侧平线的直观图如图 2-69 所示，投影图如图 2-70 所示。其投影特性包括以下几点：

①侧面投影反映实长。

②侧面投影与 Y 轴和 Z 轴的夹角，分别反映直线与 H 面和 V 面的倾角 α 和 β。

③水平投影及正面投影分别平行于 Y 轴及 Z 轴，但不反映实长。

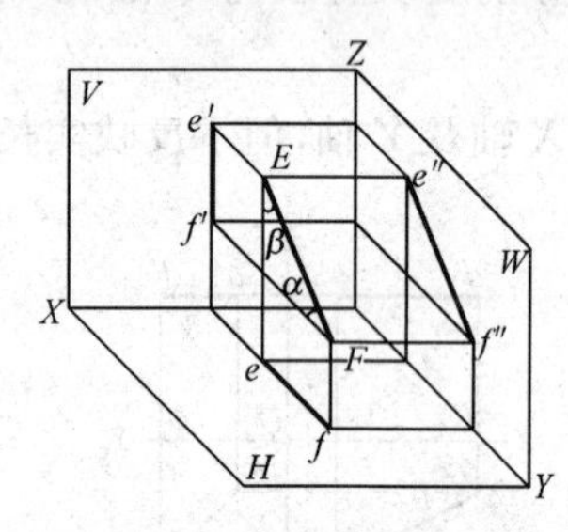

图 2-69　侧平线的直观图

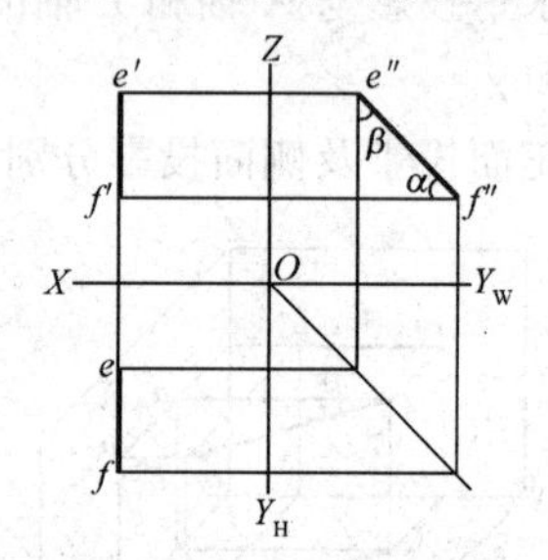

图 2-70　侧平线的投影图

(2)投影面垂直线。垂直于一投影面，而平行于另两个投影面的直线，称为投影面垂直线。投影面垂直线分为铅垂线、正垂线和侧垂线。

1)铅垂线：直线垂直于 H 面，平行于 V 面和 W 面。铅垂线的直观图如图 2-71 所示，投影图如图 2-72 所示，其投影特性包括以下几点：

①水平投影积聚成一点。

②正面投影及侧面投影分别垂直于 X 轴及 Y 轴，且反映实长。

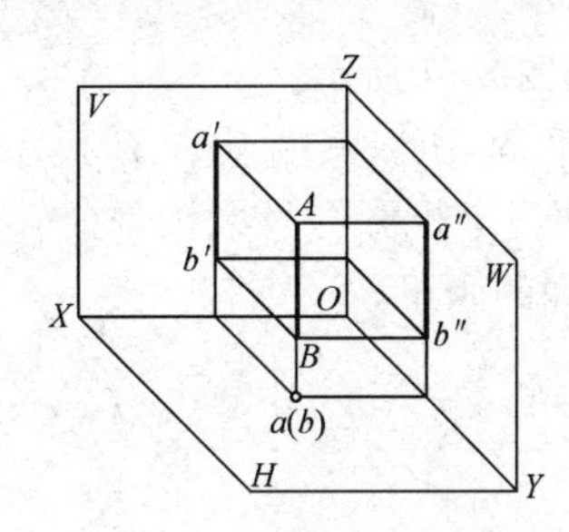

图 2-71　铅垂线的直观图

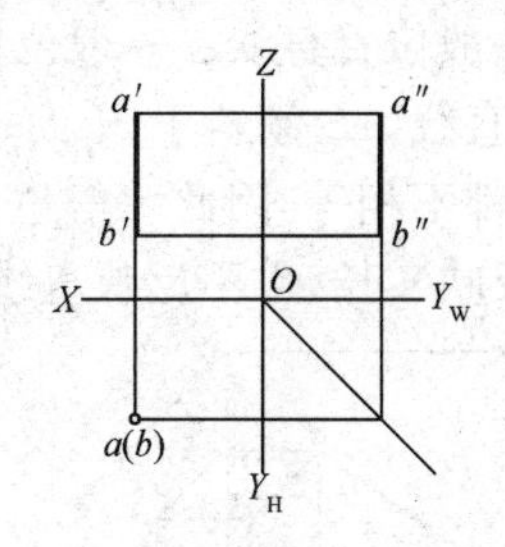

图 2-72　铅垂线的投影图

2)正垂线：直线垂直于 V 面，平行于 H 面和 W 面。正垂线的直观图如图 2-73 所示，投影图如图 2-74 所示，其投影特性包括以下几点：

①正面投影积聚成一点。

②水平投影及侧面投影分别垂直于 X 轴及 Z 轴，且反映实长。

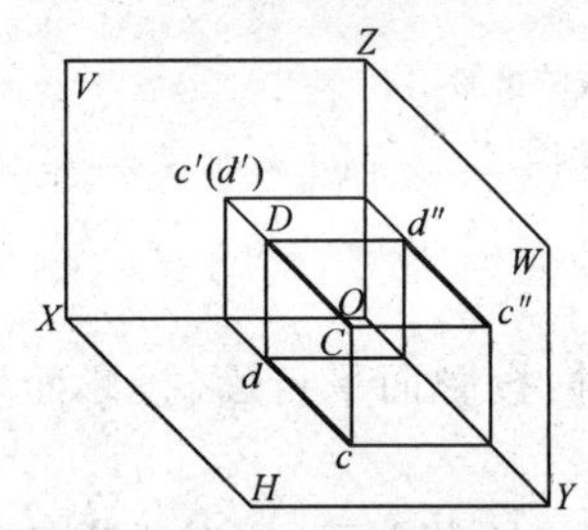

图 2-73　正垂线的直观图

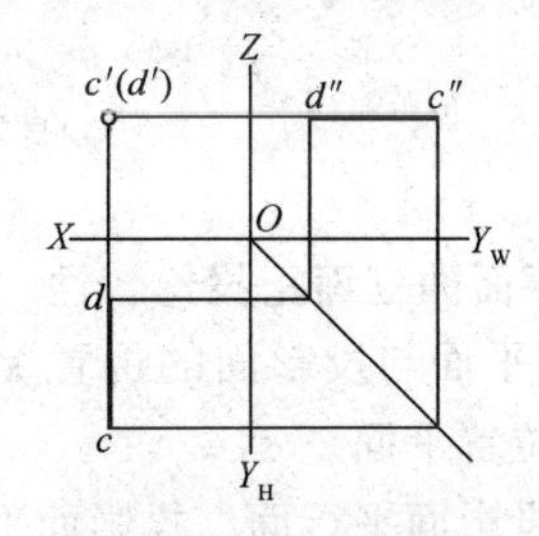

图 2-74　正垂线的投影图

3)侧垂线：直线垂直于 W 面，平行于 H 面和 V 面。侧垂线的直观图如图 2-75 所示，投影图如图 2-76 所示，其投影特性包括以下几点：

①侧面投影积聚成一点。

②水平投影及正面投影分别垂直于 Y 轴及 Z 轴，且反映实长。

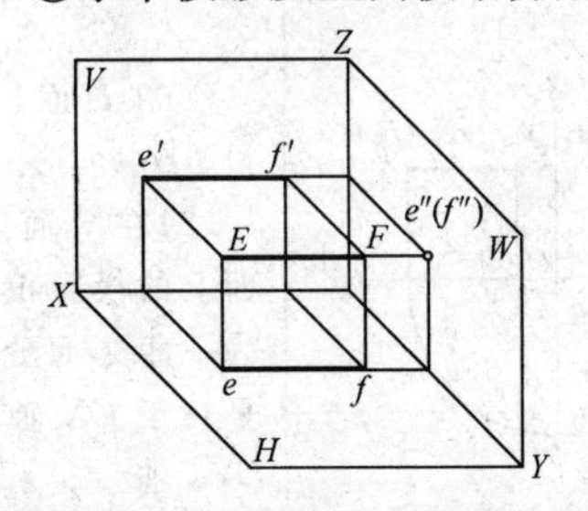

图 2-75　侧垂线的直观图

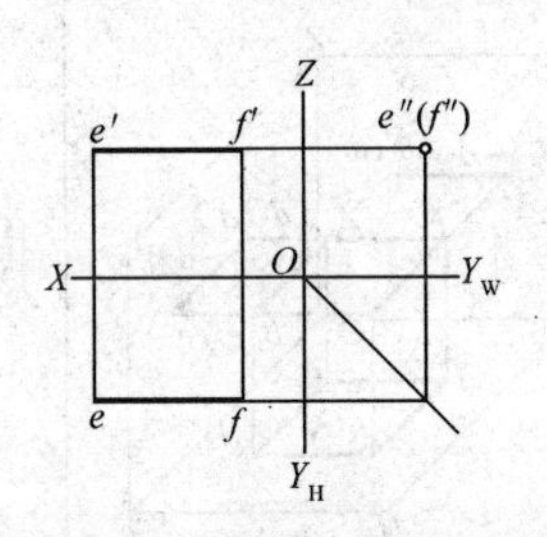

图 2-76　侧垂线的投影图

(3)一般位置直线。一般位置直线如图 2-77 所示。

由于直线 AB 倾斜于 H 面、V 面和 W 面，所以其端点 A、B 到各投影面的距离都不相等，因此一般位置直线的三个投影与投影轴都成倾斜位置，且不反映实长，也不反映直线对投影面的倾角。

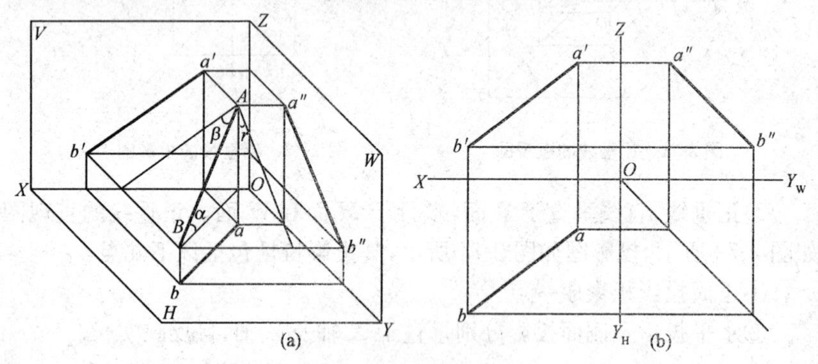

图 2-77 一般位置直线的投影

(a)直观图；(b)投影图

2. 平面的三面正投影特性

空间平面与投影面的位置关系有三种：投影面平行面、投影面垂直面、一般位置平面。

(1)投影面平行面。投影面平面平行于一个投影面，同时垂直于另外两个投影面，见表 2-10，平面在它所平行的投影面上的投影反映实形，在另两个投影面上的投影积聚为直线，且分别平行于相应的投影轴。

表 2-10 投影面平行面

名称	直观图	投影图	投影特点
水平面			(1)在 H 面上的投影反映实形。 (2)在 V 面、W 面上的投影积聚为一直线，且分别平行于 OX 轴和 OY_W 轴

续表

名称	直观图	投影图	投影特点
正平面	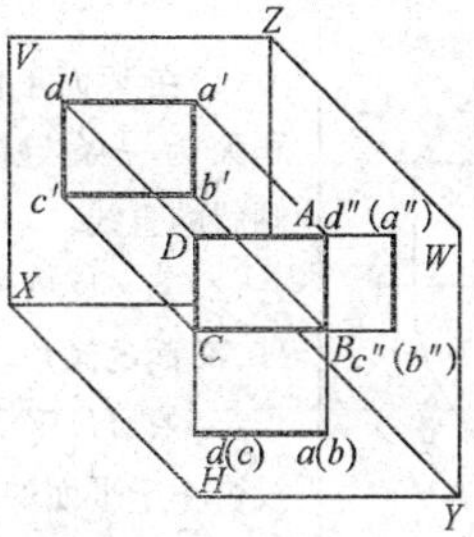 Z V d′ a′ c′ b′ A d″(a″) D W X C B c″(b″) d(c) a(b) H Y	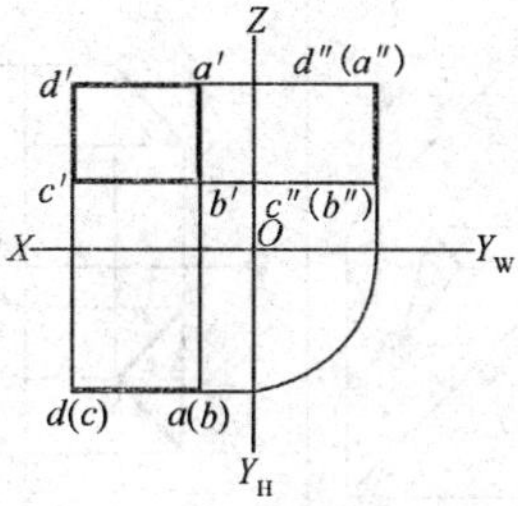 Z d′ a′ d″(a″) c′ b′ c″(b″) X O Y_W d(c) a(b) Y_H	(1)在 V 面上的投影反映实形。 (2)在 H 面、W 面上的投影积聚为一直线，且分别平行于 OX 轴和 OZ 轴
侧平面	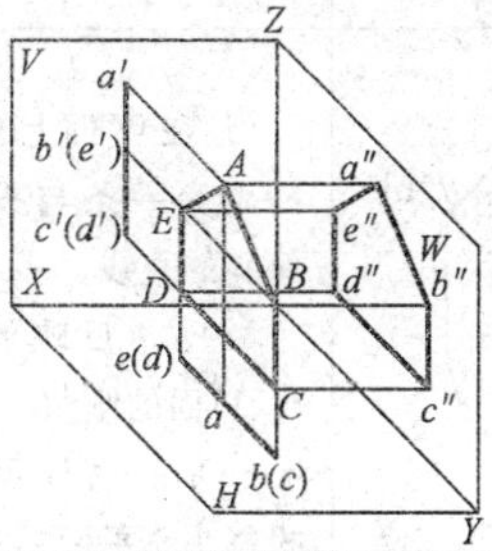 Z V a′ b′(e′) A a″ c′(d′) E e″ W X B d″ b″ D e(d) C c″ a b(c) H Y	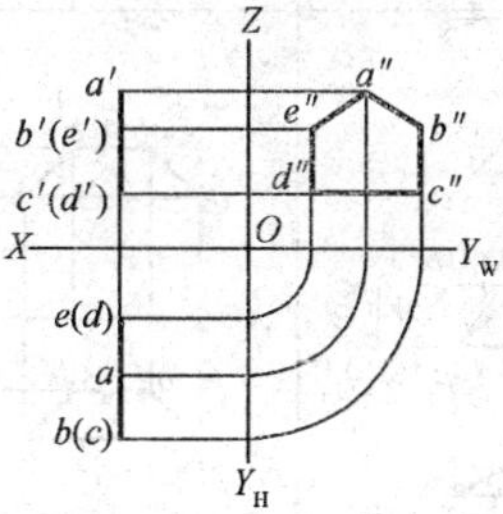 Z a′ a″ b′(e′) e″ b″ d″ c′(d′) c″ X O Y_W e(d) a b(c) Y_H	(1)在 W 面上的投影反映实形。 (2)在 V 面、H 面上的投影积聚为一直线，且分别平行于 OZ 轴和 OY_H 轴

(2)投影面垂直面。投影面平面垂直于一个投影面，同时倾斜于另外两个投影面，见表 2-11，垂直面在它所垂直的投影面上的投影积聚为一条与投影轴倾斜的直线，在另两个面上的投影不反映实形。

表 2-11　　投影面垂直面

名称	直观图	投影图	投影特点
铅垂面	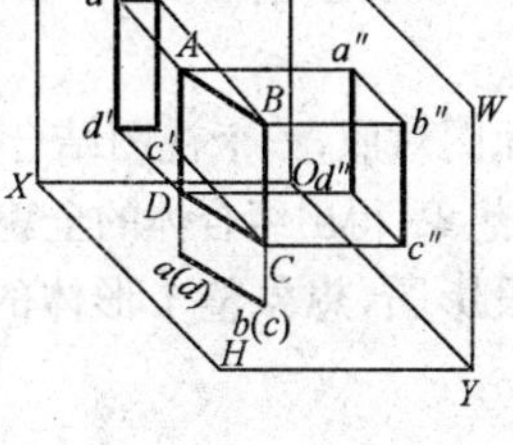 Z V a′ b′ A a″ B W d′ b″ c′ X Od″ D c″ a(d) C b(c) H Y	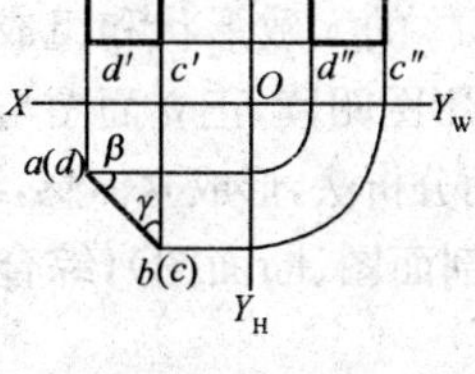 a′ b′ Z a″ b″ d′ c′ O d″ c″ X Y_W a(d) β γ b(c) Y_H	(1)在 H 面上的投影积聚为一条与投影轴倾斜的直线。 (2)β、γ 反映平面与 V、W 面的倾角。 (3)在 V、W 面上的投影小于平面的实形

续表

名称	直观图	投影图	投影特点
正垂面	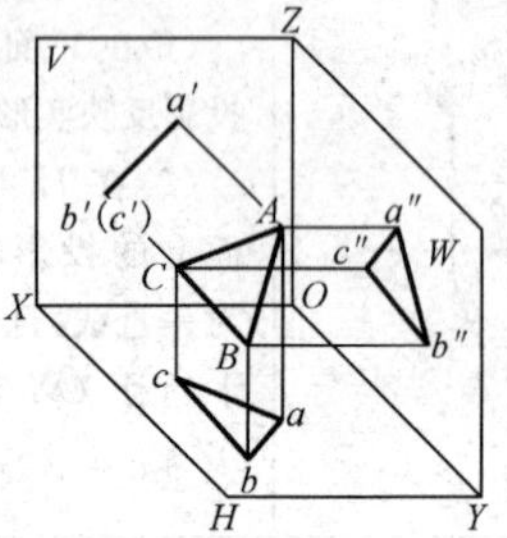	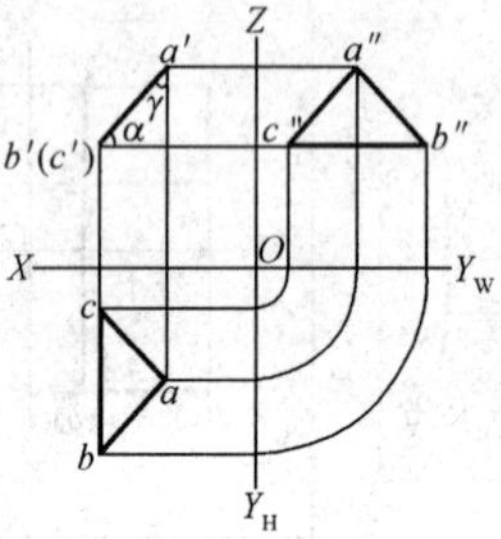	(1)在V面上的投影积聚为一条与投影轴倾斜的直线。 (2)α、γ反映平面与H、W面的倾角。 (3)在H、W面上的投影小于平面的实形
侧垂面	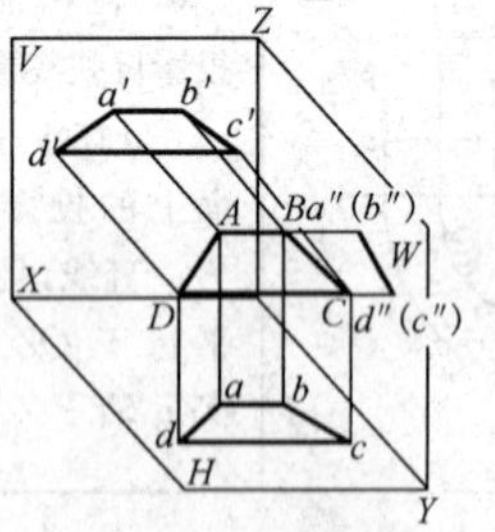	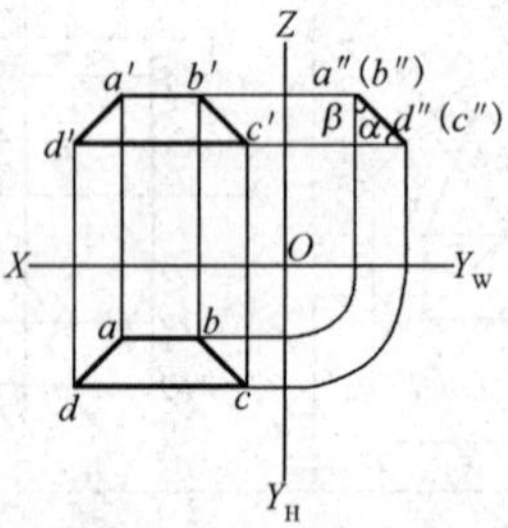	(1)在W面上的投影积聚为一条与投影轴倾斜的直线。 (2)α、β反映平面与H、V面的倾角。 (3)在V、H面上的投影小于平面的实形

四、投影图识读

1. 投影图阅读步骤

阅读图纸的顺序一般是先外形,后内部;先整体,后局部;最后由局部回到整体,综合想象出物体的形状。读图一般以形状分析法为主,线面分析法为辅。

阅读投影图的基本步骤如下:

(1)从最能反映形体特征的投影图入手,一般以正立面(或平面)投影图为主,粗略分析形体的大致形状和组成。

(2)结合其他投影图阅读,正立面图与平面图对照,三个视图结合起来,运用形体分析和线面分析法,形成立体感,综合想象,得出组合体的全貌。

(3)结合详图(剖面图、断面图),综合各投影图,想象整个形体的形状与构造。

2. 形体分析法

形体分析法是根据基本形体的投影特性,在投影图上分析组合体各组成部分的形状和相对位置，然后综合起来想象出组合形体的形状。

3. 线面分析法

线面分析法是以线和面的投影规律为基础，根据投影图中的某些棱线和线框，分析它们的形状和相互位置，从而想象出它们所围成形体的整体形状。

应用线面分析法，必须掌握投影图上线和线框的含义，才能结合起来综合分析，想象出物体的整体形状。

(1)投影图中的图线(直线或曲线)可能代表的含义如下：

1)形体的一条棱线，即形体上两相邻表面交线的投影；

2)与投影面垂直的表面(平面或曲面)的投影，即为积聚投影；

3)曲面的轮廓素线的投影。

(2)投影图中的线框，可能有如下含义：

1)形体上某一平行于投影面的平面的投影；

2)形体上某平面类似性的投影(即平面处于一般位置)；

3)形体上某曲面的投影；

4)形体上孔洞的投影。

第三节　剖面图、断面图识读

一、剖面图识读

1. 剖面图的形成

在工程图中，一般情况下，物体上可见的轮廓线用粗实线表示，不可见的轮廓线用虚线表示。当物体内部构造复杂时，投影图中就会出现很多虚线，因而使图线重叠，不能清晰地表示出物体，也不利于标注尺寸和读图。

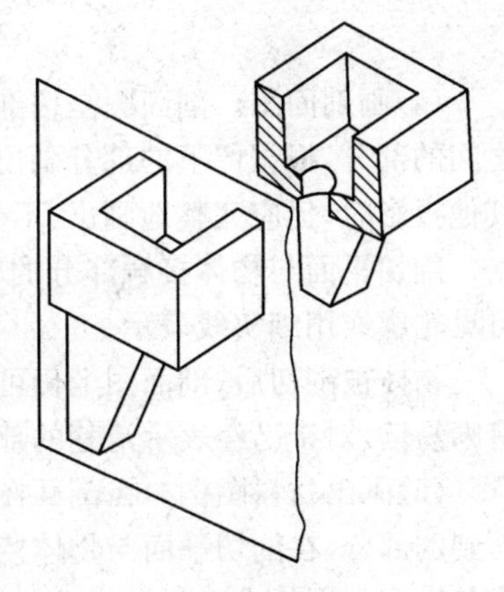

图 2-78　剖面图的形成

为了能清晰地表达物体的内部构造，假想用一个平面将物体剖开(此平面称为切平面)，移出剖切平面前的部分，然后画出剖切平面后面部分的投影图，这种投影图称为剖面图，如图2-78所示。

2. 剖面图的画法

(1)确定剖切平面的位置。画剖面图时,应选择适当的剖切位置。使剖切后画出的图形能确切反映所要表达部分的真实形状。

(2)剖切符号。剖切符号由剖切位置线和剖视方向组成,也叫剖切线。用断开的两段粗短线表示剖切位置,在它的两端画与其垂直的短粗线表示剖视方向,短线在哪一侧即表示向该方向投影。

(3)编号。用阿拉伯数字编号,并注写在剖视方向线的端部,编号应按顺序由左至右,由下而上连续编排,如图2-79所示。

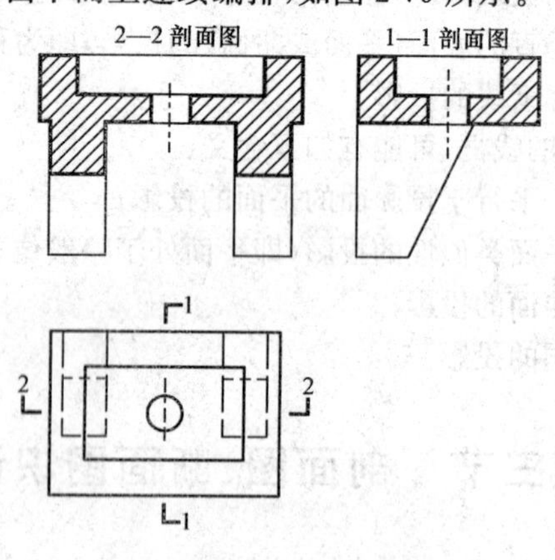

图2-79 剖面图的画法

(4)画剖面图。剖面图是按剖切位置,移去物体在剖切平面和观察者之间的部分,根据留下的部分画出投影图。但因为剖切是假想的,因此画其他投影时,仍应完整地画出,不受剖切的影响。

剖切平面与物体接触部分的轮廓线用粗实线表示,剖切平面后面的可见轮廓线用细实线表示。

物体被剖切后,剖面图上仍可能存在不可见部分的虚线,为了使图形清晰易读,对于已经表示清楚的部分,虚线可以省略不画。

(5)画出材料图例。在剖面图上为了分清物体被剖切到和没有被剖切到的部分,在剖切平面与物体接触部分要画上材料图例,同时表明建筑物各构配件用什么材料做成的。

3. 剖面图的种类

剖面图按剖切位置可分为以下两种:

(1)水平剖面图。当剖切平面平行于水平投影面时,所得的剖面图称为水平剖面图。建筑施工图中的水平剖面图称平面图。

(2)垂直剖面图。若剖切平面垂直于水平投影面所得到的剖面图称垂直剖面图。图 2-79 中的 1—1 剖面称纵向剖面图,2—2 剖面称横向剖面图,二者均为垂直剖面图。

剖面图按剖切面的形式又可分以下几种:

(1)全剖面图。全剖面图是指用一个剖切平面将形体全部剖开后所画的剖面图。图 2-79 所示的两个剖面为全剖面图。

(2)半剖面图。当物体的投影图和剖面图都是对称图形时,采用半剖的表示方法,如图 2-80 所示。图中投影图与剖面图各占一半。

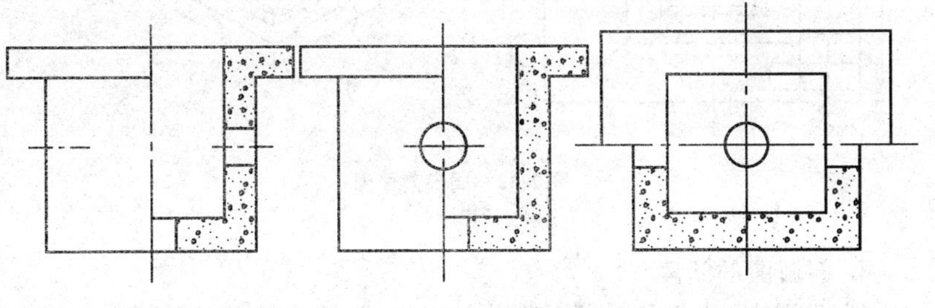

图 2-80　半剖面图

(3)阶梯剖面图。用阶梯形平面剖切形体后得到的剖面图,如图 2-81 所示。

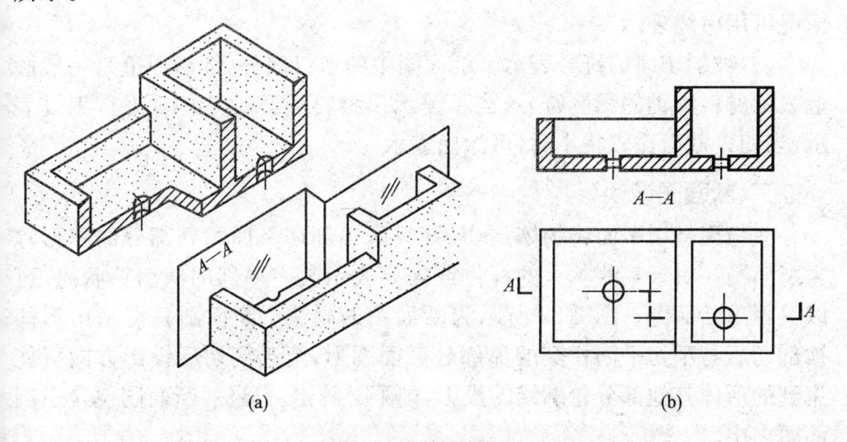

图 2-81　阶梯剖面图

(4)局部剖面图。形体局部剖切后所画的剖面图,如图 2-82 所示。

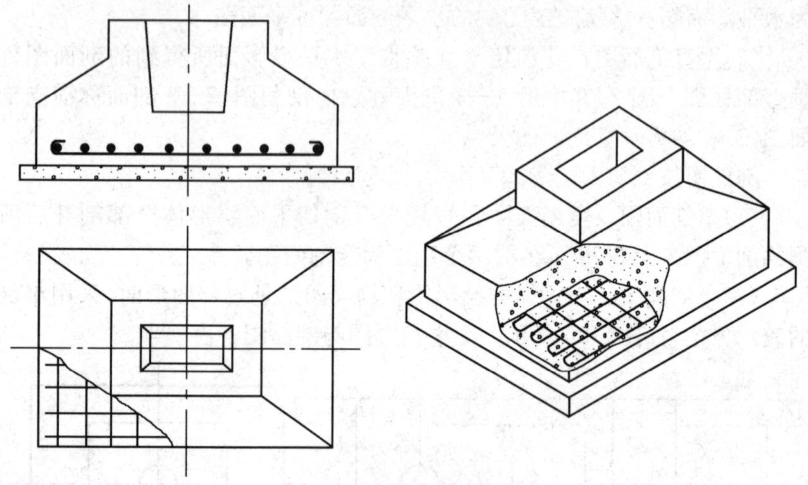

图 2-82　局部剖面图

4. 剖面图的阅读

剖面图应画出剖切后留下部分的投影图,阅读时应注意以下几点:

(1)图线。被剖切的轮廓线用粗实线,未剖切的可见轮廓线为中或细实线。

(2)不可见线。一般情况下,在剖面图中看不见的轮廓线不画,特殊情况可用虚线表示。

(3)被剖切面的符号表示。剖面图中的切口部分(剖切面上),一般画上表示材料种类的图例符号;当不需示出材料种类时,用 45°平行细线表示;当切口截面比较狭小时,可涂黑表示。

二、断面图识读

假想用剖切平面将物体剖切后,只画出剖切平面切到部分的图形称为断面图。对于某些单一的杆件或需要表示某一局部的截面形状时,可以只画出断面图。图 2-83 所示为断面图的画法。断面图只需画出形体被剖切后与剖切平面相交的那部分截面图形,至于剖切后投影方向可能见到的形体其他部分轮廓线的投影,则不必画出。显然,断面图包含于剖面图之中。

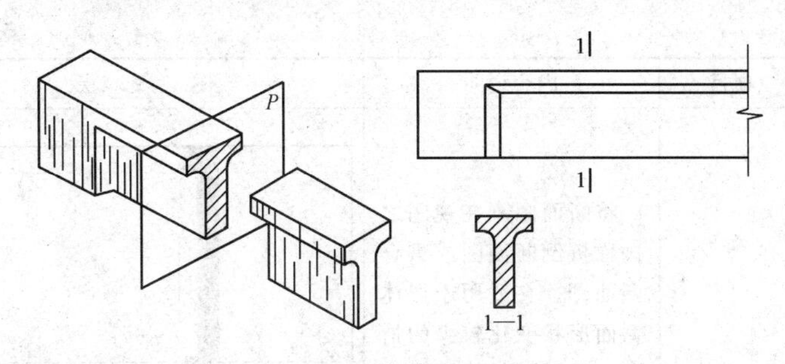

图 2-83　断面图

断面图的剖切位置线端部，不必如剖面图那样要画短线，其投影方向可用断面图编号的注写位置来表示。例如断面图编号写在剖切位置线的左侧，即表示从右往左投影。

实际应用中，断面图的表示方式见表 2-12。

表 2-12　　断面图表示方式

序号	项目	内容说明	图示
1	移出断面图	将断面图画在视图之外适当位置称移出断面图。移出断面图适用于形体的截面形状变化较多的情况，如图 1 所示	1　1　1—1　2　2　2—2　(a)　(b) 图 1　移出断面图

续表

序号	项目	内容说明	图　　示
2	折倒断面图	将断面图画在视图之内称折倒断面图或重合断面图。它适用于形体截面形状变化较少的情况。断面图的轮廓线用粗实线,剖切面画材料符号;不标注符号及编号。现浇楼层结构平面图中表示梁板及标高所用的断面图如图2所示	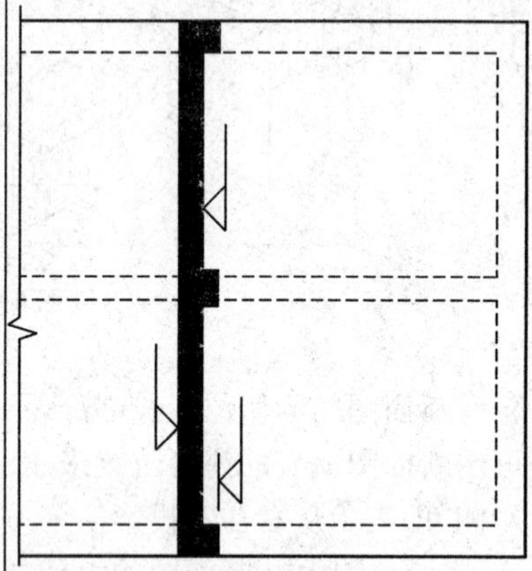 图2　折倒断面图
3	中断断面图	将断面图画在视图的断开处,称中断断面图。此种图适用于形体为较长的杆件且截面单一的情况,如图3所示	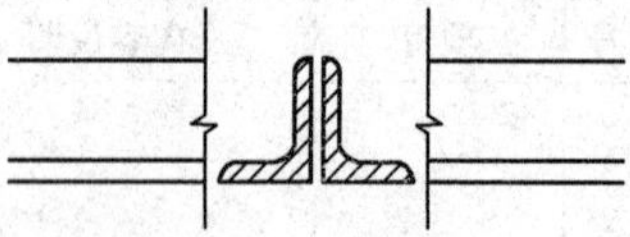 图3　中断断面图

第四节　给排水工程施工图识读

一、给排水工程施工图分类

1. 室外管道及附属设备图

室外管道及附属设备图是指城镇居住区和工矿企业厂区的给水排水管道施工图。属于这类图样的有区域管道平面图、街道管道平面图、工矿企业厂区管道平面图、管道纵剖面图、管道上的附属设备图、泵站及水池和水塔管道施工图、污水及雨水出口施工图。

2. 室内管道及卫生设备图

室内管道及卫生设备图是指一幢建筑物内用水房间(如厕所、浴室、厨房、实验室、锅炉房)以及工厂车间用水设备的管道平面布置图、管道系统平面图,卫生设备、用水设备、加热设备和水箱、水泵等的施工图。

3. 水处理工艺设备图

水处理工艺设备图是指给水厂、污水处理厂的平面布置图、水处理设备图(如沉淀池、过滤池、曝气池、消化池等全套施工图)、水流或污流流程图。

给排水工程施工图按图纸表现的形式可分为基本图和详图两大类。基本图包括图纸目录、施工图说明、材料设备明细表、工艺流程图、平面图、轴测图和立(剖)面图;详图包括节点图、大样图和标准图。

二、给排水工程施工图绘制

给排水工程施工图的绘制见表 2-13。

表 2-13　　给排水工程施工图的绘制

序号	项目	内　容
1	总平面图的绘制	总平面图管道绘制应符合下列规定: (1)建筑物和构筑物的名称、外形、编号、坐标、道路形状、比例和图样方向等,应与总图专业图纸一致,所用图线应符合相关的规定。 (2)给水、排水、热水、消防、雨水和中水等管道宜绘制在一张图纸内。 (3)当管道种类较多,地形复杂,将全部管道表示在同一张图纸内不清楚时,宜按压力流管道、重力流管道等分类适当分开绘制。 (4)各类管道、阀门井、消火栓(井)、水泵接合器、洒水栓井、检查井、跌水井、雨水口、化粪池、隔油池、降温池、水表井等,应按规定的图例、图线等进行绘制,并按规定进行编号。 (5)坐标标注方法应符合下列规定: 1)以绝对坐标定位时,应以管道起点处、转弯处和终点处的阀门井、检查井等的中心标注定位坐标; 2)以相对坐标定位时,应以建筑物外墙或轴线作为定位起始基准线,标注管道与该基准线的距离; 3)圆形构筑物应以圆心为基点标注坐标或距建筑物外墙(或道路中心)的距离; 4)矩形构筑物应以两对角线为基点标注坐标或距建筑物外墙的距离; 5)坐标线、距离标注线均采用细实线绘制。 (6)标高标注方法应符合下列规定: 1)总图中标注的标高应为绝对标高; 2)建筑物标注室内±0.00 处的绝对标高时,应按图 1 的方法标注; 3)管道标高应按相关规定标注。 47.25(±0.00)　　47.25 (±0.00) **图 1　室内±0.00 处的绝对标高标注** (7)指北针或风玫瑰图应绘制在总图管道布图图样的右上角

续表一

序号	项目	内　容
2	给水管道节点图的绘制	给水管道节点图宜按下列规定绘制： (1)管道节点图可不按比例绘制,但节点位置、编号、接出管方向应与给水排水管道总图一致。 (2)管道应注明管径、管长及泄水方向。 (3)节点阀门井的绘制应包括下列内容： 1)节点平面形状和大小； 2)阀门和管件的布置、管径及连接方式； 3)节点阀门井中心与井内管道的定位尺寸。 (4)必要时,节点阀门井应绘制剖面示意图。
3	管道纵断面图的绘制	(1)管道纵断面图所用图线宜按下列规定选用： 1)压力流管道管径不大于400mm时,管道宜用中粗实线单线表示； 2)重力流管道除建筑物排出管外,不分管径大小均宜以中粗实线双线表示； 3)平面示意图中的管道宜用中粗单线表示； 4)平面示意图中宜将与该管道相交的其他管道、管沟、铁路及排水沟等按交叉位置绘出； 5)设计地面线、竖向定位线、栏目分隔线、检查井、标尺线等宜用细实线,自然地面线宜用细虚线。 (2)图样比例宜按下列规定选用： 1)在同一图样中可采用两种不同的比例； 2)纵向比例应与管道平面图一致； 3)竖向比例宜为纵向比例的1/10,并应在图样左端绘制比例标尺。 (3)绘制与管道相交叉管道的标高宜按下列规定标注： 1)交叉管道位于该管道上面时,宜标注交叉管的管底标高； 2)交叉管道位于该管道下面时,宜标注交叉管的管顶或管底标高。 (4)图样中的"水平距离"栏中应标出交叉管距检查井或阀门井的距离,或相互间的距离。 (5)压力流管道从小区引入管经水表后应按供水水流方向先干管后支管的顺序绘制。 (6)排水管道以小区内最起端排水检查井为起点,并应按排水水流方向先干管后支管的顺序绘制。 (7)设计采用管道高程表的方法表示管道标高时,宜符合下列规定： 1)重力流管道也可采用管道高程表的方式表示管道敷设标高； 2)管道高程表的格式见表2-14

续表二

序号	项目	内　容
4	给水排水平面图	建筑给水排水平面图应按下列规定绘制： (1)建筑物轮廓线、轴线号、房间名称、楼层标高、门、窗、梁柱、平台和绘图比例等，均应与建筑专业一致，图线应用细实线绘制。 (2)各类管道、用水器具和设备、消火栓、喷洒水头、雨水斗、立管、管道、上弯或下弯以及主要阀门、附件等，均应按规定的图例绘制，以正投影法绘制在平面图上，其图线应符合表2-4规定。 管道种类较多，在一张平面图内表达不清楚时，可将给水排水、消防或直饮水管分开绘制相应的平面图。 (3)各类管道应标注管径和管道中心距建筑墙、柱或轴线的定位尺寸，必要时还应标注管道标高。 (4)管道立管应按不同管道代号在图面上自左至右按规定分别进行编号，且不同楼层同一立管编号应一致。消火栓也可分楼层自左至右按顺序进行编号。 (5)敷设在该层的各种管道和为该层服务的压力流管道均应绘制在该层的平面图上；敷设在下一层而为本层器具和设备排水服务的污水管、废水管和雨水管应绘制在本层平面图上。如有地下层时，各种排出管、引入管可绘制在地下层平面图上。 (6)设备机房、卫生间等另绘制放大图时，应在这些房间内按现行国家标准《房屋建筑制图统一标准》(GB/T 50001)的规定绘制引出线，并应在引出线上面注明“详见水施-××”字样。 (7)平面图、剖面图中局部部位需另绘制详图时，应在平面图、剖面图和详图上按现行国家标准《房屋建筑制图统一标准》(GB/T 50001)的规定绘制被索引详图图样和编号。 (8)引入管、排出管应注明与建筑轴线的定位尺寸、穿建筑外墙的标高和防水套管形式，并应按规定，依管道类别自左至右按顺序进行编号

续表三

序号	项目	内　　容
4	给水排水平面图	(9)管道布置不相同的楼层应分别绘制其平面图;管道布置相同的楼层可绘制一个楼层的平面图,并按现行国家标准《房屋建筑制图统一标准》(GB/T 50001)的规定标注楼层地面标高。平面图应按规定标注管径、标高和定位尺寸。 (10)地面层(±0.000)平面图应在图幅的右上方按现行国家标准《房屋建筑制图统一标准》(GB/T 50001)的规定绘制指北针。 (11)建筑专业的建筑平面图采用分区绘制时,本专业的平面图也应分区绘制,分区部位和编号应与建筑专业一致,并应绘制分区组合示意图,各区管道相连但在该区中断时,第一区应用“至水施-××”,第二区左侧应用“自水施-××”,右侧应用“至水施-××”方式表示,并应以此类推。 (12)建筑各楼层地面标高应以相对标高标注,并应与建筑专业一致
5	管道系统图	管道系统图应表示出管道内的介质流经的设备、管道、附件、管件等连接和配置情况
6	水净化处理工艺流程断面图	施工图设计应按下列规定绘制水净化处理工艺流程断面图: (1)水净化处理工艺流程断面图应按水流方向,将水净化处理各单元的设备、设施、管道连接方式按设计数量全部对应绘出,但可不按比例绘制。 (2)水净化处理工艺流程断面图应将全部设备及相关设施按设备形状、实际数量用细实线绘出。 (3)水净化处理设备和相关设施之间的连接管道应以中粗实线绘制,设备和管道上的阀门、附件、仪器仪表应以细实线绘制,并应对设备、附件、仪器仪表进行编号。 (4)水净化处理工艺流程断面图应标注管道标高。 (5)水净化处理工艺流程断面图应绘制设备、附件等编号与名称对照表

表 2-14　　××管道高程表

序号	管段编号		管长(m)	管径(mm)	坡度(%)	管底坡降(m)	管底跌落(m)	设计地面标高(m)		管内底标高(m)		埋深(m)		备注
	起点	终点						起点	终点	起点	终点	起点	终点	

三、给排水工程施工图识读

1. 平面图的识读

(1)查明卫生器具、用水设备(开水炉、水加热器等)和升压设备(水泵、水箱)的类型、数量、安装位置、定位尺寸。卫生器具及各种设备通常是用图例来表示的,它只能说明器具和设备的类型,而没有具体表现各部尺寸及构造。因此,必须结合有关详图或技术资料,搞清楚这些器具和设备的构造、接管方式和尺寸。

(2)弄清楚给水引入管和污水排出管的平面位置、走向、定位尺寸、与室外给水排水管网的连接形式、管径、坡度等。

1)给水引入管通常是从用水量最大或不允许间断供水的位置引入,这样可使大口径管道最短,供水可靠。给水引入管上一般都装设阀门。阀门如果装在室外阀门井内,在平面图上就能够表示出来,这时要查明阀门的型号、规格及距建筑物的位置。

2)污水排出管与室外排水总管的连接,是通过检查井来实现的。排出管在检查井内通常取管顶平连接(排出管与检查井内排水管的管顶标高相同),以免排出管埋设过深或产生倒流。

给水引入管和污水排出管通常都注上系统编号。编号和管道种类分别写在直径约为8～10mm的圆圈内,圆圈内过圆心画一水平线,线上面标注管道种类,如给水系统写“给”或写汉语拼音字母“J”,污水系统写“污”或写汉语拼音字母“W”。线下面标注编号,用阿拉伯数字书写。

(3)查明给水排水干管、立管、支管的平面位置、走向、管径及立管编号。平面图上的管线虽然是示意性的,但是它还是按一定比例绘制的,因此,计算平面图上的工程量可以结合详图、图注尺寸或用比例尺计算。

如果系统内立管较少时,可只在引入管处进行系统编号,只有当立管较多时,才在每个立管旁边进行编号。立管编号标注方法与系统编号基本相同。

(4)在给水管道上设置水表时,要查明水表的型号、安装位置以及水表前后的阀门设置。

(5)对于室内排水管道,还要查明清通设备布置情况,明露敷设弯头和三通。有时为了便于通扫,在适当位置设置有门弯头和有门三通(即设有清扫口的弯头和三通),在识读时也要注意;对于大型厂房,要注意是否设置检查井和检查井进口管的连接方向;对于雨水管道,要查明雨水斗的型号、数量及布置情况,并结合详图搞清雨水斗与天沟的连接方式。

2. 系统轴测图的识读

给水和排水管道系统轴测图,通常按系统画成正面斜等测图,主要表明管道系统的立体走向。在给水系统轴测图上不画出卫生器具,只画出水龙头、淋浴器莲蓬头、冲洗水箱等符号;用水设备如锅炉、热交换器、水箱等则画出示意性的立体图,并在支管上注以文字说明;在排水系统轴测图上也只画出相应的卫生器具的存水弯或器具排水管。

识读系统轴测图应注意以下几点:

(1)查明给水管道系统的具体走向、干管的敷设形式、管径及其变径情况,阀门的设置,引入管、干管及各支管的标高。识读给水管道系统图时,一般按引入管、干管、立管、支管及用水设备的顺序进行。

(2)查明排水管道系统的具体走向、管路分支情况、管径、横管坡度、管道各部标高、存水弯形式、清通设备设置情况,弯头及三通的选用(90°弯头还是135°弯头,正三通还是斜三通等)。识读排水管道系统图时,一般是按卫生器具或排水设备的存水弯、器具排水管、排水横管、立管、排出管的顺序进行。

在识读时结合平面图及说明,了解和确定管材和管件。排水管道为了保证水流通畅，根据管道敷设的位置往往选用135°弯头和斜三通。存水弯有铸铁、黑铁和“P”式、“S”式以及带清扫口和不带清扫口之分。在识读图纸时也要弄清楚卫生器具的种类、型号和安装位置等。

(3)在给水排水施工图上一般都不表示管道支架，而由施工人员按规程和习惯做法自己确定。给水管支架一般分为管卡、钩钉、吊环和角钢托架，支架需要的数量及规格应在识读图纸时确定下来。民用建筑的明装给水管通常用管卡，工业厂房给水管则多用角钢托架或吊环。铸铁排水立管通常用铸铁立管卡子，装设在铸铁排水管的承口上面，每根管子上设一个；铸铁排水横管则采用吊卡，间距不超过2m，吊在承口上。

四、给排水工程施工图常用图例

1. 管道图例

管道图例见表2-15。

表2-15　管道图例

序号	名　称	图　例	备　注
1	生活给水管	—— J ——	—
2	热水给水管	—— RJ ——	—
3	热水回水管	—— RH ——	—
4	中水给水管	—— ZJ ——	—
5	循环冷却给水管	—— XJ ——	—
6	循环冷却回水管	—— XH ——	—
7	热媒给水管	—— RM ——	—
8	热媒回水管	——RMH——	—
9	蒸汽管	—— Z ——	—

续表

序号	名称	图例	备注
10	凝结水管	—— N ——	—
11	废水管	—— F ——	可与中水原水管合用
12	压力废水管	—— YF ——	—
13	通气管	—— T ——	—
14	污水管	—— W ——	—
15	压力污水管	—— YW ——	—
16	雨水管	—— Y ——	—
17	压力雨水管	—— YY ——	—
18	虹吸雨水管	—— HY ——	—
19	膨胀管	—— PZ ——	—
20	保温管		也可用文字说明保温范围
21	伴热管		也可用文字说明保温范围
22	多孔管		—
23	地沟管		—
24	防护套管		—
25	管道立管	XL-1 平面　XL-1 系统	X 为管道类别 L 为立管 1 为编号

续表

序号	名　称	图　例	备　注
26	空调凝结水管	KN	—
27	排水明沟	坡向 →	—
28	排水暗沟	坡向 →	—

注：1. 分区管道用加注角标方式表示。

2. 原有管线可用比同类型的新设管线细一级的线型表示，并加斜线，拆除管线则加叉线。

2. 管道连接图例

管道连接图例见表 2-16。

表 2-16　管道连接图例

序号	名　称	图　例	备　注
1	法兰连接		—
2	承插连接		—
3	活接头		—
4	管堵		—
5	法兰堵盖		—
6	盲板		—
7	弯折管	高　低　低　高	—
8	管道丁字上接	高　低	—

续表

序号	名　称	图　例	备　注
9	管道丁字下接	 高 低	—
10	管道交叉	 低 高	在下面和后面的管道应断开

3. 管道附件图例

管道附件图例见表 2-17。

表 2-17　　管道附件图例

序号	名　称	图　例	备　注
1	管道伸缩器		—
2	方形伸缩器		—
3	刚性防水套管	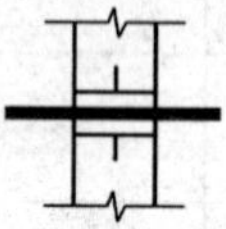	—
4	柔性防水套管	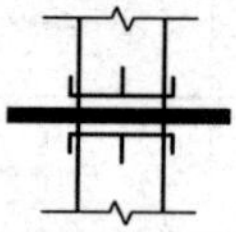	—
5	波纹管		—
6	可曲挠橡胶接头	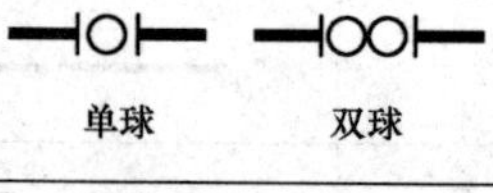 单球　双球	—
7	管道固定支架		—
8	立管检查口		—

续表

序号	名　称	图　例	备　注
9	清扫口	平面　系统	—
10	通气帽	成品　蘑菇形	—
11	雨水斗	YD-　YD-　平面　系统	—
12	排水漏斗	平面　系统	—
13	圆形地漏	平面　系统	通用。如无水封，地漏应加存水弯
14	方形地漏	平面　系统	—
15	自动冲洗水箱		—
16	挡墩		—
17	减压孔板		—
18	Y形除污器		—

续表

序号	名　称	图　例	备　注
19	毛发聚集器	平面　系统	—
20	倒流防止器		—
21	吸气阀		—
22	真空破坏器		—
23	防虫网罩		—
24	金属软管		—

4. 给水配件图例

给水配件图例见表2-18。

表2-18　　给水配件图例

序号	名　称	图　例
1	水嘴	平面　系统
2	皮带水嘴	平面　系统
3	洒水(栓)水嘴	

续表

序号	名　称	图　例
4	化验水嘴	
5	肘式水嘴	
6	脚踏开关水嘴	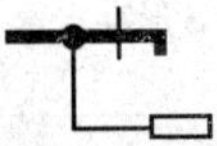
7	混合水嘴	
8	旋转水嘴	
9	浴盆带喷头混合水嘴	
10	蹲便器脚踏开关	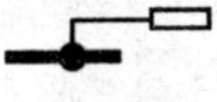

5. 管件图例

管件图例见表 2-19。

表 2-19　　管件图例

序号	名　称	图　例
1	偏心异径管	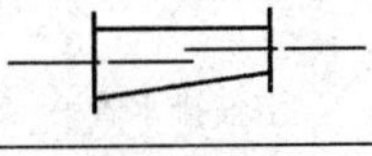
2	同心异径管	
3	乙字管	

续表

序号	名　称	图　　例
4	喇叭口	
5	转动接头	
6	S形存水弯	
7	P形存水弯	
8	90°弯头	
9	正三通	
10	TY 三通	
11	斜三通	
12	正四通	
13	斜四通	
14	浴盆排水管	

6. 阀门图例

阀门图例见表 2-20。

表 2-20　　　　　　　　阀门图例

序号	名　　称	图　　例	备　　注
1	闸阀		—
2	角阀		—
3	三通阀		—
4	四通阀	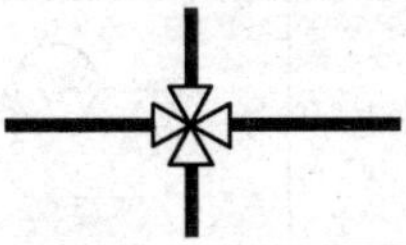	—
5	截止阀	 	—
6	蝶阀	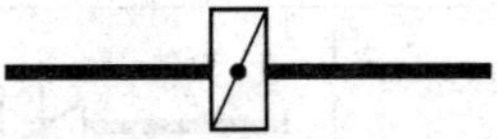	—
7	电动闸阀		—
8	液动闸阀	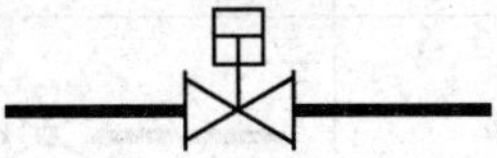	—
9	气动闸阀		—
10	电动蝶阀		—
11	液动蝶阀	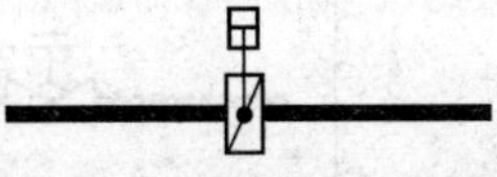	—

续表

序号	名　称	图　例	备　注
12	气动蝶阀		—
13	减压阀		左侧为高压端
14	旋塞阀	平面　系统	—
15	底阀	平面　系统	—
16	球阀		—
17	隔膜阀		—
18	气开隔膜阀		—
19	气闭隔膜阀		—
20	电动隔膜阀		—
21	温度调节阀		—
22	压力调节阀		—

续表

序号	名　称	图　例	备　注
23	电磁阀	M	—
24	止回阀		—
25	消声止回阀		—
26	持压阀	C	—
27	泄压阀		—
28	弹簧安全阀		左侧为通用
29	平衡锤安全阀		—
30	自动排气阀	平面　系统	—
31	浮球阀	平面　系统	—
32	水力液位控制阀	平面　系统	—

续表

序号	名　称	图　例	备　注
33	延时自闭冲洗阀		—
34	感应式冲洗阀		—
35	吸水喇叭口	 平面 　系统	—
36	疏水器		—

7. 小型给水排水构筑物图例

小型给水排水构筑物图例见表 2-21。

表 2-21　小型给水排水构筑物图例

序号	名　称	图　例	备　注
1	矩形化粪池	 HC	HC 为化粪池
2	隔油池	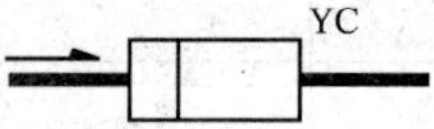 YC	YC 为隔油池代号
3	沉淀池	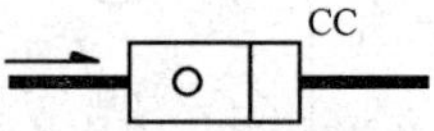 CC	CC 为沉淀池代号
4	降温池	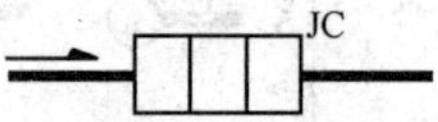 JC	JC 为降温池代号
5	中和池	 ZC	ZC 为中和池代号
6	雨水口 (单箅)		—

续表

序号	名　　称	图　　例	备　　注
7	雨水口 （双箅）		—
8	阀门井 及检查井	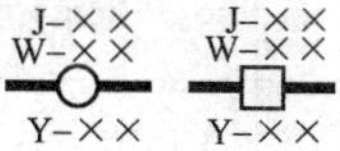 J-××　J-×× W-××　W-×× Y-××　Y-××	以代号区别管道
9	水封井		—
10	跌水井		—
11	水表井		—

8. 给排水工程所用仪表图例

给水排水工程所用仪表图例见表 2-22。

表 2-22　　给水排水工程所用仪表图例

序号	名　　称	图　　例	备　　注
1	温度计		—
2	压力表		—
3	自动记录 压力表		—
4	压力控制器		—
5	水表		—
6	自动记录流量表	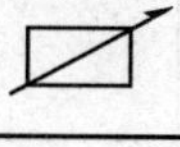	—

续表

序号	名　　称	图　　例	备　　注
7	转子流量计	平面　系统	—
8	真空表		—
9	温度传感器	T	—
10	压力传感器	P	—
11	pH 传感器	pH	—
12	酸传感器	H	—
13	碱传感器	Na	—
14	余氯传感器	Cl	—

9. 给排水设备图例

给水排水设备图例见表 2-23。

表 2-23　　给水排水设备图例

序号	名　　称	图　　例	备　　注
1	卧式水泵	平面　或　系统	—
2	立式水泵	平面　系统	—
3	潜水泵		—

续表

序号	名　称	图　例	备　注
4	定量泵		—
5	管道泵		—
6	卧式容积热交换器	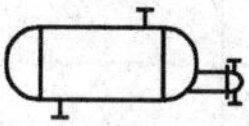	—
7	立式容积热交换器	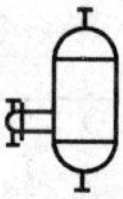	—
8	快速管式热交换器		—
9	板式热交换器		—
10	开水器	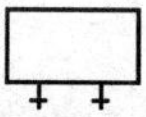	—
11	喷射器	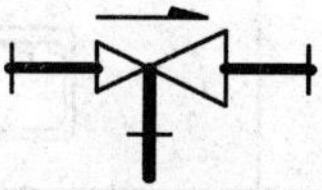	小三角为进水端
12	除垢器		—
13	水锤消除器	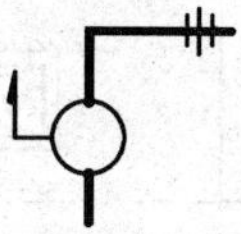	—
14	搅拌器	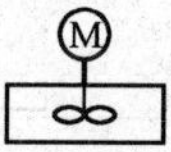 M	—
15	紫外线消毒器	 ZWX	—

10. 卫生设备及水池图例

卫生设备及水池图例见表2-24。

表2-24　　卫生设备及水池图例

序号	名　称	图　例	备　注
1	立式洗脸盆		—
2	台式洗脸盆	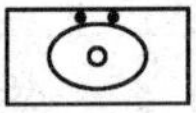	—
3	挂式洗脸盆		—
4	浴盆	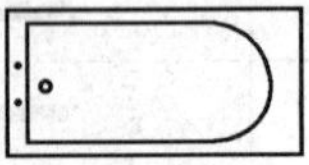	—
5	化验盆、洗涤盆		—
6	厨房洗涤盆	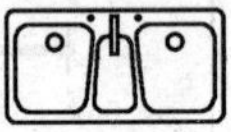	不锈钢制品
7	带沥水板洗涤盆		—
8	盥洗槽	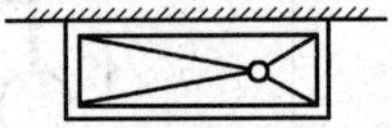	—
9	污水池		—
10	妇女净身盆	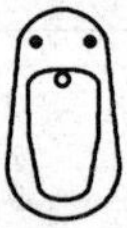	—

续表

序号	名　　称	图　　例	备　　注
11	立式小便器		—
12	壁挂式小便器		—
13	蹲式大便器	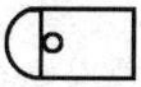	—
14	坐式大便器	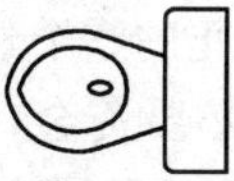	—
15	小便槽		—
16	淋浴喷头		—

注:卫生设备图例也可以建筑专业资料图为准。

第三章　工程造价概论

第一节　工程造价基本知识

一、工程造价的含义

工程造价通常指一个工程项目的建造价格，即从工程项目确定建设意向直至建成、竣工验收为止的整个建设期间所支出的总费用，这是保证工程项目建造正常进行的必要资金，是建设项目投资中的最主要部分。工程造价主要由工程费用和工程其他费用组成。

工程费用包括建筑工程费用、安装工程费用和设备及工器具购置费用；工程其他费用包括建设单位管理费、土地使用费、研究试验费等。

工程造价有如下两种含义：

(1)从投资者(业主)的角度而言，工程造价是指建设一项工程预期开支或实际开支的全部固定资产投资费用。投资者选定一个投资项目，为了获得预期的效益，就要通过项目评估进行决策，然后进行设计招标、工程招标，直至竣工验收等一系列投资管理活动。在投资活动中所支付的全部费用形成了固定资产和无形资产。所有这些开支就构成了工程造价。从这个意义上说，工程造价就是工程投资费用，建设项目工程造价就是建设项目固定资产投资。

(2)从市场交易的角度而言，工程造价是指为建成一项工程，预计或实际在土地市场、设备市场、技术劳务市场，以及承包市场等交易活动中所形成的建筑安装工程的价格和建设工程的总价格。这里的工程既可以是一个建设项目，也可以是其中一个单项工程，甚至可以是整个工程建设中的某个阶段。这种含义是以社会主义商品经济和市场经济为前提的。它是以工程这种特定的商品形式作为交易对象，通过招标投标或其他交易方式，在进行多次预估的基础上，最终由市场形成的价格。

工程造价的两种含义是从不同角度把握同一事物的本质。对工程投资者而言，市场经济条件下的工程造价就是项目投资，是购买项目要付出的价格，同时，也是投资者在作为市场供给主体出售项目时定价的基础；对承包商、供应商、规划设计等机构而言，工程造价是他们作为市场供给主体出售商品和劳务价格的总和，或者是特指范围的工程造价，如建筑安装工程造价。区别工程造价的两种含义可以为投资者和以承包商为代表的供应商的市场行为提供理论依据，为其不断充实工程造价的管理内容，完善管理方法及更好地实现各自的目标服务。

二、工程造价的特点

1. 大额性

工程建设项目实物形体庞大，尤其是现代工程建设项目更是具有建设规模日趋庞大，组成结构日趋复杂化、多样化、资金密集、建设周期长等特点，所以，工程项目在建设中消耗大量资源，造价高昂，动辄数百万、数千万、数亿、十几亿，特大型工程项目的造价可达百亿、千亿元人民币，对国民经济影响重大。

2. 个别性、差异性

任何一项工程都有特定的用途、功能、规模，因此对每一项工程的结构、造型、空间分割、设备配置和内外装饰都有具体的要求，因而使工程内容和实物形态都具有个别性、差异性。产品的差异性决定了工程造价的个别性差异。同时，每项工程所处地区、地段都不相同，使得工程造价的个别性更加突出。

3. 层次性

工程的层次性决定造价的层次性。一个建设项目往往含有多个能够独立发挥设计效能的单项工程。一个单项工程又是由能够各自发挥专业效能的多个单位工程组成。与此相适应，工程造价有 3 个层次：建设项目总造价、单项工程造价和单位工程造价。如果专业分工更细，单位工程的组成部分——分部分项工程也可以成为交换对象，这样工程造价的层次就增加分部工程和分项工程而成为 5 个层次。另外，从造价的计算和工程管理的角度看，工程造价的层次性也是非常突出的。

4. 动态性

建设项目产品的固定性、生产的流动性、费用的变异性和建设周期长等特点决定了工程造价具有动态性。任何一项工程从决策到竣工交付使用，都有一个较长的建设周期，而且由于不可控因素的影响，在预计工期内，有许多影响工程造价的动态因素，如设备材料价格、工资标准、地区差异及汇率变化等。所以工程造价始终处于不确定状态,直至竣工决算后才能最终确定工程的实际造价。

5. 兼容性

工程造价的兼容性首先表现在它具有两种含义,其次表现在工程造价构成因素的广泛性和复杂性。在工程造价中,首先成本因素非常复杂。其中为获得建设工程用地支出的费用、项目可行性研究和规划设计费用、与政府一定时期政策(特别是产业政策和税收政策)相关的费用占有相当的份额。再次,盈利的构成也较为复杂,资金成本较大。

三、工程造价的职能

工程造价除具有一般商品价格职能外,还有自己特殊的职能。

1. 预测职能

由于工程造价具有大额性和动态性的特点,所以无论是投资者或是承包商都要对拟建工程进行预先测算。投资者预先测算工程造价不仅作为项目决策依据,同时也是筹集资金、控制造价的依据。承包商对工程造价的测算,既为投标决策提供依据,也为投标报价和成本管理提供依据。

2. 控制职能

工程造价的控制职能一方面体现在对业主投资的控制,即在投资的各个阶段,根据对造价的多次性预估,对造价进行全过程、多层次的控制;另一方面体现在对以承包商为代表的商品和劳务供应企业的成本控制。在价格一定的条件下,企业实际成本开支决定企业的盈利水平。所以,企业要以工程造价来控制成本,利用工程造价提供的信息资料作为控制成本的依据。

3. 评价职能

工程造价既是评价项目投资合理性和投资效益的主要依据,也是评价项目的偿贷能力、盈利能力、宏观效益、企业管理水平和经营成果的重要依据。

4. 调控职能

工程建设直接关系到国家的经济增长、资源分配和资金流向,对国计民生都会产生重大影响。所以,国家对建设规模、结构进行宏观调节是在任何条件下都不可缺少的,对政府投资项目进行直接调控和管理也是非常必需的。这些都要通过工程造价来对工程建设中的物质消耗水平、建设规模、投资方向等进行调节。

四、工程造价的作用

建设项目工程造价涉及国民经济中的多个部门、多个行业及社会再生产中的多个环节,也直接关系到人们的生活和居住条件,其作用范围广泛。

1. 工程造价是项目决策的依据

建设项目具有投资巨大、资金密集、建设周期长等特点,故在不同的建设阶段工程造价皆可作为投资者或承包商进行项目投资或报价的决策依据。

2. 工程造价是制定投资计划和控制投资的依据

工程造价在控制投资方面的作用非常明显。制定正确的投资计划有利于合理、有效地使用建设资金。建设项目的投资计划是按照项目的建设工期、工程进度及建造价格等制定的。工程造价可作为制定项目投资计划及对计划的实施过程进行动态控制的主要依据,并可在市场经济利益风险机制的作用下作为控制投资的内部约束机制。

3. 工程造价是筹集建设资金的依据

投资体制的改革和市场经济的建立,要求项目的投资者具有很强的筹资能力,以保证工程建设有充足的资金供应。工程造价基本决定了建设资金的需要量,从而为筹集资金提供了比较准确的依据。当建设资金来源于金融机构的贷款时,金融机构在对项目的偿贷能力进行评估的基础上,也需要依据工程造价来确定给予投资者的贷款数额。

4. 工程造价是评价投资效果的重要指标

工程造价既是建设项目的总造价,又包含单项工程的造价和单位工程的造价,同时也包含单位生产能力的造价或单位建筑面积的造价等。它能够为评价投资效果提供出多种评价指标,并能够形成新的价格信息,为今后类似项目的投资提供参照系。

5. 工程造价是合理分配利益和调节产业结构的手段

工程造价的高低涉及国民经济各部门和企业之间的利益分配。在市场经济中,工程造价受供求状况的影响,在围绕价值的波动中合理地确定工程造价可成为项目投资者、承包商等合理分配利润并适时调节产业结构的手段。

第二节　工程造价计价

一、工程造价计价特征

工程造价计价特征见表 3-1。

表 3-1　　工程造价计价特征

序号	特征	内 容 说 明
1	单件性	由于建筑产品具有固定性、实物形态上的差异性和生产的单件性等特征,故每一项工程均需根据其特定的用途、功能、建设规模、建设地区和建设地点等单独进行计价
2	多次性	工程项目建设规模庞大、组成结构复杂、建设周期长、在工程建设中消耗资源多、造价高昂。因此,从项目的可行性论证到竣工验收、交付使用的整个过程需要按建设程序决策和分阶段实施。工程造价也需要在不同建设阶段多次进行计价,以保证工程造价计算的准确性和控制的有效性。多次计价是一个由粗到细、由浅入深,逐步接近工程实际造价的过程。如大型工程建设项目的计价过程如图 3-1 所示
3	组合性	工程建设项目是一个工程综合体,它可以从大到小分解为若干有内在联系的单项工程、单位工程、分部工程和分项工程。建设项目的这种组合性决定了其工程造价的计算也是分部组合而成的,它既反映出确定概算造价和预算造价的逐步组合过程,亦反映出合同价和结算价的确定过程。通常工程造价的计算顺序为:分部分项工程造价→单位工程造价→单项工程造价→建设项目总造价,如图 3-2 所示
4	方法的多样性	在工程建设的不同阶段确定工程造价的计价依据、精度要求均不同,由此决定了计价方法的多样性。不同的计价方法各有利弊,其适用条件也有所不同,计价时应根据具体情况加以选择
5	计价依据的复杂性	由于影响工程造价的因素多,计价依据复杂,种类繁多,因此,在确定工程造价时,必须熟悉各类计价依据,并加以正确利用

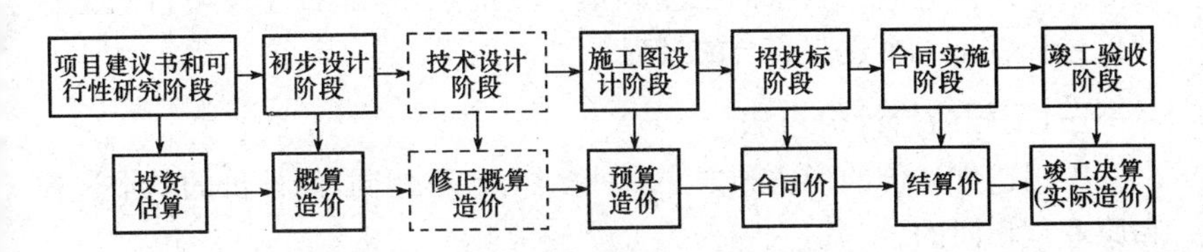

图 3-1　大型工程建设项目的计价过程图

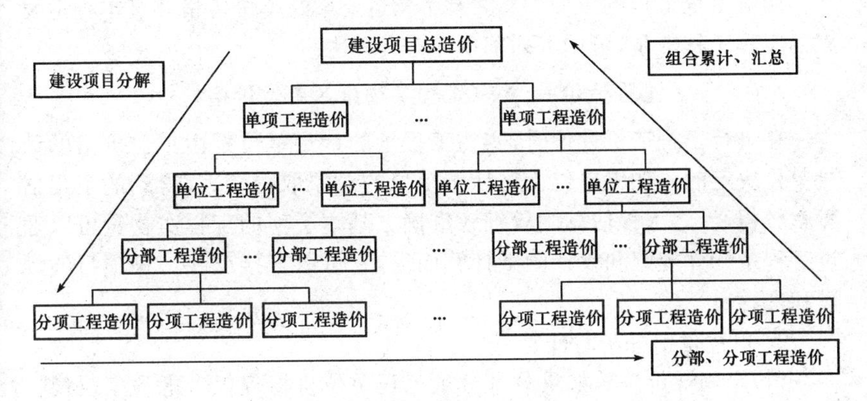

图 3-2　项目分部组合计价过程

二、工程造价计价原理

工程造价计价也称工程估价，是对工程投资项目造价的计算。

工程造价计价的基本原理就是对工程项目的分解与组合。由于工程项目是单件性与多样性组成的集合体，每一个工程项目的建设都需要按业主的特定需要进行单独设计、单独施工，不能批量生产和按整个工程项目确定价格，只能以特殊的计价程序和计价方法进行计算，即要将整个项目进行分解、划分为可以按定额等技术经济参数测算价格的基本单元子项（或称分部、分项工程）。然后将计算得出的各基本单元子项的造价再相结合，并汇总成工程总造价。

工程计价的主要特点就是把工程结构分解，将工程分解至基本项就能较容易地计算出基本子项的费用。一般来说，分解结构层次越多，基本子项也越细，计算也越精确。工程造价的计算从分解到组合的特征与建设项目的组合性有关。一个建设项目是一个工程综合体，这个综合体可以分解为许多有内在联系的独立和不独立的工程,那么建设项目的工程计价过程就是一个逐步组合的过程。

三、工程造价计价方法

工程造价计价的形式和方法多种多样,各不相同,但计价的基本过程和原理是相同的。

1. 影响工程造价的因素

影响工程造价的主要因素为基本构造要素的单位价格和基本构造要素的实物工程数量,可用下列基本计算式表达:

$$工程造价=\sum(工程实物量\times单位价格)$$

在进行工程造价计价时,实物工程量的计量单位是由单位价格的计量单位决定的。如果单位价格计量单位的对象取得较大,得到的工程估算就较粗;反之工程估算则较细较准确。基本子项的工程实物量可以通过工程量计算规则和设计图纸计算而得,它可以直接反映工程项目的规模和内容。

2. 单位价格分析与计算

(1)定额计价法。如果分部分项工程单位价格仅仅考虑人工、材料、机械资源要素的消耗量和价格形成,即单位价格$=\sum$(分部分项工程的资源要素消耗量×资源要素的价格),则该单位价格是直接费单价。资源要素消耗量的数据经过长期的收集、整理和积累形成了工程建设定额,它是工程计价的重要依据,与劳动生产率、社会生产力水平、技术和管理水平密切相关。

直接费单价只包括人工费、材料费和机械台班使用费,它是分部分项工程的不完全价格。我国现行有两种计价方式:一种是单位估价法,它是运用定额单价计算的,即首先计算工程量,然后查定额单价(基价),与相对应的分项工程量相乘,得出各分项工程的人工费、材料费、机械费,再将各分项工程的上述费用相加,得出分部分项工程的直接费;另一种是实物估价法,首先计算工程量,然后套定额,计算人工、材料和施工机械台班消耗量,将所有分部分项工程资源消耗量进行归类汇总,再根据当时、当地的人工、材料、机械单价,计算并汇总人工费、材料费、机械使用费,得出分部分项工程直接费。在此基础上再计算其他直接费、措施费、间接费、利润和税金,将直接费与上述费用相加,即可得出单位工程造价(价格)。

(2)工程量清单计价法。如果在单位价格中还考虑直接费以外的其他一切费用,则构成的是综合单价。

综合单价法指分部分项工程量的单价,既包括分部分项工程直接费、其他直接费、现场经费、间接费、利润和税金,也包括合同约定的所有工料价格变化风险等一切费用,它是一种完全价格形式。工程量清单计价法是一种国际上通行的计价方法,所采用的就是分部分项工程的完全单价。我国按照《建筑工程施工发包与承包计价管理办法》(原建设部第107号令)的规定,综合单价是由分部分项工程的直接费、其他直接费、现场经费、间接费、利润等组成,而直接费是以人工、材料、机械的消耗量及相应价格确定的。

综合单价的产生是使用工程量清单计价方法的关键。投标报价中使用的综合单价应由企业编制的企业定额产生。由于在每个分项工程上确定利润和税金比较困难,故可以编制含有直接费和间接费的综合单价,在求出单位工程总的直接费和间接费后,再统一计算单位工程的利润和税金,汇总得出单位工程的造价。

四、工程造价计价依据及其作用

工程造价的计价依据主要包括:工程量计算规则、建筑安装工程定额、工程价格信息以及工程造价相关法律法规等。

1. 工程量计算规则

(1)制定统一工程量计算规则的意义。

1)有利于统一全国各地的工程量计算规则,打破了各自为政的局面,为该领域的交流提供了良好的条件。

2)有利于"量价分离"。固定价格不适用于市场经济,因为市场经济的价格是变动的。必须进行价格的动态计算,把价格的计算依据动态化,变成价格信息。因此,需要把价格从定额中分离出来:使时效性差的工程量、人工量、材料量、机械量的计算与时效性强的价格分离开来。统一的工程量计算规则的产生,既是量价分离的产物,又是促进量价分离的要素,更是建筑工程造价计价改革的关键一步。

3)有利于工料消耗定额的编制,为计算工程施工所需的人工、材料、机械台班消耗水平和市场经济中的工程计价提供依据。工料消耗定额的编制是建立在工程量计算规则统一化、科学化的基础之上的,工程量计算规则和工料消耗定额的出台,共同形成了量价分离后完整的"量"的体系。

4)有利于工程管理信息化。统一的计量规则,有利于统一计算口径,也有利于统一划项口径;而统一的划项口径又有利于统一信息编码,进而可实现统一的信息管理。

《建设工程工程量清单计价规范》(GB 50500—2013)也对工程量的计算规则进行了规定,是编制工程量清单和利用工程量清单进行投标报价的依据。

(2)建筑面积计算规则。建筑面积也称为建筑展开面积,是指建筑物各层面积的总和。建筑面积包括使用面积、辅助面积和结构面积。建筑面积的计算具体可参考《建筑工程建筑面积计算规范》(GB/T 50353—2005)的规定。

(3)建筑安装工程预算工程量计算规则。《全国统一安装工程预算工程量计算规则》包括以下内容:1)机械设备安装工程;2)电气设备安装工程;3)热力设备安装工程;4)炉窑砌筑工程;5)静置设备与工艺金属结构制作安装工程;6)工业管道工程;7)消防及安全防范设备安装工程;8)给排水、采暖、燃气工程;9)通风空调工程;10)自动化控制仪表安装工程;11)刷油、防腐蚀、绝热工程。

(4)工程量清单计价规范工程量计算规则。《通用安装工程工程量计算规范》(GB 50856—2013)中的工程量计算规则包括以下内容:1)机械设备安装工程;2)热力设备安装工程;3)静置设备与工艺金属结构制作安装工程;4)电气设备安装工程;5)建筑智能化工程;6)自动化控制仪表安装工程;7)通风空调工程;8)工业管道工程;9)消防工程;10)给排水、采暖、燃气工程;11)通信设备及线路工程;12)刷油、防腐蚀、绝热工程;13)措施项目。

2. 建筑安装工程定额

建筑安装工程定额是指按国家有关产品标准、设计标准、施工质量验收标准(规范)等确定的施工过程中完成规定计量单位产品所消耗的人工、材料、机械等消耗量的标准,其作用如下:

(1)建筑安装工程定额具有促进节约社会劳动和提高生产效率的作用。企业用定额计算工料消耗、劳动效率、施工工期并与实际水平对比,衡量自身的竞争能力,促使企业加强管理,合理分配和使用资源,以达到节约的目的。

（2）建筑安装工程定额提供的信息，为建筑市场供需双方的交易活动和竞争创造条件。

（3）建筑安装工程定额有助于完善建筑市场信息系统。定额本身是大量信息的集合，既是大量信息加工的结果，又向使用者提供信息。建筑安装工程造价就是依据定额提供的信息进行的。

3. 建筑工程价格信息

（1）建筑安装工程单价信息和费用信息。在计划经济条件下，工程单价信息和费用是以定额形式确定的，定额具有指令性；在市场经济下，它们不具有指令性，只具有参考性。对于发包人和承包人以及工程造价咨询单位来说，工程单价信息和费用是十分重要的信息来源。单价亦可从市场上调查得到，还可以利用政府或中介组织提供的信息。单价有以下几种：

1）人工单价。人工单价是指一个建筑安装工人一个工作日在预算中应计入的全部人工费用，它反映了建筑安装工人的工资水平和一个工人在一个工作日中可以得到的报酬。

2）材料单价。材料单价是指材料由供应者仓库或提货地点到达工地仓库后的出库价格。材料单价包括材料原价、供销部门手续费、包装费、运输费及采购保管费。

3）机械台班单价。机械台班单价是指一台施工机械，在正常运转条件下每工作一个台班应计入的全部费用。机械台班单价包括折旧费、大修理费、经常修理费、安拆费及场外运输费、燃料动力费、人工费、车船使用税及保险费。

（2）建筑安装工程价格指数。建筑安装工程价格指数是反映一定时期由于价格变化对工程价格影响程度的指标，它是调整建筑安装工程价格差价的依据。建筑安装工程价格指数是报告期与基期价格的比值，可以反映价格变动趋势，用来进行估价和结算，估计价格变动对宏观经济的影响。

在社会主义市场经济中，设备、材料和人工费的变化对建筑安装工程价格的影响日益增大。在建筑市场供求和价格水平发生经常性波动的情况下，建筑安装工程价格及其各组成部分也处于不断变化之中，使不同时期的工程价格失去可比性，造成了造价控制的困难。编制建筑安装工程价格指数是解决造价动态控制的最佳途径。

建筑安装工程价格指数因分类标准的不同可分为以下不同的种类，具体如下：

1)按工程范围、类别和用途的不同，建筑安装工程价格指数可分为单项价格指数和综合价格指数。单项价格指数分别反映各类工程的人工、材料、施工机械及主要设备等报告期价格对基期价格的变化程度。综合价格指数综合反映各类项目或单项工程人工费、材料费、施工机械使用费和设备费等报告期价格对基期价格变化而影响造价的程度，反映造价总水平的变动趋势。

2)按工程价格资料期限长短的不同，建筑安装工程价格指数可分为时点价格指数、月指数、季指数和年指数。

3)按基期的不同，建筑安装工程价格指数可分为定基指数和环比指数。定基指数指各期价格与其固定时期价格的比值；环比指数指各时期价格与前一期价格的比值。

建筑安装工程价格指数可以参照下列公式进行编制：

1)人工、机械台班、材料等要素价格指数的编制，见下式：

$$\text{材料(设备、人工、机械)价格指数}=\frac{\text{报告期预算价格}}{\text{基期预算价格}}$$

2)建筑安装工程价格指数的编制，见下式：

建筑安装工程价格指数＝人工费指数×基期人工费占建筑安装工程价格的比例＋∑(单项材料价格指数×基期该材料费占建筑安装工程价格比例)＋∑(单项施工机械台班指数×基期该机械费占建筑安装工程价格比例)＋(其他直接费、间接费综合指数)×(基期其他直接费、间接费占建安工程价格比例)

4. 建筑工程施工发包与承包计价管理办法

2001年11月5日，原建设部发布了第107号部令《建筑工程施工发包与承包计价管理办法》。它是我国现行建筑工程造价最权威的计价依据。

在社会主义市场经济条件下，建筑工程造价计价依据不仅是建筑安装工程计价的客观要求，也是规范建筑市场管理的客观需要。建筑安装工程造价计价依据的主要作用表现在以下几个方面：

(1)计算确定建筑安装工程造价的重要依据。从投资估算、设计概算、施工图预算，到承包合同价、结算价、竣工决算都离不开工程造价计价依据。

(2)投资决策的重要依据。投资者依据工程造价计价依据预测投资额,进而对项目做出财务评价,提高投资决策的科学性。

(3)工程投标和促进施工企业生产技术进步的工具。投标时根据政府主管部门和咨询机构公布的计价依据,得以了解社会平均的工程造价水平,再结合自身条件,做出合理的投标决策。由于工程造价计价依据较准确地反映了工料机消耗的社会平均水平,这对于企业贯彻按劳分配、提高设备利用率、降低建筑工程成本都有重要作用。

(4)政府对工程建设进行宏观调控的依据。在社会主义市场经济条件下,政府可以运用工程造价依据等手段,计算人力、物力、财力的需要量,恰当地调控投资规模。

第四章　建筑安装工程造价构成

第一节　工程造价的构成

一、工程造价的理论构成

工程造价包括以下三个方面：

(1)建设工程物质消耗转移价值的货币表现。包括建筑材料、燃料、设备等物化劳动和建筑机械台班、工具的消耗。

(2)建设工程中劳动工资报酬支出。即劳动者为自己劳动创造的价值的货币表现，包括劳动者的工资和奖金等费用。

(3)盈利。即劳动者为社会创造价值的货币表现。包括设计、施工、建设单位的利润和税金等。

工程造价的理论构成如图 4-1 所示。

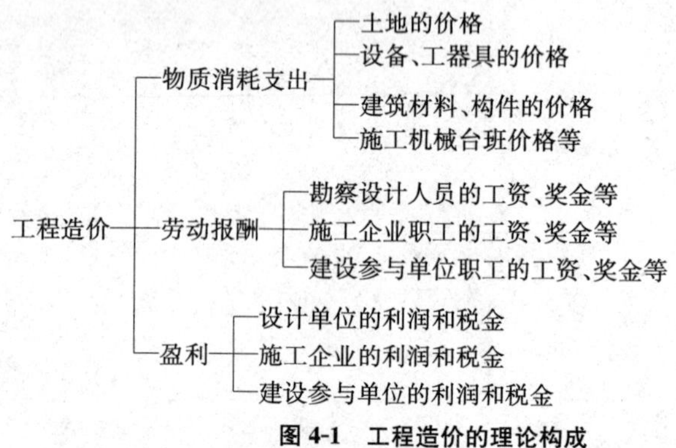

图 4-1　工程造价的理论构成

二、我国现行工程造价的构成

建设项目投资包含固定资产投资和流动资产投资两部分，建设项目总投资中的固定资产投资与建设项目的工程造价在量上相等。工程造价的构成由工程项目建设过程中各类费用支出或花费的性质、途径等来确定，是通过费用划分和汇集所形成的工程造价的费用分解结构。工程造价基本构成中，包括用于购买工程项目所含各种设备的费用，用于建筑施工和安装施工所需支出的费用，用于委托工程勘察设计应支付的费用，用于购置土地所需的费用，也包括用于建设单位自身进行项目筹建和项目管理所花费的费用等。总之，工程造价是工程项目按照确定的建设内容、建设规模、建设标准、功能要求和使用要求等全部建成并验收合格交付使用所需的全部费用。

我国现行工程造价的构成主要划分为设备及工、器具购置费用，建筑安装工程费用，工程建设其他费用，预备费，建设期贷款利息，固定资产投资方向调节税等几项。具体构成内容如图 4-2 所示。

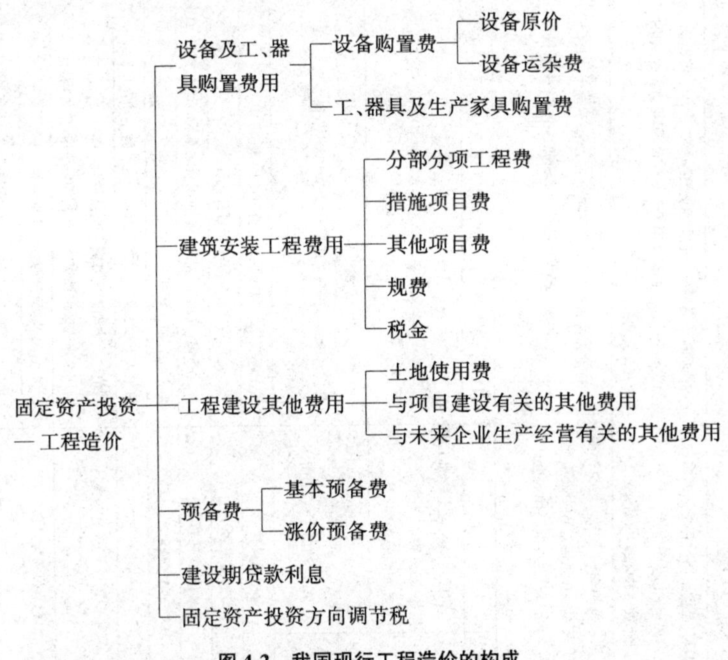

图 4-2　我国现行工程造价的构成

1. 设备及工、器具购置费

设备及工、器具购置费用是由设备购置费和工具、器具及生产家具购置费组成，它是固定资产投资中的积极部分。在生产性工程建设中，设备及工、器具购置费用占工程造价比重的增大，意味着生产技术的进步和资本有机构成的提高。

(1)国产设备原价的组成及计算见表 4-1。

表 4-1　国产设备原价的组成及计算

序号	费用项目	定义及组成		计算方法
1	国产标准设备原价	国产标准设备是指按照主管部门颁布的标准图纸和技术要求，由设备生产厂批量生产的，符合国家质量检验标准的设备		国产标准设备原价一般指的是设备制造厂的交货价，即出厂价。如设备系由设备成套公司供应，则以订货合同价为设备原价。有的设备有两种出厂价，即带有备件的出厂价和不带有备件的出厂价。在计算设备原价时，一般按带有备件的出厂价计算
2	国产非标准设备原价	国产非标准设备是指国家尚无定型标准，各设备生产厂不可能在工艺过程中采用批量生产，只能按一次订货，并根据具体的设计图纸制造的设备		非标准设备原价有多种不同的计算方法，如成本计算估价法、系列设备插入估价法、分部组合估价法、定额估价法等。但无论采用哪种方法都应该使非标准设备计价接近实际出厂价，并且计算方法要简便。本表按成本计算估价法计算
		组成：材料费	—	材料费＝材料净重×(1＋加工损耗系数)×每吨材料综合价
		加工费	包括生产工人工资和工资附加费、燃料动力费、设备折旧费，车间经费等	加工费＝设备总质量(t)×设备每吨加工费
		辅助材料费(简称辅材费)	包括焊条、焊丝、氧气、氩气、氮气、油漆、电石等费用	辅助材料费＝设备总质量×辅助材料费指标
		专用工具费		按上述三项之和乘以一定百分比计算
		废品损失费		按上述四项之和乘以一定百分比计算
		外购配套件费		按设备设计图纸所列的外购配套件的名称、型号、规格、数量、质量，根据相应的价格加运杂费计算
		包装费		按上述六项之和乘以一定百分比计算
		利润		按上述五项和第七项之和乘以一定利润率计算
		税金		增值税＝当期销项税额－进项税额 当期销项税额＝销售额×适用增值税率，销售额为前八项之和
		非材料设备设计费		按国家规定的设计费收费标准计算
		单台非标准设备原价		单台非标准设备原价＝{[(材料费＋加工费＋辅助材料费)×(1＋专用工具费率)×(1＋废品损失费率)＋外购配套件费]×(1＋包装费率)－外购配套件费}×(1＋利润率)＋销项税金＋非标准设备设计费＋外购配套件费

(2)进口设备原价的构成及计算。进口设备的原价是指进口设备的抵岸价,即抵达买方边境港口或边境车站,且交完关税等税费后形成的价格。进口设备抵岸价的构成与进口设备的交货方式有关。

1)进口设备的交货方式。

①内陆交货类。内陆交货类即卖方在出口国内陆的某个地点交货。在交货地点,卖方及时提交合同规定的货物和有关凭证,并负担交货前的一切费用和风险;买方按时接受货物,交付货款,负担接货后的一切费用和风险,并自行办理出口手续和装运出口。货物的所有权也在交货后由卖方转移给买方。

②目的地交货类。目的地交货类即卖方在进口国的港口或内地交货,包括目的港船上交货价、目的港船边交货价(FOS)和目的港码头交货价(关税已付)及完税后交货价(进口国的指定地点)等几种交货价。其特点是买卖双方承担的责任、费用和风险是以目的地约定交货点为分界线,只有当卖方在交货点将货物置于买方控制下才算交货,才能向买方收取货款。

③装运港交货类。装运港交货类即卖方在出口国装运港交货,主要有装运港船上交货价(FOB),习惯称离岸价格;运费在内价(C&F)和运费、保险费在内价(CIF),习惯称到岸价格。其特点是卖方按照约定的时间在装运港交货,只要卖方把合同规定的货物装船后提供货运单据便完成交货任务,可凭单据收回货款。

2)进口设备原价的构成及计算见表4-2。

(3)设备运杂费的构成及计算。

1)设备运杂费的构成。

①国产标准设备由设备制造厂交货地点起至工地仓库(或施工组织设计指定的需要安装设备的堆放地点)止所发生的运费和装卸费。进口设备则由我国到岸港口、边境车站起至工地仓库(或施工组织设计指定的需要安装设备的堆放地点)止所发生的运费和装卸费。

②在设备出厂价格中没有包含的设备包装和包装材料器具费;在设备出厂价或进口设备价格中如已包括了此项费用,则不应重复计算。

③供销部门的手续费,按有关部门规定的统一费率计算。

④建设单位(或工程承包公司)的采购与仓库保管费,是指采购、验

收、保管和收发设备所发生的各种费用,包括设备采购、保管和管理人员工资、工资附加费、办公费、差旅交通费、设备供应部门办公和仓库所占固定资产使用费、工具用具使用费、劳动保护费、检验试验费等。这些费用可按主管部门规定的采购保管费率计算。

2)设备运杂费的计算。设备运杂费按设备原价乘以设备运杂费率计算,其计算公式为:

设备运杂费=设备原价×设备运杂费率

其中,设备运杂费率按各部门及省、市等的规定计取。

(4)工、器具及生产家具购置费的构成及计算。工、器具及生产家具购置费,是指新建或扩建项目初步设计规定的,保证初期正常生产必须购置的没有达到固定资产标准的设备、仪器、工卡模具、器具、生产家具和备品备件等的购置费用。一般以设备购置费为计算基数,按照部门或行业规定的工、器具及生产家具费率计算。其计算公式为:

工、器具及生产家具购置费=设备购置费×定额费率

2. 建筑安装工程费

建筑安装工程费是指用于建筑工程和安装工程的费用。建筑工程费指建设项目设计范围内的建设场地平整、土石方工程费;各类房屋建筑及附属于室内的供水、供热、卫生、电气、燃气、通风空调、弱电、电梯等设备及管线工程费;各类设备基础、地沟、水池、冷却塔、烟囱烟道、水塔、栈桥、管架、挡土墙、围墙、厂区道路、绿化等工程费;铁路专用线、厂外道路、码头等工程费。安装工程费指主要生产、辅助生产、公用等单项工程中需要安装的工艺、电气、自动控制、运输、供热、制冷等设备及装置安装工程费;各种工艺、管道安装及衬里、防腐、保温等工程费;供电、通信、自控等管线电缆的安装工程费。

建筑安装工程费用的构成及计算参见本章第二节,在此不作详细介绍。

3. 工程建设其他费

工程建设其他费用的构成见表4-3。

4. 预备费、建设期贷款利息、固定资产投资方向调节税和铺底流动资金

预备费、建设期贷款利息、固定资产投资方向调节税和铺底流动资金的构成及计算见表4-4。

表 4-2 进口设备原价的构成及计算

序号	费用项目	内容	计算方法	
1	货价	一般指装运港船上交货价(FOB)	设备货价分为原币货价和人民币货价，原币货价一律折算为美元表示，人民币货价按原币货价乘以外汇市场美元兑换人民币中间价确定。进口设备货价按有关生产厂商询价、报价、订货合同价计算	进口设备原价＝货价＋国际运费＋运输保险费＋银行财务费＋外贸手续费＋关税＋增值税＋消费税＋海关监管手续费＋车辆购置附加费
2	国际运费	从装运港(站)到达我国抵达港(站)的运费。我国进口设备大部分采用海洋运输，小部分采用铁路运输，个别采用航空运输	国际运费(海、陆、空)＝原币货价(FOB)×运费率 国际运费(海、陆、空)＝运量×单位运价 运费率或单位运价参照有关部门或进出口公司的规定执行	
3	运输保险费	对外贸易货物运输保险是由保险人(保险公司)与被保险人(出口人或进口人)订立保险契约，在被保险人交付议定的保险费后，保险人根据保险契约的规定对货物在运输过程中发生的承保责任范围内的损失给予经济上的补偿。这是一种财产保险	运输保险费$=\frac{原币货价(FOB)+国外运费}{1-保险费率}\times$保险费率 保险费率按保险公司规定的进口货物保险费率计算	
4	银行财务费	一般是指中国银行手续费	银行财务费＝人民币货价(FOB)×银行财务费率	
5	外贸手续费	按对外经济贸易部规定的外贸手续费率计取的费用，外贸手续费率一般取 1.5％	外贸手续费＝[装运港船上交货价(FOB)＋国际运费＋运输保险费]×外贸手续费率	

续表

序号	费用项目	内容	计算方法	
6	关税	由海关对进出国境或关境的货物和物品征收的一种税	到岸价格(CIF)包括离岸价格(FOB)、国际运费、运输保险费等费用，它作为关税完税价格。进口关税税率分为优惠和普通两种。优惠税率适用于与我国签订有关税互惠条款的贸易条约或协定的国家的进口设备；普通税率适用于与我国未订有关税互惠条款的贸易条约或协定的国家的进口设备。进口关税税率按我国海关总署发布的进口关税税率计算	进口设备原价＝货价＋国际运费＋运输保险费＋银行财务费＋外贸手续费＋关税＋增值税＋消费税＋海关监管手续费＋车辆购置附加费
7	增值税	对从事进口贸易的单位和个人，在进口商品报关进口后征收的税种。我国增值税条例规定，进口应税产品均按组成计税价格和增值税税率直接计算应纳税额	进口产品增值税额＝组成计税价格×增值税税率 组成计税价格＝关税完税价格＋关税＋消费税 增值税税率根据规定的税率计算	
8	消费税	对部分进口设备(如轿车、摩托车等)征收	消费税额＝$\frac{到岸价+关税}{1-消费税税率}$×消费税税率	
9	海关监管手续费	海关对进口减税、免税、保税货物实施监督、管理、提供服务的手续费。对于全额征收进口关税的货物不计本项费用	海关监管手续费＝到岸价×海关监管手续费率	
10	车辆购置附加费	进口车辆需缴进口车辆购置附加费	进口车辆购置附加费＝(到岸价＋关税＋消费税＋增值税)×进口车辆购置附加费率	

表 4-3　工程建设其他费用的构成

序号	费用项目			内容
1	土地使用费	土地征用及迁移补偿费	土地补偿费	征用耕地(包括菜地)的补偿标准,按政府规定,为该耕地年产值的若干倍,具体补偿标准由省、自治区、直辖市人民政府在此范围内制定。征用园地、鱼塘、藕塘、苇塘、宅基地、林地、牧场、草原等的补偿标准,由省、自治区、直辖市人民政府制定。征收无收益的土地,不予补偿
			青苗补偿费和被征用土地上的房屋、水井、树下等附着物补偿费	这些补偿费的标准由省、自治区、直辖市人民政府制定。征用城市郊区的菜地时,还应按照有关规定向国家缴纳新菜地开发建设基金
			安置补助费	征用耕地、菜地的,每个农业人口的安置补助费为该地每亩年产值的2～3倍,每亩耕地的安置补助费最高不得超过其年产值的10倍
			缴纳的耕地占用税或城镇土地使用税、土地登记费及征地管理费	县市土地管理机关从征地费中提取土地管理费的比率,要按征地工作量大小,视不同情况,在1%～4%幅度内提取
			征地动迁费	包括征用土地上的房屋及附属构筑物、城市公共设施等拆除、迁建补偿费、搬迁运输费,企业单位因搬迁造成的减产、停工损失补贴费,拆迁管理费等
			水利水电工程水库淹没处理补偿费	包括农村移民安置迁建费,城市迁建补偿费,库区工矿企业、交通、电力、通信、广播、管网、水利等的恢复、迁建补偿费,库底清理费,防护工程费,环境影响补偿费用等
		取得国有土地使用费	土地使用权出让金	建设工程通过土地使用权出让方式,取得有限期的土地使用权,依照《中华人民共和国城镇国有土地使用权出让和转让暂行条例》规定,支付的土地使用权出让金
			城市建设配套费	因进行城市公共设施的建设而分摊的费用
			拆迁补偿与临时安置补助费	此项费用由两部分构成,即拆迁补偿费和临时安置补助费或搬迁补助费。拆迁补偿费是指拆迁人对被拆迁人,按照有关规定予以补偿所需的费用。拆迁补偿的形式可分为产权调换和货币补偿两种形式。产权调换的面积按照所拆迁房屋的建筑面积计算;货币补偿的金额按照被拆迁人或者房屋承租人支付搬迁补助费。在过渡期内,被拆迁人或者房屋承租人自行安排住处的,拆迁人应当支付临时安置补助费

续表一

序号	费用项目			内容
2	与项目建设有关的其他费用	建设单位管理费	建设单位开办费	新建项目为保证筹建和建设工作正常进行所需办公设备、生活家具、用具、交通工具等购置费用。
				包括工作人员的基本工资、工资性补贴、职工福利费、劳动保护费、劳动保险费、办公费、差旅交通费、工会经费、职工教育经费、固定资产使用费、工具用具使用费、技术图书资料费、生产人员招募费、工程招标费、合同契约公证费、工程质量监督检测费、工程咨询费、法律顾问费、审计费、业务招待费、排污费、竣工交付使用清理及竣工验收费、后评估等费用。不包括应计入设备、材料预算价格的建设单位采购及保管设备材料所需的费用
		勘察设计费		编制项目建议书、可行性研究报告及投资估算、工程咨询、评价以及为编制上述文件所进行勘察、设计、研究试验等所需费用
				委托勘察、设计单位进行初步设计、施工图设计及概预算编制等所需费用
				在规定范围内由建设单位自行完成的勘察、设计工作所需费用
		研究试验费		研究试验费是指为建设项目提供和验证设计参数、数据、资料等所进行的必要的试验费用以及设计规定在施工中必须进行试验、验证所需费用。包括自行或委托其他部门研究试验所需人工费、材料费、试验设备及仪器使用费等。这项费用按照设计单位根据本工程项目的的需要提出的研究试验内容和要求计算
		建设单位临时设施费		建设单位临时设施费是指建设期间建设单位所需临时设施的搭设、维修、摊销费用或租赁费用。 临时设施包括临时宿舍、文化福利及公用事业房屋与构筑物、仓库、办公室、加工厂以及规定范围内的道路、水、电、管线等临时设施和小型临时设施
		工程监理费		工程监理费是指建设单位委托工程监理单位对工程实施监理工作所需费用。根据原国家物价局、原建设部《关于发布工程建设监理费用有关规定的通知》([1992]价费字479号)等文件规定,选择下列方法之一计算: (1)一般情况应按工程建设监理收费标准计算,即按所监理工程概算或预算的百分比计算。 (2)对于单工种或临时性项目可根据参与监理的年度平均人数按3.5～5万元/(人·年)计算

续表二

序号	费用项目			内容
2	与项目建设有关的其他费用	工程保险费		工程保险费是指建设项目在建设期间根据需要实施工程保险所需的费用。包括以各种建筑工程及其在施工过程中的物料、机器设备为保险标的的建筑工程一切险，以安装工程中的各种机器、机械设备为保险标的的安装工程一切险，以及机器损坏保险等。根据不同的工程类别，分别以其建筑、安装工程费乘以建筑、安装工程保险费率计算。民用建筑（住宅楼、综合性大楼、商场、旅馆、医院、学校）占建筑工程费的 2‰～4‰；其他建筑（工业厂房、仓库、道路、码头、水坝、隧道、桥梁、管道等）占建筑工程费的 3‰～6‰；安装工程（农业、工业、机械、电子、电器、纺织、矿山、石油、化学及钢铁工业、钢结构桥梁）占建筑工程费的 3‰～6‰
		引进技术和进口设备其他费用	国外人员费用	为引进技术和进口设备派出人员在国外培训和进行设计联络、设备检验等的差旅费、制装费、生活费等。这项费用根据设计规定的出国培训和工作的人数、时间及派往国家，按财政部、外交部规定的临时出国人员费用开支标准及中国民用航空公司现行国际航线票价等进行计算，其中使用外汇部分应计算银行财务费用
			国外工程技术人员来华费用	为安装进口设备，引进国外技术等聘用外国工程技术人员进行技术指导工作所发生的费用。包括技术服务费、外国技术人员的在华工资、生活补贴、差旅费、医药费、住宿费、交通费、宴请费、参观游览等招待费用。这项费用按每人每月费用指标计算
			技术引进费	为引进国外先进技术而支付的费用。包括专利费、专有技术费（技术保密费）、国外设计及技术资料费、计算机软件费等。这项费用根据合同或协议的价格计算
			分期或延期付款利息	利用出口信贷引进技术或进口设备采取分期或延期付款的办法所支付的利息
			担保费	国内金融机构为买方出具保函的担保费。这项费用按有关金融机构规定的担保费率计算（一般可按承保金额的 5‰计算）
			进口设备检验鉴定费用	进口设备按规定付给商品检验部门的进口设备检验鉴定费。这项费用按进口设备货价的 3‰～5‰计算

续表三

序号	费用项目		内容
3	与项目建设有关的其他费用	工程承包费	工程承包费是指具有总承包条件的工程公司，对工程建设项目从开始建设至竣工投产全过程的总承包所需的管理费用。具体内容包括组织勘察设计、设备材料采购、非标设备设计制造与销售、施工招标、发包、工程预决算、项目管理、施工质量监督、隐蔽工程检查、验收和试车直至竣工投产的各种管理费用。该费用按国家主管部门或省、自治区、直辖市协调规定的工程总承包费取费标准计算。如无规定时，一般工业建设项目为投资估算的6%～8%，民用建筑(包括住宅建设)和市政项目为4%～6%。不实行工程承包的项目不计算本项费用
		联合试运转费	联合试运转是指新建企业或改扩建企业在工程竣工验收前，按照设计的生产工艺流程和质量标准对整个企业进行联合试运转所发生的费用支出与联合试运转期间的收入部分的差额部分。联合试运转费用一般根据不同性质的项目按需进行试运转的工艺设备购置费的百分比计算
		生产准备费	生产人员培训费，包括自行培训、委托其他单位培训的人员的工资、工资性补贴、职工福利费、差旅交通费、学习资料费、学习费、劳动保护费等
			生产单位提前进厂参加施工、设备安装、调试等以及熟悉工艺流程及设备性能等人员的工资、工资性补贴、职工福利费、差旅交通费、劳动保护费等
		办公和生活家具购置费	办公和生活家具购置费是指为保证新建、改建、扩建项目初期正常生产、使用和管理所必须购置的办公和生活家具、用具的费用。
			改、扩建项目所需的办公和生活用具购置费，应低于新建项目。其范围包括办公室、会议室、资料档案室、阅览室、文娱室、食堂、浴室、理发室、单身宿舍和设计规定必须建设的托儿所、卫生所、招待所、中小学校等家具用具购置费。这项费用按照设计定员人数乘以综合指标计算，一般为600～800元/人

表 4-4　预备费、建设期贷款利息、固定资产投资方向调节税和铺底流动资金的构成及计算

序号	费用项目		内　容	计算方法
1	预备费	基本预备费	(1)在批准的初步设计范围内,技术设计、施工图设计及施工过程中所增加的工程费用;设计变更、局部地基处理等增加的费用。 (2)一般自然灾害造成的损失和预防自然灾害所采取的措施费用。实行工程保险的工程项目费用应适当降低。 (3)竣工验收时为鉴定工程质量对隐蔽工程进行必要的挖掘和修复费用	基本预备费＝(设备及工、器具购置费＋建筑安装工程费用＋工程建设其他费用)×基本预备费率 基本预备费率的取值应执行国家及部门的有关规定
		涨价预备费	涨价预备费是指建设项目在建设期间内由于价格等变化引起工程造价变化的预测预留费用。费用内容包括:人工、设备、材料、施工机械的价差费,建筑安装工程费及工程建设其他费用调整,利率、汇率调整等增加的费用	$PF=\sum_{t=1}^{n}I_t[(1+f)^t-1]$ 式中　PF——涨价预备费; n——建设期年份数; I_t——建设期中第 t 年的投资计划额,包括设备及工器具购置费、建筑安装工程费、工程建设其他费用及基本预备费; f——年均投资价格上涨率
2	建设期贷款利息		建设期投资贷款利息是指建设项目使用银行或其他金融机构的贷款,在建设期应归还的借款的利息。建设项目筹建期间借款的利息,按规定可以计入购建资产的价值或开办费。贷款机构在贷出款项时,一般都是按复利考虑的。作为投资者来说,在项目建设期间,投资项目一般没有还本付息的资金来源,即使按要求还款,其资金也可能是通过再申请借款来支付。当项目建设期长于一年时,为简化计算,可假定借款发生当年均在年中支用,按半年计息,年初欠款按全年计息	$q_j=\left(P_{j-1}+\frac{1}{2}A_j\right)\cdot i$ 式中　q_j——建设期第 j 年应计利息; P_{j-1}——建设期第$(j-1)$年末贷款累计金额与利息累计金额之和; A_j——建设期第 j 年贷款金额; i——年利率

续表一

序号	费用项目		内　容	计算方法
3	固定资产投资方向调节税*	基本建设项目投资适用的税率	(1)国家急需发展的项目投资,如农业、林业、水利、能源、交通、通信、原材料,科教、地质、勘探、矿山开采等基础产业和薄弱环节的部门项目投资,适用零税率。 (2)对国家鼓励发展但受能源、交通等制约的项目投资,如钢铁、化工、石油、水泥等部分重要原材料项目,以及一些重要机械、电子、轻工工业和新型建材的项目,实行5%的税率。 (3)为配合住房制度改革,对城乡个人修建、购买住宅的投资实行零税率;对单位修建、购买一般性住宅投资,实行5%的低税率;对单位用公款修建、购买高标准独门独院、别墅式住宅投资,实行30%的高税率。 (4)对楼堂馆所以及国家严格限制发展的项目投资,课以重税,税率为30%。 (5)对不属于上述四类的其他项目投资,实行中等税负政策,税率15%	—
		更新改造项目投资适用的税率	(1)为了鼓励企事业单位进行设备更新和技术改造,促进技术进步,对国家急需发展的项目投资,予以扶持,适用零税率;对单纯工艺改造和设备更新的项目投资,适用零税率。 (2)对不属于上述提到的其他更新改造项目投资,一律适用10%的税率	—

续表二

序号	费用项目	内　容	计算方法
4	铺底流动资金	流动资金是指生产经营性项目投产后，为进行正常生产运营，用于购买原材料、燃料，支付工资及其他经营费用等所需的周转资金。流动资金估算一般是参照现有同类企业的状况采用分项详细估算法，个别情况或者小型项目可采用扩大指标法	流动资金估算一般是参照现有同类企业的状况采用分项详细估算法，个别情况或者小型项目可采用扩大指标法。 (1)分项详细估算法。 对计算流动资金需要掌握的流动资产和流动负债这两类因素应分别进行估算。在可行性研究中，为简化计算，仅对存货、现金、应收账款这三项流动资产和应付账款这项流动负债进行估算。 (2)扩大指标估算法。 1)按建设投资的一定比例估算。例如，国外化工企业的流动资金，一般是按建设投资的15%～20%计算。 2)按经营成本的一定比例估算。 3)按年销售收入的一定比例估算。 4)按单位产量占用流动资金的比例估算

注：* 固定资产投资方向调节税从2000年1月1日起已暂停征收，但该税种尚未取消。

三、国际工程项目建筑安装工程费用的构成

国际工程项目建筑安装工程费用的构成见表 4-5。

表 4-5　国际工程项目建筑安装工程费用构成

序号	费用项目			内　容
1	工程总成本	直接费	人工费	指直接从事施工以及附属辅助性生产的工人工资,包括国内工人工资、外籍工人工资,但不包括管理人员、后勤服务人员工资
			材料设备费	指用于永久工程的所有建筑材料、设备的费用。材料设备采购的途径不同,其费用构成也不同,但均应包括材料设备的购买价格以及从采购地到达工程现场过程中所发生的运输费、保管费等其他费用
			施工机械使用费	指用于施工的各类机械、装备的使用费,包括机械的基本折旧、安装拆卸费、维修费、机械保险费、燃料动力费以及驾驶操作人工费等
		间接费	现场管理费	指除了直接用于各分部分项工程施工所需的人工、材料设备和施工机械等开支之外的,为工程现场管理所需要的各项开支项目。一般包括管理人员和后勤服务人员工资、办公费、差旅交通费、医疗费、劳动保护费、固定资产折旧、工具用具使用费、检验试验费、其他费用
			临时设施工程费	临时设施工程费用包括生活用房、生产用房和室外工程等临时房屋的建设费(或房租)、水、电、暖、卫及通信设施费等
			保函手续费	国际工程招标投标及实施过程中涉及投标保函、履约保函、预付款保函、维修保函。银行为承包商出具以上保函时,都要收取一定的手续费
			保险费	国际工程中的保险项目一般有工程保险、第三者责任保险、机动车辆保险、人身意外保险、材料设备运输保险、施工机械保险等,其中后三项保险的费用已分别计入直接费中的人工、材料设备和机械使用费

续表

序号	费用项目			内容
1	工程总成本	间接费	贷款利息	承包商本身资金不足时，要用银行贷款组织施工，需向银行支付利息
			税金	承包商应按工程所在国税收制度交纳税额
			业务费	包括为监理工程师创造现场工作、生活条件而开支的费用，为争取中标或加快收取工程款的代理人佣金、法律顾问费、广告宣传费、考察联络费、业务资料费、咨询费等
		分包费		分包商的报价加总包管理费
		公司总部管理费		也叫公司管理费或上级管理费，是公司为承包工程提供服务而收取的一项费用。公司总部管理费包括总部人员工资、行政管理费用、办公室的租金、邮政通信费用、电费、暖气费、修理费、车辆使用费、办公用品费、财务费用等
2	暂列金额			“暂列金额”是指包括在合同中，供工程任何部分的施工，或提供货物、材料、设备、服务，或提供不可预料事件之费用的一项金额。暂列金额是业主方的备用金。这是由业主的咨询工程师事先确定并填入招标文件中的金额
3	盈余	利润		利润对于业主来说是允许的利润，对投标者而言则是计划利润
		风险		风险费也称不可预见费，或称意外费。承包商承受来自气候、通货膨胀、合同条件、币值波动等的风险，为防范风险所需要的各项费用以及补偿费用计入标价中

第二节　建筑安装工程费用项目组成

一、建筑安装工程费用项目组成(按费用构成要素划分)

建筑安装工程费按照费用构成要素划分:由人工费、材料(包含工程设备,下同)费、施工机具使用费、企业管理费、利润、规费和税金组成。其中人工费、材料费、施工机具使用费、企业管理费和利润包含在分部分项工程费、措施项目费、其他项目费中,如图4-3所示。

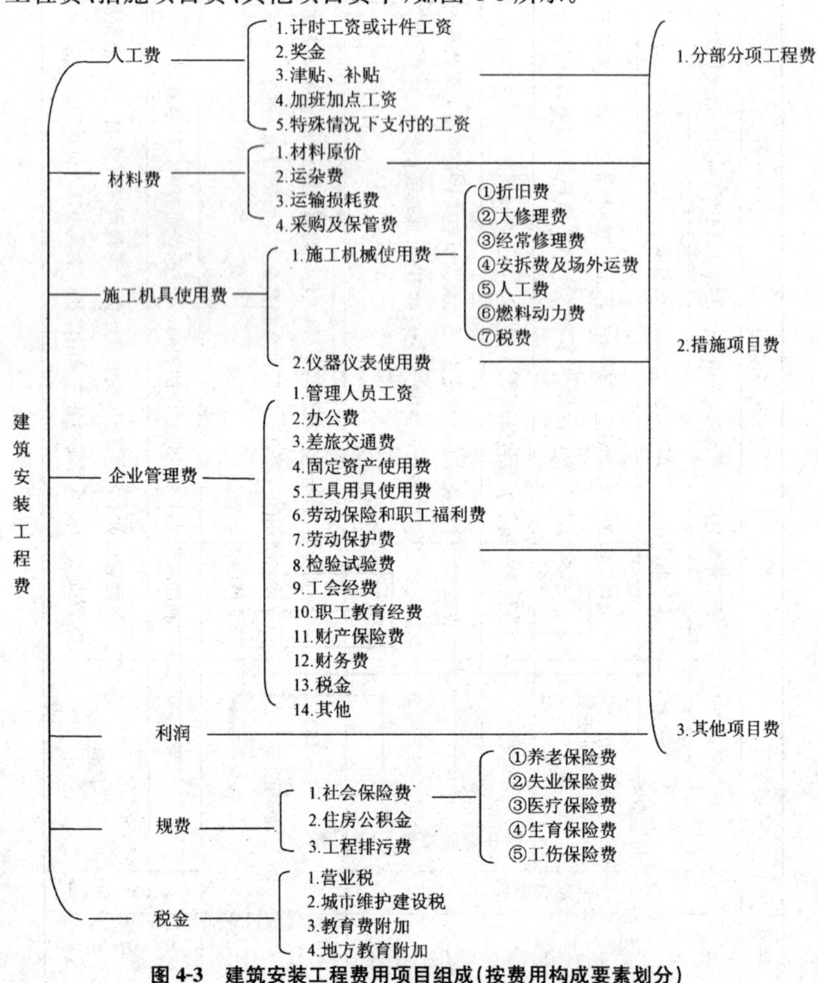

图4-3　建筑安装工程费用项目组成(按费用构成要素划分)

1. 人工费

人工费是指按工资总额构成规定,支付给从事建筑安装工程施工的生产工人和附属生产单位工人的各项费用。内容包括:

(1)计时工资或计件工资。指按计时工资标准和工作时间或对已做工作按计件单价支付给个人的劳动报酬。

(2)奖金。指对超额劳动和增收节支支付给个人的劳动报酬。如节约奖、劳动竞赛奖等。

(3)津贴补贴。指为了补偿职工特殊或额外的劳动消耗和因其他特殊原因支付给个人的津贴,以及为了保证职工工资水平不受物价影响支付给个人的物价补贴。如流动施工津贴、特殊地区施工津贴、高温(寒)作业临时津贴、高空津贴等。

(4)加班加点工资。指按规定支付的在法定节假日工作的加班工资和在法定日工作时间外延时工作的加点工资。

(5)特殊情况下支付的工资。指根据国家法律、法规和政策规定,因病、工伤、产假、计划生育假、婚丧假、事假、探亲假、定期休假、停工学习、执行国家或社会义务等原因按计时工资标准或计时工资标准的一定比例支付的工资。

2. 材料费

材料费是指施工过程中耗费的原材料、辅助材料、构配件、零件、半成品或成品、工程设备的费用。内容包括:

(1)材料原价。指材料、工程设备的出厂价格或商家供应价格。

(2)运杂费。指材料、工程设备自来源地运至工地仓库或指定堆放地点所发生的全部费用。

(3)运输损耗费。指材料在运输装卸过程中不可避免的损耗。

(4)采购及保管费。指为组织采购、供应和保管材料、工程设备的过程中所需要的各项费用。包括采购费、仓储费、工地保管费、仓储损耗。

工程设备是指构成或计划构成永久工程一部分的机电设备、金属结构设备、仪器装置及其他类似的设备和装置。

3. 施工机具使用费

施工机具使用费是指施工作业所发生的施工机械、仪器仪表使用费或其租赁费。

(1)施工机械使用费。施工机械使用费以施工机械台班耗用量乘以施工机械台班单价表示,施工机械台班单价应由下列七项费用组成:

1)折旧费。指施工机械在规定的使用年限内,陆续收回其原值的费用。

2)大修理费。指施工机械按规定的大修理间隔台班进行必要的大修理,以恢复其正常功能所需的费用。

3)经常修理费。指施工机械除大修理以外的各级保养和临时故障排除所需的费用。包括为保障机械正常运转所需替换设备与随机配备工具附具的摊销和维护费用,机械运转中日常保养所需润滑与擦拭的材料费用及机械停滞期间的维护和保养费用等。

4)安拆费及场外运费。安拆费是指施工机械(大型机械除外)在现场进行安装与拆卸所需的人工、材料、机械和试运转费用以及机械辅助设施的折旧、搭设、拆除等费用;场外运费是指施工机械整体或分体自停放地点运至施工现场或由一施工地点运至另一施工地点的运输、装卸、辅助材料及架线等费用。

5)人工费。指机上司机(司炉)和其他操作人员的人工费。

6)燃料动力费。指施工机械在运转作业中所消耗的各种燃料及水、电等。

7)税费。指施工机械按照国家规定应缴纳的车船使用税、保险费及年检费等。

(2)仪器仪表使用费。仪器仪表使用费是指工程施工所需使用的仪器仪表的摊销及维修费用。

4. 企业管理费

企业管理费是指建筑安装企业组织施工生产和经营管理所需的费用。内容包括:

(1)管理人员工资。指按规定支付给管理人员的计时工资、奖金、津贴补贴、加班加点工资及特殊情况下支付的工资等。

(2)办公费。指企业管理办公用的文具、纸张、账表、印刷、邮电、书报、办公软件、现场监控、会议、水电、烧水和集体取暖降温(包括现场临时宿舍取暖降温)等费用。

(3)差旅交通费。指职工因公出差、调动工作的差旅费、住勤补助费,市内交通费和误餐补助费,职工探亲路费,劳动力招募费,职工退休、退职一次性路费,工伤人员就医路费,工地转移费以及管理部门使用的交通工具的油料、燃料等费用。

(4)固定资产使用费。指管理和试验部门及附属生产单位使用的属于固定资产的房屋、设备、仪器等的折旧、大修、维修或租赁费。

(5)工具用具使用费。指企业施工生产和管理使用的不属于固定资产的工具、器具、家具、交通工具和检验、试验、测绘、消防用具等的购置、维修和摊销费。

(6)劳动保险和职工福利费。指由企业支付的职工退职金、按规定支付给离休干部的经费,集体福利费、夏季防暑降温、冬季取暖补贴、上下班交通补贴等。

(7)劳动保护费。企业按规定发放的劳动保护用品的支出。如工作服、手套、防暑降温饮料以及在有碍身体健康的环境中施工的保健费用等。

(8)检验试验费。指施工企业按照有关标准规定,对建筑以及材料、构件和建筑安装物进行一般鉴定、检查所发生的费用,包括自设试验室进行试验所耗用的材料等费用。不包括新结构、新材料的试验费,对构件做破坏性试验及其他特殊要求检验试验的费用和建设单位委托检测机构进行检测的费用,对此类检测发生的费用,由建设单位在工程建设其他费用中列支。但对施工企业提供的具有合格证明的材料进行检测不合格的,该检测费用由施工企业支付。

(9)工会经费。指企业按《工会法》规定的全部职工工资总额比例计提的工会经费。

(10)职工教育经费。指按职工工资总额的规定比例计提,企业为职工进行专业技术和职业技能培训,专业技术人员继续教育、职工职业技能鉴定、职业资格认定以及根据需要对职工进行各类文化教育所发生的费用。

(11)财产保险费。指施工管理用财产、车辆等的保险费用。

(12)财务费。指企业为施工生产筹集资金或提供预付款担保、履约担保、职工工资支付担保等所发生的各种费用。

(13)税金。指企业按规定缴纳的房产税、车船使用税、土地使用税、印花税等。

(14)其他。包括技术转让费、技术开发费、投标费、业务招待费、绿化费、广告费、公证费、法律顾问费、审计费、咨询费、保险费等。

5. 利润

利润是指施工企业完成所承包工程获得的盈利。

6. 规费

规费是指按国家法律、法规规定,由省级政府和省级有关权力部门规定必须缴纳或计取的费用。包括:

(1)社会保险费。

1)养老保险费。指企业按照规定标准为职工缴纳的基本养老保险费。

2)失业保险费。指企业按照规定标准为职工缴纳的失业保险费。

3)医疗保险费。指企业按照规定标准为职工缴纳的基本医疗保险费。

4)生育保险费。指企业按照规定标准为职工缴纳的生育保险费。

5)工伤保险费。指企业按照规定标准为职工缴纳的工伤保险费。

(2)住房公积金。指企业按规定标准为职工缴纳的住房公积金。

(3)工程排污费。指按规定缴纳的施工现场工程排污费。

其他应列而未列入的规费,按实际发生计取。

7. 税金

税金是指国家税法规定的应计入建筑安装工程造价内的营业税、城市维护建设税、教育费附加以及地方教育附加。

二、建筑安装工程费用项目组成(按造价形成划分)

建筑安装工程费按照工程造价形成由分部分项工程费、措施项目费、其他项目费、规费、税金组成,分部分项工程费、措施项目费、其他项目费包含人工费、材料费、施工机具使用费、企业管理费和利润,如图4-4所示。

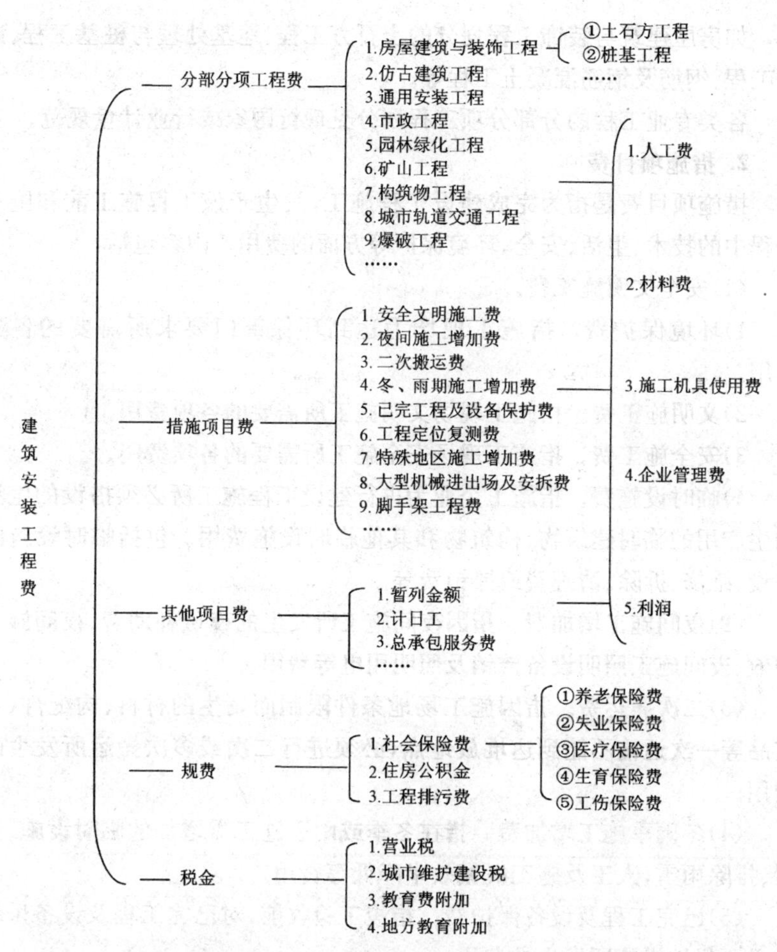

图 4-4　建筑安装工程费用项目组成(按工程造价形成划分)

1. 分部分项工程费

分部分项工程费是指各专业工程的分部分项工程应予列支的各项费用。

(1)专业工程。指按现行国家计量规范划分的房屋建筑与装饰工程、仿古建筑工程、通用安装工程、市政工程、园林绿化工程、矿山工程、构筑物工程、城市轨道交通工程、爆破工程等各类工程。

(2)分部分项工程。指按现行国家计量规范对各专业工程划分的项目。如房屋建筑与装饰工程划分的土石方工程、地基处理与桩基工程、砌筑工程、钢筋及钢筋混凝土工程等。

各类专业工程的分部分项工程划分见现行国家或行业计量规范。

2. 措施项目费

措施项目费是指为完成建设工程施工，发生于该工程施工前和施工过程中的技术、生活、安全、环境保护等方面的费用。内容包括：

(1)安全文明施工费。

1)环境保护费。指施工现场为达到环保部门要求所需要的各项费用。

2)文明施工费。指施工现场文明施工所需要的各项费用。

3)安全施工费。指施工现场安全施工所需要的各项费用。

4)临时设施费。指施工企业为进行建设工程施工所必须搭设的生活和生产用的临时建筑物、构筑物和其他临时设施费用。包括临时设施的搭设、维修、拆除、清理费或摊销费等。

(2)夜间施工增加费。指因夜间施工所发生的夜班补助费、夜间施工降效、夜间施工照明设备摊销及照明用电等费用。

(3)二次搬运费。指因施工场地条件限制而发生的材料、构配件、半成品等一次运输不能到达堆放地点，必须进行二次或多次搬运所发生的费用。

(4)冬雨季施工增加费。指在冬季或雨季施工需增加的临时设施、防滑、排除雨雪，人工及施工机械效率降低等费用。

(5)已完工程及设备保护费。指竣工验收前，对已完工程及设备采取的必要保护措施所发生的费用。

(6)工程定位复测费。指工程施工过程中进行全部施工测量放线和复测工作的费用。

(7)特殊地区施工增加费。指工程在沙漠或其边缘地区、高海拔、高寒、原始森林等特殊地区施工增加的费用。

(8)大型机械设备进出场及安拆费。指机械整体或分体自停放场地运至施工现场或由一个施工地点运至另一个施工地点，所发生的机械进出场运输及转移费用及机械在施工现场进行安装、拆卸所需的人工费、材料费、机械费、试运转费和安装所需的辅助设施的费用。

(9)脚手架工程费。指施工需要的各种脚手架搭、拆、运输费用以及脚手架购置费的摊销(或租赁)费用。

措施项目及其包含的内容详见各类专业工程的现行国家或行业计量规范。

3. 其他项目费

(1)暂列金额。指建设单位在工程量清单中暂定并包括在工程合同价款中的一笔款项。用于施工合同签订时尚未确定或者不可预见的所需材料、工程设备、服务的采购，施工中可能发生的工程变更、合同约定调整因素出现时的工程价款调整以及发生的索赔、现场签证确认等的费用。

(2)计日工。指在施工过程中，施工企业完成建设单位提出的施工图纸以外的零星项目或工作所需的费用。

(3)总承包服务费。指总承包人为配合、协调建设单位进行的专业工程发包，对建设单位自行采购的材料、工程设备等进行保管以及施工现场管理、竣工资料汇总整理等服务所需的费用。

4. 规费

定义同本节“一、6.”。

5. 税金

定义同本节“一、7.”。

第三节　建筑安装工程费用计算方法

一、各费用构成计算方法

1. 人工费

$$人工费=\sum(工日消耗量\times 日工资单价)$$

注：上式主要适用于施工企业投标报价时自主确定人工费，也是工程造价管理机构编制计价定额确定定额人工单价或发布人工成本信息的参考依据。

$$人工费=\sum(工程工日消耗量\times 日工资单价)$$

注：上式适用于工程造价管理机构编制计价定额时确定定额人工费，是施工企业投标报价的参考依据。

$$日工资单价=\frac{生产工人平均月工资(计时计件)+平均月(奖金+津贴补贴+特殊情况下支付的工资)}{年平均每月法定工作日}$$

日工资单价是指施工企业平均技术熟练程度的生产工人在每工作日(国家法定工作时间内)按规定从事施工作业应得的日工资总额。

工程造价管理机构确定日工资单价应通过市场调查,根据工程项目的技术要求,参考实物工程量人工单价综合分析确定,最低日工资单价不得低于工程所在地人力资源和社会保障部门所发布的最低工资标准的:普工1.3倍、一般技工2倍、高级技工3倍。

工程计价定额不可只列一个综合工日单价,应根据工程项目技术要求和工种差别适当划分多种日人工单价,确保各分部工程人工费的合理构成。

2. 材料费

(1)材料费。

$$材料费=\sum(材料消耗量\times材料单价)$$

$$材料单价=[(材料原价+运杂费)\times[1+运输损耗率(\%)]]\times[1+采购保管费率(\%)]$$

(2)工程设备费。

$$工程设备费=\sum(工程设备量\times工程设备单价)$$

$$工程设备单价=(设备原价+运杂费)\times[1+采购保管费率(\%)]$$

3. 施工机具使用费

(1)施工机械使用费。

$$施工机械使用费=\sum(施工机械台班消耗量\times机械台班单价)$$

机械台班单价=台班折旧费+台班大修费+台班经常修理费+台班安拆费及场外运费+台班人工费+台班燃料动力费+台班车船税费

注:工程造价管理机构在确定计价定额中的施工机械使用费时,应根据《建筑施工机械台班费用计算规则》结合市场调查编制施工机械台班单价。施工企业可以参考工程造价管理机构发布的台班单价,自主确定施工机械使用费的报价,如租赁施工机械,公式为:施工机械使用费=∑(施工机械台班消耗量×机械台班租赁单价)

(2)仪器仪表使用费。

仪器仪表使用费=工程使用的仪器仪表摊销费+维修费

4. 企业管理费费率

(1)以分部分项工程费为计算基础。

$$企业管理费费率(\%)=\frac{生产工人年平均管理费}{年有效施工天数\times人工单价}\times$$

人工费占分部分项工程费比例(%)

(2)以人工费和机械费合计为计算基础。

$$企业管理费费率(\%)=\frac{生产工人年平均管理费}{年有效施工天数\times(人工单价+每一工日机械使用费)}\times100\%$$

(3) 以人工费为计算基础。

$$企业管理费费率(\%)=\frac{生产工人年平均管理费}{年有效施工天数\times人工单价}\times100\%$$

注:上述公式适用于施工企业投标报价时自主确定管理费,是工程造价管理机构编制计价定额确定企业管理费的参考依据。

工程造价管理机构在确定计价定额中企业管理费时,应以定额人工费或(定额人工费+定额机械费)作为计算基数,其费率根据历年工程造价积累的资料,辅以调查数据确定,列入分部分项工程和措施项目中。

5. 利润

(1)施工企业根据企业自身需求并结合建筑市场实际自主确定,列入报价中。

(2)工程造价管理机构在确定计价定额中利润时,应以定额人工费或(定额人工费+定额机械费)作为计算基数,其费率根据历年工程造价积累的资料,并结合建筑市场实际确定,以单位(单项)工程测算,利润在税前建筑安装工程费的比重可按不低于5%且不高于7%的费率计算。利润应列入分部分项工程和措施项目中。

6. 规费

(1)社会保险费和住房公积金。社会保险费和住房公积金应以定额人工费为计算基础,根据工程所在地省、自治区、直辖市或行业建设主管部门规定费率计算。

社会保险费和住房公积金$=\sum$(工程定额人工费×社会保险费和住房公积金费率)

上式中社会保险费和住房公积金费率可以每万元发承包价的生产工人人工费和管理人员工资含量与工程所在地规定的缴纳标准综合分析取定。

(2)工程排污费。工程排污费等其他应列而未列入的规费应按工程所在地环境保护等部门规定的标准缴纳,按实计取列入。

7. 税金

税金=税前造价×综合税率(%)

其中,综合税率的计算方法如下:

(1)纳税地点在市区的企业:

$$综合税率(\%)=\frac{1}{1-3\%-3\%\times7\%-3\%\times3\%-3\%\times2\%}-1$$

(2)纳税地点在县城、镇的企业:

$$综合税率(\%)=\frac{1}{1-3\%-3\%\times5\%-3\%\times3\%-3\%\times2\%}-1$$

(3)纳税地点不在市区、县城、镇的企业:

$$综合税率(\%)=\frac{1}{1-3\%-3\%\times1\%-3\%\times3\%-3\%\times2\%}-1$$

(4)实行营业税改增值税的,按纳税地点现行税率计算。

二、建筑安装工程计价参考公式

建筑安装工程计价参考公式如下:

1. 分部分项工程费

$$分部分项工程费=\sum(分部分项工程量\times综合单价)$$

上式中综合单价包括人工费、材料费、施工机具使用费、企业管理费和利润以及一定范围的风险费用(下同)。

2. 措施项目费

(1)国家计量规范规定应予计量的措施项目,其计算公式为:

$$措施项目费=\sum(措施项目工程量\times综合单价)$$

(2)国家计量规范规定不宜计量的措施项目计算方法如下:

1)安全文明施工费。

安全文明施工费=计算基数×安全文明施工费费率(%)

计算基数应为定额基价(定额分部分项工程费＋定额中可以计量的措施项目费)、定额人工费或(定额人工费＋定额机械费),其费率由工程造价管理机构根据各专业工程的特点综合确定。

2)夜间施工增加费。

夜间施工增加费＝计算基数×夜间施工增加费费率(%)

3)二次搬运费。

二次搬运费＝计算基数×二次搬运费费率(%)

4)冬雨季施工增加费。

冬雨季施工增加费＝计算基数×冬雨季施工增加费费率(%)

5)已完工程及设备保护费。

已完工程及设备保护费＝计算基数×已完工程及设备保护费费率(%)

上述2)～5)项措施项目的计费基数应为定额人工费或(定额人工费＋定额机械费),其费率由工程造价管理机构根据各专业工程特点和调查资料综合分析后确定。

3. 其他项目费

(1)暂列金额由建设单位根据工程特点,按有关计价规定估算,施工过程中由建设单位掌握使用、扣除合同价款调整后如有余额,归建设单位。

(2)计日工由建设单位和施工企业按施工过程中的签证计价。

(3)总承包服务费由建设单位在招标控制价中根据总包服务范围和有关计价规定编制,施工企业投标时自主报价,施工过程中按签约合同价执行。

4. 规费和税金

建设单位和施工企业均应按照省、自治区、直辖市或行业建设主管部门发布标准计算规费和税金,不得作为竞争性费用。

第四节　工程计价程序

1. 建设单位工程招标控制价计价程序

建设单位工程招标控制价计价程序见表4-6。

表4-6　　建设单位工程招标控制价计价程序

工程名称：　　　　标段：

序号	内　容	计算方法	金　额/元
1	分部分项工程费	按计价规定计算	
1.1			
1.2			
1.3			
1.4			
1.5			
2	措施项目费	按计价规定计算	
2.1	其中：安全文明施工费	按规定标准计算	
3	其他项目费		
3.1	其中：暂列金额	按计价规定估算	
3.2	其中：专业工程暂估价	按计价规定估算	
3.3	其中：计日工	按计价规定估算	
3.4	其中：总承包服务费	按计价规定估算	
4	规费	按规定标准计算	
5	税金(扣除不列入计税范围的工程设备金额)	(1+2+3+4)×规定税率	
招标控制价合计=1+2+3+4+5			

2. 施工企业工程投标报价计价程序

施工企业工程投标报价计价程序见表4-7。

表 4-7　**施工企业工程投标报价计价程序**

工程名称：　　　　　　　　　　　　　标段：

序号	内　容	计算方法	金　额(元)
1	分部分项工程费	自主报价	
1.1			
1.2			
1.3			
1.4			
1.5			
2	措施项目费	自主报价	
2.1	其中:安全文明施工费	按规定标准计算	
3	其他项目费		
3.1	其中:暂列金额	按招标文件提供金额计列	
3.2	其中:专业工程暂估价	按招标文件提供金额计列	
3.3	其中:计日工	自主报价	
3.4	其中:总承包服务费	自主报价	
4	规费	按规定标准计算	
5	税金(扣除不列入计税范围的工程设备金额)	(1+2+3+4)×规定税率	
投标报价合计=1+2+3+4+5			

3. 竣工结算计价程序

竣工结算计价程序见表 4-8。

表4-8　　竣工结算计价程序

工程名称：　　　　标段：

序号	汇总内容	计算方法	金　额/元
1	分部分项工程费	按合同约定计算	
1.1			
1.2			
1.3			
1.4			
1.5			
2	措施项目	按合同约定计算	
2.1	其中:安全文明施工费	按规定标准计算	
3	其他项目		
3.1	其中:专业工程结算价	按合同约定计算	
3.2	其中:计日工	按计日工签证计算	
3.3	其中:总承包服务费	按合同约定计算	
3.4	索赔与现场签证	按发承包双方确认数额计算	
4	规费	按规定标准计算	
5	税金(扣除不列入计税范围的工程设备金额)	(1+2+3+4)×规定税率	
竣工结算总价合计=1+2+3+4+5			

第五章　水暖工程定额计价

第一节　工程定额概述

一、定额的概念

1. 定额

定额，简单地说就是“规定的额度”，具体地说是指在正常的施工生产条件下，完成单位合格产品所必需的人工、材料、施工机械设备及其资金消耗的数量标准。不同的产品有不同的质量要求，因此，不能把定额看成是单纯的数量关系，而应看成是质和量的统一体。考察个别生产过程中的因素不能形成定额，只有从考察总体生产过程中的各生产因素，归结出社会平均必需的数量标准，才能形成定额。同时，定额反映一定时期的社会生产力水平。

在建筑安装生产过程中，必须消耗一定数量的劳动力、材料和机械台班以及相应的资金，在一定的生产条件下，用科学方法制定出生产质量合格的单位建筑产品所需要的劳动力、材料和机械台班等数量标准，就称为建筑安装工程定额。

在我国，建设工程定额有生产性定额和计价性定额两大类。典型的生产性定额是施工定额，典型的计价性定额是预算定额。

2. 定额水平

定额水平是指规定消耗在单位产品上的劳动、机械和材料数量的多少，是按照一定施工程序和工艺条件下规定的施工生产中活劳动和物化劳动的消耗水平。

二、定额的产生与发展

定额产生于 19 世纪末资本主义企业管理科学的发展初期，虽然当时科学技术发展很快，机器设备先进，但在管理上仍然沿用传统的经验方法，生产效率低，生产能力得不到充分发挥，阻碍了社会经济的进一步发展和繁荣，而且也不利于资本家赚取更多的利润。改善管理就成了生产发展的迫切要求。

在这种背景下,著名的美国工程师泰勒(F. W. Taylor 1856～1915)制定出工时定额,以提高工人的劳动效率。他为了减少工时消耗,研究改进生产工具与设备,并提出一整套科学管理的方法,这就是著名的“泰勒制”。它是资本家榨取工人剩余价值的工具,又是以科学方法来研究分析工人劳动中的操作和动作,从而制定最节约的工作时间——工时定额。“泰勒制”给资本主义企业管理带来了根本性变革,对提高劳动效率做出了显著的贡献。

我国古代工程也很重视工料消耗的计算,并形成了许多则例。如果说长时期人们在生产中积累的丰富经验是定额产生的土壤,这些则例则可看做是工料定额的原始形态。我国北宋著名的土木建筑家李诫编修的《营造法式》,成书于公元 1100 年,它是土木建筑工程技术的巨著,也是工料计算方面的巨著。《营造法式》共有三十四卷,分为释名、各作制度、功限、料例和图样五个部分。其中,第十六卷至二十五卷是各工种计算用工量的规定;第二十六卷至二十八卷是各工种计算用料的规定。这些关于算工算料的规定,可以看作是古代的工料定额。清工部《工程做法则例》中,也有许多说明工料计算方法的内容。

新中国成立以来,国家十分重视建设工程定额的制定与管理工作。从发展的过程来看,我国的定额制定与管理工作大体上可分为以下五个阶段:

(1)第一阶段。该阶段(1950—1957 年)是与计划经济相适应的概预算定额制度建立时期。

(2)第二阶段。该阶段(1958—1966 年)是概预算定额管理逐渐被削弱的阶段。

(3)第三阶段。该阶段(1966—1976 年)是概预算定额管理工作遭到严重破坏的阶段。

(4)第四阶段。该阶段(1976 年至 20 世纪 90 年代初)是造价管理工作整顿和发展的时期。

(5)第五阶段。该阶段,到 20 世纪 90 年代初,随着市场经济体制的建立,我国在工程施工发包与承包中开始初步实行招投标制度,但无论是业主编制标底,还是施工企业投标报价,在计价的规则上也还都没有超出定额规定的范畴。

传统定额模式对招投标工作的影响是十分明显的。工程造价管理方式还不能完全适应招投标的要求。其存在的主要问题有以下几个方面：

(1)定额的指令性过强、指导性不足，反映在具体表现形式上主要是施工手段消耗部分统一得过死，把企业的技术装备、施工手段、管理水平等本属竞争内容的活跃因素固定化了，不利于竞争机制的发挥。

(2)量、价合一的定额表现形式不适应市场经济对工程造价实施动态管理的要求，难以就人工、材料、机械等价格的变化适时调整工程造价。

(3)缺乏全国统一的基础定额和计价办法，地区和部门自成体系，且地区间、部门间同样项目定额水平悬殊，不利于全国统一市场的形成。

(4)适应编制标底和报价要求的基础定额尚待制定。一直使用的概算指标和预算定额都有其自身适用范围。

(5)各种取费计算烦琐，取费基础也不统一。

三、定额的特性

1. 科学性

(1)定额的科学性，首先表现在定额是在认真研究客观规律的基础上，自觉地遵守客观规律的要求，实事求是地制定的。因此，它能正确地反映单位产品生产所必需的劳动量，从而以最少的劳动消耗而取得最大的经济效果，促进劳动生产率的不断提高。

(2)定额的科学性，还表现在制定定额所采用的方法上，其通过不断吸收现代科学技术的新成就，不断完善，形成一套严密的确定定额水平的科学方法。这些方法不仅在实践中已经行之有效，而且还有利于研究建筑产品生产过程中的工时利用情况，从中找出影响劳动消耗的各种主客观因素，设计出合理的施工组织方案，挖掘生产潜力，提高企业管理水平，减少以至杜绝生产中的浪费现象，促进生产的不断发展。

2. 系统性

工程建设定额是由多种定额结合而成的有机整体，它的结构复杂，有鲜明的层次，有明确的目标。

工程建设定额的系统性是由工程建设的特点决定的。按照系统论的观点，工程建设就是庞大的实体系统。工程建设定额是为这个实体系统服务的。因而，工程建设本身的多种类、多层次就决定了以它为服务对象的工程建设定额的多种类、多层次。从整个国民经济来看，进行固定资产生产和再生产的工程建设，是一个有多项工程集合体的整体。其中包括农林水利、轻纺、机械、煤炭、电力、石油、冶金、化工、建材工业、交通运输、邮电工程，以及商业物资、科学教育文化、卫生体育、社会福利和住宅工程等。这些工程的建设都有严格的项目划分，如建设项目、单项工程、单位工程、分部分项工程；在计划和实施过程中有严密的逻辑阶段，如规划、可行性研究、设计、施工、竣工交付使用，以及投入使用后的维修。与此相适应必然形成工程建设定额的多种类、多层次。

3. 权威性

工程建设定额的权威性在一些情况下具有经济法规性质。权威性反映统一的意志和统一的要求，也反映信誉和信赖程度以及反映定额的严肃性。

工程建设定额的权威性的客观基础是定额的科学性。只有科学的定额才具有权威，但是在社会主义市场经济条件下，它必然涉及各有关方面的经济关系和利益关系。赋予工程建设定额以一定的权威性，就意味着在规定的范围内，对于定额的使用者和执行者来说，不论主观上愿意或者不愿意，都必须按定额的规定执行。在当前市场不规范的情况下，赋予工程建设定额以权威性是十分重要的。但是在竞争机制引入工程建设的情况下，定额的水平必然会受市场供求状况的影响，从而在执行中可能产生定额水平的浮动。

4. 时效性

定额的时效性主要表现在定额所规定的各种工料消耗量是由一定时期的社会生产力水平确定，当生产条件发生较大变化时，定额制定授权部门必须对定额进行修订与补充，因此，定额具有一定的时效性。

5. 稳定性

工程建设定额中的任何一种都是一定时期技术发展和管理水平的反映，因而在一段时间内都表现出稳定的状态。稳定的时间有长有短，一般在 5～10 年之间。保持定额的稳定性是维护定额的权威性所必需的，更是有效地贯彻定额所需要的。如果某种定额处于经常修改变动之中，那么必然造成执行中的困难和混乱，使人们感到没有必要去认真对待它，很容易导致定额权威性的丧失。

6. 统一性

工程建设定额的统一性，主要是由国家对经济发展的有计划的宏观调控职能决定的。为了使国民经济按照既定的目标发展，就需要借助于某些标准、定额、参数等，对工程建设进行规划、组织、调节、控制。而这些标准、定额、参数必须在一定的范围内是一种统一的尺度，才能实现上述职能，才能利用它对项目的决策、设计方案、投标报价、成本控制进行比选和评价。

工程建设定额的统一性按照其影响力和执行范围来看，有全国统一定额、地区统一定额和行业统一定额等；按照定额的制定、颁布和贯彻使用来看，有统一的程序、统一的原则、统一的要求和统一的用途。

我国工程建设定额的统一性和工程建设本身的巨大投入和巨大产出有关。它对国民经济的影响不仅表现在投资的总规模和全部建设项目的投资效益等方面，而且往往还表现在具体建设项目的投资数额及其投资效益方面，因而需要借助统一的工程建设定额进行社会监督。

四、定额的作用

在工程建设和企业管理中，确定和执行先进合理的定额是技术和经济管理工作中的重要一环。定额具有以下几个方面的作用：

1. 定额是投资决策和价格决策的依据

定额可以对建筑市场行为进行有效的规范，如投资者可以利用定额提供的信息提高项目决策的科学性，优化投资行为，还可以利用定额权衡自己的财务状况、支付能力，预测资金投入和预期回报；并在投标报价时做出正确的价格决策，以获取更多的经济效益。

2. 定额是编制计划的基础

工程建设活动需要编制各种计划来组织与指导生产，而计划编制中又需要各种定额来作为计算人力、物力、财力等资源需要量的依据。定额是编制计划的重要基础。

3. 定额是组织和管理施工的工具

建筑安装企业要计算、平衡资源需要量，组织材料供应，调配劳动力，签发任务单，组织劳动竞赛，调动人的积极因素，考核工程消耗和劳动生产率，贯彻按劳分配工资制度，计算工人报酬等，都要利用定额，因此，从组织施工和管理生产的角度来说，企业定额又是建筑安装企业组织和管理施工的工具。

4. 定额是企业实行科学管理的基础

企业利用定额促使工人节约社会劳动时间和提高劳动生产效率，获取更多利润；通过定额计算工程造价，还可把生产的各类消耗控制在规定的限额内,以降低工程成本。

5. 定额是总结先进生产方法的手段

定额是在平均先进的条件下,通过对生产流程的观察、分析、综合等过程制定的,它可以最严格地反映出生产技术和劳动组织的先进合理程度。因此,我们就可以定额方法为手段,对同一产品在同一操作条件下不同的生产方法进行观察、分析和总结,从而得到一套比较完整的、优良的生产方法,作为生产中推广的范例。

6. 定额有利于完善建筑市场信息系统

它的可靠性和灵敏性是市场成熟和效率的标志。实行定额管理可对大量建筑市场信息进行加工整理,也可对建筑市场信息进行传递,同时还可对建筑市场信息进行反馈。

7. 定额是确定工程造价的依据和评价设计方案经济合理性的尺度

工程造价是根据由设计规定的工程规模、工程数量及相应需要的劳动力、材料、机械设备消耗量及其他必须消耗的资金确定的。其中,劳动力、材料、机械设备的消耗量又是根据定额计算出来的,定额是确定工程造价的依据。同时,建设项目投资的大小又反映了各种不同设计方案技术经济水平的高低。因此,定额又是比较和评价设计方案经济合理性的尺度。

五、定额的分类

建设工程定额的种类较多,一般包括按生产要素分类,按编制单位与使用范围分类以及按专业性质与适用对象分类三种方法,如图5-1所示。

1. 按生产要素分类

物质资料生产所必须具备的三要素是劳动者、劳动手段和劳动对象。劳动者是指从事生产活动的生产工人;劳动手段是指劳动者使用的生产工具和机械设备;劳动对象是指原材料、半成品和构配件。按此三要素进行分类可以将定额分为劳动定额、材料消耗定额和机械台班使用定额。

(1)劳动定额。劳动定额又称人工定额,是规定在一定生产技术装备、合理的劳动组织与合理使用材料的条件下,完成质量合格的单位产品所需劳动消耗量标准,或规定单位时间内完成质量合格产品的数量标准。

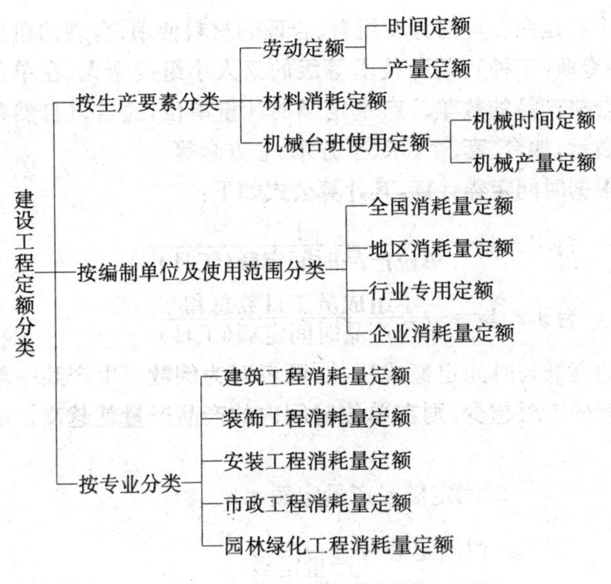

图 5-1　建设工程定额分类图

劳动定额的研究对象是生产过程中活劳动的消耗量，即劳动者所付出的劳动量。具体来说，它所要考虑的是完成质量合格单位产品的活劳动消耗量。

1）劳动定额的表现形式。劳动定额是衡量劳动消耗量的计量尺度，生产单位产品的劳动消耗量可以用劳动时间来表示，同样，在单位时间内劳动消耗量也可以用生产的产品数量来表示。因此，劳动定额按照用途不同，可分为时间定额和产量定额两种形式。

①时间定额就是某种专业（工种）、某种技术等级的工人小组或个人，在合理的劳动组合、合理的材料使用、合理的施工机械配合条件下，生产某一单位合格产品所必需的工作时间，包括准备与结束时间、基本生产时间、辅助生产时间、不可避免的中断时间以及工人必要的休息时间。

时间定额以工日为单位，根据现行的劳动制度，每工日是指一个工人工作一个工作日（8 小时）。其计算公式如下：

$$\text{单位产品时间定额（工日）}=\frac{1}{\text{每工产量}}$$

或

$$\text{单位产品时间定额（工日）}=\frac{\text{小组成员工日数总和}}{\text{台班产量}}$$

②产量定额就是在合理的劳动组合、合理的材料使用、合理的机械配合条件下,某种专业(工种)、某种技术等级的工人小组或个人,在单位工日中所完成的合格产品的数量。产量定额的计量单位,通常以自然单位或物理单位来表示,如台、套、个、米、平方米、立方米等。

产量定额根据时间定额计算,其计算公式如下:

$$每工产量=\frac{1}{单位产品时间定额(工日)}$$

或

$$台班产量=\frac{小组成员工日数总和}{单位产品时间定额(工日)}$$

产量定额的高低与时间定额成反比,两者互为倒数。生产某一单位合格产品所消耗的工时越少,则在单位时间内的产品产量就越高。反之就越低。

$$时间定额\times产量定额=1$$

或

$$时间定额=\frac{1}{产量定额}$$

$$产量定额=\frac{1}{时间定额}$$

所以两种定额中,无论知道哪一种定额,都可以很容易地计算出另一种定额。

时间定额和产量定额是同一个劳动定额量的不同表示方法,但有各自不同的用处。时间定额因为计量单位统一,便于综合,便于计算总工日数,便于核算工资,所以劳动定额一般均采用时间定额的形式。产量定额具有形象化的特点,目标直观明确,便于施工班组分配任务,便于编制施工作业计划。

2)劳动定额的表示方法。劳动定额的表示方法包括单式表示法、复式表示法及综合与合计表示法。

①单式表示法。在劳动定额表中,单式表示法一般只列出时间定额,或产量定额,即两者不同时列出。

②复式表示法。在劳动定额表中,复式表示法既列出时间定额,又列出产量定额。

③综合与合计表示法。在劳动定额表中,综合定额与合计定额都表示同一产品的各单项(工序或工种)定额的综合或合计,按工序合计的定额称为综合定额,按工种综合的定额称为合计定额。计算公式如下:

$$综合时间定额=\sum 各单项工序时间定额$$

$$合计时间定额=\sum 各单项工种时间定额$$

$$综合产量定额=\frac{1}{综合时间定额}$$

$$合计产量定额=\frac{1}{合计时间定额}$$

3)劳动定额的作用。劳动定额的作用主要表现在组织生产和按劳分配两个方面。在一般情况下,两者是相辅相成的,即生产决定分配,分配促进生产。当前对企业基层推行的各种形式的经济责任制的分配形式,无一不是以劳动定额作为核算基础的。具体来说,劳动定额的作用主要表现在以下几个方面:

①劳动定额是企业管理的基础。建筑施工企业施工计划的编制、施工作业计划和签发施工任务书的编制与管理,都以劳动定额为依据。造价人员根据施工图纸计算出分部分项工程量,再根据劳动定额计算出各分项工程所需要的劳动量,然后按照本企业拥有的各种工人数量安排施工工期及相应的施工管理。

②劳动定额是贯彻按劳分配原则的重要依据。按劳分配原则是社会主义社会的一项基本原则。贯彻这个原则必须以平均先进的劳动定额为衡量尺度,按照工人生产产品的数量和质量来进行分配。

③劳动定额是衡量劳动生产率的尺度。劳动生产率是指人们在生产过程中的劳动效率,是劳动者的生产成果与规定劳动消耗量的比率。劳动生产率增长的实质是指在相应计量单位内所完成质量合格产品数量的增加,或完成质量合格单位产品所需消耗劳动量的减少,最终可归结为劳动消耗量的节省。其计算公式如下:

$$L=\frac{W}{T}\times 100\%$$

式中 L——劳动生产率;

W——完成某单位产品的实际消耗时间;

T——时间定额。

④劳动定额是开展社会主义劳动竞赛的必要条件。社会主义劳动竞赛,是调动广大职工建设社会主义积极性的有效措施。劳动定额在竞赛中起着检查、考核和衡量的作用。一般来说,完成劳动定额的水平愈高,对社会主义建设事业的贡献也就愈大。以劳动定额为标准,就可以衡量

出工人贡献的大小,工效的高低,使不同单位、不同工种工人之间有了可比性,便于鼓励先进,帮助后进,带动一般,从而提高劳动生产率,加快建设速度。

⑤劳动定额是科学组织施工和合理组织劳动的依据。施工企业要科学地组织施工生产,就要在施工过程中对劳动力、劳动工具和劳动对象做到科学有效的组合,以求获得最大的经济效益。现代施工企业的施工生产过程分工精细、协作密切。为确保施工过程紧密衔接和均衡,施工企业需要在时间和空间上合理组织劳动者协作与配合。因此,要以劳动定额为依据准确计算出每个工人的劳动量,规定不同工种工人之间的比例关系等。

⑥劳动定额是编制施工作业计划的依据。编制施工作业计划必须以劳动定额作为依据,才能准确地确定劳动消耗和合理地确定工期,不仅在编制计划时要依据劳动定额,在实施计划时,也要按照劳动定额合理地平衡调配和使用劳动力,以保证计划的实现。

⑦劳动定额是企业实行经济核算的基础。单位工程的用工数量与人工成本是企业经济核算的一项重要内容。为了考核、计算和分析工人在生产过程中的劳动消耗,必须以劳动定额为基础进行人工及其费用的核算。

4)劳动定额的制定方法。劳动定额的制定随着施工技术水平的不断提高而不断改进。目前采用的制定方法有技术测定法、统计分析法、比较类推法和经验估计法。

①技术测定法。该方法是根据技术测定资料制定劳动定额。目前已发展成为一个多种技术测定体系,包括计时观察测定法、工作抽样测定法、回归分析测定法和标准时间资料法四种。

a. 计时观察测定法。该方法是一种最基本的技术测定方法,是指在一定的时间内,对特定作业进行直接的连续观测、记录,从而获得工时消耗数据,并据以分析制定劳动定额的方法。按其测定的具体方法又分为秒表时间研究和工作日写实两种方法。计时观测法对施工作业过程的各种情况记录比较详细,数据比较准确,分析研究比较充分。但技术测定工作量大,一般适用于重复程度比较高的工作过程或重复性手工作业。

b. 工作抽样测定法。该方法又称瞬间观测法,是通过对操作者或机械设备进行随机瞬时观测,记录各种作业项目在生产活动中发生的次数和发生率，由此取得工时消耗资料，推断各观测项目的时间结构及其演变情况，从而掌握工作状况的一种测定方法。同计时观察测定方法比较，工作抽样测定法无须观测人员连续在现场记录，所以省力、省时、适应性广，但是不适宜对周期很短的作业进行测定，不能详细记录操作方法，观测结果不直观。一般适用于测定间接生产工人的工时利用率和设备利用率。

c. 回归分析测定法。该法是应用数理统计中的回归与相关原理，对施工过程中从事多种作业的一个或几个操作者的工作成果与工时消耗进行分析的一种工作测定方法。回归分析测定法测定速度比较快，工作量小。

d. 标准时间资料法。该方法是利用计时观察测定法所获得的大量数据，通过分析、综合，整理出用于同类工作的基本数据而制定劳动定额的一种方法。其不进行大量的直接测定即可制定劳动定额，节约大量的观察工作量，加快定额制定的速度。

②统计分析法。统计分析法是在过去完成同类产品或完成同类工序实际耗用工时的统计资料与当前生产技术组织条件的变化因素相结合的基础上，进行分析研究而制定劳动定额的一种方法。

由于统计资料反映的是工人过去已达到的水平，在统计时并没有剔除施工活动中的不合理因素，所以这个水平一般偏于保守。为了消除这个缺陷，可采用二次平均法作为确定定额水平的依据。其确定步骤如下：

a. 剔除统计资料中明显偏高、偏低的不合理数据。

b. 计算一次平均值，计算公式为：

$$\bar{i} = \sum_{i=1}^{n} \frac{p_i}{n}$$

式中　$\bar{i}$——一次平均值；

p_i——统计资料的各个数据；

n——统计资料的数据个数。

c. 计算平均先进值，计算公式为：

$$\bar{p} = \sum_{i=1}^{n} p_{\min}/x$$

式中　$\bar{p}$——平均先进值；

$p_{\min}$——小于一次平均值的统计数据；

x——小于一次平均值的统计数据个数。

d. 计算二次平均值,计算公式为:

$$\bar{p}_0=(\bar{p}+\bar{p}_{min})/2$$

③比较类推法。比较类推法是指以生产同类产品(或工序)的定额为依据,经过分析比较,类推出同一组定额中相邻项目定额水平的方法,又称典型定额法。这种方法具有简单方便、工作量小的优点,只要典型定额选择恰当,具有代表性,类推出的定额水平一般比较合理。采用这种方法要特别注意工序和产品的施工工艺和与劳动组织"类似"或"近似"的特征,防止将差别大的项目作为同类型产品项目进行比较类推。一般情况下,首先选择好典型定额项目,并通过技术测定或统计分析确定相邻项目或类似项目的比较关系,然后再算出定额水平。其计算公式为:

$$t=kt_0$$

式中　t——所求项目的时间定额;

t_0——典型项目的时间定额;

k——比例系数。

④经验估计法。该方法是由相关专业人员,按照施工图纸和技术规范,通过座谈讨论反复平衡而确定定额水平的一种方法。应用经验估计法制定定额,应以工序(或单项产品)为对象,分别估算出工序中每一操作的基本工作时间,然后考虑辅助工作时间、准备与结束时间和休息时间,经过综合处理,并对处理结果予以优化处理,即得出该项产品(工作)的时间定额。

经验估计法只适用于不易计算工作量的施工作业,通常是作为定性定额使用。其方法一般可用以下的经验公式进行优化处理:

$$t=\frac{k+4m+n}{6}$$

式中　t——优化定额时间;

k——先进作业时间;

m——一般作业时间;

n——后进作业时间。

5)劳动定额的编制。

①分析基础资料,拟定编制方案。

a. 影响工时消耗因素的确定。

技术因素:包括完成产品的类别;材料、构配件的种类和型号等级;机械和机具的种类、型号和尺寸;产品质量等。

组织因素:包括操作方法和施工的管理与组织;工作地点的组织;人员组成和分工;工资与奖励制度;原材料和构配件的质量及供应的组织;气候条件等。

b. 计时观察资料的整理。对每次计时观察的资料进行整理之后,要对整个施工过程的观察资料进行系统的分析研究和整理。

整理观察资料的方法大多是采用平均修正法。平均修正法是一种在对测时数列进行修正的基础上,求出平均值的方法。修正测时数列,就是剔除或修正那些偏高、偏低的可疑数值,保证计算不受那些偶然性因素的影响。

如果测时数列受到产品数量的影响时,采用加权平均值则是比较适当的。因为采用加权平均值可在计算单位产品工时消耗时,考虑到每次观察中产品数量变化的影响,从而获得可靠的值。

c. 日常积累资料的整理和分析。日常积累的资料主要有四类:一类是现行定额的执行情况及存在问题的资料;再一类是企业和现场补充定额资料,如因现行定额漏项而编制的补充定额资料,因解决采用新技术、新结构、新材料和新机械而产生的定额缺项所编制的补充定额资料;第三类是已采用的新工艺和新的操作方法的资料;第四类是现行的施工技术规范、操作规程、安全规程和质量标准等。

d. 确定定额的编制方案。

②确定正常的施工条件。确定正常的施工条件,就是确定执行所具备的条件,主要包括以下三个方面:

a. 确定工作地点。工作地点是工人施工活动的场所,应清洁、有秩序。施工所需的工具和材料应按使用顺序摆放于工人最便于取用的地方,工人操作时不受妨碍,以减少疲劳,提高工作效率。

b. 确定工作组成。确定工作组成就是将工作过程按照劳动分工的可能划分为若干工序,以达到合理使用技术工人。可以采用两种基本方法:一种是把工作过程中某简单的工序,划分给技术熟练程度较低的工人去完成;另一种是分出若干个技术程度较低的工人,去帮助技术程度较高的工人工作。采用后一种方法就是把个人完成的工作过程,变成小组完成的工作过程。

c. 确定施工人员编制。确定施工人员编制就是确定小组人数、技术工人的配备,以及劳动的分工和协作。原则是使每个工人都能充分发挥作用,均衡地担负工作。

③确定劳动定额消耗量的方法。确定定额消耗量是指应用时间研究法获得工时消耗数据,从而制定劳动消耗定额的方法。时间定额是在拟定基本工作时间、辅助工作时间、不可避免中断时间、准备与结束的工作时间,以及休息时间的基础上制定的。

a. 确定基本工作时间。基本工作时间在必须消耗的工作时间中占的比重最大。在确定基本工作时间时,必须细致、精确。基本工作时间消耗一般应根据计时观察资料来确定。其做法是,首先确定工作过程每一组成部分的工时消耗,然后再综合出工作过程的工时消耗。如果组成部分的产品计量单位和工作过程的产品计量单位不符,就需先求出不同计量单位的换算系数,进行产品计量单位的换算,然后再相加,求得工作过程的工时消耗。

b. 确定辅助工作时间和准备与结束工作时间。辅助工作和准备与结束工作时间的确定方法与基本工作时间相同。但是,如果这两项工作时间在整个工作班工作时间消耗中所占比重不超过5%～6%,则可归纳为一项,以工作过程的计量单位表示,确定出工作过程的工时消耗。

c. 确定不可避免的中断时间。不可避免中断时间需要根据测时资料通过整理分析获得,也可以根据经验数据,以占工作日的百分比表示此项工时消耗的时间定额。

d. 确定休息时间。休息时间是工人恢复体力所需要的时间。应根据工作班作息制度、经验资料、计时观察资料,以及对工作的疲劳程度作全面分析来确定。同时,应考虑尽可能利用不可避免中断时间作为休息时间。

从事不同工种、不同工作的工人,疲劳程度有很大差别。为了合理确定休息时间,往往要对从事各种工作的工人进行观察、测定,以及进行生理和心理方面的测试,以便确定其疲劳程度。国内外往往按工作轻重和工作条件好坏,将各种工作划分为不同的级别。如我国某地区工时规范将体力劳动分为六类:最沉重、沉重、较重、中等、较轻、轻便。

划分出疲劳程度的等级,就可以合理规定休息需要的时间。在上面引用的工时规范中,其六个等级休息时间所占工作日比重见表5-1。

表 5-1　休息时间占工作日的比重

疲劳程度	轻便	较轻	中等	较重	沉重	最沉重
等级	1	2	3	4	5	6
占工作日比重(%)	4.16	6.25	8.33	11.45	16.7	22.9

e. 确定定额时间。确定的基本工作时间、辅助工作时间、准备与结束工作时间、不可避免中断时间和休息时间之和，就是劳动定额的时间定额。根据时间定额可计算出产量定额，时间定额和产量定额互成倒数。

利用工时规范，可以计算劳动定额的时间定额。计算公式为：

作业时间＝基本工作时间＋辅助工作时间

规范时间＝准备与结束工作时间＋不可避免的中断时间＋休息时间

工序作业时间＝基本工作时间＋辅助工作时间

＝基本工作时间/[1－辅助时间(%)]

$$定额时间=\frac{作业时间}{1-规范时间(\%)}$$

(2)材料消耗定额。材料消耗定额是指在正常的施工(生产)条件下，在节约和合理使用材料的情况下，完成质量合格的单位产品所需消耗的一定品种、规格的材料、半成品、配件等数量标准。

材料消耗定额是编制材料需要量计划、运输计划、供应计划、计算仓库面积、签发限额领料单和经济核算的根据。制定合理的材料消耗定额，是组织材料的正常供应，保证生产顺利进行以及合理利用资源，减少积压、浪费的必要前提。

1)施工中材料消耗的组成。施工中消耗的材料，可分为必需消耗的材料和损失的材料两类性质。

必需消耗的材料，是指在合理用料的条件下，生产合格产品所需消耗的材料。它包括：直接用于建筑和安装工程的材料；不可避免的施工废料；不可避免的材料损耗。

必需消耗的材料属于施工正常消耗，是确定材料消耗定额的基本数据。其中：直接用于建筑和安装工程的材料，称为材料净耗量，编制材料净用量定额；不可避免的施工废料和材料损耗，称为材料合理损耗量，编制材料损耗定额。

材料各种类型的损耗量之和称为材料损耗量，除去损耗量之后净用于工程实体上的数量称为材料净用量。材料净用量与材料损耗量之和称为材料总消耗量,损耗量与总消耗量之比称为材料损耗率,它们的关系用公式表示就是:

$$损耗率=\frac{损耗量}{总消耗量}\times 100\%$$

$$损耗量=总消耗量-净用量$$

$$总消耗量=\frac{净用量}{1-损耗率}$$

为了简便,通常将损耗量与净用量之比,作为损耗率。即:

$$损耗率=\frac{损耗量}{净用量}\times 100\%$$

$$总消耗量=净用量\times(1+损耗率)$$

2)材料消耗定额的制定方法。材料消耗定额必须在充分研究材料消耗规律的基础上制定。科学的材料消耗定额应当是材料消耗规律的正确反映。材料消耗定额是通过施工生产过程中对材料消耗进行观测、试验以及根据技术资料的统计与计算等方法制定的。

①现场观测法。现场观测法亦称现场测定法,利用现场测定法主要是编制材料损耗定额,也可以提供编制材料净用量定额的数据。即在合理使用材料的条件下,在施工现场按一定程序对完成合格产品的材料耗用量进行测定,通过分析、整理,最后得出一定的施工过程单位产品的材料消耗定额。

其优点是能通过现场观察、测定,取得产品产量和材料消耗的情况,为编制材料定额提供技术根据。

观测法的首要任务是选择典型的工程项目,其施工技术、组织及产品质量,均要符合技术规范的要求;材料的品种、型号、质量也应符合设计要求;产品检验合格,操作工人能合理使用材料和保证产品质量。

观测法是在现场实际施工中进行的。观测法真实可靠,能发现一些问题,也能消除一部分消耗材料不合理的浪费因素。但是,用这种方法制定材料消耗定额,由于受到一定的生产技术条件和观测人员的水平等限制,仍然不能把所消耗材料的不合理因素都揭露出来。同时,也有可能把生产和管理工作中的某些与消耗材料有关的缺点保存下来。

采用现场观测法应注意以下问题:

a. 在观测前要充分做好准备工作,如选用标准的运输工具和衡量工具,采取减少材料损耗措施等。

b. 观测的结果,要取得材料消耗的数量和产品数量的数据资料。

c. 对观测取得的数据资料要进行分析研究,区分哪些是合理的,哪些是不合理的,哪些是不可避免的,以制定出在一般情况下都可以达到的材料消耗定额。

②试验法。试验法是通过专门的仪器和设备在实验室内确定材料消耗定额的一种方法。例如:以各种原材料为变量因素,求得不同强度等级混凝土的配合比,从而计算出每立方米混凝土的各种材料耗用量。

利用试验法,主要是编制材料净用量定额。通过试验,能够对材料的结构、化学成分和物理性能以及按强度等级控制的混凝土、砂浆配比做出科学的结论,为编制材料消耗定额提供有技术根据的、比较精确的计算数据。但是,试验法不能取得在施工现场实际条件下,由于各种客观因素对材料耗用量影响的实际数据,这是该法的不足之处。

试验室试验必须符合国家有关标准规范,计量要使用标准容器和称量设备,质量要符合施工与验收规范要求,以保证获得可靠的定额编制依据。

③统计法。统计法是指通过对现场进料、用料的大量统计资料进行分析计算,获得材料消耗的数据。这种方法由于不能分清材料消耗的性质,因而不能作为确定材料净用量定额和材料损耗定额的精确依据。

用统计法制定材料消耗定额一般采取以下两种方法:

a. 经验估算法。指以有关人员的经验或以往同类产品的材料实耗统计资料为依据,在研究分析并考虑有关影响因素的基础上制定材料消耗定额的方法。

b. 统计法。统计法是对某一确定的单位工程拨付一定的材料,待工程完工后,根据已完产品数量和领退材料的数量,进行统计和计算的一种方法。这种方法的优点是不需要专门人员测定和实验。由统计得到的定额有一定的参考价值,但其准确程度较差,应对其分析研究后才能采用。

对积累的各分部分项工程结算的产品所耗用材料的统计分析,是根据各分部分项工程拨付材料数量、剩余材料数量及总共完成产品数量来进行计算。

采用统计法,必须要保证统计和测算的耗用材料和相应产品一致。

在施工现场中的某些材料,往往难以区分用在各个不同部位上的准确数量。因此,要有意识地加以区分,才能得到有效的统计数据。

④理论计算法。理论计算法是根据施工图,运用一定的数学公式,直接计算材料耗用量。计算法只能计算出单位产品的材料净用量,材料的损耗量仍要在现场通过实测取得。采用这种方法必须对工程结构、图纸要求、材料特性和规格、施工及验收规范、施工方法等先进行了解和研究。计算法适宜于不易产生损耗,且容易确定废料的材料,如木材、钢材、砖瓦、预制构件等材料。因为这些材料根据施工图纸和技术资料从理论上都可以计算出来,不可避免的损耗也有一定的规律可找。

理论计算法是材料消耗定额制定方法中比较先进的方法。但是,用这种方法制定材料消耗定额,要求掌握一定的技术资料和各方面的知识,并且具有较丰富的现场施工经验。

上述四种建筑材料消耗量定额的制定方法,都有一定的优缺点,在实际工作中应根据所测定材料的不同,分别选择其中一种或两种以上的方法结合使用。

3)周转性材料消耗量的计算。在编制材料消耗定额时,某些工序定额、单项定额和综合定额中涉及周转材料的确定和计算。

周转性材料在施工过程中不属于通常的一次性消耗材料,而是可多次周转使用,经过修理、补充才逐渐消耗尽的材料。

周转性材料消耗的定额量是指每使用一次摊销的数量,其计算必须考虑一次使用量、周转使用量、回收价值和摊销量之间的关系。

①一次使用量是指周转性材料一次使用的基本量,即一次投入量。周转性材料的一次使用量根据施工图计算,其用量与各分部分项工程部位、施工工艺和施工方法有关。

②周转使用量是指周转性材料在周转使用和补损的条件下,每周转一次的平均需用量,根据一定的周转次数和每次周转使用的损耗量等因素来确定。

a. 周转次数是指周转性材料从第一次使用起可重复使用的次数。它与不同的周转性材料、使用的工程部位、施工方法及操作技术有关。正确规定周转次数,对准确计算用料,加强周转性材料管理和经济核算起重要作用。

为了使周转材料的周转次数确定接近合理,应根据工程类型和使用条件，采用各种测定手段进行实地观察，结合有关的原始记录、经验数据加以综合取定。影响周转次数的因素包括材质及功能、使用条件的好坏、施工速度的快慢以及对周围材料的保管、保养和维修的好坏等。

b. 损耗量是周转性材料使用一次后由于损坏而需补损的数量，故在周转性材料中又称“补损量”，按一次使用量的百分数计算。该百分数即为损耗率。

③周转回收量是指周转性材料在周转使用后除去损耗部分的剩余数量，即尚可以回收的数量。

④周转性材料摊销量是指完成一定计量单位产品，一次消耗周转性材料的数量。其计算公式为：

$$\text{材料的摊销量}=\text{一次使用量}\times\text{摊销系数}$$

其中：

$$\text{一次使用量}=\text{材料的净用量}\times(1-\text{材料损耗率})$$

$$\text{摊销系数}=\frac{\text{周转使用系数}-[(1-\text{损耗率})\times\text{回收价值率}]}{\text{周转次数}\times100\%}$$

$$\text{周转使用系数}=\frac{(\text{周转次数}-1)\times\text{损耗率}}{\text{周转次数}\times100\%}$$

$$\text{回收价值率}=\frac{\text{一次使用量}\times(1-\text{损耗率})}{\text{周转次数}\times100\%}$$

(3)机械台班使用定额。在建筑安装工程中，有些工程产品或工作是由工人来完成的，有些是由机械来完成的，有些则是由人工和机械配合共同完成的。由机械或人机配合来完成的产品或工作中，就包含一个机械工作时间。

机械台班使用定额又称机械台班消耗定额，是指在正常施工条件下，合理组织劳动和使用机械，完成单位合格产品或某项工作所必需的机械工作时间，包括准备与结束时间、基本工作时间、辅助工作时间、不可避免的中断时间以及使用机械的工人生理需要与休息时间。

1)机械台班使用定额的表现形式。机械台班使用定额按其表现形式的不同，分为机械时间定额和机械产量定额。

①机械时间定额是指在合理组织劳动与合理使用机械的正常施工条件下，完成单位合格产品所必需的工作时间，包括有效工作时间(正常负荷下的工作时间和降低负荷下的工作时间)、不可避免的中断时间、不可避免的无负荷工作时间。一般是以“台班”或“台时”为计量单位，一台施

工机械工作一个工作班称为一个台班,一个工作班为8h。

$$单位产品机械时间定额(台班)=\frac{1}{台班产量}$$

由于机械必须由工人小组配合,所以完成单位合格产品的时间定额,同时列出人工时间定额。即

$$单位产品人工时间定额(工日)=\frac{小组成员总人数}{台班产量}$$

②机械产量定额是指在合理组织劳动与合理使用机械条件下,机械在每个台班时间内应完成合格产品的数量:

$$机械产量定额=\frac{1}{机械时间定额(台班)}$$

机械时间定额和机械产量定额互为倒数关系。

机械台班定额复式表示法有如下形式:

$$\frac{人工时间定额}{机械台班产量}或\frac{人工时间定额}{机械台班产量}\Bigg|台班车次$$

2)机械台班使用定额的编制。

①确定正常的施工条件。确定机械工作正常条件,主要是确定工作地点的合理组织和合理的工人编制。

a. 确定工作地点的合理组织,就是对施工地点机械和材料的放置位置、工人从事操作的场所,做出科学合理的平面布置和空间安排。它要求施工机械和操纵机械的工人在最小范围内移动,但又不阻碍机械运转和工人操作;应使机械的开关和操纵装置尽可能集中地装置在操纵工人的近旁,以节省工作时间和减轻劳动强度;应最大限度发挥机械的效能,减少工人的手工操作。

b. 确定合理的工人编制,就是根据施工机械的性能和设计能力、工人的专业分工和劳动工效,合理确定操纵机械的工人和直接参加机械化施工过程工人的编制人数。应保持机械的正常生产率和工人正常的劳动工效。

②确定机械纯工作1h正常生产率。确定机械正常生产率时,必须首先确定出机械纯工作1h的正常生产率。

机械纯工作时间,就是指机械的必需消耗时间,包括满负荷和有根据地降低负荷工作时间,不可避免的无负荷工作时间和必要的中断时间。机械纯工作1h正常生产率,就是在正常施工组织条件下,具有必需的知

识和技能的技术工人操纵机械 1h 的生产率。

根据机械工作特点的不同，机械纯工作 1h 正常生产率的确定方法，也有所不同。对于循环动作机械，确定机械纯工作 1h 正常生产率的计算公式如下：

$$\begin{matrix}\text{机械一次循环的}\\ \text{正常延续时间}\end{matrix}=\sum\begin{pmatrix}\text{循环各组成部分}\\ \text{正常延续时间}\end{pmatrix}-\text{交叠时间}$$

$$\begin{matrix}\text{机械纯工作 1h}\\ \text{循环次数}\end{matrix}=\frac{60\times60(\mathrm{s})}{\text{一次循环的正常延续时间}}$$

$$\begin{matrix}\text{机械纯工作 1h}\\ \text{正常生产率}\end{matrix}=\begin{matrix}\text{机械纯工作 1h}\\ \text{正常循环次数}\end{matrix}\times\begin{matrix}\text{一次循环生产}\\ \text{的产品数量}\end{matrix}$$

从公式中可以看到，计算循环机械纯工作 1h 正常生产率的步骤是：根据现场观察资料和机械说明书确定各循环组成部分的延续时间；将各循环组成部分的延续时间相加，减去各组成部分之间的交叠时间，求出循环过程的正常延续时间；计算机械纯工作 1h 的正常循环次数；计算循环机械纯工作 1h 的正常生产率。

对于连续动作机械，确定机械纯工作 1h 正常生产率要根据机械的类型和结构特征，以及工作过程的特点来进行。计算公式如下：

$$\begin{matrix}\text{连续动作机械纯}\\ \text{工作 1h 正常生产率}\end{matrix}=\frac{\text{工作时间内生产的产品数量}}{\text{工作时间(h)}}$$

工作时间内的产品数量和工作时间的消耗，要通过多次现场观察和机械说明书来取得数据。

对于同一机械进行作业属于不同的工作过程，如挖掘机所挖土壤的类别不同，碎石机所破碎的石块硬度和粒径不同，均需分别确定其纯工作 1h 的正常生产率。

③确定施工机械的正常利用系数。确定施工机械的正常利用系数，是指机械在工作班内对工作时间的利用率。机械的利用系数和机械在工作班内的工作状况有着密切的关系。所以，要确定机械的正常利用系数，首先要确定机械工作班的正常工作状况。关键是保证合理利用工时。

确定机械正常利用系数，要计算工作班正常状况下准备与结束工作，机械启动、机械维护等工作所必需消耗的时间，以及机械有效工作的开始与结束时间，从而进一步计算出机械在工作班内的纯工作时间和机械正常利用系数。机械正常利用系数的计算公式如下：

$$机械正常利用系数=\frac{机械在一个工作班内纯工作时间}{一个工作班延续时间(8h)}$$

④计算施工机械台班定额。计算施工机械定额是编制机械定额工作的最后一步。在确定了机械工作正常条件、机械纯工作1h正常生产率和机械正常利用系数之后，采用下列公式计算施工机械的产量定额：

$$\begin{array}{c}施工机械台班\\产量定额\end{array}=\begin{array}{c}机械纯工作1h\\正常生产率\end{array}\times\begin{array}{c}工作班纯工作\\时间\end{array}$$

或

$$\begin{array}{c}施工机械台\\班产量定额\end{array}=\begin{array}{c}机械纯工作\\1h正常生产率\end{array}\times\begin{array}{c}工作班延\\续时间\end{array}\times\begin{array}{c}机械正常\\利用系数\end{array}$$

$$施工机械时间定额=\frac{1}{机械台班产量定额指标}$$

2. 按编制单位及使用范围分类

建筑工程定额按编制单位与使用范围可分为全国统一定额、省(市)地区定额、行业专用定额和企业定额。

(1)全国统一定额。全国统一定额是指由国家主管部门编制，作为各省(市)编制地区定额依据的各种定额。如全国统一安装工程定额等。

(2)省(市)地区定额。省(市)地区定额是指由各省、市、自治区建设主管部门制定的各种定额，如《××市建设工程消耗量定额》。可以作为该地区建设工程项目标底编制的依据，施工企业在没有自己的企业定额时也可以作为投标计价的依据。

(3)行业专用定额。行业专用定额是指由国家所属的主管部、委制定的行业专用的各种定额，如《铁路工程消耗量定额》、《交通工程消耗量定额》等。

(4)企业定额。企业定额是指建筑施工企业根据本企业的施工技术水平和管理水平，以及各地区有关工程造价计算的规定，并供本企业使用的《工程消耗量定额》。

1)企业定额的表现形式。企业定额的编制应根据自身的特点，遵循简单、明了、准确、适用的原则。企业定额的构成及表现形式因企业的性质不同、取得资料的详细程度不同、编制的目的不同、编制的方法不同而不同，其构成及表现形式主要有以下几种：

①企业劳动定额；

②企业材料消耗定额；

③企业机械台班使用定额；

④企业施工定额；

⑤企业定额估价表；

⑥企业定额标准；

⑦企业产品出厂价格；

⑧企业机械台班租赁价格。

目前大部分施工企业是以国家或行业制定的预算定额作为进行施工管理、工料分析和计算施工成本的依据。随着市场化改革的不断深入和发展，施工企业可以预算定额和基础定额为参照，逐步建立起反映企业自身施工管理水平和技术装备程度的企业定额。

2)企业定额的特点。

①定额水平的先进性。企业定额在确定其水平时，其人工、材料、机械台班消耗要比社会平均水平低，体现企业在技术和管理的先进性，从而在投标报价中争取更大的取胜砝码。

②定额内容的特色性。企业定额编制应与施工方案结合。不同的施工方案包括采用不同的施工方法、使用不同的施工措施，在制定企业定额时应有其特色。

③定额单价的动态性和市场性。随着企业劳动资源、技术力量、管理水平等变化，单价应随时间调整。另外，随着企业生产经营方式和经营模式的改变，新技术、新工艺、新材料、新设备的采用，定额单价应及时变化。

④定额消耗的优势性。企业定额在制定人工、材料、机械台班消耗量时要尽可能体现本企业的全面管理成果和技术优势。

3)企业定额的性质。企业定额是企业内部管理的定额。企业定额影响范围涉及企业内部管理的方方面面。包括企业生产经营活动的计划、组织、协调、控制和指挥等各个环节。企业应根据本企业的具体条件和可能挖掘的潜力、市场的需求和竞争环境，根据国家有关政策、法律和规范、制度，自己编制定额，自行决定定额的水平，当然允许同类企业和同一地区的企业之间存在定额水平的差距。

4)企业定额的作用。企业定额为施工企业编制施工作业计划、施工组织设计和施工预算提供了必要的技术依据，具体来说，它在施工企业的作用见表 5-2。

表5-2　　企业定额的作用

序号	作用	内容说明
1	企业定额是企业计划管理的依据	企业定额在企业计划管理方面的作用,表现在它既是企业编制施工组织设计的依据,也是企业编制施工作业计划的依据。 施工组织设计是指导拟建工程进行施工准备和施工生产的技术经济文件,其基本任务是根据招标文件及合同协议的规定,确定出经济合理的施工方案,在人力和物力、时间和空间、技术和组织上对拟建工程做出最佳的安排。施工作业计划则是根据企业的施工计划、拟建工程的施工组织设计和现场实际情况编制的。这些计划的编制必须依据施工定额
2	企业定额是编制施工组织设计的依据	在编制施工组织设计中,尤其是单位工程的作业设计,需要确定人工、材料和施工机械台班等资源消耗量,拟定使用资源的最佳时间安排,编制工程进度计划,以便于在施工中合理地利用时间、空间和资源。依靠施工定额能比较精确地计算出劳动力、材料、设备的需要量,以便于在开工前合理安排各基层的施工任务,做好人力、物力的综合平衡
3	企业定额是企业激励工人的条件	激励在实现企业管理目标中占有重要位置。所谓激励,就是采取某些措施激发和鼓励员工在工作中的积极性和创造性
4	企业定额有利于推广先进技术	企业定额水平中包含着某些已成熟的先进施工技术和经验,工人要达到和超过定额,就必须掌握和运用这些先进技术,如果工人要想大幅度超过定额,他就必须创造性地劳动
5	企业定额是计算劳动报酬,实行按劳分配的依据	目前,施工企业内部推行了多种形式的承包经济责任制,但无论采取何种形式,计算承包指标或衡量班组的劳动成果都要以施工定额为依据。完成定额好,劳动报酬就多;反之,劳动报酬就少。这样,工人的劳动成果和报酬直接挂钩,体现了按劳分配的原则
6	企业定额是编制施工预算加强企业成本管理的基础	施工预算是施工单位用以确定单位工程上人工、机械、材料的资金需要量的计划文件。施工预算以企业定额为编制基础,既要反映设计图纸的要求,也要考虑在现有条件下可能采取的节约人工、材料和降低成本的各项具体措施。这就能够有效地控制施工中人力、物力消耗,节约成本开支。 施工中人工、机械和材料的费用,是构成工程成本中直接费用的主要内容,对间接费用的开支也有着很大的影响。严格执行施工定额不仅可以起到控制成本、降低费用开支的作用,同时,为企业加强班组核算和增加盈利,创造了良好的条件

续表

序号	作用	内容说明
7	企业定额是编制预算定额和补充单位估价表的基础	预算定额的编制要以企业定额为基础。以企业定额的水平作为确定预算定额水平的基础,不仅可以免除测定定额水平的大量烦琐工作,而且可以使预算定额符合施工生产和经营管理的实际水平,并保证施工中的人力、物力消耗能够得到足够补偿。企业定额作为编制补充单位估价表的基础,是指由于新技术、新结构、新材料、新工艺的采用而预算定额中缺项时,编制补充预算定额和补充单位估价表时,要以企业定额作为基础
8	企业定额是施工企业进行工程投标、编制工程投标报价的基础和主要依据	企业定额反映本企业施工生产的技术水平和管理水平,在确定工程投标报价时,首先是根据企业定额计算出施工企业拟完成投标工程需要发生的计划成本。在掌握工程成本的基础上,再根据所处的环境和条件,确定在该工程上拟获得的利润、预计的工程风险费用和其他应考虑的因素,从而确定投标报价。因此,企业定额是施工企业编制计算投标报价的根基

5)企业定额的编制原则。

①平均先进性原则。平均先进是就定额的水平而言。所谓平均先进水平,就是在正常的施工条件下,大多数施工队组和大多数生产者经过努力能够达到和超过的水平。

企业定额应以企业平均先进水平为基准,制定企业定额,从而使多数单位和员工经过努力,能够达到或超过企业平均先进水平,以保持定额的先进性和可行性。

②保密原则。企业定额的指标体系及标准要严格保密。建筑市场强手林立,竞争激烈。就企业现行的定额水平,工程项目在投标中如被竞争对手获取,会使本企业陷入十分被动的境地,给企业带来不可估量的损失,所以企业要有自我保护意识和相应的加密措施。

③以专家为主编制定额的原则。编制施工定额,要以专家为主,这是实践经验的总结。企业定额的编制要求有一支经验丰富、技术与管理知识全面、有一定政策水平的稳定的专家队伍,同时,也要注意必须走群众

路线(尤其是在现场测时和组织新定额试点时),这一点非常重要。

④简明适用性原则。简明适用,是就定额的内容和形式要方便于定额的贯彻和执行。该原则要求施工定额内容简单明了,容易掌握,便于查阅,便于计算、便于携带,并且能满足组织施工生产和计算工人劳动报酬等多种需要。

贯彻定额的简明适用性原则,关键是做到定额项目设置完全,项目划分粗细适当。定额项目的设置是否齐全完备,对定额的适用性影响很大。划分施工定额项目的基础,是工作过程或施工工序。不同性质、不同类型的工作过程或工序,都应分别反映在各个施工定额的项目中。即使是次要的,也应在说明、备注和系数中反映出来。

定额的简明性和适用性,是既有联系,又有区别的两个方面。编制施工定额时应全面加以贯彻。当两者发生矛盾时,定额的简明性应服从适应性的要求。

⑤独立自主的原则。施工企业作为具有独立法人地位的经济实体,应根据企业的具体情况和要求,结合政府的技术政策和产业导向,以企业盈利为目标,自主地制定企业定额。贯彻这一原则有利于企业自主经营;有利于执行现代企业制度;有利于施工企业摆脱过多的行政干预,更好地面对建筑市场竞争的环境,也有利于促进新的施工技术和施工方法的采用。

⑥时效性原则。企业定额是在一定时期内技术发展和管理水平的反映,所以在一段时期内表现出稳定的状态。这种稳定性又是相对的,它还有显著的时效性。如果当企业定额不再适应市场竞争和成本监控的需要时,它就要重新编制和修订,否则就会挫伤群众的积极性,甚至产生负效应。

6)企业定额的编制。企业定额的编制过程是一个系统而又复杂的过程,一般包括以下步骤:

①制定《企业定额编制计划书》。

a. 企业定额编制的目的。企业定额编制的目的一定要明确,因为编制目的决定了企业定额的适用性,同时也决定了企业定额的表现形式。例如,企业定额的编制目的如果是为了控制工耗和计算工人劳动报酬,应采取劳动定额的形式;如果是为了企业进行工程成本核算,以及为企业走向市场参与投标报价提供依据,则应采用施工定额或定额估价表的形式。

b. 定额水平的确定原则。企业定额水平的确定，是企业定额能否实现编制目的的关键。定额水平过低，起不到鼓励先进和督促落后的作用，而且对项目成本核算和企业参与市场竞争不利。定额水平过高，背离企业现有水平，使定额在实施工程中，企业内多数施工队、班组、工人通过努力仍然达不到定额水平，不仅不利于定额在本企业内推行，还会挫伤管理者和劳动者双方的积极性。因此，在编制计划书中，必须对定额水平进行确定。

c. 确定编制方法和定额形式。定额的编制方法很多，对不同形式的定额，其编制方法也不相同。劳动定额和材料消耗定额均有不同的编制方法(前面已做详细介绍)。因此，定额编制究竟采取哪种方法应根据具体情况而定。企业定额编制通常采用的方法一般有两种：定额测算法和方案测算法。

d. 拟成立企业定额编制机构，提交需参编人员名单。企业定额的编制工作是一个系统性的工程，它需要一批高素质的专业人才，在一个高效率的组织机构统一指挥下协调工作。因此，在定额编制工作开始时，必须设置一个专门的机构，配置一批专业人员。

e. 明确应收集的数据和资料。定额在编制时要收集大量的基础数据和各种法律、法规、标准、规程、规范文件、规定等，这些资料都是定额编制的依据。所以，在编制计划书中，要制定一份按门类划分的资料明细表。在明细表中，除一些必须采用的法律、法规、标准、规程、规范资料外，应根据企业自身的特点，选择一些能够取得适合本企业使用的基础性数据资料。

f. 确定工期和编制进度。定额的编制是为了使用，具有时效性，所以，应确定一个合理的工期和进度计划表，这样，既有利于编制工作的开展，又能保证编制工作的效率和效益。

②收集资料、调查、分析、测算和研究。现行定额，包括基础定额和预算定额；工程量计算规则；国家现行的法律、法规、经济政策和劳动制度等与工程建设有关的各种文件；有关建筑安装工程的设计规范、施工及验收规范、工程质量检验评定标准和安全操作规程；现行的全国通用建筑标准设计图集、安装工程标准安装图集、定型设计图纸、具有代表性的设计图纸、地方建筑配件通用图集和地方结构构件通用图集，并根据上述资料计

算工程量,作为编制定额的依据;有关建筑安装工程的科学实验、技术测定和经济分析数据;高新技术、新型结构、新研制的建筑材料和新的施工方法等;现行人工工资标准和地方材料预算价格;现行机械效率、寿命周期和价格;机械台班租赁价格行情;本企业近几年各工程项目的财务报表、公司财务总报表,以及历年收集的各类经济数据;本企业近几年各工程项目的施工组织设计、施工方案,以及工程结算资料;所采用的主要施工方法;发布的合理化建议和技术成果;本企业目前拥有的机械设备状况和材料库存状况;工人技术素质、构成比例、家庭状况和收入水平。

资料收集后,要对上述资料进行分类整理、分析、对比、研究和综合测算,提取可供使用的各种技术数据。

③确定编制企业定额的工作方案与计划。根据编制目的,确定企业定额的内容及专业划分;确定企业定额的册、章、节的划分和内容的框架;确定企业定额的结构形式及步距划分原则;具体参编人员的工作内容、职责、要求。

④企业定额初稿的编制。

a. 确定企业定额的项目及内容。企业定额项目及内容的编制,就是根据定额的编制目的及企业自身的特点,本着内容简明适用、形式结构合理、步距划分合理的原则,将一个单位工程,按工程性质划分为若干个分部工程。最后,确定分项工程的步距,并根据步距对分项工程进一步地详细划分为具体项目。步距参数的设定一定要合理,既不应过粗,也不宜过细。同时应对分项工程的工作内容做简明扼要的说明。

b. 确定定额的计量单位。分项工程计量单位的确定一定要合理,设置时应根据分项工程的特点,本着准确、贴切、方便计量的原则设置。定额的计量单位包括自然计量单位(如:台、套、个、件、组等),国际标准计量单位(如 m、km、m^2、m^3、kg、t 等)。一般来说,当实物体的三个度量都会发生变化时,采用立方米为计量单位,如土方、混凝土、保温等;如果实物体的三个度量中有两个度量不固定,采用平方米为计量单位,如地面、抹灰、油漆等;如果实物体截面形状大小固定,则采用延长米为计量单位,如管道、电缆、电线等;不规则形状的、难以度量的则采用自然单位或质量单位为计量单位。

c. 确定企业定额指标。确定企业定额指标是企业定额编制的重点和难点,企业定额指标的编制,应根据企业采用的施工方法、新材料的替代以及机械装备的装配和管理模式，结合收集整理的各类基础资料进行确定。确定企业定额指标包括确定人工消耗指标、确定材料消耗指标、确定机械台班消耗指标等。

d. 编制企业定额项目表。分项工程的人工、材料和机械台班的消耗量确定以后，接下来就可以编制企业定额项目表了。具体地说，就是编制企业定额表中的各项内容。

企业定额项目表是企业定额的主体部分，它由表头栏、人工栏、材料栏、机械栏组成。表头部分是以表述各分项工程的结构形式、材料做法和规格档次等；人工栏是以工种表示消耗的工日数及合计；材料栏是按消耗的主要材料和消耗性材料依主次顺序分列出的消耗量；机械栏是按机械种类和规格型号分列出的机械台班使用量。

e. 企业定额的项目编排。定额项目表，是按分部工程归类，按分项工程子目编排的一些项目表格。也就是说，按施工的程序，遵循章、节、项目和子目等顺序编排。

定额项目表中，大部分是以分部工程为章，把单位工程中性质相近，且材料大致相同的施工对象编排在一起。每章(分部工程)中，按工程内容施工方法和使用的材料类别不同，分成若干个节(分项工程)。在每节(分项工程)中，可以分成若干项目，在项目下边，还可以根据施工要求、材料类别和机械设备型号的不同，细分成不同子目。

f. 企业定额相关项目说明的编制。企业定额相关项目的说明包括前言、总说明、目录、分部(或分章)说明、建筑面积计算规则、工程量计算规则、分项工程工作内容等。

g. 企业定额估价表的编制。企业根据投标报价工作的需要，可以编制企业定额估价表。企业定额估价表是在人工、材料、机械台班三项消耗量的企业定额基础上，用货币形式表达每个分项工程及其子目的定额单位估价计算表格。

企业定额估价表的人工、材料、机械台班单价是通过市场调查，结合国家有关法律文件及规定，按照企业自身的特点来确定。

⑤评审、修改及组织实施。评审及修改主要是通过对比分析、专家论证等方法，对定额的水平、使用范围、结构及内容的合理性，以及存在的缺陷进行综合评估，并根据评审结果对定额进行修正。

3. 按专业分类

《建设工程消耗量定额》按其专业的不同分类如下：

(1)建筑工程消耗量定额。建筑工程是指房屋建筑的土建工程。建筑工程消耗量定额是指各地区(或企业)编制确定的完成每一建筑分项工程(即每一土建分项工程)所需人工、材料和机械台班消耗量标准的定额。它是业主或建筑施工企业(承包商)计算建筑工程造价的主要参考依据。

(2)装饰工程消耗量定额。装饰工程是指房屋建筑内外的装饰装修工程。装饰工程消耗量定额是指各地区(或企业)编制确定的完成每一装饰分项工程所需人工、材料和机械台班消耗量标准的定额。它是业主或装饰施工企业(承包商)计算装饰工程造价的主要参考依据。

(3)安装工程消耗量定额。安装工程是指房屋建筑室内外各种管线、设备的安装工程。安装工程消耗量定额是指各地区(或企业)编制确定的完成每一安装分项工程所需人工、材料和机械台班消耗量标准的定额。它是业主或安装施工企业(承包商)计算安装工程造价主要的参考依据。

(4)市政工程消耗量定额。市政工程是指城市道路、桥梁等公共公用设施的建设工程。市政工程消耗量定额是指各地区(或企业)编制确定的完成每一市政分项工程所需人工、材料和机械台班消耗量标准的定额。它是业主或市政施工企业(承包商)计算市政工程造价主要的参考依据。

(5)园林绿化工程消耗量定额。园林绿化工程是指城市园林、房屋环境等绿化通称。园林绿化工程消耗量定额是指各地区(或企业)编制确定的完成每一园林绿化分项工程所需人工、材料和机械台班消耗量标准的定额。它也是业主或园林绿化施工企业(承包商)计算园林绿化工程造价的主要参考依据。

另外，建设工程定额还可按建设用途和费用定额进行划分，按建设用途可分为施工定额、预算定额、概算定额和概算指标等，按费用定额可分为间接费用定额、其他工程费用定额等。

第二节　工程定额体系

一、投资估算指标

1. 投资估算指标的概念

投资估算指标是指在项目建议书和可行性研究阶段编制投资估算、

计算投资需要时使用的定额。投资估算指标非常概略，往往以独立的单项工程或完整的工程项目为计算对象，其主要作用是为项目决策和投资控制提供依据。投资估算指标比其他各种计价定额具有更大的综合性和概括性。依据投资估算指标的综合程度可分为：建设项目投资指标、单项工程指标和单位工程指标。

(1)建设项目投资指标包括以下两种：

1)工程总投资或总造价指标。

2)以生产能力或其他计量单位为计算单位的综合投资指标。

(2)单项工程指标一般以生产能力等为单位，包括建筑安装工程费、设备及工器具购置费以及应计入单项工程投资的其他费用。

(3)单位工程指标一般以 m^2、m^3、度等为单位。估算指标应列出工程内容、结构特征等资料，以便应用时依据实际情况进行必要的调整。

2. 投资估算指标的内容

投资估算指标是确定和控制建设工程项目全过程各项支出的技术经济指标，其范围涉及建设前期、建设实施期和竣工验收交付使用等各个阶段的费用支出。内容因行业不同而不同，一般可分为建设工程项目综合指标、单项工程指标和单位工程指标三个层次。

(1)建设工程项目综合指标。建设工程项目综合指标按规定应列入建设工程项目总投资从立项筹建开始至竣工验收交付使用的全部投资额，包括单项工程、工程建设其他费用预备费等。

建设工程项目综合指标一般以项目的综合生产能力单位投资表示，或以使用功能表示。

(2)单项工程指标。单项工程指标是指按规定应列入能独立发挥生产能力或使用效益的单项工程内的全部投资额，包括建筑工程费，安装工程费，设备、工器具及生产家具购置费和其他费用。单项工程一般划分原则如下：

1)主要生产设施。指直接参加生产产品的工程项目，包括生产车间或生产装置。

2)辅助生产设施。指为主要生产车间服务的工程项目，包括集中控制室、中央实验室、机修、电修、仪器仪表修理及木工(模)等车间，原材料、半成品、成品及危险品等仓库。

3)公用工程。包括给排水系统(给排水泵房、水塔、水池及厂区给排水管网)、供热系统(锅炉房及水处理设施、全厂热力管网)、供电及通信系统(变配电所、开关所及全厂输电、电信线路)以及热电站、热力站、煤气站、空压站、冷站、冷却塔和厂区管网等。

4)环境保护工程。包括废气、废渣、废水等处理和综合利用设施及厂区绿化。

5)总图运输工程。包括厂区防洪、围墙大门、传达及收发室、汽车库、消防车库、厂区道路、桥涵、厂区码头及厂区大型土石方工程。

6)厂区服务设施。包括厂部办公室、厂区食堂、医务室、浴室、自行车棚等。

7)生活福利设施。包括职工医院、住宅、生活区食堂、俱乐部、托儿所、幼儿园、子弟学校、商业服务点以及与之配套的设施。

8)厂外工程。如水源工程、厂外输电、输水、排水、通信、输油等管线以及公路、铁路专用线等。

(3)单位工程指标。单位工程指标按规定应列入能独立设计、施工的工程项目的费用,即建筑安装工程费用。单位工程指标一般以如下方式表示:水塔区别不同结构层,容积以"元/座"表示;管道区别不同材质,管径以"元/m"表示。

3. 投资估算指标的编制原则

投资估算指标属于项目建设前期进行估算投资的技术经济指标,不但要反映实施阶段的静态投资,还必须反映项目建设前期和交付使用期内发生的动态投资,以投资估算指标为依据编制的投资估算,包括项目建设的全部投资。所以这就要求投资估算指标比其他各种计价定额具有更大的综合性和概括性。因此,投资估算指标的编制工作除了应遵循一般定额的编制原则外,还必须坚持以下原则:

(1)投资估算指标项目的确定,应考虑以后编制建设工程项目建议书和可行性研究报告投资估算的需要。

(2)投资估算指标的编制内容、典型工程的选择,必须遵循国家的有关建设方针政策,符合国家技术发展方向,贯彻国家高科技政策和发展方向原则,使指标的编制既能反映现实的高科技成果,以及正常建设条件下的造价水平,也能适应今后若干年的科技发展水平。

(3)投资估算指标的编制要反映不同行业、不同项目和不同工程的特点,投资估算指标要适应项目前期工作深度的需要,而且具有更大的综合性。另外，要密切结合行业特点、项目建设的特定条件，在内容上既要贯彻指导性、准确性和可调性的原则，又要有一定的深度和广度。

(4)投资估算指标的编制要体现国家对固定资产投资实施间接调控作用的特点。要贯彻能分能和、有粗有细以及细算粗编的原则。

(5)投资估算指标的分类、项目划分、项目内容、表现形式等要结合各专业的特点，并且要与项目建议书、可行性研究报告的编制深度相适应。

(6)投资估算指标的编制要贯彻静态和动态相结合的原则。因市场经济条件、建设条件、实施时间、建设期限等因素的不同，建设期的动态因素即价格、建设期利息、固定资产投资方向调节税及涉外工程的税率等的变动，导致指标的量差、价差、利息差、费用差等“动态”因素对投资估算有影响。

4. 投资估算指标的编制步骤

投资估算指标一般按以下三个阶段编制：

(1)收集整理资料阶段。收集整理已建成或正在建设的、符合现行技术政策和技术发展方向、有可能重复采用的、有代表性的工程设计施工图、标准设计以及相应的竣工决算或施工图预算资料等。这些资料是编制工作的基础，资料收集得越广泛，反映出的问题越多，编制工作考虑得越全面，就越有利于提高投资估算指标的实用性和覆盖面。同时，对调查收集到的资料要选择占投资比重大、相互关联多的项目进行认真的分析整理。由于已建成或正在建设的工程设计意图、建设时间和地点、资料的基础等不同，相互之间的差异很大，需要去粗取精、去伪存真地加以整理，才能重复利用。将整理后的数据资料按项目划分栏目加以归类，按照编制年度的现行定额、费用标准和价格，调整成编制年度的造价水平及相互比例。

(2)平衡调整阶段。由于调查收集的资料来源不同，虽然经过一定的分析整理，但难免会由于设计方案、建设条件和建设时间上的差异带来某些影响，使数据失准或漏项等，所以必须对有关资料进行综合平衡、调整。

(3)测算审查阶段。测算是将新编的指标和选定工程的概预算，在同一价格条件下进行比较，检验其“量差”的偏离程度是否在允许偏差的范围内，如偏差过大，则要查找原因，进行修正，以保证指标的确切、实用。测算同时也是对指标编制质量进行的一次系统检查，应由专人进行，以保持测算口径的统一，在此基础上组织有关专业人员予以全面审查定稿。

二、概算定额与概算指标

1. 概算定额

概算定额是在预算定额基础上,确定完成合格的单位扩大分部分项工程或单位扩大结构构件所需消耗的人工、材料和机械台班的数量标准,概算定额又称扩大结构定额。

概算定额是预算定额的综合与扩大,是将预算定额中有联系的若干个分项工程项目综合为一个概算定额项目。如概算定额中的砖基础项目,就是以砖基础为主,综合了平整场地、挖地槽、铺设垫层、砌砖基础、铺设防潮层、回填土及运土等预算定额中分项工程项目。又如砖墙定额,就是以砖墙为主,综合了砌砖、钢筋混凝土过梁制作、运输、安装、勒脚、内外墙面抹灰、内外墙面刷白等预算定额的分项工程项目。

概算定额与预算定额的相同处,是都以建(构)筑物各个结构部分和分部分项工程为单位表示的,内容也包括人工、材料和机械台班使用量定额三个基本部分,并列有基准价。

概算定额表达的主要内容、表达的主要方式及基本使用方法都与综合预算定额相近。

定额基准价=定额单位人工费+定额单位材料费+定额单位机械费
=人工概算定额消耗量×人工工资单价+
$\sum$(材料概算定额消耗量×材料预算价格)+
$\sum$(施工机械概算定额消耗量×机械台班费用单价)

概算定额与预算定额的不同之处,在于项目划分和综合扩大程度上的差异,同时概算定额主要用于设计概算的编制。由于概算定额综合了若干分项工程的预算定额,因此使概算工程量计算和概算表的编制,都比编制施工图预算简化了很多。

(1)概算定额的内容。概算定额的内容和深度是以预算定额为基础的综合与扩大。在合并中不得遗漏或增加细目,以保证定额数据的严密性和正确性。概算定额务必达到简化、准确和适用。

概算定额由文字说明和定额表两部分组成。

1)文字说明部分包括总说明和各章节的说明。在总说明中,主要对编制的依据、用途、适用范围、工程内容、有关规定、取费标准和概算造价计算方法等进行阐述。

在分章说明中，包括分部工程量的计算规则、说明、定额项目的工程内容等。

2)定额表格式。定额表头注有本节定额的工作内容、定额的计量单位(或在表格内)。表格内有基价、人工、材料和机械费、主要材料消耗量等。

(2)概算定额的作用。正确合理地编制概算定额对提高设计概算的质量，加强基本建设经济管理，合理使用建设资金，降低建设成本，充分发挥投资效果等方面，都具有重要的作用。具体表现在以下几个方面：

1)概算定额是在扩大初步设计阶段编制概算，技术设计阶段编制修正概算的主要依据。

2)概算定额是编制建筑安装工程主要材料申请计划的基础。

3)概算定额是进行设计方案技术经济比较和选择的基础资料之一。

4)概算定额是编制概算指标的计算基础。

5)概算定额是确定基本建设项目投资额、编制基本建设计划、实行基本建设大包干、控制基本建设投资和施工图预算造价的依据。

(3)概算定额的编制。编制概算定额时，应考虑到能适应规划、设计、施工各阶段的要求。概算定额与预算定额应保持一致水平，即在正常条件下，反映大多数企业的设计、生产及施工管理水平。

概算定额的编制见表5-3。

表5-3　概算定额编制

序号	项目	内容说明
1	编制原则	为了提高设计概算质量，加强基本建设经济管理，合理使用国家建设资金，降低建设成本，充分发挥投资效果，在编制概算定额时必须遵循以下原则： (1)使概算定额适应设计、计划、统计和拨款的要求，更好地为基本建设服务。 (2)概算定额水平的确定，应与预算定额的水平基本一致。必须是反映正常条件下大多数企业的设计、生产施工管理水平。 (3)概算定额的编制深度要适应设计深度的要求，项目划分应坚持简化、准确和适用的原则。以主体结构分项为主，合并其他相关部分，进行适当综合扩大；概算定额项目计量单位的确定，与预算定额要尽量一致；应考虑统筹法及应用电子计算机编制的要求，以简化工程量和概算的计算编制。 (4)为了稳定概算定额水平，统一考核尺度和简化计算工程量，编制概算定额时，原则上不留活口，对于设计和施工变化多而影响工程量多、价差大的，应根据有关资料进行测算，综合取定常用数值，对于其中还包括不了的个性数值，可适当留些活口

续表

序号	项目	内　容　说　明
2	编制依据	(1)现行的全国通用的设计标准、规范和施工验收规范。 (2)现行的预算定额。 (3)具有代表性的标准设计图纸和其他设计资料。 (4)过去颁发的概算定额。 (5)现行的人工工资标准、材料预算价格和施工机械台班单价。 (6)有关施工图预算和结算资料
3	编制方法	(1)定额计量单位确定。概算定额计量单位基本上按预算定额的规定执行,但是单位的内容扩大,仍用 m、m^2 和 m^3 等。 (2)确定概算定额与预算定额的幅度差。由于概算定额是在预算定额基础上进行适当的合并与扩大,因此,在工程量取值、工程的标准和施工方法确定上需综合考虑,且定额与实际应用必然会产生一些差异。这种差异国家允许预留一个合理的幅度差,以便依据概算定额编制的设计概算能控制住施工图预算。概算定额与预算定额之间的幅度差,国家规定一般控制在5%以内。 (3)定额小数取位。概算定额小数取位与预算定额相同
4	编制步骤	(1)准备阶段。该阶段的主要工作是确定编制机构和人员组成,进行调查研究,了解现行概算定额执行情况和存在问题,明确编制目的,制定概算定额的编制方案,确定概算定额的项目。 (2)编制初稿阶段。该阶段的主要工作是根据已经确定的编制方案和概算定额项目,收集和整理各种编制依据,对各种资料进行深入细致的测算和分析,确定人工、材料和机械台班的消耗量指标,最后编制概算定额初稿。 (3)审查定稿阶段。该阶段的主要工作是测算概算定额水平,即测算新编制概算定额与原概算定额及现行预算定额之间的水平。既要分项进行测算,又要通过编制单位工程概算以单位工程为对象进行综合测算。概算定额水平与预算定额水平之间应有一定的幅度差,一般在5%以内。 概算定额经测算比较后,可报送国家授权机关审批

2. 概算指标

概算指标通常是以整个建筑物或构筑物为对象，按各种不同的结构类型，确定每 $100m^2$ 或 $10000m^2$ 和每座为计量单位的人工材料和机械台班的消耗指标(量)或每万元投资额中各种指标的消耗数量，机械台班一般不以量列出，用系数计入。

从中可以看出，概算指标比概算定额更加综合和扩大。概算指标的各消耗量指标主要是根据各种工程预算或结算的统计资料编制的。

概算指标主要用于投资估价、初步设计阶段，可作为编制投资估算、匡算主要材料的依据；可作为设计方案比较、建设单位选址的一种依据；也是编制固定资产投资计划，确定投资额和主要材料的主要依据。

(1)概算指标的应用。概算指标的应用比概算定额具有更大的灵活性，由于概算指标是一种综合性很强的指标，不可能与拟建工程的建筑特征、结构特征、自然条件、施工条件完全一致，因此在选用概算指标的时候要十分慎重，选用的指标与设计对象在各方面应尽量一致或接近，不一致的地方要进行换算，以提高准确性。

概算指标的应用一般有两种情况：

1)如果设计对象的结构特征与概算指标一致时，可以直接套用。

2)如果设计对象的结构特征与概算指标的规定局部不同时，要对指标的局部内容进行调整后再套用。

(2)概算指标的作用。

1)在初步设计阶段编制建筑工程设计概算的依据。这是指在没有条件计算工程量时，只能使用概算指标。

2)在设计单位的建筑方案设计阶段，进行方案设计技术经济分析和估算的依据。

3)在建设项目的可行性研究阶段，作为编制项目投资估算的依据。

4)在建设项目规划阶段，估算投资和计算资源需要量的依据。

(3)概算指标的表现形式。按照具体内容的不同，概算指标可分为综合概算指标、单项概算指标两种。

1)综合概算指标是以一种类型的建筑物或构筑物为研究对象，以建筑物或构筑物的建筑面积或体积为计量单位，综合了该类型范围内各种规格的单位工程的造价和消耗量指标而成，其反映的不是具体工程的指标，而是一类工程的综合指标，指标概括性较强。

2)单项概算指标是以一种典型的建筑物或构筑物为分析对象,仅仅反映的是某一具体工程的消耗情况,所以针对性较强,因而指标中要介绍工程结构形式。只要工程项目的结构形式及工程内容与单项指标中的工程概况相吻合,编制的设计概算就比较准确。

(4)概算指标的编制。

1)编制原则。

①按平均水平确定概算指标的原则。在我国社会主义市场经济条件下,概算指标作为确定工程造价的依据,同样,必须遵照价值规律的客观要求,在其编制时必须按社会必要劳动时间,贯彻平均水平的编制原则。只有这样才能使概算指标合理确定和控制工程造价的作用得到充分发挥。

②概算指标的内容与表现形式要贯彻简明适用的原则。为适应市场经济的客观要求,概算指标的项目划分应根据用途的不同,确定其项目的综合范围,遵循粗而不漏,适应面广的原则,体现综合扩大的性质。概算指标从形式到内容应该简明易懂,要便于在采用时根据拟建工程的具体情况进行必要的调整换算,能在较大范围内满足不同用途的需要。

③概算指标的编制依据必须具有代表性。概算指标所依据的工程设计资料,应是有代表性的,技术上是先进的,经济上是合理的。

2)编制依据。

①国家颁布的建筑标准、设计规范、施工规范等。

②标准设计图纸和各类工程典型设计。

③各类工程造价资料。

④现行的概算定额、预算定额及补充定额资料。

⑤人工工资标准、材料预算价格、机械台班预算价格及其他价格资料。

3)编制方法。首先编制单项概算指标,其次编制综合概算指标。按照具体的施工图纸和预算定额编制的工程预算书,计算工程造价及各种资源消耗量,再将其除以建筑面积或建筑体积,即可得到该工程的单项概算指标。综合指标的编制是一个综合过程,将不同工程的单项指标进行加权平均,计算出能反映一般水平的单位造价及资源消耗量指标,即可得到该工程的综合概算指标。

4)编制步骤。

①准备阶段,主要是收集资料,确定指标项目,研究编制概算指标的有关方针、政策和技术性问题。

②编制阶段,主要是选定图纸,并根据图纸资料计算工程量和编制单位工程预算书,以及按编制方案确定的指标项目和人工及主要材料消耗指标,填写概算指标表格。

③审核定案及审批,概算指标初步确定后要进行审查、比较,并作必要的调整后,送国家授权机关审批。

三、预算定额

(一)预算定额基础知识

1. 预算定额的概念

预算定额是规定消耗在合格质量的单位工程基本构造要素上的人工、材料和机械台班的数量标准,是计算建筑安装产品价格的基础。所谓基本构造要素,即通常所说的分项工程和结构构件。预算定额按工程基本构造要素规定劳动力、材料和机械的消耗数量,以满足编制施工图预算、规划和控制工程造价的要求。

预算定额是工程建设中的一项重要的技术经济文件,它的各项指标,反映了在完成规定计量单位符合设计标准和施工质量验收规范要求的分项工程消耗的劳动和物化劳动的数量限度。这种限度最终决定着单项工程和单位工程的成本和造价。

预算定额是由国家主管部门或其授权机关组织编制、审批并颁发执行。在现阶段,预算定额是一种法令性指标,是对基本建设实行宏观调控和有效监督的重要工具。各地区、各基本建设部门都必须严格执行,只有这样,才能保证全国的工程有一个统一的核算尺度,使国家对各地区、各部门工程设计、经济效果与施工管理水平进行统一的比较与核算。

2. 预算定额的表现形式

预算定额按照表现形式可分为预算定额、单位估价表和单位估价汇总表三种。

(1)预算定额。这种预算定额可以满足企业管理中不同用途的需要,并可以按照基价计算工程费用,用途较广泛,是现行定额中的主要表现形式。

(2)单位估价表。在现行预算定额中一般都列有基价,像这种既包括定额人工、材料和施工机械台班消耗量又列有人工费、材料费、施工机械使用费和基价的预算定额,我们称它为“单位估价表”。详细内容见本节“四、单位估价表”。

(3)单位估价汇总表。单位估价汇总表简称为“单价”,它只表现“三费”即人工费、材料费和施工机械使用费以及合计,因此,可以大大减少定额篇幅,为编制工程预算查阅单价带来方便。

3. 预算定额的分类

预算定额按照综合程度,可分为预算定额和综合预算定额。综合预算定额是在预算定额基础上,对预算定额的项目进一步综合扩大,使定额项目减少,更为简便适用,可以简化编制工程预算的计算过程。

4. 预算定额编制依据

(1)现行劳动定额和施工定额。预算定额是在现行劳动定额和施工定额的基础上编制的。预算定额中劳力、材料、机械台班消耗水平,需要根据劳动定额或施工定额取定;预算定额计量单位的选择,也要以施工定额为参考,从而保证两者的协调和可比性,减轻预算定额的编制工作量,缩短编制时间。

(2)现行设计规范、施工验收规范和安全操作规程。预算定额在确定劳力、材料和施工机械台班消耗量时,必须考虑上述各项法规的要求和影响。

(3)具有代表性的典型工程施工图及有关标准图。对这些图纸进行仔细分析研究,并计算出工程数量,作为编制定额时选择施工方法、确定定额含量的依据。

(4)新技术、新结构、新材料和先进的施工方法等。这类资料是调整定额水平和增加新的定额项目所必需的依据。

(5)有关科学试验、技术测定和统计、经验资料。这类资料是确定定额水平的重要依据。

(6)现行的预算定额、材料预算价格及有关文件规定等。包括过去定额编制过程中积累的基础资料,也是编制预算定额的依据和参考。

5. 预算定额编制原则

预算定额编制原则见表 5-4。

表 5-4　　预算定额编制原则

序号	项目	内容说明
1	平均水平原则	预算定额是确定建设工程产品计划价格的工具，是在现有社会正常生产条件下，在社会平均劳动熟练程度和劳动强度下，确定生产一定使用价值的建设工程产品所需要的劳动时间。工程预算定额必须遵循价值规律的客观要求进行编制，并能反映建设工程产品生产过程中所消耗的社会必要劳动时间量
2	简明准确和适用原则	预算定额是在施工定额（或劳动定额）的基础上进行综合和扩大的，它要求有更加简明的特点，以适应简化施工图预算编制工作和简化建设工程产品价格计算程序的要求
3	坚持统一性和差别性相结合原则	所谓统一性，就是从培育全国统一市场规范计价行为出发，计价定额的制订规划和组织实施由国务院建设行政主管部门归口，并负责全国统一定额制订或修订，颁发有关工程造价管理的规章制度办法等。这样就有利于通过定额和工程造价的管理实现建筑安装工程价格的宏观调控。通过编制全国统一定额，使建筑安装工程具有一个统一的计价依据，也使考核设计和施工的经济效果具有一个统一尺度。 所谓差别性，就是在统一新的基础上，各部门和省、自治区、直辖市主管部门可以在自己的管辖范围内，根据本部门和地区的具体情况，制定部门和地区性定额、补充性制度和管理办法，以适应我国幅员辽阔，地区间部门发展不平衡和差异大的实际情况
4	坚持由专业人员编审的原则	编制预算定额有很强的政策和专业性，既要合理地把握定额水平，又要反映新工艺、新结构和新材料的定额项目，还要推进定额结构的改革。因此必须改变以往临时抽调人员编制定额的做法，建立专业队伍，长期稳定地积累经验和资料，不断补充和修订定额，促进预算定额适应市场经济的要求

6. 预算定额编制步骤

（1）准备阶段。在这个阶段，主要是根据收集到的有关资料和国家政策性文件，拟定编制方案，对编制过程中一些重大原则问题做出统一规定，包括：

1)定额项目和步距的划分要适当,分的过细不但增加定额大量篇幅,而且给以后编制预算带来烦琐和麻烦,过粗则会使单位造价差异过大。

2)确定统一计量单位。定额项目的计量单位应能反映该分项工程最终实物量的单位,同时注意计算上的方便,定额只能按大多数施工企业普遍采用的一种施工方法作为计算人工、材料、施工机械的基础。

3)确定机械化施工和工厂预制的程度。施工的机械化和工厂化是建筑安装工程技术提高的标志,也是工程质量要求不断提高的保证。因此,必须按照现行的规范要求,选用先进的机械和扩大工厂预制程度,同时,也要兼顾大多数企业现有的技术装备水平。

4)确定设备和材料的现场内水平运输距离和垂直运输高度,作为计算运输用人工和机具的基础。

5)确定主要材料损耗率。对影响造价大的辅助材料,如电焊条,也编制出安装工程焊条消耗定额,作为各册安装定额计算焊条消耗量的基础定额。对各种材料的名称要统一命名,对规格多的材料要确定各种规格所占比例,编制出规格综合价为计价提供方便,对主要材料要编制损耗率表。

6)确定工程量计算规则,统一计算口径。

7)其他需要确定的内容,如定额表形式、计算表达式、数字精确度、各种幅度差等。

(2)编制预算定额初稿,测算预算定额水平。

1)编制预算定额初稿。在这个阶段,根据确定的定额项目和基础资料,进行反复分析和测算,编制定额项目劳动力计算表、材料及机械台班计算表,并附注有关计算说明,然后汇总编制预算定额项目表,即预算定额初稿。

2)预算定额水平测算。新定额编制成稿,必须与原定额进行对比测算,分析水平升降原因。一般新编定额的水平应该不低于历史上已经达到过的水平,并略有提高。在定额水平测算前,必须编出同一工人工资、材料价格、机械台班费的新旧两套定额的工程单价。定额水平的测算方法一般有以下两种:

①单项定额水平测算:就是选择对工程造价影响较大的主要分项工程或结构构件人工、材料耗用量和机械台班使用量进行对比测算,分析提高或降低的原因,及时进行修订,以保证定额水平的合理性。其方法一是

和现行定额对比测算；方法二是和实际对比测算。

方法一：新编定额和现行定额直接对比测算。以新编定额与现行定额相同项目的人工、材料耗用量和机械台班的使用量直接分析对比，这种方法比较简单，但应注意新编和现行定额口径是否一致，并对影响可比的因素予以剔除。

方法二：新编定额和实际水平对比测算。把新编定额拿到施工现场与实际工料消耗水平对比测算，征求有关人员意见，分析定额水平是否符合正常情况下的施工。采用这种方法，应注意实际消耗水平的合理性，对因施工管理不善而造成的工、料、机械台班的浪费应予以剔除。

②定额总水平测算：是指测算因定额水平的提高或降低对工程造价的影响。测算方法是选择具有代表性的单位工程，按新编和现行定额的人工、材料耗用量和机械台班使用量，用相同的工资单价、材料预算价格、机械台班单价分别编制两份工程预算，按工程直接费进行对比分析，测算出定额水平提高或降低比率，并分析其原因。采用这种测算方法，一是要正确选择常用的、有代表性的工程；二是要根据国家统计资料和基本建设计划，正确确定各类工程的比重，作为测算依据。定额总水平测算，工作量大，计算复杂，但因综合因素多，能够全面反映定额的水平。所以，在定额编出后，应进行定额总水平测算，以考核定额水平和编制质量。测算定额总水平后，还要根据测算情况，分析定额水平的升降原因。影响定额水平的因素很多，主要应分析其对定额的影响；施工规范变更的影响；修改现行定额误差的影响；改变施工方法的影响；调整材料损耗率的影响；材料规格变化的影响；调整劳动定额水平的影响；机械台班使用量和台班费变化的影响；其他材料费变化的影响；调整人工工资标准、材料价格的影响；其他因素的影响等，并测算出各种因素影响的比率，分析其是否正确、合理。

同时，还要进行施工现场水平比较，即将上述测算水平进行分析、对比，其分析对比的内容有规范变更的影响；施工方法改变的影响；材料损耗率调整的影响；材料规格对造价的影响；其他材料费变化的影响；劳动定额水平变化的影响；机械台班定额和台班预算价格变化的影响；由于定额项目变更对工程量计算的影响等。

(3)修改定稿、整理资料阶段。

1)印发征求意见。定额编制初稿完成后，需要征求各有关方面意见和组织讨论,反馈意见。在统一意见的基础上整理分类,制定修改方案。

2)修改整理报批。按修改方案的决定,将初稿按照定额的顺序进行修改,并经审核无误后形成报批稿,经批准后交付印刷。

3)撰写编制说明。为顺利地贯彻执行定额,需要撰写新定额编制说明。其内容包括项目、子目数量;人工、材料、机械的内容范围;资料的依据和综合取定情况;定额中允许换算和不允许换算规定的计算资料;工人、材料、机械单价的计算和资料;施工方法、工艺的选择及材料运距的考虑;各种材料损耗率的取定资料;调整系数的使用;其他应该说明的事项与计算数据、资料。

4)立档、成卷。定额编制资料是贯彻执行定额中需查对资料的唯一依据,也为修编定额提供了历史资料数据,应作为技术档案永久保存。

7. 预算定额编制中的主要工作

(1)定额项目的划分。因建筑产品结构复杂,形体庞大,所以要就整个产品来计价是不可能的。但可根据不同部位、不同消耗或不同构件,将庞大的建筑产品分解成各种不同的较为简单、适当的计量单位(称为分部分项工程),作为计算工程量的基本构造要素,在此基础上编制预算定额项目。确定定额项目时要求:①便于确定单位估价表;②便于编制施工图预算;③便于进行计划、统计和成本核算工作。

(2)工程内容的确定。定额子目中人工、材料消耗量和机械台班使用量是直接由工程内容确定的,所以,工程内容范围的规定是十分重要的。

(3)确定预算定额的计量单位。预算定额与施工定额计量单位往往不同。施工定额的计量单位一般按工序或施工过程确定;而预算定额的计量单位主要是根据分部分项工程和结构构件的形体特征及其变化确定。由于工作内容综合,预算定额的计量单位亦具有综合的性质。工程量计算规则的规定应确切反映定额项目所包含的工作内容。

预算定额的计量单位关系到预算工作的繁简和准确性。因此,要正确地确定各分部分项工程的计量单位。一般依据以下建筑结构构件形状的特点确定:

1)凡物体的截面有一定的形状和大小,但有不同长度时(如管道、电缆、导线等分项工程),应当以延长米为计量单位。

2)当物体有一定的厚度,而面积不固定时(如通风管、油漆、防腐等分项工程),应当以平方米为计量单位。

3)如果物体的长、宽、高都变化不定时(如土方、保温等分项工程),应当以立方米为计量单位。

4)有的分项工程虽然体积、面积相同,但重量和价格差异很大,或者是不规则或难以度量的实体(如金属结构、非标准设备制作等分项工程),应当以重量为计量单位。

5)凡物体无一定规格,而其构造又较复杂时,可采用自然单位(如阀门、机械设备、灯具、仪表等分项工程),常以个、台、套、件等为计量单位。

(4)定额项目中工料计量单位及小数位数的取定:

1)计量单位:按法定计量单位取定:长度:mm、cm、m、km;面积:mm^2、cm^2、m^2;体积和容积:cm^3、m^3;质量:kg、t(吨)。

2)数值单位与小数位数的取定:人工:以“工日”为单位,取两位小数;主要材料及半成品:木材以“m^3”为单位,取三位小数;钢板、型钢以“t(吨)”为单位,取三位小数;管材以“m”为单位,取两位小数;通风管用薄钢板以“m^2”为单位;导线、电缆以“m”为单位;水泥以“kg”为单位;砂浆、混凝土以“m^3”为单位等;单价以“元”为单位,取两位小数;其他材料费以“元”表示,取两位小数;施工机械以“台班”为单位,取两位小数。

定额单位确定之后,往往会出现人工、材料或机械台班量很小,即小数点后好几位。为了减少小数位数和提高预算定额的准确性,采取扩大单位的办法,把$1m^3$、$1m^2$、1m分别扩大10、100、1000倍。这样,相应的消耗量也加大了倍数,取一定小数位四舍五入后,可达到相对的准确性。

(5)确定施工方法。编制预算定额所取定的施工方法,必须选用正常的、合理的施工方法用以确定各专业的工程和施工机械。

(6)确定预算定额中人工、材料、施工机械消耗量。确定预算定额人工、材料、机械台班消耗指标时,必须先按施工定额的分项逐项计算出消耗指标,然后按预算定额的项目加以综合。但是,这种综合不是简单的合并和相加,而需要在综合过程中增加两种定额之间的适当的水平差。预算定额的水平,首先取决于这些消耗量的合理确定。

人工、材料和机械台班消耗量指标,应根据定额编制原则和要求,采用理论与实际相结合、图纸计算与施工现场测算相结合、编制人员与现场工作人员相结合等方法进行计算和确定,使定额既符合政策要求,又与客观情况一致，便于贯彻执行。

(7)编制定额表和拟定有关说明。定额项目表的一般格式是：横向排列为各分项工程的项目名称，竖向排列为分项工程的人工、材料和施工机械消耗量指标。有的项目表下部还有附注以说明设计有特殊要求时，怎样进行调整和换算。

预算定额的主要内容包括：目录、总说明、各章、节说明、定额表以及有关附录等。

1)总说明。主要说明编制预算定额的指导思想、编制原则、编制依据、适用范围以及编制预算定额时有关共性问题的处理意见和定额的使用方法等。

2)各章、节说明。各章、节说明主要包括以下内容：编制各分部定额的依据；项目划分和定额项目步距的确定原则；施工方法的确定；定额活口及换算的说明；选用材料的规格和技术指标；材料、设备场内水平运输和垂直运输主要材料损耗率的确定；人工、材料、施工机械台班消耗定额的确定原则及计算方法。

3)工程量计算规则及方法。

4)定额项目表。主要包括该项定额的人工、材料、施工机械台班消耗量和附注。

5)附录。一般包括：主要材料取定价格表、施工机械台班单价表，其他有关折算、换算表等。

预算定额的表格形式见表5-5。这是《全国统一安装工程预算定额》中给排水、采暖、燃气工程预算定额中的一种表格形式。

表5-5　　承插铸铁给水管(膨胀水泥接口)预算定额示例

工作内容：管口除沥青、切管、管道及管件安装、挖工作坑、调制接口材料、接口养护、水压试验。

10m

定额编号				8—46	8—47	8—48	8—49	8—50
项目				公称直径(mm以内)				
				75	100	150	200	250
名称		单位	单价(元)	数量				
人工	综合工日	工日	23.22	1.140	1.490	1.840	2.150	2.320

续表

定额编号				8—46	8—47	8—48	8—49	8—50
项目				公称直径(mm 以内)				
				75	100	150	200	250
名称		单位	单价(元)	数量				
材料	承插铸铁给水管 *DN*75	m	—	(10.000)	—	—	—	—
	承插铸铁给水管 *DN*100	m	—	—	(10.000)	—	—	—
	承插铸铁给水管 *DN*150	m	—	—	—	(10.000)	—	—
	承插铸铁给水管 *DN*200	m	—	—	—	—	(10.000)	—
	承插铸铁给水管 *DN*250	m	—	—	—	—	—	(10.000)
	硅酸盐膨胀水泥	kg	0.440	3.170	3.940	4.730	6.080	9.550
	油麻	kg	6.240	0.410	0.510	0.620	0.800	1.250
	氧气	m^3	2.060	0.110	0.180	0.200	0.350	0.480
	乙炔气	kg	13.330	0.040	0.070	0.080	0.150	0.200
	水	t	1.650	0.100	0.100	0.300	0.500	0.500
	铁丝 8#	kg	4.890	0.080	0.080	0.080	0.080	0.080
	破布	kg	5.830	0.290	0.350	0.400	0.480	0.530
	棉纱头	kg	5.830	0.006	0.009	0.014	0.018	0.022
	普通钢板 0#～3# δ3.5～4.0	kg	3.580	0.066	0.080	0.110	0.250	0.400
	铁砂布 0#～2#	张	1.060	0.200	0.400	0.700	0.900	1.000
	草绳	kg	1.110	0.020	0.040	0.150	0.180	0.210

定额编号				8—46	8—47	8—48	8—49	8—50
项目				公称直径(mm 以内)				
				75	100	150	200	250
名称		单位	单价(元)	数量				
机械	汽车式起重机 5t	台班	307.620	—	—	—	0.070	0.070
	载重汽车 5t	台班	207.200	—	—	—	0.020	0.020
	试压泵 30MPa	台班	46.780	—	—	0.020	0.020	0.020
基价（元）				33.94	44.22	55.69	93.09	103.30
其中	人工费（元）			26.47	34.60	42.72	49.92	53.87
	材料费（元）			7.47	9.62	12.03	16.56	22.82
	机械费（元）			—	—	0.94	26.61	26.61

8. 人工工日消耗量的确定

预算定额中人工工日消耗量是指在正常施工生产条件下，生产单位合格产品必需消耗的人工工日数量，是由分项工程所综合的各个工序劳动定额包括的基本用工、其他用工以及劳动定额与预算定额工日消耗量的幅度差三部分组成的。

(1)基本用工。基本用工是指完成单位合格产品所必需消耗的技术工种用工。包括：

1)完成定额计量单位的主要用工。按综合取定的工程量和相应劳动定额进行计算。其计算公式如下：

$$基本用工=\sum(综合取定的工程量\times劳动定额)$$

2)按劳动定额规定应增加计算的用工量。

3)由于预算定额以劳动定额子目综合扩大的,包括的工作内容较多,施工的工效视具体部位而不一样,需要另外增加用工,列入基本用工内。

(2)其他用工。预算定额内的其他用工,包括材料超运距运输用工和辅助工作用工。

1)材料超运距用工,是指预算定额取定的材料、半成品等运距,超过劳动定额规定的运距应增加的工日。其用工量以超运距(预算定额取定的运距减去劳动定额取定的运距)和劳动定额计算。其计算公式如下：

$$超运距用工=\sum(超运距材料数量\times时间定额)$$

2)辅助工作用工。辅助工作用工是指劳动定额中未包括的各种辅助工序用工,如材料的零星加工用工、土建工程的筛砂子、淋石灰膏、洗石子等增加的用工量。辅助工作用工量一般按加工的材料数量乘以时间定额计算。

(3)人工幅度差。人工幅度差是指预算定额对在劳动定额规定的用工范围内没有包括,而在一般正常情况下又不可避免的一些零星用工,常以百分率计算。一般在确定预算定额用工量时,按基本用工、超运距用工、辅助工作用工之和的10%～15%范围内取定。其计算公式为：

$$人工幅度差(工日)=(基本用工+超运距用工+辅助用工)\times人工幅度差百分率$$

人工幅度差的主要因素：

1)在正常施工情况下,土建或安装各工种工程之间的工序搭接及土建与安装工程之间的交叉配合所需停歇的时间；

2)现场内施工机械的临时维修、小修,在单位工程之间移动位置及临时水电线路在施工过程中移动所发生的不可避免的工人操作间歇时间；

3)因工程质量检查及隐蔽工程验收而影响工人的操作时间；

4)现场内单位工程之间操作地点转移而影响工人的操作时间；

5)施工过程中，交叉作业造成难以避免的产品损坏所修补需要的用工；

6)难以预计的细小工序和少量零星用工。

9. 材料消耗量的计算

预算定额中的材料消耗量是在合理和节约使用材料的条件下，生产单位假定建筑安装产品(即分部分项工程或结构件)必须消耗的一定品种规格的材料、半成品、构配件等数量标准。材料消耗量按用途可分为以下几种：

(1)预算定额中主要材料消耗量。一般以施工定额中材料消耗定额为基础综合而得，也可通过计算分析法求得。

材料损耗量等于材料净用量乘以相应的材料损耗率。损耗量的内容包括：由工地仓库(堆放地点)到操作地点的运输损耗，操作地点的堆放损耗和操作损耗。损耗量不包括场外运输损耗及储存损耗，这两者已包括在材料预算价格内。

(2)预算定额中次要材料消耗量。对工程中用量不多，价值不大的材料，可采用估算的方法，合并为一个“其他材料费”项目，以“元”表示。

(3)周转材料消耗量的确定。周转性材料是指在施工过程中多次使用、周转的工具性材料，如脚手架、挡土板等，预算定额中的周转材料是按多次使用、分次摊销的方法进行计算的。

(4)其他材料的确定，其他材料指用量较少，难以计量的零星材料。如：棉纱，编号用的油漆等。

材料消耗量计算方法主要有：

(1)凡有标准规格的材料，按规范要求计算定额计量单位的耗用量。

(2)凡设计图纸标注尺寸及下料要求的按设计图纸尺寸计算材料净用量。

(3)换算法，各种胶结、涂料等材料的配合比用料，可以根据要求条件换算，得出材料用量。

(4)测定法，包括试验室试验法和现场观察法，指各种强度等级的混凝土及砌筑砂浆配合比的耗用原材料数量的计算，需按照规范要求试配经过试压合格以后，并经过必要的调整后得出的水泥、砂子、石子、水的用量。对新材料、新结构又不能用其他方法计算定额消耗用量时，需用现场测定方法来确定，根据不同条件可以采用写实记录法和观察法，得出定额的消耗量。

材料损耗量，是指在正常条件下不可避免的材料损耗，如现场内材料运输及施工操作过程中的损耗等。其关系式如下：

材料损耗率＝损耗量/净用量×100％

材料损耗量＝材料净用量×损耗率

材料消耗量＝材料净用量＋损耗量

或　　材料消耗量＝材料净用量×(1＋损耗率)

其他材料的确定。一般按工艺测算并在定额项目材料计算表内列出名称、数量，并依编制期价格以其他材料占主要材料的比率计算，列在定额材料栏之下，定额内可不列材料名称及消耗量。

10. 机械台班消耗量的计算

预算定额中的机械台班消耗量是指在正常施工条件下，生产单位合格产品(分部分项工程或结构件)必需消耗的某类某种型号施工机械的台班数量。它由分项工程综合的有关工序劳动定额确定的机械台班消耗量，以及劳动定额与预算定额的机械台班幅度差组成。

垂直运输机械依工期定额分别测算台班量，以台班/100m^2 建筑面积表示。

确定预算定额中的机械台班消耗量指标，应根据《全国统一建筑安装工程劳动定额》中各种机械施工项目所规定的台班产量加机械幅度差进行计算。若按实际需要计算机械台班消耗量，不应再增加机械幅度差。

机械幅度差是指在劳动定额(机械台班量)中未曾包括的，而机械在合理的施工组织条件下所必需的停歇时间，在编制预算定额时，应予以考虑。其内容包括：

(1)施工机械转移工作面及配套机械互相影响损失的时间。

(2)在正常的施工情况下，机械施工中不可避免的工序间歇。

(3)检查工程质量影响机械操作的时间。

(4)临时水、电线路在施工中移动位置所发生的机械停歇时间。

(5)工程结尾时，工作量不饱满所损失的时间。

机械幅度差系数一般根据测定和统计资料取定。大型机械幅度差系数为：土方机械 1.25，打桩机械 1.33，吊装机械 1.3，其他均按统一规定的系数计算。

由于垂直运输用的塔吊、卷扬机及砂浆、混凝土搅拌机是按小组配合，应以小组产量计算机械台班产量，不另增加机械幅度差。

综上所述，预算定额的机械台班消耗量按下式计算：

$$\text{预算定额机械耗用台班}=\text{施工定额机械耗用台班}\times(1+\text{机械幅度差系数})$$

占比重不大的零星小型机械按劳动定额小组成员计算出机械台班使用量，以“机械费”或“其他机械费”表示，不再列台班数量。

(二)《全国统一安装工程预算定额》简介

《全国统一安装工程预算定额》(简称为全统定额)是由原建设部组织修订，为适应工程建设需要，规范安装工程造价计价行为的一套较完整、适用的标准定额。它适用于全国同类工程的新建、改建、扩建工程。它是完成规定计量单位分项工程计价所需的人工、材料、施工机械台班的消耗量标准，是统一全国安装工程预算工程量计算规则、项目划分、计量单位的依据，是编制安装工程地区单位估价表、施工图预算、招标工程招标控制价(标底)、确定工程造价的依据，也是编制概算定额(指标)、投资估算指标的基础，也可作为制定企业定额和投标报价的基础。

1. 全统定额的特点

(1)全统定额扩大了适用范围。全统定额基本实现了各有关工业部门之间的共性较强的通用安装定额，在项目划分、工程量计算规则、计量单位和定额水平等方面的统一，改变了过去同类安装工程定额水平相差悬殊的状况。

(2)全统定额反映了现行技术标准规范的要求。自 1980 年以后，国家和有关部门先后发布了许多新的设计规范和施工验收规范、质量标准等。全统定额根据现行技术标准、规范的要求，对原定额进行了修订、补充，从而使全统定额更为先进合理，有利于正确确定工程造价和提高工程质量。

(3)全统定额尽量做到了综合扩大、少留活口。如脚手架搭拆费，由原来规定按实际需要计算改为按系数计算或计入定额子目；又如场内水平运距，全统定额规定场内水平运距是综合考虑的，不得因实际运距与定额不同而进行调整；再如金属桅杆和人字架等一般起重机具摊销费，经过测算综合取定了摊销费列入定额子目，各个地区均按取定值计算，不允许调整。

(4)凡是已有定点批量生产的成品，全统定额中未编制定额，应当以商品价格列入安装工程预算。如非标准设备制作,采用了原机械部和化工部联合颁发的非标准设备统一计价办法,保温用玻璃棉毡、席、岩棉瓦块以及仪表接头加工件等,均按成品价格计算。

(5)全统定额增加了一些新的项目,使定额内容更加完善,扩大了定额的覆盖面。

(6)根据现有的企业施工技术装备水平,在全统定额中合理地配备了施工机械,适当提高了机械化水平,减少了工人的劳动强度,提高了劳动效率。

2. 全统定额关于综合取费的内容

(1)脚手架搭拆费。安装工程脚手架搭拆及摊销费,在全统定额中采取两种取定方法,一是把脚手架搭拆人工及材料摊销量编入定额各子目中,如吊车安装和 10kV 以上电气设备安装都把脚手架搭拆费摊销入定额子目;二是绝大部分脚手架则是采用系数的方法计算其脚手架搭拆费的。在测算脚手架搭拆费系数时,要结合下列各因素进行综合考虑:

1)各专业工程交叉作业施工时,可以互相利用脚手架的因素,如管道安装和仪表安装或电缆敷设;设备安装和设备保温;保冷、刷油、采暖、照明与土建施工等,在测算时扣除了可以重复利用的脚手架费用。

2)安装工程脚手架是按简易脚手架考虑的。

3)施工时如使用土建脚手架,作有偿使用处理。

4)脚手架系数是综合取定系数,因此,除定额规定不计取脚手架费用者外,不论实际搭设与否或搭拆数量多少,均应按规定系数计取,包干使用,不得调整。

全统定额第八册《给排水、采暖、燃气工程》规定:给排水、采暖、燃气工程的脚手架搭拆费按人工费的 5%计算,其中人工工资占 25%。

(2)高层建筑增加费。全统定额所指的高层建筑,是指六层以上(不含六层)的多层建筑,单层建筑物自室外设计标高正负零至檐口(或最高层地面)高度在 20m 以上(不含 20m),不包括屋顶水箱、电梯间、屋顶平台出入口等高度的建筑物。

计算高层建筑增加费的范围包括暖气、给排水、生活用煤气、通风空调、电气照明工程及其保温、刷油等。费用内容包括人工降效、材料、工具垂直运输增加的机械台班费用,施工用水加压泵的台班费用及工人上下班所乘坐的升降设备台班费等。

高层建筑增加费的计算方法。高层建筑安装全部人工费(包括六层或20m以下部分的安装人工费)为基数乘以高层建筑增加费率。同一建筑物有部分高度不同时,可按不同高度分别计算。单层建筑物在20m以上的高层建筑计算高层建筑增加费时,先将高层建筑物的高度,除以(每层高度)3m,计算出相当于多层建筑物的层数,再按“高层建筑增加费用系数表”所列的相应层数的增加费率计算。

全统定额第八册《给排水、采暖、燃气工程》规定给排水、采暖、燃气工程的高层建筑增加费(指高度在6层或20m以上的工业与民用建筑)按表5-6计算(其中全部为人工工资)。

表5-6　　高层建筑增加费系数

层　数	9层以下(30m)	12层以下(40m)	15层以下(50m)	18层以下(60m)	21层以下(70m)	24层以下(80m)
按人工费的%	2	3	4	6	8	10
层　数	27层以下(90m)	30层以下(100m)	33层以下(110m)	36层以下(120m)	39层以下(130m)	42层以下(140m)
按人工费的%	13	16	19	22	25	28
层　数	45层以下(150m)	48层以下(160m)	51层以下(170m)	54层以下(180m)	57层以下(190m)	60层以下(200m)
按人工费的%	31	34	37	40	43	46

(3)场内运输费用。场内水平和垂直搬运是指施工现场设备、材料的运输。全统定额对运输距离作了如下规定:

1)材料和机具运输距离以工地仓库至安装地点300m计算,管道或金属结构预制件的运距以现场预制厂至安装地点计算。上述运距已在定额内作了综合考虑,不得由于实际运距与定额不一致而调整。

2)设备运距按安装现场指定堆放地点至安装地点70m以内计算。设备出库搬运不包括在定额之内,应另行计算。

3)垂直运输的基准面,在室内为室内地平面,在室外为安装现场地平面。设备或操作物高度距离楼地面超过定额规定高度时,应按规定系数计算超高费。设备的高度以设备基础为基准面,其他操作物以工程量的最高安装高度计算。

全统定额第八册《给排水、采暖、燃气工程》规定给排水、采暖、燃气工程定额中操作高度均以3.6m为界限，如超过3.6m时，其超过部分(指由3.6m至操作物高度)的定额人工费应乘以表5-7系数。

表5-7 超高增加费

标高(±m)	3.6～8	3.6～12	3.6～16	3.6～20
超高系数	1.10	1.15	1.20	1.25

(4)安装与生产同时进行增加费。它是指扩建工程在生产车间或装置内施工，因生产操作或生产条件限制(如不准动火)干扰了安装正常进行，致使降低工效所增加的费用，不包括为了保证安全生产和施工所采取的措施费用。安装工作不受干扰则不应计此费用。

(5)在有害身体健康的环境中施工降效增加费。这是指在民法通则有关规定允许的前提下，改扩建工程中由于车间装置范围内有害气体或高分贝噪声超过国家标准以致影响身体健康而降低效率所增加的费用。不包括劳保条例规定应享受的工种保健费。

(6)全统定额第八册《给排水、采暖、燃气工程》还规定：采暖工程系统调整费按采暖工程人工费的15%计算，其中人工工资占20%。设置于管道间、管廊内的管道、阀门、法兰、支架安装，人工乘以系数1.3。主体结构为现场浇注采用钢模施工的工程，内外浇注的人工乘以系数1.05，内浇外砌的人工乘以系数1.03。

(7)定额调整系数的分类与计算办法。全统定额中规定的调整系数或费用系数分为两类，一类为子目系数，是在定额各章、节规定的各种调整系数，如超高系数、高层建筑增加系数等，均属于子目系数；另一类是综合系数，是在定额总说明或册说明中规定的一些系数，如脚手架系数、安装与生产同时进行增加费系数、在有害身体健康的环境中施工降效增加费系数等。

子目系数是综合系数的计算基础。上述两类系数计算所得的数值构成直接费。

3.《全国统一安装工程预算定额》(给排水、采暖、燃气分册)的组成

(1)管道安装定额组成见表5-8。

表 5-8　　管道安装定额组成

序号	项目		工作内容
1	室外管道	镀锌钢管(螺纹连接)	工作内容包括切管、套丝、上零件、调直、管道安装、水压试验
		焊接钢管(螺纹连接)	工作内容包括切管、套丝、上零件、调直、管道安装、水压试验
		钢管(焊接)	工作内容包括切管、坡口、调直、煨弯、挖眼接管、异径管制作、对口、焊接、管道及管件安装、水压试验
		承插铸铁给水管(青铅接口)	工作内容包括切管、管道及管件安装、挖工作坑、熔化接口材料、接口、水压试验
		承插铸铁给水管(膨胀水泥接口)	工作内容包括管口除沥青、切管、管道及管件安装、挖工作坑、调制接口材料、接口养护、水压试验
		承插铸铁给水管(石棉水泥接口)	工作内容包括管口除沥青、切管、管道及管件安装、挖工作坑、调制接口材料、接口养护、水压试验
		承插铸铁给水管(胶圈接口)	工作内容包括切管、上胶圈、接口、管道安装、水压试验
		承插铸铁排水管(石棉水泥接口)	工作内容包括切管、管道及管件安装、调制接口材料、接口养护、水压试验
		承插铸铁排水管(水泥接口)	工作内容包括切管、管道及管件安装、调制接口材料、接口养护、水压试验
2	室内管道	镀锌钢管(螺纹连接)	工作内容包括打堵洞眼、切管、套丝、上零件、调直、栽钩卡、管道及管件安装、水压试验
		焊接钢管(螺纹连接)	工作内容包括打堵洞眼、切管、套丝、上零件、调直、栽钩卡、管道及管件安装、水压试验
		钢管(焊接)	工作内容包括留堵洞眼、切管、坡口、调直、煨弯、挖眼接管、异形管制作、对口，焊接，管道及管件安装，水压试验
		承插铸铁给水管(青铅接口)	工作内容包括切管、管道及管件安装、熔化接口材料，接口、水压试验
		承插铸铁给水管(膨胀水泥接口)	工作内容包括管口除沥青，切管、管道及管件安装，调制接口材料、接口养护、水压试验
		承插铸铁给水管(石棉水泥接口)	工作内容包括管口除沥青，切管、管道及管件安装，调制接口材料、接口养护、水压试验

续表

序号	项目		工作内容
2	室内管道	承插铸铁排水管(石棉水泥接口)	工作内容包括留堵洞眼、切管、栽管卡、管道及管件安装、调制接口材料、接口养护、灌水试验
		承插铸铁排水管(水泥接口)	工作内容包括留堵洞眼、切管、栽管卡、管道及管件安装、调制接口材料、接口养护、灌水试验
		柔性抗震铸铁排水管(柔性接口)	工作内容包括留堵洞口、光洁管口、切管、栽管卡、管道及管件安装、紧固螺栓、灌水试验
		承插塑料排水管(零件粘接)	工作内容包括切管、调制、对口、熔化接口材料、粘接、管道、管件及管卡安装、灌水试验
		承插铸铁雨水管(石棉水泥接口)	工作内容包括留堵洞眼、栽管卡、管道及管件安装、调制接口材料、接口养护、灌水试验
		承插铸铁雨水管(水泥接口)	工作内容包括留堵洞眼、切管、栽管卡、管道及管件安装、调制接口材料、接口养护、灌水试验
		镀锌铁皮套管制作	工作内容包括下料、卷制、咬口
		管道支架制作安装	工作内容包括切断、调直、煨制、钻孔、组对、焊接、打洞、安装、和灰、堵洞
3	法兰安装	铸铁法兰(螺纹连接)	工作内容包括切管、套螺纹、制垫、加垫、上法兰、组对、紧螺纹、水压试验
		碳钢法兰(焊接)	工作内容包括切口、坡口、焊接、制垫、加垫、安装、组对、紧螺栓、水压试验
4	伸缩器的制作与安装	螺纹连接法兰式套筒伸缩器的安装	工作内容包括切管、套螺纹、检修盘根、制垫、加垫、安装、水压试验
		焊接法兰式套筒伸缩器的安装	工作内容包括切管、检修盘根、对口、焊法兰、制垫、加垫、安装、水压试验等
		伸缩器的制作与安装	工作内容包括做样板、筛砂、炒砂、灌砂、打砂、制堵板、加热、煨制、倒砂、清理内砂、组成、焊接、拉伸安装
5	管道		管道的消毒冲洗工作内容包括溶解漂白粉、灌水、消毒、冲洗等工作
6	管道压力试验		工作内容包括准备工作、制堵盲板、装设临水泵、灌水、加压、停压检查

(2)阀门、水位标尺安装定额组成见表5-9。

表5-9　　阀门、水位标尺安装定额组成

序号	项　目		工　作　内　容
1	阀门安装	螺纹阀	工作内容包括切管、套螺纹、制垫、加垫、上阀门、水压试验
		螺纹法兰阀	工作内容包括切管、套螺纹、上法兰、制垫、加垫、调直、紧螺栓、水压试验
		焊接法兰阀	工作内容包括切管、焊法兰、制垫、加垫、紧螺栓、水压试验
		法兰阀(带短管甲乙)青铅接口	工作内容包括管口除沥青、制垫、加垫、化铅、打麻、接口、紧螺栓、水压试验
		法兰阀(带短管甲乙)石棉水泥接口	工作内容包括管口除沥青、制垫、加垫、调制接口材料、接口养护、紧螺栓、水压试验
		法兰阀(带短管甲乙)膨胀水泥接口	工作内容包括管口除沥青、制垫、加垫、调制接口材料、接口养护、紧螺栓、水压试验
		自动排气阀、手动放风阀	工作内容包括支架制作安装、套丝、丝堵攻丝、安装、水压试验
		螺纹浮球阀	工作内容包括切管、套丝、安装、水压试验
		法兰浮球阀	工作内容包括切管、焊接、制垫、加垫、紧螺栓、固定、水压试验
		法兰液压式水位控制阀	工作内容包括切管、挖眼、焊接、制垫、加垫、固定、紧螺栓、安装、水压试验
2	浮标液面计、水塔及水池浮漂水位标尺制作安装	水塔及水池浮漂水位标尺制作安装	工作内容包括预埋螺栓、下料、制作、安装、导杆升降调整

(3)低压器具、水表组成与安装定额组成见表5-10。

表5-10　低压器具、水表组成与安装定额组成

序号	项目		工作内容
1	减压器的组成与安装	螺纹连接	工作内容包括切管、套螺纹、安装零件、制垫、加垫、组对、找正、找平、安装及水压试验
		焊接连接	工作内容包括切管、套螺纹、安装零件、组对、焊接、制垫、加垫、安装、水压试验
2	疏水器的组成与安装	螺纹连接焊接	工作内容包括切管、套螺纹、制垫、加垫、组成(焊接)、安装、水压试验
3	水表的组成与安装	螺纹水表	工作内容包括切管、套螺纹、制垫、加垫、安装、水压试验
		焊接法兰水表	工作内容包括切管、焊接、制垫、加垫、水表和阀门及止回阀的安装、紧螺栓、通水试验

(4)卫生器具制作安装定额组成见表5-11。

表5-11　卫生器具制作安装定额组成

序号	项目		工作内容
1	浴盆、净身盆安装	搪瓷浴盆、净身盆安装	工作内容包括栽木砖、切管、套丝、盆及附件安装、上下水管连接、试水
		玻璃钢浴盆	工作内容包括栽木砖、切管、套丝、盆及附件安装、上下水管连接、试水
2	洗脸盆、洗手盆安装		工作内容包括栽木砖、切管、套丝、上附件、盆及托架安装、上下水管连接、试水
3	洗涤盆、化验盆安装	洗涤盆安装	工作内容包括栽螺栓、切管、套丝、上零件、器具安装、托架安装、上下水管连接、试水
		化验盆安装	工作内容包括切管、套丝、上零件、托架器具安装、上下水管连接、试水
4	沐浴器组成、安装		工作内容包括留堵洞眼、栽木砖、切管、套丝、沐浴器组成及安装,试水
5	大便器安装	蹲式大便器安装	工作内容包括留堵洞眼、栽木砖、切管、套丝、大便器与水箱及附件安装、上下水管连接、试水
		坐式大便器安装	工作内容包括留堵洞眼、栽木砖、切管、套丝、大便器与水箱及附件安装、上下水管连接、试水

续表

序号	项目		工作内容
6	小便器安装	挂斗式小便器安装	工作内容包括栽木砖、切管、套丝、小便器安装、上下水管连接、试水
		立式小便器安装	工作内容包括栽木砖、切管、套丝、小便器安装、上下水管连接、试水
7	大便槽自动冲洗水箱安装		工作内容包括留堵洞眼、栽托架、切管、套丝、水箱安装、试水
8	小便槽自动冲洗水箱安装		工作内容包括留堵洞眼、栽托架、切管、套丝、小箱安装、试水
9	水龙头安装		工作内容包括上水嘴、试水
10	排水栓安装		工作内容包括切管、套丝、上零件、安装、与下水管连接、试水
11	地漏安装		工作内容包括切管、套丝、安装、与下水管连接
12	地面扫除口安装		工作内容包括安装、与下水管连接、试水
13	小便槽冲洗管制作、安装		工作内容包括切管、套丝、上零件、栽管卡、试水
14	开水炉安装		工作内容包括就位、稳固、附件安装、水压试验
15	电热水器、开关炉安装		工作内容包括留堵洞眼、栽螺栓、就位、稳固、附件安装、试水
16	容积式热交换器安装		工作内容包括安装、就位、上零件水压试验
17	蒸汽、水加热器、冷热水混合器安装		工作内容包括切管、套丝、器具安装、试水
18	消毒器、消毒锅、饮水器安装		工作内容包括就位、安装、上附件、试水

(5)供暖器具安装定额组成见表5-12。

表5-12 供暖器具安装定额组成

序号	项目	工作内容
1	铸铁散热器的组成与安装	工作内容包括制垫、加垫、组成、栽钩、加固、水压试验等
2	光排管散热器的制作与安装	工作内容包括切管、焊接、组成、栽钩、加固及水压试验等
3	钢制闭式散热器、钢制板式散热器、钢柱式散热器的安装	工作内容包括打堵墙眼、栽钩、安装、稳固

续表

序号	项　目	工　作　内　容
4	钢制壁式散热器的安装	工作内容包括预埋螺栓、安装汽包及钩架、稳固
5	暖风机安装	工作内容包括吊装、稳固、试运转
6	热空气带安装	工作内容包括安装、稳固、试运转

(6)小型容器制作安装定额组成见表5-13。

表5-13　　小型容器制作安装

序号	项　目	工　作　内　容
1	矩形网板水箱制作	工作内容包括下料、坡口、平直、开孔、接板组对、装配零部件、焊接、注水试验
2	圆形钢板水箱制作	工作内容包括下料、坡口、压头、卷圆、找圆、组对、焊接、装配、注水试验
3	大、小便槽冲洗水箱制作	工作内容包括下料、坡口、平直、开孔、接板组对、装配零件、焊接、注水试验
4	矩形钢板水箱安装	工作内容包括稳固、装配零件
5	圆形钢板水箱安装	工作内容包括稳固、装配零件

(7)燃气管道、附件、器具安装定额组成见表5-14。

表5-14　　燃气管道、附件、器具安装定额组成

序号	项　目		工　作　内　容
1	室外管道安装	镀锌钢管(螺纹连接)	工作内容包括切管、套丝、上零件、调直、管道及管件安装、气压试验
		钢管(焊接)	工作内容包括切管、坡口、调直、弯管制作、对口、焊接、磨口、管道安装、气压试验
		承插煤气铸铁管(柔性机械接口)	工作内容包括切管、管道及管件安装、挖工作坑、接口、气压试验
2	室内镀锌钢管(螺纹连接)安装		工作内容包括打墙洞眼、切管、套丝、上零件、调直、栽管卡及钩钉、管道及管件安装、气压试验

续表

序号	项目		工作内容
3	附件安装	铸铁抽水缸（0.05MPa以内）安装（机械接口）	工作内容包括缸体外观检查，抽水管及抽水立管安装，抽水缸与管道连接
		碳钢抽水缸（0.005MPa以内）安装	工作内容包括下料、焊接、缸体与抽水立管组装
		调长器安装	工作内容包括灌沥青、焊法兰、加垫、找平、安装、紧固螺栓
		调长器与阀门连接	工作内容包括连接阀门、灌沥青、焊法兰、加垫、找平安装、紧固螺栓
4	燃气表	民用燃气表	工作内容包括连接接表材料、燃气表安装
		公商用燃气表	工作内容包括连接接表材料、燃气表安装
		工业用罗茨表	工作内容包括下料、法兰焊接、燃气表安装、紧固螺栓
5	燃气加热安装	开水炉	工作内容包括开水炉安装、通气、通水、试火、调试风门
		采暖炉	工作内容包括采暖炉安装、通气、试火、调试风门
		沸水器	工作内容包括沸水器安装、通气、通水、试火、调试风门
		快速热水器	工作内容包括快速热水器安装、通气、通水、试火、调试风门
7	公用事业灶具	人工煤气灶具	工作内容包括灶具安装、通气、试火、调试风门
		液化石油气灶具	工作内容包括灶具安装，通气，试火，调试风门
		天然气灶具	工作内容包括灶具安装、通气、试火、调试风门
8	单双气嘴		工作内容包括气嘴研磨、上气嘴

4. 主要材料损耗率

全统定额给排水、采暖、燃气工程主要材料损耗率见表5-15。

表5-15　　主要材料损耗率表

序号	名　　称	损耗率(%)	序号	名　　称	损耗率(%)
1	室外钢管(丝接、焊接)	1.5	34	高低水箱配件	1.0
2	室内钢管(丝接)	2.0	35	冲洗管配件	1.0
3	室外钢管(焊接)	2.0	36	钢管接头零件	1.0
4	室内煤气用钢管(丝接)	2.0	37	型　钢	5.0
5	室外排水铸铁管	3.0	38	单管卡子	5.0
6	室内排水铸铁管	7.0	39	带帽螺栓	3.0
7	室内塑料管	2.0	40	木螺钉	4.0
8	铸铁散热器	1.0	41	锯　条	5.0
9	光排管散热器制作用钢管	3.0	42	氧　气	17.0
10	散热器对丝及托钩	5.0	43	乙炔气	17.0
11	散热器补芯	4.0	44	铅　油	2.5
12	散热器丝堵	4.0	45	清　油	2.0
13	散热器胶垫	10.0	46	机　油	3.0
14	净身盆	1.0	47	沥青油	2.0
15	洗脸盆	1.0	48	橡胶石棉板	15.0
16	洗手盆	1.0	49	橡胶板	15.0
17	洗涤盆	1.0	50	石棉绳	4.0
18	立式洗脸盆铜活	1.0	51	石　棉	10.0
19	理发用洗脸盆铜活	1.0	52	青　铅	8.0
20	脸盆架	1.0	53	铜　丝	1.0
21	浴盆排水配件	1.0	54	锁紧螺母	6.0
22	浴盆水嘴	1.0	55	压　盖	6.0
23	普通水嘴	1.0	56	焦　炭	5.0
24	丝扣阀门	1.0	57	木　材	5.0
25	化验盆	1.0	58	红　砖	4.0
26	大便器	1.0	59	水　泥	10.0
27	瓷高低水箱	1.0	60	砂　子	10.0
28	存水弯	0.5	61	胶皮碗	10.0
29	小便器	1.0	62	油　麻	5.0
30	小便槽冲洗管	2.0	63	线　麻	5.0
31	喷水鸭嘴	1.0	64	漂白粉	5.0
32	立式小便器配件	1.0	65	油　灰	4.0
33	水箱进水嘴	1.0	—	—	—

四、单位估价表

单位估价表又称工程预算单价表，是以货币形式确定定额计量单位某分部分项工程或结构构件直接费用的文件。它是根据预算定额所确定的人工、材料和机械台班消耗数量，乘以人工工资单价、材料预算价格和机械台班预算价格汇总而成。

1. 单位估价表的分类

单位估价表的分类见表 5-16。

表 5-16　单位估价表的分类

序号	分类标准	内　容　说　明
1	按定额性质划分	(1)建筑工程单位估价表，适用于一般建筑工程。 (2)设备安装工程单位估价表，适用于机械、电气设备安装工程、给排水工程、电气照明工程、采暖工程、通风工程等
2	按使用范围划分	(1)全国统一定额单位估价表，适用于各地区、各部门的建筑及设备安装工程。 (2)地区单位估价表，是在地方统一预算定额的基础上，按本地区的工资标准、地区材料预算价格、建筑机械台班费用及本地区建设的需要而编制的。只适用于本地区范围内。 (3)专业工程单位估价表，仅适用于专业工程的建筑及设备安装工程的单位估价表
3	按编制依据不同划分	按编制依据分为定额单位估价表和补充单位估价表。补充单位估价表，是指定额缺项，没有相应项目可使用时，可按设计图纸资料，依照定额单位估价表的编制原则，制定补充单位估价表

2. 单位估价表的作用

合理地确定单价，正确使用单位估价表，是准确确定工程造价，促进企业加强经济核算、提高投资效益的重要环节。单位估价表具有以下作用：

(1)单位估价表是确定工程预算造价的基本依据之一,即按设计图纸计算出分项工程量后,分别乘以相应的定额单价(单位估价表)得出分项直接费,汇总各分部分项直接费,按规定计取各项费用,得出单位工程全部预算造价。

(2)单位估价表是对设计方案进行技术经济分析的基础资料,即每个分项工程,同部位设计方案的选择,除考虑生产、功能、坚固、美观等条件外,还必须考虑经济条件。这就需要采用单位估价表进行衡量、比较,在同样条件下当然要选择一种经济合理的方案。

(3)单位估价表是进行已完工程结算的依据,即建设单位和施工企业,按单位估价表核对已完工程的单价是否正确,以便进行分部分项工程结算。

(4)单位估价表是施工企业进行经济分析的依据,即企业为了考核成本执行情况,必须按单位估价表中所定的单价和实际成本进行比较。通过对两者的比较,算出降低成本的多少并找出原因。

3. 单位估价表的编制

单位估价表的内容由两大部分组成,一是预算定额规定的工、料、机数量,即合计用工量、各种材料消耗量、施工机械台班消耗量;二是地区预算价格,即与上述三种“量”相适应的人工工资单价、材料预算价格和机械台班预算价格。

第三节　工程定额计价方法

一、工程投资估算

(一)投资估算文件的组成

(1)投资估算文件一般由封面、签署页、编制说明、投资估算、汇总表、单项工程投资估算汇总表、主要技术经济指标等内容组成。

1)投资估算封面格式见表5-17。

2)投资估算签署页格式见表5-18。

3)投资估算汇总表见表5-19。

4)单项工程投资估算汇总表见表5-20。

表 5-17　　投资估算封面格式

(工程名称)

投 资 估 算

档　案　号：

(编制单位名称)

(工程造价咨询单位执业章)

年　月　日

表 5-18　　投资估算签署页格式

(工程名称)

投 资 估 算

档　案　号:

编制人:__________[执业(从业)印章]__________
审核人:__________[执业(从业)印章]__________
审定人:__________[执业(从业)印章]__________
法定负责人:____________________

表 5-19　　投资估算汇总表

序号	工程和费用名称	估算价值(万元)					技术经济指标			
		建筑工程费	设备及工器具购置费	安装工程费	其他费用	合计	单位	数量	单位价值	%
一	工程费用									
(一)	主要生产系统									
1										
2										
3										
(二)	辅助生产系统									
1										
2										
3										
(三)	公用及福利设施									
1										
2										
3										
(四)	外部工程									
1										
2										
3										
	小计									

续表

序号	工程和费用名称	估算价值(万元)					技术经济指标			
		建筑工程费	设备及工器具购置费	安装工程费	其他费用	合计	单位	数量	单位价值	%
二	工程建设其他费用									
1										
2										
3										
	小计									
三	预备费									
1	基本预备费									
2	价差预备费									
	小计									
四	建设期贷款利息									
五	流动资金									
	投资估算合计(万元)									
	%									

编制人：　　　　审核人：　　　　审定人：

表 5-20　　单项工程投资估算汇总表

序号	工程和费用名称	估算价值(万元)					技术经济指标			
		建筑工程费	设备及工器具购置费	安装工程费	其他费用	合计	单位	数量	单位价值	%
一	工程费用									
(一)	主要生产系统									
1	××车间									
	一般土建									
	给排水									
	采暖									
	通风空调									
	照明									
	工艺设备及安装									
	工艺管道									
	工业筑炉及保温									
	变配电设备及安装									
	仪表设备及安装									
	小计									
2										
3										

编制人：　　审核人：　　审定人：

(2)投资估算编制说明一般阐述以下内容:

1)工程概况。

2)编制范围。

3)编制方法。

4)编制依据。

5)主要技术经济指标。

6)有关参数、率值选定的说明;

7)特殊问题的说明(包括采用新技术、新材料、新设备、新工艺);必须说明价格的确定;进口材料、设备、技术费用的构成与计算参数;采用矩形结构、异形结构的费用估算方法;环保(不限于)投资占总投资的比重;未包括项目或费用的必要说明等。

8)采用限额设计的工程还应对投资限额和投资分解做进一步说明。

9)采用方案比选的工程还应对方案比选的估算和经济指标做进一步说明。

(3)投资分析应包括以下内容:

1)工程投资比例分析。一般建筑工程要分析土建、装饰、给排水室外管线、绿化等室外附属工程总投资的比例;一般工业项目要分析主要生产项目(列出各生产装置)、辅助生产项目、公用工程项目(给排水、供电和电讯、供气、总图运输及外管)、服务性工程、生活福利设施、厂外工程占建设总投资的比例。

2)分析设备购置费、建筑工程费、安装工程费、工程建设其他费用、预备费占建设总投资的比例;分析引进设备费用占全部设备费用的比例等。

3)分析影响投资的主要因素。

4)与国内类似工程项目的比较,分析说明投资高低的原因。

投资分析可单独成篇,亦可列入编制说明中叙述。

(4)总投资估算包括汇总单项工程估算、工程建设其他费用、估算基本预备费、价差预备费、计算建设期利息等。

(5)单项工程投资估算,应按建设项目划分的各个单项工程分别计算组成工程费用的建筑工程费、设备购置费、安装工程费。

(6)工程建设其他费用估算,应按预期将要发生的工程建设其他费用种类,逐项详细估算其费用金额。

(7)估算人员应根据项目特点,计算并分析整个建设项目、各单项工程和主要单位工程的主要技术经济指标。

(二)投资估算的工作内容

(1)工程造价咨询单位可接受有关单位的委托编制整个项目的投资估算、单项工程投资估算、单位工程投资估算或分部分项工程投资估算，也可接受委托进行投资估算的审核与调整，配合设计单位或决策单位进行方案比选、优化设计、限额设计等方面的投资估算工作，亦可进行决策阶段的全过程造价控制等工作。

(2)估算编制一般应依据建设项目的特征、设计文件和相应的工程造价计价依据或资料对建设项目总投资及其构成进行编制，并对主要技术经济指标进行分析。

(3)建设项目的设计方案、资金筹措方式、建设时间等进行调整时，应进行投资估算的调整。

(4)对建设项目进行评估时，应进行投资估算的审核，政府投资项目的投资估算审核除依据设计文件外，还应依据政府有关部门发布的有关规定、建设项目投资估算指标和工程造价信息等计价依据。

(5)对设计方案进行方案比选时，工程造价人员应主要依据各个单位或分部分项工程的主要技术经济指标确定最优方案，注册造价工程师应配合设计人员对不同技术方案进行技术经济分析，确定合理的设计方案。

(6)对于已经确定的设计方案，注册造价工程师可依据有关技术经济资料对设计方案提出优化设计的建议与意见，通过优化设计和深化设计使技术方案更加经济合理。

(7)对于采用限额设计的建设项目、单位工程或分部分项工程，注册造价工程师应配合设计人员确定合理的建设标准，进行投资分解和投资分析，确保限额的合理可行。

(8)造价咨询单位在承担全过程造价咨询或决策阶段的全过程造价控制时，除应进行全面投资估算的编制外，还应主动地配合设计人员通过方案比选、优化设计和限额设计等手段进行工程造价控制与分析，确保建设项目在经济合理的前提下做到技术先进。

(三)投资估算的费用构成

(1)建设项目总投资由建设投资、建设期利息、固定资产投资方向调节税和流动资金组成。

(2)建设投资是用于建设项目的工程费用、工程建设其他费用及预备费用之和。

(3)工程费用包括建筑工程费、设备及工器具购置费、安装工程费。

(4)预备费包括基本预备费和价差预备费。

(5)建设期贷款利息包括支付金融机构的贷款利息和为筹集资金而发生的融资费用。

(6)建设项目总投资的各项费用按资产属性分别形成固定资产、无形资产和其他资产(递延资产)。项目可行性研究阶段可按资产类别简化归并后进行经济评价(表5-21)。

表5-21　建设项目总投资组成表

<table>
<tr><th colspan="3">费用项目名称</th><th>资产类别归并
(限项目经济评价用)</th></tr>
<tr><td rowspan="20">建设投资</td><td rowspan="3">第一部分
工程费用</td><td>建筑工程费</td><td rowspan="18">固定资产费用</td></tr>
<tr><td>设备购置费</td></tr>
<tr><td>安装工程费</td></tr>
<tr><td rowspan="17">第二部分
工程建设
其他费用</td><td>建设管理费</td></tr>
<tr><td>建设用地费</td></tr>
<tr><td>可行性研究费</td></tr>
<tr><td>研究试验费</td></tr>
<tr><td>勘察设计费</td></tr>
<tr><td>环境影响评价费</td></tr>
<tr><td>劳动安全卫生评价费</td></tr>
<tr><td>场地准备及临时设施费</td></tr>
<tr><td>引进技术和引进设备其他费</td></tr>
<tr><td>工程保险费</td></tr>
<tr><td>联合试运转费</td></tr>
<tr><td>特殊设备安全监督检验费</td></tr>
<tr><td>市政公用设施费</td></tr>
<tr><td>专利及专有技术使用费</td><td>无形资产费用</td></tr>
<tr><td>生产准备及开办费</td><td>其他资产费用
(递延资产)</td></tr>
</table>

续表

费用项目名称		资产类别归并（限项目经济评价用）
第三部分预备费用	基本预备费	固定资产费用
	价差预备费	
建设期利息		固定资产费用
固定资产投资方向调节税(暂停征收)		
流动资金		流动资产

(四)工程建设其他费用参考计算方法

1. 固定资产其他费用的计算

固定资产其他费用的计算见表5-22。

表5-22　固定资产其他费用的计算

序号	费用项目	计算方法
1	建设管理费	(1)以建设投资中的工程费用为基数乘以建设管理费费率计算。 建设管理费＝工程费用×建设管理费费率 (2)由于工程监理是受建设单位委托的工程建设技术服务，属建设管理范畴。如采用监理，建设单位部分管理工作量转移至监理单位。监理费应根据委托的监理工作和监理深度在监理合同中商定，或按当地或所属行业部门有关规定计算。 (3)如建设管理采用工程总承包方式，其总包管理费由建设单位与总包单位根据总包工作范围在合同中商定，从建设管理费中支出。 (4)改扩建项目的建设管理费率应比新建项目适当降低。 (5)建设项目按批准的设计文件规定的内容建设，工业项目经负荷试车考核(引进国外设备项目按合同规定试车考核期满)或试运行期能够正常生产合格产品，非工业项目符合设计要求且能够正常使用时，应及时组织验收，移交生产或使用。凡已超过批准的试运行期并符合验收条件，但未及时办理竣工验收手续的建设项目，视同项目已交付生产，其费用不得再从基建投资中支付，所实现的收入作为生产经营收入，不再作为基建收入

续表一

序号	费用项目	计算方法
2	建设用地费	(1)根据征用建设用地面积、临时用地面积,按建设项目所在省(市、自治区)人民政府制定颁发的土地征用补偿费、安置补助费标准和耕地占用税、城镇土地使用税标准计算。 (2)建设用地上的建(构)筑物如需迁建,其迁建补偿费应按迁建补偿协议计列或按新建同类工程造价计算。建设场地平整中的余物拆除清理费在“场地准备及临时设施费”中计算。 (3)建设项目采用“长租短付”方式租用土地使用权,在建设期间支付的租地费用计入建设用地费,在生产经营期间支付的土地使用费应进入营运成本中核算
3	可行性研究费	(1)依据前期研究委托合同计列,或参照《国家计委关于印发〈建设项目前期工作咨询收费暂行规定〉的通知》(计投资[1999]1283号)规定计算。 (2)编制预可行性研究报告参照编制项目建议书收费标准并可适当调增
4	研究试验费	(1)按照研究试验内容和要求进行编制。 (2)研究试验费不包括以下项目: 1)应由科技三项费用(即新产品试制费、中间试验费和重要科学研究补助费)开支的项目。 2)应在建筑安装费用中列支的施工企业对建筑材料、构件和建筑物进行一般鉴定、检查所发生的费用及技术革新的研究试验费。 3)应由勘察设计费或工程费用中开支的项目
5	勘察设计费	依据勘察设计委托合同计列,或参照原国家计委、原建设部《关于发布〈工程勘察设计收费管理规定〉的通知》(计价格[2002]10号)规定计算
6	环境影响评价费	依据环境影响评价委托合同计列,或按照原国家计委、国家环境保护总局《关于规范环境影响咨询收费有关问题的通知》(计价格[2002]125号)规定计算
7	劳动安全卫生评价费	依据劳动安全卫生预评价委托合同计列,或按照建设项目所在省(市、自治区)劳动行政部门规定的标准计算

续表二

序号	费用项目	计算方法
8	场地准备及临时设施费	(1)场地准备及临时设施应尽量与永久性工程统一考虑。建设场地的大型土石方工程应进入工程费用中的总图运输费用中。 (2)新建项目的场地准备和临时设施费应根据实际工程量估算,或按工程费用的比例计算。改扩建项目一般只计拆除清理费。 场地准备和临时设施费＝工程费用×费率＋拆除清理费 (3)发生拆除清理费时可按新建同类工程造价或主材费、设备费的比例计算。凡可回收材料的拆除工程,采用以料抵工方式冲抵拆除清理费。 (4)此项费用不包括已列入建筑安装工程费用中的施工单位临时设施费用
9	引进技术和引进设备其他费	(1)引进项目图纸资料翻译复制费。根据引进项目的具体情况计列,或按引进货价(FOB)的比例估列;引进项目发生备品备件测绘费时按具体情况估列。 (2)出国人员费用。依据合同或协议规定的出国人次、期限以及相应的费用标准计算。生活费按照财政部、外交部规定的现行标准计算,差旅费按中国民航公布的票价计算。 (3)来华人员费用。依据引进合同或协议有关条款及来华技术人员派遣计划进行计算。来华人员接待费用可按每人次费用指标计算。引进合同价款中已包括的费用内容不得重复计算。 (4)银行担保及承诺费。应按担保或承诺协议计取。投资估算和概算编制时可以担保金额或承诺金额为基数乘以费率计算。 (5)引进设备材料的国外运输费、国外运输保险费、关税、增值税、外贸手续费、银行财务费、国内运杂费、引进设备材料国内检验费等按引进货价(FOB或CIF)计算后进入相应的设备材料费中。 (6)单独引进软件不计算关税只计算增值税
10	工程实验费	(1)不投保的工程不计取此项目费用。 (2)不同的建设项目可根据工程特点选择投保险种,根据投保合同计列保险费用。编制投资估算和概算时可按工程费用的比例估算。 (3)此项费用不包括已列入施工企业管理费中的施工管理用财产、车辆保险费

续表三

序号	费用项目	计算方法
11	联合试运转费	(1)不发生试运转或试运转收入大于(或等于)费用支出的工程,不列此项费用。 (2)当联合试运转收入小于试运转支出时: 联合试运转费=联合试运转费用支出-联合试运转收入 (3)联合试运转费不包括应由设备安装工程费用开支的调试及试车费用,以及在试运转中暴露出来的因施工原因或设备缺陷等发生的处理费用。 (4)试运行期按照以下规定确定:引进国外设备项目建设合同中规定的试运行期执行;国内一般性建设项目试运行期原则上按照批准的设计文件所规定的期限执行;个别行业的建设项目试运行期需要超过规定试运行期的,应报项目设计文件审批机关批准。试运行期一经确定,各建设单位应严格按规定执行,不得擅自缩短或延长
12	特殊设备安全监督检验费	按照建设项目所在省、市、自治区安全监察部门的规定标准计算。无具体规定的,在编制投资估算和概算时,可按受检设备现场安装费的比例估算
13	市政公用设施费	(1)按工程所在地人民政府规定标准计列。 (2)不发生或按规定免征项目不计取

2. 无形资产费用计算方法

无形资产费用主要指专利及专有技术使用费,其计算方法如下:

(1)按专利使用许可协议和专有技术使用合同的规定计列。

(2)专有技术的界定应以省、部级鉴定批准为依据。

(3)项目投资中只计需在建设期支付的专利及专有技术使用费。协议或合同规定在生产期支付的使用费应在生产成本中核算。

(4)一次性支付的商标权、商誉及特许经营权费按协议或合同规定计列。协议或合同规定在生产期支付的商标权或特许经营权费应在生产成本中核算。

(5)为项目配套的专用设施投资,包括专用铁路线、专用公路、专用通信设施、变送电站、地下管道、专用码头等,如由项目建设单位负责投资但产权不归属本单位的,应作无形资产处理。

3. 其他资产费用(递延资产)计算方法

其他资产费用(递延资产)主要指生产准备及开办费,其计算方法如下:

(1)新建项目按设计定员为基数计算,改扩建项目按新增设计定员为基数计算:

生产准备费=设计定员×生产准备费指标(元/人)

(2)可采用综合的生产准备费指标进行计算,也可以按费用内容的分类指标计算。

(五)投资估算编制

1. 投资估算编制依据

投资估算的编制依据是指在编制投资估算时需要计量、价格确定、工程计价有关参数、率值确定的基础资料。其主要包括以下几个方面:

(1)国家、行业和地方政府的有关规定。

(2)工程勘察与设计文件、图示计量或有关专业提供的主要工程量和主要设备清单。

(3)行业部门、项目所在地工程造价管理机构或行业协会等编制的投资估算指标、概算指标(定额)、工程建设其他费用定额(规定)、综合单价、价格指数和有关造价文件等。

(4)类似工程的各种技术经济指标和参数。

(5)工程所在地同期的工、料、机市场价格,建筑、工艺及附属设备的市场价格和有关费用。

(6)政府有关部门、金融机构等部门发布的价格指数、利率、汇率、税率等有关参数。

(7)与建设项目相关的工程地质资料、设计文件、图纸等。

(8)委托人提供的其他技术经济资料。

2. 投资估算编制方法

(1)投资估算编制一般要求。

1)建设项目投资估算要根据主体专业设计的阶段和深度,结合各自行业的特点,所采用生产工艺流程的成熟性,以及编制者所掌握的国家及地区、行业或部门相关投资估算基础资料和数据的合理、可靠、完整程度(包括造价咨询机构自身统计和积累的可靠的相关造价基础资料),采用生产能力指数法、系数估算法、比例估算法、混合法(生产能力指数法与比例估算法、系数估算法与比例估算法等综合使用)、指标估算法进行建设项目投资估算。

2)建设项目投资估算无论采用何种办法,其投资估算费用内容的分解均应符合要求。

3)建设项目投资估算无论采用何种办法,应充分考虑拟建项目设计的技术参数和投资估算所采用的估算系数、估算指标,在质和量方面所综合的内容,应遵循口径一致的原则。

4)建设项目投资估算无论采用何种办法,应将所采用的估算系数和估算指标价格、费用水平调整到项目建设所在地及投资估算编制年的实际水平。对于建设项目的边界条件,如建设用地费和外部交通、水、电、通信条件,或市政基础设施配套条件等差异所产生的与主要生产内容投资无必然关联的费用,应结合建设项目的实际情况修正。

(2)各阶段投资估算编制。

1)项目建议书阶段投资估算。

①项目建议书阶段的投资估算制一般要求编制总投资估算,总投资估算表中工程费用的内容应分解到主要单项工程,工程建设其他费用可在总投资估算表中分项计算。

②项目建议书阶段建设项目投资估算可采用生产能力指数法、系数估算法、比例估算法、混合法(生产能力指数法与比例估算法、系数估算法与比例估算法等综合使用)、指标估算法等。具体内容见表5-23。

表5-23　项目建议书阶段建设项目投资估算方法

序号	方法	内容说明	计算公式
1	生产能力指数法	生产能力指数法是根据已建成的类似建设项目生产能力和投资额,进行粗略估算拟建建设项同相关投资额的方法。本办法主要应用于设计深度不足,拟建建设项目与类似建设项目的规模不同,设计定型并系列化,行业内相关指数和系数等基础资料完备的情况	$C=C_1(Q/Q_1)^X \cdot f$ 式中 C——拟建建设项目的投资额; C_1——已建成类似建设项目的投资额; Q——拟建建设项目的生产能力; Q_1——已建成类似建设项目的生产能力; X——生产能力指数($0 \leqslant X \leqslant 1$); f——不同的建设时期、不同的建设地点而产生的定额水平、设备购置和建筑安装材料价格、费用变更和调整等综合调整系数

续表一

序号	方法	内容说明	计算公式
2	系数估算法	系数估算法是根据已知的拟建建设项目主体工程费或主要生产工艺设备费为基数，以其他辅助或配套工程费占主体工程费或主要生产工艺设备费的百分比为系数，进行估算拟建建设项目相关投资额的方法。本办法主要应用于设计深度不足，拟建建设项目与类似建设项目的主体工程费或主要生产工艺设备投资比重较大，行业内相关系数等基础资料完备的情况	$C=E(1+f_1P_1+f_2P_2+f_3P_3+\cdots)+I$ 式中　C——拟建建设项目的投资额； E——拟建建设项目的主体工程费或主要生产工艺设备费； P_1、P_2、P_3——已建成类似建设项目的辅助或配套工程费占主体工程费或主要生产工艺设备费的比重； f_1、f_2、f_3——由于建设时间、地点而产生的定额水平、建筑安装材料价格、费用变更和调整等综合调整系数； I——根据具体情况计算的拟建建设项目各项其他基本建设费用
3	比例估算法	比例估算法是根据已知的同类建设项目主要生产工艺设备投资占整个建设项目的投资比例，先逐项估算出拟建建设项目主要生产工艺设备投资，再按比例进行估算拟建建设项目相关投资额的方法。本办法主要应用于设计深度不足，拟建建设项目与类似建设项目的主要生产工艺设备投资比重较大，行业内相关系数等基础资料完备的情况	$C=\sum_{i=1}^{n}Q_iP_i/K$ 式中　C——拟建建设项目的投资额； K——主要生产工艺设备费占拟建建设项目投资的比例； n——主要生产工艺设备的种类； Q_i——第 i 种主要生产工艺设备的数量； P_i——第 i 种主要生产工艺设备的购置费（到厂价格）
4	混合法	混合法是根据主体专业设计的阶段和深度，投资估算编制者所掌握的国家及地区、行业或部门相关投资估算基础资料和数据（包括造价咨询机构自身统计和积累的相关造价基础资料），对一个拟建建设项目采用生产能力指数法与比例估算法或系数估算法与比例估算法混合进行估算其相关投资额的方法	—

续表二

序号	方法	内容说明	计算公式
5	指标估算法	指标估算法是把拟建建设项目以单项工程或单位工程,按建设内容纵向划分为各个主要生产设施、辅助及公用设施、行政及福利设施以及各项其他基本建设费用,按费用性质横向划分为建筑工程、设备购置、安装工程等,根据各种具体的投资估算指标,进行各单位工程或单项工程投资的估算,在此基础上汇集编制成拟建建设项目的各个单项工程费用和拟建建设项目的工程费用投资估算。再按相关规定估算工程建设其他费用、预备费、建设期贷款利息等,形成拟建建设项目总投资	—

2)可行性研究阶段投资估算。

①可行性研究阶段建设项目投资估算原则上应采用指标估算法。

对投资有重大影响的主体工程应估算出分部分项工程量,参考相关综合定额(概算指标)或概算定额编制主要单项工程的投资估算。

②预可行性研究阶段、方案设计阶段项目建设投资估算视设计深度,宜参照可行性研究阶段的编制办法进行。

③在一般的设计条件下,可行性研究投资估算深度在内容上应达到规定要求。对于子项单一的大型民用公共建筑,主要单项工程估算应细化到单位工程估算书。可行性研究投资估算深度应满足项目的可行性研究与评估,并最终满足国家和地方相关部门批复或备案的要求。

④建筑工程费。

a. 工业与民用建筑物和构筑物的一般土建及装修、给排水、采暖、通风、照明工程,建筑物以建筑面积或建筑体积为单位,套用规模相当、结构形式和建筑标准相适应的投资估算指标或类似工程造价资料进行估算。构筑物以延长米、平方米、立方米或座为单位，套用技术标准、结构形式相适应的投资估算指标或类似工程造价资料进行估算；当无适当估算指标或类似工程造价资料时，可采用计算主体实物工程量套用相关综合定额或概算定额进行估算。

b. 大型土方、总平面竖向布置、道路及场地铺砌、厂区综合管网和线路、围墙大门等，分别以立方米、平方米、延长米或座为单位，套用技术标准、结构形式相适应的投资估算指标或类似工程造价资料进行估算；当无适当估算指标或类似工程造价资料时，可采用计算主体实物工程量套用相关综合定额或概算定额进行估算。

c. 矿山井巷开拓、露天剥离工程、坝体堆砌等，分别以立方米、延长米为单位，套用技术标准、结构形式、施工方法相适应的投资估算指标或类似工程造价资料进行估算；当无适当估算指标或类似工程造价资料时，可采用计算主体实物工程量套用相关综合定额或概算定额进行估算。

d. 公路、铁路、桥梁、隧道、涵洞设施等，分别以公里（铁路、公路）、$100m^2$ 桥面（桥梁）、$100m^2$ 断面（隧道）、道（涵洞）为单位，套用技术标准、结构形式、施工方法相适应的投资估算指标或类似工程造价资料进行估算；当无适当估算指标或类似工程造价资料时，可采用计算主体实物工程量套用相关综合定额或概算定额进行估算。

⑤设备购置费。

a. 国产标准设备原价估算。国产标准设备在计算时，一般采用带有备件的原价。占投资比重较大的主体工艺设备出厂价估算，应在掌握该设备的产能、规格、型号、材质、设备重量的条件下，以向设备制造厂家和设备供应商询价，或类似工程选用设备订货合同价和市场调研价为基础进行估算。其他小型通用设备出厂价估算，可以根据行业和地方相关部门定期发布的价格信息进行估算。

b. 国产非标准设备原价估算。非标准工艺设备费估算，同样应在掌握该设备的产能、材质、设备重量、加工制造复杂程度的条件下，以向设备制造厂家、设备供应商或施工安装单位询价，或按类似工程选用设备订货合同价和市场调研价的基础上按技术经济指标进行估算。非标准设备估价应考虑完成非标准设备的设计、制造、包装以及其利润、税金等全部费用内容。

c. 进口设备（材料）原价估算。一般是在向设备制造厂家和设备供应厂商询价,或按类似工程选用设备订货合同价和市场调研得出的进口设备价的基础上加各种税费计算的。

投资估算阶段进口设备的原价可分为离岸价(FOB)和到岸价(CIF)两种情况分别计算,见表5-24。

表5-24　　投资估算阶段进口设备的原价计算

序号	计算方法	计算公式
1	采用离岸价(FOB)为基数	进口设备原价=离岸价(FOB)×综合费率 综合费率应包括:国际运费及运输保险费、银行财务费、外贸手续费、关税和增值税等税费
2	采用到岸价(CIF)为基数	进口设备原价=到岸价(CIF)×综合费率 综合费率应包括:银行财务费、外贸手续费、关税和增值税等税费

对于进口综合费率的确定,应根据进口设备(材料)的品种、运输交货方式、设备(材料)询价所包括的内容、进口批量的大小等,按照国家相关部门的规定或参照设备进口环节涉及的中介机构习惯做法确定。

d. 设备运杂费估算(包括进口设备国内运杂费)。一般根据建设项目所在区域行业或地方相关部门的规定,以设备出厂价格或进口设备原价的百分比估算。

以上设备出厂价格加设备运杂费构成设备购置费。

e. 备品备件费估算。一般根据设计所选用的设备特点,按设备费百分比估算,估算时并入设备费。

f. 工具、器具及生产家具购置费的估算。工具、器具及生产家具购置费纳入设备购置费,工具、器具及生产家具购置费以设备费为基数,按工具、器具及生产家具占设备费的比例计算。

⑥安装工程费估算见表5-25。

表5-25　　安装工程费估算

序号	项目	内容说明
1	工艺设备安装费估算	以单项工程为单元,根据单项工程的专业特点和各种具体的投资估算指标,采用按设备费百分比估算指标。或根据单项工程设备总重,采用t/元估算指标进行估算

续表

序号	项　目	内　容　说　明
2	工艺金属结构和工艺管道估算	以单项工程为单元，根据设计选用的材质、规格，以吨为单位，套用技术标准、材质和规格、施工方法相适应的投资估算指标或类似工程造价资料进行估算
3	工业炉窑砌筑和工艺保温或绝热估算	以单项工程为单元，根据设计选用的材质、规格，以吨、立方米或平方米为单位，套用技术标准、材质和规格、施工方法相适应的投资估算指标或类似工程造价资料进行估算
4	变配电安装工程估算	以单项工程为单元，根据该专业设计的具体内容，一般先按材料费占变配电设备费百分比投资估算指标计算出安装材料费。再分别根据相适应的占设备百分比或占材料百分比的投资估算指标或类似工程造价资料计算设备安装费和材料安装费
5	自控仪表安装工程估算	以单项工程为单元，根据该专业设计的具体内容，一般先按材料费占自控仪表设备费百分比投资估算指标计算出安装材料费。再分别根据相适应的占设备百分比(或按自控仪表设备台数，用台件/元指标估算)或占材料百分比的投资估算指标或类似工程造价资料计算设备安装费和材料安装费

⑦工程建设其他费用。工程建设其他费用的计算应结合拟建建设项目的具体情况。有合同或协议明确的费用按合同或协议列入。无合同或协议明确的费用，根据国家和各行业部门、工程所在地地方政府的有关工程建设其他费用定额(规定)和计算办法估算。

⑧基本预备费。基本预备费的估算一般是以建设项目的工程费用和工程建设其他费用之和为基础，乘以基本预备费费率进行计算。基本预

备费费率的大小,应根据建设项目的设计阶段和具体的设计深度,以及在估算中所采用的各项估算指标与设计内容的贴近度、项目所属行业主管部门的具体规定确定。

⑨价差预备费。价差预备费的估算,应根据国家或行业主管部门的具体规定和发布的指数计算。其计算公式为:

$$P = \sum_{t=1}^{n} I_t[(1+f)^m(1+f)^{0.5}(1+f)^{t-1}]$$

式中　P——价差预备费(元);

n——建设期(年);

I_t——估算静态投资额中第 t 年投入的工程费用(元);

f——年涨价率(%);

m——建设前期年限(从编制估算到开工建设,单位:年);

t——年度数。

⑩投资方向调节税。投资方向调节税的估算,以建设项目的工程费用、工程建设其他费用及预备费之和为基础(更新改造项目以建设项目的建筑工程费用为基础),根据国家适时发布的具体规定和税率计算。

⑪建设期贷款利息。建设期贷款利息的估算,根据建设期资金用款计划,可按当年借款在当年年中支用考虑,即当年借款按半年计息,上年借款按全年计息。利用国外贷款的利息计算中,年利率应综合考虑贷款协议中向贷款方加收的手续费、管理费、承诺费,以及国内代理机构向贷款方收取的转贷费、担保费和管理费等。其计算公式为:

$$Q = \sum_{j=1}^{n}(P_{j-1} + A_j/2)i$$

式中　Q——建设期贷款利息;

P_{j-1}——建设期第$(j-1)$年末贷款累计金额与利息累计金额之和;

A_j——建设期第 j 年贷款金额;

i——贷款年利率;

n——建设期年份数。

3)投资估算过程中的方案比选、优化设计和限额设计。

①工程建设项目由于受资源、市场、建设条件等因素的限制,为了提高工程建设投资效果,拟建项目可能存在建设场址、建设规模、产品方案、所选用的工艺流程不同等多个整体设计方案。而在一个整体设

计方案中亦可存在厂区总平面布置、建筑结构形式等不同的多个设计方案。当出现多个设计方案时，工程造价咨询机构和注册造价工程师有义务与工程设计者配合，为建设项目投资决策者提供方案比选的意见。

a. 建设项目设计方案比选的内容：在宏观方面有建设规模、建设场址、产品方案等；对于建设项目本身有厂区（或居住小区）总平面布置、主体工艺流程选择、主要设备选型等；小的方面有工程设计标准、工业与民用建筑的结构形式、建筑安装材料的选择等。

b. 建设项目设计方案比选的原则：建设项目设计方案比选要协调好技术先进性和经济合理性的关系。即在满足设计功能和采用合理先进技术的条件下，尽可能降低投入；建设项目设计方案比选除考虑一次性建设投资的比选，还应考虑项目运营过程中的费用比选。即项目寿命期的总费用比选；建设项目设计方案比选要兼顾近期与远期的要求。即建设项目的功能和规模应根据国家和地区远景发展规划，适当留有发展余地。

c. 建设项目设计方案比选的方法：在建设项目多方案整体宏观方面的比选，一般采用投资回收期法、计算费用法、净现值法、净年值法、内部收益率法，以及上述几种方法同时使用等。建设项目本身局部多方案的比选，除可用上述宏观方案比较方法外，一般采用价值工程原理或多指标综合评分法（对参与比选的设计方案设定若干评价指标，并按其各自在方案中的重要程度给定各评价指标的权重和评分标准，计算各设计方案的加权得分的方法）比选。

②优化设计的投资估算编制是针对在方案比选确定的设计方案基础上，通过设计招标、方案竞选、深化设计等措施，以降低成本或功能提高为目的的优化设计或深化过程中，对投资估算进行调整的过程。

③限额设计的投资估算编制的前提条件是严格按照基本建设程序进行，前期设计的投资估算应准确和合理，限额设计的投资估算编制进一步细化建设项目投资估算，按项目实施内容和标准合理分解投资额度和预留调节金。

4)流动资金的估算。流动资金估算一般可采用分项详细估算法和扩大指标法。具体内容见表5-26。

表5-26　流动资金估算方法

序号	方法	内容说明	计算公式
1	分项详细估算法	分项详细估算法是根据周转额与周转速度之间的关系,对构成流动资金的各项流动资产和流动负债分别进行估算。可行性研究阶段的流动资金估算应采用分项详细估算法	流动资金=流动资产－流动负债 流动资产=应收账款＋存货＋现金 流动负债=应付账款 应收账款=年销售收入/应收账款周转次数 存货=外购原材料＋外购燃料＋在产品＋产成品 外购原材料=年外购原材料总成本/按种类分项周转次数 外购燃料=年外购燃料/按种类分项周转次数 在产品=(年外购原材料、燃料＋年工资及福利费＋年修理费＋年其他制造费用)/在产品周转次数 产成品=年经营成本/产成品周转次数 现金=(年工资及福利费＋年其他费用)/现金周转次数 年其他费用=制造费用＋管理费用＋销售费用－工资及福利费折旧费－维简费－摊销费－修理费 应付账款=(年外购原材料＋年外购燃料)/应付账款周转次数
2	扩大指标估算法	扩大指标估算法是根据销售收入、经营成本、总成本费用等与流动资金的关系和比例来估算流动资金	年流动资金额=年费用基数×各类流动资金率

对铺底流动资金有要求的建设项目,应按国家或行业的有关规定计算铺底流动资金。非生产经营性建设项目不列铺底流动资金。

二、工程设计概算

(一)设计概算文件的组成

(1)三级编制(总概算、综合概算、单位工程概算)形式设计概算文件的组成:

1)封面、签署页及目录;

2)编制说明;

3)总概算表；

4)其他费用表；

5)综合概算表；

6)单位工程概算表；

7)附件:补充单位估价表。

(2)二级编制(总概算、单位工程概算)形式设计概算文件的组成：

1)封面、签署页及目录；

2)编制说明；

3)总概算表；

4)其他费用表；

5)单位工程概算表；

6)附件:补充单位估价表。

(二)设计概算文件的常用表格

(1)设计概算封面、签署页、目录、编制说明式样见表5-27～表5-30。

表5-27　　设计概算封面式样

(工程名称) 设 计 概 算 档　案　号： 共　册　　第　册 (编制单位名称) (工程造价咨询单位执业章) 年　月　日

表5-28　　设计概算签署页式样

(工程名称)

设 计 概 算

档　案　号:

共　册　　第　册

编　制　人:________________[执业(从业)印章]________________
审　核　人:________________[执业(从业)印章]________________
审　定　人:________________[执业(从业)印章]________________
法定负责人:____

表 5-29　　设计概算目录式样

目　录

序号	编　号	名　称	页　次
1		编制说明	
2		总概算表	
3		其他费用表	
4		预备费计算表	
5		专项费用计算表	
6		×××综合概算表	
7		×××综合概算表	
		……	
9		×××单项工程概算表	
10		×××单项工程概算表	
		……	
12		补充单位估价表	
13		主要设备材料数量及价格表	
14		概算相关资料	

表5-30 编制说明式样

编 制 说 明

1 工程概况;

2 主要技术经济指标;

3 编制依据;

4 工程费用计算表:

1)建筑工程工程费用计算表;

2)工艺安装工程工程费用计算表;

3)配套工程工程费用计算表;

4)其他工程工程费用计算表。

5 引进设备材料有关费率取定及依据:国外运输费、国外运输保险费、海关税费、增值税、国内运杂费、其他有关税费;

6 其他有关说明的问题;

7 引进设备材料从属费用计算表。

(2)设计概算常用表格见表 5-31～表 5-43。

表 5-31　　总概算表(三级编制形式)

总概算编号:______　　工程名称:________　　单位:万元　共　页　第　页

序号	概算编号	工程项目或费用名称	建筑工程费	设备购置费	安装工程费	其他费用	合计	其中:引进部分		占总投资比例(%)
								美元	折合人民币	
一		工程费用								
1		主要工程								
		××××××								
		××××××								
2		辅助工程								
		××××××								
3		配套工程								
		××××××								
二		其他费用								
1		××××××								
2		××××××								
三		预备费								
四		专项费用								
1		××××××								
2		××××××								
		建设项目概算总投资								

编制人:　　　　审核人:　　　　审定人:

表 5-32　　**总概算表(二级编制形式)**

总概算编号:______　　工程名称:________　　单位:万元　共　页　第　页

序号	概算编号	工程项目或费用名称	设计规模或主要工程量	建筑工程费	设备购置费	安装工程费	其他费用	合计	其中:引进部分		占总投资比例(%)
									美元	折合人民币	
一		工程费用									
1		主要工程									
(1)	×××	×××××									
(2)	×××	×××××									
2		辅助工程									
(1)	×××	×××××									
3		配套工程									
(1)	×××	×××××									
二		其他费用									
1		×××××									
2		×××××									
三		预备费									
四		专项费用									
1		×××××									
2		×××××									
		建设项目概算总投资									

编制人:　　　　审核人:　　　　审定人:

表 5-33 **其他费用表**

工程名称：________ 单位：万元（元） 共 页 第 页

序号	费用项目编号	费用项目名称	费用计算基数	费率(%)	金额	计算公式	备注
1							
2							
		合 计					

编制人： 审核人：

表5-34　　其他费用计算表

其他费用编号：______　费用名称：________　　单位：万元(元)　共　页　第　页

序号	费用项目名称	费用计算基数	费率(%)	金额	计算公式	备　注
合　计						

编制人：　　　　　　　　审核人：

表 5-35　　**综合概算表**

综合概算编号:________　工程名称:(单项工程):________　单位:万元　共　页　第　页

序号	概算编号	工程项目或费用名称	设计规模或主要工程量	建筑工程费	设备购置费	安装工程费	合计	其中:引进部分	
								美元	折合人民币
一		主要工程							
1	×××	××××××							
2	×××	××××××							
二		辅助工程							
1	×××	××××××							
2	×××	××××××							
三		配套工程							
1	×××	××××××							
2	×××	××××××							
		单项工程概算费用合计							

编制人:　　　　审核人:　　　　审定人:

表 5-36　　**建筑工程概算表**

综合概算编号：______　工程名称：(单项工程)：__________　　共　页　第　页

序号	定额编号	工程项目或费用名称	单位	数量	单价(元)				合价(元)			
					定额基价	人工费	材料费	机械费	金额	人工费	材料费	机械费
一		土石方工程										
1	××	×××××										
2	××	×××××										
二		砌筑工程										
1	××	××××××										
三		楼地面工程										
1	××	×××××										
		小　计										
		工程综合取费										
		单位工程概算费用合计										

编制人：　　　　审核人：

表 5-37　　**设备及安装工程概算表**

单位工程概算编号:______　工程名称(单项工程):________　共　页　第　页

序号	定额编号	工程项目或费用名称	单位	数量	单价(元)					合价(元)				
					设备费	主材费	定额基价	其中:人工费	其中:机械费	设备费	主材费	定额费	其中:人工费	其中:机械费
一		设备安装												
1	××	×××××												
2	××	×××××												
二		管道安装												
1	××	×××××												
三		防腐保温												
1	××	×××××												
		小　计												
		工程综合取费												
		合计(单位工程概算费用)												

编制人:　　　　审核人:

表5-38　　　　补充单位估价表

子目名称：

工作内容：　　　　共　页　第　页

	补充单位估价表编号						
	定额基价						
	人工费						
	材料费						
	机械费						
	名　称	单位	单价	数　量			
	综合工日						
材料							
	其他材料费						
机械							

编制人：　　　　审核人：

表 5-39　　主要设备、材料数量及价格表

序号	设备材料名称	规格型号及材质	单位	数量	单价(元)	价格来源	备　注

编制人：　　　　　　　　审核人：

表 5-40　　总概算对比表

总概算编号:______　工程名称:______　单位:万元　共　页　第　页

序号	工程项目或费用名称	原批准概算					调整概算					差额(调整概算一原批准概算)	备注
		建筑工程费	设备购置费	安装工程费	其他费用	合计	建筑工程费	设备购置费	安装工程费	其他费用	合计		
一	工程费用												
1	主要工程												
(1)	××××××												
(2)	××××××												
2	辅助工程												
(1)	××××××												
3	配套工程												
(1)	××××××												
二	其他费用												
1	××××××												
2	××××××												
三	预备费												
四	专项费用												
1	××××××												
2	××××××												
	建设项目概算总投资												

编制人:　　　　审核人:

表 5-41　　　　　　　　**综合概算对比表**

综合概算编号：______　　工程名称：__________　　单位：万元　共　页　第　页

序号	工程项目或费用名称	原批准概算				调整概算				差额（调整概算－原批准概算）	调整的主要原因
		建筑工程费	设备购置费	安装工程费	合计	建筑工程费	设备购置费	安装工程费	合计		
一	主要工程										
1	××××××										
2	××××××										
二	辅助工程										
1	××××××										
2	××××××										
三	配套工程										
1	××××××										
2	××××××										
	单项工程概算费用合计										

编制人：　　　　　　　　审核人：

表 5-42　　进口设备、材料货价及从属费用计算表

序号	设备材料规格名称及费用名称	单位	数量	单价(美元)	外币金额(美元)					折合人民币(元)	人民币金额(元)						合计(元)
					货价	运输费	保险费	其他费用	合计		关税	增值税	银行财务费	外贸手续费	国内运杂费	合计	

编制人：　　　　　　　　　　　　审核人：

表 5-43　　工程费用计算程序表

序号	费用名称	取费基础	费率	计算公式

(三)设计概算的内容

初步设计概算简称设计概算，是指在初步设计或扩大初步设计阶段，由设计单位根据初步设计图纸、定额、指标、其他工程费用定额等，对工程投资进行的概略计算，这是初步设计文件的重要组成部分，是确定工程设计阶段的投资依据，经过批准的设计概算是控制工程建设投资的最高限额。

(四)设计概算的作用

(1)设计概算是确定建设项目、各单项工程及各单位工程投资的依据。按照规定报请有关部门或单位批准的初步设计及总概算,一经批准即作为建设项目静态总投资的最高限额,不得任意突破,必须突破时须报原审批部门(单位)批准。

(2)设计概算是编制投资计划的依据。计划部门根据批准的设计概算编制建设项目年固定资产投资计划,并严格控制投资计划的实施。若建设项目实际投资数额超过了总概算,那么必须在原设计单位和建设单位共同提出追加投资的申请报告基础上,经上级计划部门审核批准后,方能追加投资。

(3)设计概算是进行拨款和贷款的依据。建设银行根据批准的设计概算和年度投资计划,进行拨款和贷款,并严格实行监督控制。对超出概算的部分,未经计划部门批准,建行不得追加拨款和贷款。

(4)设计概算是实行投资包干的依据。在进行概算包干时,单项工程综合概算及建设项目总概算是投资包干指标商定和确定的基础,尤其经上级主管部门批准的设计概算或修正概算,是主管单位和包干单位签订包干合同、控制包干数额的依据。

(5)设计概算是考核设计方案的经济合理性和控制施工图预算的依据。设计单位根据设计概算进行技术经济分析和多方案评价,以提高设计质量和经济效果,同时,保证施工图预算在设计概算的范围内。

(6)设计概算是进行各种施工准备、设备供应指标、加工订货及落实各项技术经济责任制的依据。

(7)设计概算是控制项目投资,考核建设成本,提高项目实施阶段工程管理和经济核算水平的必要手段。

(五)设计概算的编制

1. 编制依据

概算编制依据是指编制项目概算所需的一切基础资料,主要有以下几个方面:

(1)批准的可行性研究报告。

(2)设计工程量。

(3)项目涉及的概算指标或定额。

(4)国家、行业和地方政府有关法律、法规或规定。

(5)资金筹措方式。

(6)正常的施工组织设计。

(7)项目涉及的设备材料供应及价格。

(8)项目的管理(含监理)、施工条件。

(9)项目所在地区有关的气候、水文、地质地貌等自然条件。

(10)项目所在地区有关的经济、人文等社会条件。

(11)项目的技术复杂程度,以及新技术、专利使用情况等。

(12)有关文件、合同、协议等。

2. 编制方法

(1)建设项目总概算及单项工程综合概算的编制。

1)概算编制说明应包括以下主要内容:

①项目概况:简述建设项目的建设地点、设计规模、建设性质(新建、扩建或改建)、工程类别、建设期(年限)、主要工程内容、主要工程量、主要工艺设备及数量等。

②主要技术经济指标:项目概算总投资(有引进的给出所需外汇额度)及主要分项投资、主要技术经济指标(主要单位投资指标)等。

③资金来源:按资金来源不同渠道分别说明,发生资产租赁的说明租赁方式及租金。

④编制依据:见上述"1."。

⑤其他需要说明的问题。

⑥总说明附表:建筑、安装工程工程费用计算程序表;引进设备材料清单及从属费用计算表;具体建设项目概算要求的其他附表及附件。

2)总概算表。概算总投资由工程费用、其他费用、预备费及应列入项目概算总投资中的几项费用组成:

第一部分　工程费用。按单项工程综合概算组成编制,采用二级编制的按单位工程概算组成编制。

①市政民用建设项目一般排列顺序:主体建(构)筑物、辅助建(构)筑物、配套系统。

②工业建设项目一般排列顺序:主要工艺生产装置、辅助工艺生产装置、公用工程、总图运输、生产管理服务性工程、生活福利工程、厂外工程。

第二部分　其他费用。一般按其他费用概算顺序列项,具体见"(2)其他费用、预备费、专项费用概算编制"。

第三部分　预备费。包括基本预备费和价差预备费,具体见“(2)其他费用、预备费、专项费用概算编制”。

第四部分　应列入项目概算总投资中的几项费用。一般包括建设期利息、铺底流动资金、固定资产投资方向调节税(暂停征收)等。

3)综合概算以单项工程所属的单位工程概算为基础,采用“综合概算表”(表 5-35)进行编制,分别按各单位工程概算汇总成若干个单项工程综合概算。

4)对单一的、具有独立性的单项工程建设项目,按二级编制形式编制,直接编制总概算。

(2)其他费用、预备费、专项费用概算编制。

1)一般建设项目其他费用包括建设用地费、建设管理费、勘察设计费、可行性研究费、环境影响评价费、劳动安全卫生评价费、场地准备及临时设施费、工程保险费、联合试运转费、生产准备及开办费、特殊设备安全监督检验费、市政公用设施建设及绿化补偿费、引进技术和引进设备材料其他费、专利及专有技术使用费、研究试验费等。

2)引进工程其他费用中的国外技术人员现场服务费、出国人员差旅费和生活费折合人民币列入,用人民币支付的其他几项费用直接列入其他费用中。

3)其他费用概算表格形式见表 5-33 和表 5-34。

4)预备费包括基本预备费和价差预备费。基本预备费以总概算第一部分“工程费用”和第二部分“其他费用”之和为基数的百分比计算;价差预备费一般按下式计算:

$$P=\sum_{t=1}^{n}I_t[(1+f)^m(1+f)^{0.5}(1+f)^{t-1}-1]$$

式中　P——价差预备费;

n——建设期(年)数;

I_t——建设期第 t 年的投资;

f——投资价格指数;

t——建设期第 t 年;

m——建设前年数(从编制概算到开工建设年数)。

5)应列入项目概算总投资中的几项费用:

①建设期利息:根据不同资金来源及利率分别计算。

$$Q=\sum_{j=1}^{n}(P_{j-1}+A_j/2)i$$

式中　Q——建设期利息；

P_{j-1}——建设期第$(j-1)$年末贷款累计金额与利息累计金额之和；

A_j——建设期第 j 年贷款金额；

i——贷款年利率；

n——建设期年数。

②铺底流动资金按国家或行业有关规定计算。

③固定资产投资方向调节税(暂停征收)。

(3)单位工程概算的编制。单位工程概算是编制单项工程综合概算(或项目总概算)的依据,单位工程概算项目根据单项工程中所属的每个单体按专业分别编制。单位工程概算一般分建筑工程、设备及安装工程两大类。

1)建筑工程单位工程概算编制方法：

①建筑工程概算费用内容及组成见《建筑安装工程费用项目组成》(建标[2013]44 号)。

②建筑工程概算采用“建筑工程概算表”(表 5-36)编制,按构成单位工程的主要分部分项工程编制,根据初步设计工程量按工程所在省、市、自治区颁发的概算定额(指标)或行业概算定额(指标),以及工程费用定额计算。

③以房屋建筑为例,根据初步设计工程量按工程所在省、市、自治区颁发的概算定额(指标)分土石方工程、基础工程、墙壁工程、梁柱工程、楼地面工程、门窗工程、屋面工程、保温防水工程、室外附属工程、装饰工程等项编制概算。

④对于通用结构建筑可采用“造价指标”编制概算;对于特殊或重要的建构筑物,必须按构成单位工程的主要分部分项工程编制,必要时结合施工组织设计进行详细计算。

2)设备及安装工程单位工程概算编制方法。

①设备及安装工程概算费用由设备购置费和安装工程费组成。

②设备购置费：

定型或成套设备购置费＝设备出厂价格＋运输费＋采购保管费

引进设备费用分外币和人民币两种支付方式,外币部分按美元或其他国际主要流通货币计算。

非标准设备原价有多种不同的计算方法,如综合单价法、成本计算估价法、系列设备插入估价法、分部组合估价法、定额估价法等。一般采用不同种类设备综合单价法计算，计算公式如下：

$$设备购置费 = \sum 综合单价(元/t) \times 设备单重(t)$$

工具、器具及生产家具购置费一般以设备购置费为计算基数，按照部门或行业规定的工具、器具及生产家具费率计算。

③安装工程费。安装工程费用内容组成以及计算方法见《建筑安装工程费用项目组成》。其中，辅助材料费按概算定额(指标)计算，主要材料费以消耗量按工程所在地当年预算价格(或市场价)计算。

④引进材料费用计算方法与引进设备费用计算方法相同。

⑤设备及安装工程概算采用"设备及安装工程概算表"(表5-37)形式，按构成单位工程的主要分部分项工程编制，根据初步设计工程量按工程所在省、市、自治区颁发的概算定额(指标)或行业概算定额(指标)，以及工程费用定额计算。

当概算定额或指标不能满足概算编制要求时，应编制"补充单位估价表"(表5-38)。

(4)调整概算的编制。

1)设计概算批准后，一般不得调整。由于某些原因需要调整概算时，由建设单位调查分析变更原因，报主管部门审批同意后，由原设计单位核实编制调整概算，并按有关审批程序报批。

2)调整概算的原因：

①超出原设计范围的重大变更。

②超出基本预备费规定范围、由不可抗拒的重大自然灾害引起的工程变动和费用增加。

③超出工程造价调整预备费的国家重大政策性的调整。

3)影响工程概算的主要因素已经清楚、工程完成一定量后方可进行调整，一个工程只允许调整一次概算。

4)调整概算编制深度与要求、文件组成及表格形式同原设计概算，调整概算还应对工程概算调整的原因做详尽分析说明，所调整的内容在调整概算总说明中要逐项与原批准概算对比，并编制调整前后概算对比表(表5-40、表5-41)，分析主要变更原因。

5)在上报调整概算时，应同时提供有关文件和调整依据。

(六)设计概算审查

1. 设计概算审查的意义

(1)审查设计概算,有利于合理分配投资资金,加强投资计划管理。有助于合理确定和有效控制工程造价。设计概算编制得偏高或偏低,不仅影响工程造价的控制,也会影响投资计划的真实性,影响投资资金的合理分配。所以,审查设计概算是为了准确确定工程造价,使投资更能遵循客观经济规律。

(2)审查设计概算,可以促进概算编制单位严格执行国家有关概算的编制规定和费用标准,从而提高概算的编制质量。

(3)审查设计概算,可以使建设项目总投资力求做到准确、完整,防止任意扩大投资规模或出现漏项,从而减少投资缺口,缩小概算与预算之间的差距,避免故意压低概算投资,搞钓鱼项目,最后导致实际造价大幅度突破概算。

(4)审查的概算,对建设项目投资的落实提供了可靠的依据。打足投资,不留缺口,提高建设项目的投资效益。

(5)审查设计概算,有利于促进设计的技术先进性与经济合理性。概算中的技术经济指标,是概算的综合反映与同类工程对比,就可看出其先进性与合理程度。

2. 设计概算审查的程序与要求

(1)设计概算文件编制的有关单位应当一起制定编制原则、方法,以及确定合理的概算投资水平,对设计概算的编制质量、投资水平负责。

(2)项目设计负责人和概算负责人对全部设计概算的质量负责;概算文件编制人员应参与设计方案的讨论;设计人员要树立以经济效益为中心的观念,严格按照批准的工程内容及投资额度设计,提出满足概算文件编制深度的技术资料;概算文件编制人员对投资的合理性负责。

(3)概算文件需经编制单位自审,建设单位(项目业主)复审,工程造价主管部门审批。

(4)概算文件的编制与审查人员必须具有国家注册造价工程师资格,或者具有省市(行业)颁发的造价员资格证,并根据工程项目大小按持证专业承担相应的编审工作。

(5)各造价协会(或者行业)、造价主管部门可根据所主管的工程特点制定概算编制质量的管理办法,并对编制人员采取相应的措施进行考核。

3. 设计概算审查的内容

设计概算审查的内容见表5-44。

表5-44 设计概算审查的内容

序号	审查内容		内容说明
1	审查设计概算的编制依据	审查编制依据的合法性	采用的各种编制依据必须经过国家或授权机关的批准,符合国家的编制规定,未经批准的不能采用。也不能强调情况特殊,擅自提高概算定额、指标或费用标准
		审查编制依据的时效性	各种依据,如定额、指标、价格、取费标准等,都应根据国家有关部门的现行规定进行,注意有无调整和新的规定。有的虽然颁发时间较长,但不能全部适用;有的应按有关部门作的调整系数执行
		审查编制依据的适用范围	各种编制依据都有规定的适用范围,如各主管部门规定的各种专业定额及其取费标准,只适用于该部门的专业工程;各地区规定的各种定额及其取费标准,只适用于该地区的范围以内。特别是地区的材料预算价格区域性更强,如某市有该市区的材料预算价格,又编制了郊区内一个矿区的材料预算价格,如在该市的矿区建设时,其概算采用的材料预算价格,则应用矿区的价格,而不能采用该市的价格
2	审查概算编制深度	审查编制说明	审查编制说明可以检查概算的编制方法、深度和编制依据等重大原则问题
		审查概算编制深度	一般大中型项目的设计概算,应有完整的编制说明和"三级概算"(即总概算表、单项工程综合概算表、单位工程概算表),并按有关规定的深度进行编制。审查是否有符合规定的"三级概算",各级概算的编制、校对、审核是否按规定签署
		审查概算编制范围	审查概算编制范围及具体内容是否与主管部门批准的建设项目范围及具体工程内容一致;审查分期建设项目的建筑范围及具体工程内容有无重复交叉,是否重复计算或漏算;审查其他费用所列的项目是否都符合规定,静态投资、动态投资和经营性项目铺底流动资金是否分部列出等
3	审查建设规模、标准		审查概算的投资规模、生产能力、设计标准、建设用地、建筑面积、主要设备、配套工程、设计定员等是否符合原批准可行性研究报告或立项批文的标准。如概算总投资超过原批准投资估算10%以上,应进一步审查超估算的原因

续表

序号	审查内容	内容说明
4	审查设备规格、数量和配置	工业建设项目设备投资比重大，一般占总投资的30%～50%，要认真审查。审查所选用的设备规格、台数是否与生产规模一致，材质、自动化程度有无提高标准，引进设备是否配套、合理，备用设备台数是否适当，消防、环保设备是否计算等。还要重点审查价格是否合理，是否符合有关规定，如国产设备应按当时询价资料或有关部门发布的出厂价、信息价、引进设备应依据询价或合同价编制概算
5	审查工程费	建筑安装工程投资是随工程量增加而增加的，要认真审查。要根据初步设计图纸、概算定额及工程量计算规则、专业设备材料表、建构筑物和总图运输一览表进行审查，有无多算、重算、漏算
6	审查计价指标	审查建筑安装工程采用工程所在地区的计价定额、费用定额、价格指数和有关人工、材料、机械台班单价是否符合现行规定；审查安装工程所采用的专业部门或地区定额是否符合工程所在地区的市场价格水平，概算指标调整系数、主材价格、人工、机械台班和辅材调整系数是否按当地最新规定执行；审查引进设备安装费率或计取标准、部分行业专业设备安装费率是否按有关规定计算等
7	审查其他费用	工程建设其他费用投资约占项目总投资25%以上，必须认真逐项审查。审查费用项目是否按国家统一规定计列，具体费率或计取标准、部分行业专业设备安装费率是否按有关规定计算等

4. 设计概算审查的方法

(1)对比分析法。对比分析法主要是通过建设规模、标准与立项批文对比；工程数量与设计图纸对比；综合范围、内容与编制方法、规定对比；各项取费与规定标准对比；材料、人工单价与统一信息对比；引进设备、技术投资与报价要求对比；技术经济指标与同类工程对比等。

(2)查询核实法。查询核实法是对一些关键设备和设施、重要装置、引进工程图纸不全、难以核算的较大投资进行多方查询核对，逐项落实的方法。

(3)联合会审法。由业主、审批单位、专家等参加的联合审查组，组织召开联合审查会。审前可先采取多种形式分头审查，包括业主预审、工程造价咨询公司评审、邀请同行专家预审等。在会审大会上，各有关单位、专家汇报初审、预审意见。然后进行认真分析、讨论,结合对各专业技术方案的审查意见所产生的投资增减,逐一核实原概算投资增减额。

对审查中发现的问题和偏差,按照单位工程概算、综合概算、总概算的顺序,按设备费、安装费、建筑费和工程建设其他费用分类整理,汇总核增或核减的项目及其投资额。最后将具体审核数据,按照"原编概算"、"审核结果"、"增减投资"、"增减幅度"、"调整原因"五栏列表,并按照原总概算表汇总顺序,将增减项目逐一列出,相应调整所属项目投资合计,再依次汇总审核后的总投资及增减投资额。对于差错较多、问题较大或不能满足要求的,责成编制单位按审查意见修改后,重新报批。

三、工程施工图预算

施工图预算是确定建筑安装工程、预算造价的经济技术文件,又称设计预算,是在设计的施工图完成后,以施工图为依据,根据预算定额、费用标准以及工程所在地区的人工、材料、施工机械设备预算的价格编制的。

施工图预算通常分为建筑工程预算和设备安装工程预算两大类。根据单位工程和设备的性质、用途的不同,建筑工程预算可分为一般土建工程预算、工业管道工程预算、特殊构筑物工程预算和电器照明工程预算等;设备安装工程预算有可分为机械设备安装工程预算,给排水、采暖、燃气工程预算等。

(一)施工图预算的作用

在建设工程造价计算中应用最广、设计单位最多的就是施工图预算。其作用主要体现在以下几个方面:

(1)施工图预算是工程实际招标、投标的重要依据。

(2)施工图预算是签订建设工程施工合同的重要依据。

(3)施工图预算是办理工程财务拨款、工程贷款和工程结算的依据。

(4)施工图预算是施工单位进行人工和材料准备、编制施工进度计划、控制工程成本的依据。

(5)施工图预算是落实或调整年度进度计划和投资计划的依据。

(6)施工图预算是施工企业降低工程成本、实行经济核算的依据。

(二)施工图预算的编制

1. 编制依据

(1)国家、行业、地方政府发布的计价依据、有关法律法规或规定。

(2)建设项目有关文件、合同、协议等。

(3)批准的设计概算。

(4)批准的施工图设计图纸及相关标准图集和规范。

(5)相应预算定额和地区单位估价表。

(6)合理的施工组织设计和施工方案等文件。

(7)项目有关的设备、材料供应合同、价格及相关说明书。

(8)项目所在地区有关的气候、水文、地质地貌等的自然条件。

(9)项目的技术复杂程度,以及新技术、专利使用情况等。

(10)项目所在地区有关的经济、人文等社会条件。

2. 编制方法

建设项目施工图预算由总预算、综合预算和单位工程预算组成。

施工图预算总投资包含建筑工程费、设备及工器具购置费、安装工程费、工程建设其他费用、预备费、建设期贷款利息、固定资产投资方向调节税及铺底流动资金。

(1)总预算编制。建设项目总预算由综合预算汇总而成。

总预算造价由组成该建设项目的各个单项工程综合预算以及经计算的工程建设其他费、预备费、建设期贷款利息、固定资产投资方向调节税汇总而成。

施工图总预算应控制在已批准的设计总概算投资范围以内。

(2)综合预算编制。综合预算由组成本单项工程的各单位工程预算汇总而成。综合预算造价由组成该单项工程的各个单位工程预算造价汇总而成。

(3)单位工程预算编制。单位工程预算包括建筑工程预算和设备安装工程预算。单位工程预算的编制应根据施工图设计文件、预算定额(或综合单价)以及人工、材料及施工机械台班等价格资料进行编制。其主要编制方法有单价法和实物量法。

1)单价法。分为定额单价法和工程量清单单价法。

①定额单价法使用事先编制好的分项工程的单位估价表来编制施工图预算的方法。

②工程量清单单价法是指根据招标人按照国家统一的工程量计算规则提供工程数量,采用综合单价的形式计算工程造价的方法。

2)实物量法。是依据施工图纸和预算定额的项目划分及工程量计算规则,先计算出分部分项工程量,然后套用预算定额(实物量定额)来编制施工图预算的方法。

(4)建筑工程预算编制。建筑工程预算费用内容及组成,应符合《建筑安装工程费用项目组成》的有关规定。

建筑工程预算按构成单位工程分部分项工程编制,根据设计施工图纸计算各分部分项工程量,按工程所在省(自治区、直辖市)或行业颁发的预算定额或单位估价表,以及建筑安装工程费用定额进行编制。

(5)安装工程预算编制。安装工程预算费用组成应符合《建筑安装工程费用项目组成》的有关规定。

安装工程预算按构成单位工程的分部分项工程编制,根据设计施工图计算各分部分项工程工程量,按工程所在省(自治区、直辖市)或行业颁发的预算定额或单位估价表,以及建筑安装工程费用定额进行编制。

(6)设备及工具、器具购置费组成。设备购置费由设备原价和设备运杂费构成;工具、器具购置费一般以设备购置费为计算基数,按照规定的费率计算。

进口设备原价即该设备的抵岸价,引进设备费用分外币和人民币两种支付方式,外币部分按美元或其他国际主要流通货币计算。

国产标准设备原价即其出厂价,国产非标准设备原价有多种不同的计算方法,如综合单价法、成本计算估价法、系列设备插入估价法、分部组合估价法、定额估价法等。

工具、器具及生产家具购置费,是指按项目初步设计要求,保证初期正常生产必须购置的没有达到固定资产标准的设备、仪器、生产家具和备品备件的购置费用。

(7)工程建设其他费用、预备费等。工程建设其他费用、预备费及应列入建设项目施工图总预算中的几项费用的计算方法与计算顺序,应参照前述“二、(五)2.(2)其他费用、预备费、专项费用概算编制”的相关内容编制。

(8)调整预算的编制。工程预算批准后,一般情况下不得调整。由于重大设计变更、政策性调整及不可抗力等原因造成的可以调整。

调整预算编制深度与要求、文件组成及表格形式同原施工图预算。调整预算还应对工程预算调整的原因做详尽分析说明,所调整的内容调整预算总说明中要逐项与原批准预算对比,并编制调整前后预算对比表[参见《建设项目施工图预算编审规程》(CECA/GC 5—2010)附录 B],分析主要变更原因。在上报调整预算时,应同时提供有关文件和调整依据。

需要进行分部工程、单位工程人工、材料等分析的参见《建设项目施工图预算编审规程》(CECA/GC 5—2010)附录 B。

(三)施工图预算的审查

1. 施工预算审查的内容

(1)审查施工图预算的编制是否符合现行国家、行业、地方政府有关法律、法规和规定要求。

(2)审查工程计算的准确性、工程量计算规则与计价规范规则或定额规则的一致性。

(3)审查在施工图预算的编制过程中,各种计价依据使用是否恰当,各项费率计取是否正确;审查依据主要有施工图设计资料、有关定额、施工组织设计、有关造价文件规定和技术规范、规程等。

(4)审查各种要素市场价格选用是否合理。

(5)审查施工图预算是否超过概算以及进行偏差分析。

2. 施工图预算审查的作用

(1)有利于控制工程造价,克服和防止预算超概算。

(2)有利于加强固定资产投资管理,节约工程建设资金。

(3)有利于发挥领导层、银行的监督作用。

(4)有利于积累和分析各项技术经济指标,不断提高设计水平。

(5)有利于施工承包合同价的合理确定和控制。

3. 施工图审查的方法

(1)全面审查法。全面审查法是指按照全部施工图的要求,结合有关预算定额分项工程中的工程细目,逐一、全部地进行审核的方法。其具体计算方法和审核过程与编制预算的计算方法和编制过程基本相同。

全面审查法的优点是全面、细致,所审核过的工程预算质量高,差错比较少;缺点是工作量太大。全面审查法一般适用于一些工程量较小、工艺比较简单、编制工程预算力量较薄弱的设计单位所承包的工程。

(2)重点审查法。抓住工程预算中的重点进行审查的方法,称为重点审查法。一般情况下,重点审查法的内容如下:

1)选择工程量大或造价较高的项目进行重点审查。

2)对补充单价进行重点审查。

3)对计取的各项费用的费用标准和计算方法进行重点审查。

重点审查工程预算的方法应灵活掌握。例如,在重点审查中,如发现问题较多,应扩大审查范围;反之,如没有发现问题,或者发现的差错很小,应考虑适当缩小审查范围。

(3)经验审查法。经验审查法是指监理工程师根据以前的实践经验,审查容易发生差错的那些部分工程细目的方法。如土方工程中的平整场地、土壤分类等比较容易出错的地方,应重点加以审查。

(4)分解对比审查法。把一个单位工程,按费用构成进行分解,然后再把相关费用按工种工程和分部工程进行分解,分别与审定的标准图预算进行对比分析的方法,称为分解对比审查法。

这种方法是把拟审的预算造价与同类型的定型标准施工图或复用施工图的工程预算造价相比较,如果出入不大,就可以认为本工程预算问题不大,不再审查。如果出入较大,比如超过或少于已审定的标准设计施工图预算造价的 1%或 3%以上(根据本地区要求),再按分部分项工程进行分解,边分解边对比,哪里出入较大,就进一步审查那一部分工程项目的预算价格。

四、工程结算

工程结算是指项目竣工后,承包方按照合同约定的条款和结算方式,向业主结清双方往来款项。在项目施工中工程结算通常需要发生多次,一直到整个项目全部竣工验收,还需要进行最终建筑产品的工程竣工结算,从而完成最终建筑产品的工程造价的确定和控制。

(一)工程结算文件的组成

1. 工程结算编制文件的组成

(1)工程结算文件一般包括工程结算汇总表、单项工程结算汇总表、单位工程结算表和分部分项(措施、其他、零星)工程结算表及结算编制说明等组成。

(2)工程结算编制说明可根据委托工程项目的实际情况,以单位工程、单项工程或建设项目为对象进行编制,并应说明以下内容:

1)工程概况;

2)编制范围;

3)编制依据;

4)编制方法;

5)有关材料、设备、参数和费用说明;

6)其他有关问题的说明。

(3)工程结算文件提交时,受托人应当同时提供与工程结算相关的附件,包括所依据的发承包合同调价条款、设计变更、工程洽商、材料及设备定价单、调价后的单价分析表等与工程结算相关的书面证明材料。

(4)工程结算编制的参考表格形式见表5-45～表5-50。

表5-45　　工程结算封面格式

(工程名称)

工 程 结 算

档　案　号:

(编制单位名称)

(工程造价咨询单位执业章)

年　月　日

表5-46 工程结算签署页格式

(工程名称)

工 程 结 算

档 案 号:

编 制 人:__________[执业(从业)印章]__________

审 核 人:__________[执业(从业)印章]__________

审 定 人:__________[执业(从业)印章]__________

单位负责人:____________________

表 5-47　　工程结算汇总表

工程名称：　　　　第　页共　页

序　号	单项工程名称	金额(元)	备　注
	合　计		

编制人：　　　　审核人：　　　　审定人：

表5-48　**单项工程结算汇总表**

单项工程名称：　　　　第　页共　页

序　号	单位工程名称	金额(元)	备　注
	合　计		

编制人：　　　　审核人：　　　　审定人：

表 5-49　　单位工程结算汇总表

单位工程名称：　　第　页共　页

序　号	专业工程名称	金额(元)	备　注
1	分部分项工程费合计		
2	措施项目费合计		
3	其他项目费合计		
4	零星工作费合计		
	合　计		

编制人：　　审核人：　　审定人：

表5-50　　分部分项(措施、其他、零星)工程结算表

工程名称：

序号	项目编码或定额编码	项目名称	计量单位	工程数量	金额(元)		备　注
					单价	合价	
		合　计					

编制人：　　　　审核人：　　　　审定人：

2. 工程结算审查文件的组成

(1)工程结算审查文件一般包括工程结算审查报告、结算审定签署表、工程结算审查汇总对比表、单项工程结算审查汇总对比表、单位工程结算审查汇总对比表、分部分项(措施、其他、零星)工程结算审查对比表以及结算内容审查说明等。

(2)工程结算审查报告可根据该委托工程项目的实际情况,以单位工程、单项工程或建设项目为对象进行编制,并应阐述以下内容:

1)概述;

2)审查范围;

3)审查原则;

4)审查依据;

5)审查方法;

6)审查程序;

7)审查结果;

8)主要问题;

9)有关建议。

(3)结算审定签署表由结算审查受托人填制,并由结算审查委托单位、结算编制人和结算审查受托人签字盖章,当结算审查委托人与建设单位不一致时,按工程造价咨询合同要求或结算审查委托人的要求,确定是否增加建设单位在结算审定签署表上签字盖章。

(4)结算内容审查说明应阐述以下内容:

1)主要工程子目调整的说明;

2)工程数量增减变化较大的说明;

3)子目单价、材料、设备、参数和费用有重大变化的说明;

4)其他有关问题的说明。

(5)工程结算审查书的参考表格形式见表5-51～表5-57。

表 5-51　工程结算审查书封面格式

<table>
<tr><td>

(工程名称)

工程结算审查书

档　案　号：

(编制单位名称)

(工程造价咨询单位执业章)

年　月　日

</td></tr>
</table>

表 5-52　　工程结算审查书签署页格式

(工程名称)

工程结算审查书

档　案　号:

编　制　人:__________[执业(从业)印章]__________
审　核　人:__________[执业(从业)印章]__________
审　定　人:__________[执业(从业)印章]__________
单位负责人:______________________________

表 5-53　　**结算审定签署表**　　元

<table>
<tr><td>工程名称</td><td colspan="2"></td><td>工程地址</td><td colspan="2"></td></tr>
<tr><td>发包人单位</td><td colspan="2"></td><td>承包人单位</td><td colspan="2"></td></tr>
<tr><td>委托合同书编号</td><td colspan="2"></td><td>审定日期</td><td colspan="2"></td></tr>
<tr><td>报审结算造价</td><td colspan="2"></td><td>调整金额(+、-)</td><td colspan="2"></td></tr>
<tr><td>审定结算造价</td><td>大写</td><td colspan="2"></td><td>小写</td><td></td></tr>
<tr><td>委托单位
(签章)

代表人(签章、字)</td><td colspan="2">建设单位
(签章)

代表人(签章、字)</td><td>承包单位
(签章)

代表人(签章、字)</td><td colspan="2">审查单位
(签章)

代表人(签章、字)
技术负责人(执业章)</td></tr>
</table>

表 5-54　　**工程结算审查汇总对比表**

项目名称：　　元

序号	单项工程名称	报审结算金额	审定结算金额	调整金额	备　注
	合　计				

编制人：　　审核人：　　审定人：

表 5-55　　　　　　　　单项工程结算审查汇总对比表

单项工程名称：　　　　　　　　　　　　　　　　　　　　　　　　　　元

序号	单位工程名称	原结算金额	审查后金额	调整金额	备　注
	合　计				

编制人：　　　　　　　　　　审核人：　　　　　　　　　　审定人：

表 5-56　　　　单位工程结算审查汇总对比表

单位工程名称：　　　　　　　　　　　　　　　　元

序号	专业工程名称	原结算金额	审查后金额	调整金额	备　　注
1	分部分项工程费合计				
2	措施项目费合计				
3	其他项目费合计				
4	零星工作费合计				
	合　计				

编制人：　　　　　　　　　　审核人：　　　　　　　　　　审定人：

表 5-57　　分部分项(措施、其他、零星)工程结算审查对比表

分部分项(措施、其他、零星)工程名称:　　　　　　　　元

序号	项目名称	结算报审金额					结算审定金额					调整金额	备注
		项目编码或定额号	单位	数量	单价	合价	项目编码或定额号	单位	数量	单价	合价		
	合计												

编制人:　　　　　　　　审核人:　　　　　　　　审定人:

(二)工程价款的主要结算方式

我国现行工程价款结算根据不同情况,可采取各种方式。

1. 按月结算

实行旬末或月中预支、月终结算、竣工后清算的方法。每月月末由承包方提出已完工程月报表和工程款结算清单,交现场工程师审查签证并经业主确定后办理工程价款月终结算。跨年度竣工的工程,在年终进行

工程盘点,办理年度结算。我国现行建筑安装工程价款结算中,大多采用按月结算的方法。

2. 竣工后一次结算

建设项目或单项工程全部建筑安装工程建设期在12个月以内,或者工程承包合同价值在100万元以下的,可以实行工程价款每月月中预支,竣工后一次结算的方式。

3. 分段结算

分段结算就是当年开工,当年不能竣工的单项工程或单位工程按照工程形象进度,划分不同阶段进行结算。分段结算可以按月预支工程款。分段的划分标准,由各部门、自治区、直辖市、计划单列市规定。

对于上述三种主要结算方式的收支确认,财政部在2006年2月15日起实行的《企业会计准则——建造合同》讲解中作了如下规定:

(1)实行旬末或月中预支、月终结算、竣工后清算办法的工程合同,应分期确认合同价款收入的实现,即:各月份终了,与发包单位进行已完工程价款结算时,确认为承包合同已完工部分的工程收入实现,本期收入额为月终结算的已完工程价款金额。

(2)实行合同完成后一次结算工程价款办法的工程合同,应于合同完成,施工企业与发包单位进行工程合同价款结算时,确认为收入实现,实现的收入额为承发包双方结算的合同价款总额。

(3)实行按工程形象进度划分不同阶段、分段结算工程价款办法的工程合同,应按合同规定的形象进度分次确认已完阶段工程收益实现。即:应于完成合同规定的工程形象进度或工程阶段,与发包单位进行工程价款结算时,确认为工程收入的实现。

4. 目标结款方式

目标结款方式是在工程合同中,将承包工程的内容分解成不同的控制界面,以业主验收控制界面作为支付工程价款的前提条件。也就是说,将合同中的工程内容分解成不同的验收单元,当承包商完成单元工程内容并经业主(或其委托人)验收后,业主支付构成单元工程内容的工程价款。目标结款方式中,应明确描述对控制界面的设定,便于量化和质量控制,同时要适应项目资金的供应周期和支付频率。

目标结款方式下,承包商要想获得工程价款,必须按照合同约定的质量标准完成界面内的工程内容;要想尽早获得工程价款,承包商必须充分发挥自己组织实施能力，在保证质量前提下，加快施工进度。这意味着承包商拖延工期时，则业主推迟付款，增加承包商的财务费用、运营成本，降低承包商的收益，客观上使承包商因延迟工期而遭受损失。同样，当承包商积极组织施工，提前完成控制界面内的工程内容，则承包商可提前获得工程价款，增加承包收益，客观上承包商因提前工期而增加了有效利润。同时，因承包商在界面内质量达不到合同约定的标准而业主不预验收，承包商也会因此而遭受损失。可见，目标结款方式实质上是运用合同手段、财务手段对工程的完成进行主动控制。

5. 结算双方约定的其他结算方式

施工企业在采用按月结算工程价款方式时，要先取得各月实际完成的工程数量，并按照工程预算定额中的工程直接费预算单价、间接费用定额和合同中采用利税率，计算出已完工程造价。实际完成的工程数量，由施工单位根据有关资料计算，并编制"已完工程月报表"，然后按照发包单位编制"已完工程月报表"，将各个发包单位的本月已完工程造价汇总反映。再根据"已完工程月报表"编制"工程价款结算账单"，与"已完工程月报表"一起，分送发包单位和经办银行，据以办理结算。

施工企业在采用分段结算工程价款方式时，要在合同中规定工程部位完工的月份，根据已完工程部位的工程数量计算已完工程造价，按发包单位编制"已完工程月报表"和"工程价款结算账单"。

对于工期较短、能在年度内竣工的单项工程或小型建设项目，可在工程竣工后编制"工程价款结算账单"，按合同中工程造价一次结算。

"工程价款结算账单"是办理工程价款结算的依据。工程价款结算账单中所列应收工程款应与随同附送的"已完工程月报表"中的工程造价相符。"工程价款结算账单"除了列明应收工程款外，还应列明应扣预收工程款、预收备料款、发包单位供给材料价款等应扣款项，算出本月实收工程款。

为了保证工程按期收尾竣工，工程在施工期间，不论工程长短，其结算工程款，一般不得超过承包工程价值的95%，结算双方可以在5%的幅度内协商确定尾款比例，并在工程承包合同中订明。施工企业如已向发包单位出具履约保函或有其他保证的，可以不留工程尾款。

"已完工程月报表"和"工程价款结算账单"的格式见表5-58、表5-59。

表 5-58　　**已完工程月报表**

发包单位名称：　　年　月　日　　元

单项工程和单位工程名称	合同造价	建筑面积	开竣工日期		实际完成数		备　注
			开工日期	竣工日期	至上月(期)止已完工程累计	本月(期)已完工程	

施工企业：　　编制日期：　年　月　日

表 5-59　　**工程价款结算账单**

发包单位名称：　　年　月　日　　元

单项工程和单位工程名称	合同造价	本月(期)应收工程款	应扣款项			本月(期)实收工程款	尚未归还	累计已收工程款	备注
			合计	预收工程款	预收备料款				

施工企业：　　编制日期：　年　月　日

(三)工程结算的编制

1. 工程结算编制要求

(1)工程结算一般经过发包人或有关单位验收合格且点交后方可进行。

(2)工程结算应以施工发承包合同为基础,按合同约定的工程价款调整方式对原合同价款进行调整。

(3)工程结算应核查设计变更、工程洽商等工程资料的合法性、有效性、真实性和完整性。对有疑义的工程实体项目,应视现场条件和实际需要核查隐蔽工程。

(4)建设项目由多个单项工程或单位工程构成的,应按建设项目划分标准的规定,将各单项工程或单位工程竣工结算汇总,编制相应的工程结算书,并撰写编制说明。

(5)实行分阶段结算的工程,应将各阶段工程结算汇总,编制工程结算书,并撰写编制说明。

(6)实行专业分包结算的工程,应将各专业分包结算汇总在相应的单位工程或单项工程结算内,并撰写编制说明。

(7)工程结算编制应采用书面形式,有电子文本要求的应一并报送与书面形式内容一致的电子版本。

(8)工程结算应严格按工程结算编制程序进行编制,做到程序化、规范化,结算资料必须完整。

2. 工程结算编制依据

(1)国家有关法律、法规、规章制度和相关的司法解释。

(2)国务院建设行政主管部门以及各省、自治区、直辖市和有关部门发布的工程造价计价标准、计价办法、有关规定及相关解释。

(3)施工发承包合同、专业分包合同及补充合同,有关材料、设备采购合同。

(4)招投标文件,包括招标答疑文件、投标承诺、中标报价书及其组成内容。

(5)工程竣工图或施工图、施工图会审记录,经批准的施工组织设计,以及设计变更、工程洽商和相关会议纪要。

(6)经批准的开、竣工报告或停、复工报告。

(7)工程预算定额、费用定额及价格信息、调价规定等。

(8)工程预算书。

(9)影响工程造价的相关资料。

(10)结算编制委托合同。

3. 工程结算编制程序

工程结算应按准备、编制和定稿三个工作阶段进行,并实行编制人、校对人和审核人分别署名盖章确认的内部审核制度。具体内容见表5-60。

表5-60　　　　工程结算编制程序

序号	工作阶段	内容说明
1	结算编制准备阶段	(1)收集与工程结算编制相关的原始资料; (2)熟悉工程结算资料内容,进行分类、归纳、整理; (3)召集相关单位或部门的有关人员参加工程结算预备会议,对结算内容和结算资料进行核对与充实完善; (4)收集建设期内影响合同价格的法律和政策性文件
2	结算编制阶段	(1)根据竣工图及施工图以及施工组织设计进行现场踏勘,对需要调整的工程项目进行观察、对照、必要的现场实测和计算,做好书面或影像记录; (2)按既定的工程量计算规则计算需调整的分部分项、施工措施或其他项目工程量; (3)按招投标文件、施工发承包合同规定的计价原则和计价办法对分部分项、施工措施或其他项目进行计价; (4)对于定额缺项以及采用新材料、新设备、新工艺的,应根据施工过程中的合理消耗和市场价格,编制综合单价或单位估价分析表; (5)工程索赔应按合同约定的索赔处理原则、程序和计算方法,提出索赔费用,经发包人确认后作为结算依据; (6)汇总计算工程费用,包括编制直接费、间接费、利润和税金等表格,初步确定工程结算价格; (7)编写编制说明; (8)计算主要技术经济指标; (9)提交结算编制的初步成果文件待校对、审核
3	结算编制定稿阶段	(1)由结算编制受托人单位的部门负责人对初步成果文件进行检查、校对; (2)由结算编制受托人单位的主管负责人审核批准; (3)在合同约定的期限内,向委托人提交经编制人、校对人、审核人和受托人单位盖章确认的正式的结算编制文件

4. 工程结算编制方法

(1)工程结算的编制应区分施工发承包合同类型,采用相应的编制方法,见表 5-61。

表 5-61　工程结算编制方法

序号	发承包合同类型	编制方法
1	采用总价合同	采用总价合同的,应在合同价基础上对设计变更、工程洽商以及工程索赔等合同约定可以调整的内容进行调整
2	采用单价合同	采用单价合同的,应计算或核定竣工图或施工图以内的各个分部分项工程量,依据合同约定的方式确定分部分项工程项目价格,并对设计变更、工程洽商、施工措施以及工程索赔等内容进行调整
3	采用成本加酬金合同	采用成本加酬金合同的,应依据合同约定的方法计算各个分部分项工程以及设计变更、工程洽商、施工措施等内容的工程成本,并计算酬金及有关税费

(2)工程结算中涉及工程单价调整时,应当遵循以下原则:

1)合同中已有适用于变更工程、新增工程单价的,按已有的单价结算;

2)合同中有类似变更工程、新增工程单价的,可以参照类似单价作为结算依据;

3)合同中没有适用或类似变更工程、新增工程单价的,结算编制受托人可商洽承包人或发包人提出适当的价格,经对方确认后作为结算依据。

(3)工程结算编制中涉及的工程单价应按合同要求分别采用综合单价或工料单价。定额计价的工程项目一般采用工料单价。

1)综合单价。把分部分项工程单价综合成全费用单价,其内容包括直接费(直接工程费和措施费)、间接费、利润和税金,经综合计算后生成。各分项工程量乘以综合单价的合价汇总后,生成工程结算价。

2)工料单价。把分部分项工程量乘以单价形成直接工程费,加上按规定标准计算的措施费,构成直接费。直接工程费由人工、材料、机械的消耗量及其相应价格确定。直接费汇总后另计算间接费、利润、税金,生成工程结算价。

(四)工程结算的审查

1. 工程结算审查要求

(1)严禁采取抽样审查、重点审查、分析对比审查和经验审查的方法，避免审查疏漏现象发生。

(2)应审查结算文件和与结算有关的资料的完整性和符合性。

(3)按施工发承包合同约定的计价标准或计价方法进行审查。

(4)对合同未作约定或约定不明的，可参照签订合同时当地建设行政主管部门发布的计价标准进行审查。

(5)对工程结算内多计、重列的项目应予以扣减；对少计、漏项的项目应予以调增。

(6)对工程结算与设计图纸或事实不符的内容，应在掌握工程事实和真实情况的基础上进行调整。工程造价咨询单位在工程结算审查时发现工程结算与设计图纸或与事实不符的内容应约请各方履行完善的确认手续。

(7)对由总承包人分包的工程结算，其内容与总承包合同主要条款不相符的，应按总承包合同约定的原则进行审查。

(8)工程结算审查文件应采用书面形式，有电子文本要求的应采用与书面形式内容一致的电子版本。

(9)结算审查的编制人、校对人和审核人不得由同一人担任。

(10)结算审查受托人与被审查项目的发承包双方有利害关系，可能影响公正的，应予以回避。

2. 工程结算审查依据

(1)工程结算审查委托合同和完整、有效的工程结算文件。

(2)国家有关法律、法规、规章制度和相关的司法解释。

(3)国务院建设行政主管部门以及各省、自治区、直辖市和有关部门发布的工程造价计价标准、计价办法、有关规定及相关解释。

(4)施工发承包合同、专业分包合同及补充合同，有关材料、设备采购合同；招投标文件，包括招标答疑文件、投标承诺、中标报价书及其组成内容。

(5)工程竣工图或施工图、施工图会审记录，经批准的施工组织设计，以及设计变更、工程洽商和相关会议纪要。

(6)经批准的开、竣工报告或停、复工报告。

(7)工程预算定额、费用定额及价格信息、调价规定等。

(8)工程结算审查的其他专项规定。

(9)影响工程造价的其他相关资料。

3. 工程结算审查程序

工程结算审查应按准备、审查和审定三个工作阶段进行,并实行编制人、校对人和审核人分别署名盖章确认的内部审核制度,见表5-62。

表5-62　工程结算审查程序

序号	工作阶段	内容说明
1	结算审查准备阶段	(1)审查工程结算手续的完备性、资料内容的完整性,对不符合要求的应退回限时补正; (2)审查计价依据及资料与工程结算的相关性、有效性; (3)熟悉招投标文件、工程发承包合同、主要材料设备采购合同及相关文件; (4)熟悉竣工图纸或施工图纸、施工组织设计、工程状况,以及设计变更、工程洽商和工程索赔情况等
2	结算审查阶段	(1)审查结算项目范围、内容与合同约定的项目范围、内容的一致性; (2)审查工程量计算准确性、工程量计算规则与定额保持一致性; (3)审查结算单价时应严格执行合同约定或现行的计价原则、方法。对于定额缺项以及采用新材料、新工艺的,应根据施工过程中的合理消耗和市场价格审核结算单价; (4)审查变更身份证凭据的真实性、合法性、有效性,核准变更工程费用; (5)审查索赔是否依据合同约定的索赔处理原则、程序和计算方法以及索赔费用的真实性、合法性、准确性; (6)审查取费标准时,应严格执行合同约定的费用定额标准及有关规定,并审查取费依据的时效性、相符性; (7)编制与结算相对应的结算审查对比表

续表

序号	工作阶段	内容说明
3	结算审定阶段	(1)工程结算审查初稿编制完成后，应召开由结算编制人、结算审查委托人及结算审查受托人共同参加的会议，听取意见，并进行合理的调整； (2)由结算审查受托人单位的部门负责人对结算审查的初步成果文件进行检查、校对； (3)由结算审查受托人单位的主管负责人审核批准； (4)发承包双方代表人和审查人应分别在“结算审定签署表”上签认并加盖公章； (5)对结算审查结论有分歧的，应在出具结算审查报告前，至少组织两次协调会；凡不能共同签认的，审查受托人可适时结束审查工作，并做出必要说明； (6)在合同约定的期限内，向委托人提交经结算审查编制人、校对人、审核人和受托人单位盖章确认的正式的结算审查报告

4. 工程结算审查内容

(1)审查结算的递交程序和资料的完备性。

1)审查结算资料递交手续、程序的合法性，以及结算资料具有的法律效力；

2)审查结算资料的完整性、真实性和相符性。

(2)审查与结算有关的各项内容。

1)建设工程发承包合同及其补充合同的合法性和有效性；

2)施工发承包合同范围以外调整的工程价款；

3)分部分项、措施项目、其他项目工程量及单价；

4)发包人单独分包工程项目的界面划分和总包人的配合费用；

5)工程变更、索赔、奖励及违约费用；

6)取费、税金、政策性调整以及材料价差计算；

7)实际施工工期与合同工期发生差异的原因和责任，以及对工程造价的影响程度；

8)其他涉及工程造价的内容。

5. 工程结算审查方法

(1)工程结算的审查应依据施工发承包合同约定的结算方法进行，根据施工发承包合同类型，采用不同的审查方法，见表5-63。

表 5-63 工程结算审查方法

序号	发承包合同类型	审查方法
1	采用总价合同	采用总价合同的,应在合同价的基础上对设计变更、工程洽商以及工程索赔等合同约定可以调整的内容进行审查
2	采用单价合同	采用单价合同的,应审查施工图以内的各个分部分项工程量,依据合同约定的方式审查分部分项工程价格,并对设计变更、工程洽商、工程索赔等调整内容进行审查
3	采用成本加酬金合同	采用成本加酬金合同的,应依据合同约定的方法审查各个分部分项工程以及设计变更、工程洽商等内容的工程成本,并审查酬金及有关税费的取定

(2)除非已有约定,对已被列入审查范围的内容,结算应采用全面审查的方法。

(3)对法院、仲裁或承发包双方合意共同委托的未确定计价方法的工程结算审查或鉴定,结算审查受托人可根据事实和国家法律、法规和建设行政主管部门的有关规定,独立选择鉴定或审查适用的计价方法。

(五)新增资产的确定

1. 新增资产的分类

根据财务制度和企业会计准则的新规定,新增资产按照资产的性质分为固定资产、流动资产、无形资产、递延资产和其他资产五大类。

(1)固定资产。固定资产是指使用期限超过一年,单位价值在规定标准以上,并且在使用过程中保持原有物质形态的资产。例如房屋以及建筑物、机电设备、运输设备、工具器具等,不同时具备以上两个条件的资产为低值易耗品,应列入流动资产范围内。

(2)流动资产。流动资产是指可以在一年内或超过一年的一个营业周期内变现或者运用的资产,例如现金以及各种存货、应收及预付款项等。

(3)无形资产。无形资产是指企业长期使用但没有实物形态的资产,例如专利权、著作权、非专利技术、商誉等。

(4)递延资产。递延资产是指不能全部计入当年损益,应在以后年度内较长时期摊销的除固定资产和无形资产以外的其他费用支出,包括开办费、租入固定资产改良支出,以及摊销期在一年以上的长期待摊费用等。

(5)其他资产。其他资产是指具有专门用途,但不参加生产经营的财产,例如经国家批准的特种物质、银行冻结存款和冻结物质、涉及诉讼的财产等。

2. 新增固定资产价值的确定

新增固定资产也称交付使用的固定资产，是投资项目竣工投产后增加的固定资产价值，是以价值形态表示的固定资产投资最终成果的综合性指标。其包括已经投入生产或交付使用的建筑安装工程造价；达到固定资产标准的设备工器具的购置费用以及增加固定资产价值的其他费用，包括土地征用以及迁移补偿费、联合试运转费、勘察设计费、项目可行性研究费、施工机构迁移费、报废工程损失、建设单位管理费等。

(1)新增固定资产价值的核算。新增固定资产是工程建设项目最终成果的体现，核定其价值和完成情况，是加强工程造价管理工作的关键。单项工程建成后，经过有关部门验收鉴定合格，正式移交生产或使用，也就是说应计算其新增固定资产价值。一次性交付生产或使用的工程一次计算新增固定资产价值，分期分批交付生产或使用的工程，应分期分批计算新增固定资产价值。计算时应注意以下几点：

1)新增固定资产价值的计算应以单项工程为对象。

2)对于为提高产品质量，改善劳动条件，节约材料消耗、保护环境而建设的附属辅助工程，只要全部建成，正式验收或交付使用后就要计入新增固定资产价值。

3)对于单项工程中不构成生产系统，但能独立发挥效益的非生产性工程，在建成并交付使用后，也要计入新增固定资产价值。

4)凡购置达到固定资产标准不需要安装的设备及工器具，应在交付使用后计入新增固定资产价值。

5)属于新增固定资产的其他投资，应随同受益工程交付使用时一并计入。

(2)交付使用财产成本计算。交付使用财产的成本计算应符合以下内容要求：

1)建(构)筑物、管道、线路等固定资产的成本包括建筑工程成本以及应分摊的待摊投资。

2)动力设备和生产设备等固定资产的成本包括需要安装设备的采购成本；安装工程成本；设备基础支柱等建筑工程成本或砌筑锅炉以及各种特殊炉的建设工程成本；应分摊的待摊投资。

3)运输设备及其他不需要安装的设备、工器具、家具等固定资产一般仅计算采购成本，不分摊“待摊投资”。

(3)待摊投资的分摊方法。增加固定资产的其他费用,如果是属于整个建设项目或两个以上单项工程的,在计算新增固定资产价值时,应在各单项工程中按照比例分摊。一般情况下,建设单位管理费按建筑工程、安装工程、需要安装设备价值总额按比例分摊;土地征用费、勘察设计费则只按照建筑工程造价分摊。

第四节　水暖工程定额计价工程量计算

一、给排水工程全统定额工程量计算

给排水工程全统定额工程量计算见表5-64。

表5-64　　给排水工程全统定额工程量计算

序号	项目	定额说明		工程量计算规则
1	管道安装	界线划分	(1)给水管道: 1)室内外界线以建筑物外墙皮1.5m为界,入口处设阀门者以阀门为界; 2)与市政管道界线以水表井为界,无水表井者,以与市政管道碰头点为界。 (2)排水管道: 1)室内外以出户第一个排水检查井为界; 2)室外管道与市政管道界线以与市政管道碰头井为界	(1)各种管道,均以施工图所示中心长度,以“m”为计量单位,不扣除阀门、管件(包括减压器、疏水器、水表、伸缩器等组成安装)所占的长度。 (2)镀锌铁皮套管制作以“个”为计量单位,其安装已包括在管道安装定额内,不得另行计算。 (3)管道支架制作安装,室内管道公称直径32mm以下的安装工程已包括在内,不得另行计算;公称直径32mm以上的,可另行计算。 (4)各种伸缩器制作安装,均以“个”为计量单位。方形伸缩器的两臂,按臂长的两倍合并在管道长度内计算
		定额包括工作内容	(1)管道及接头零件安装。 (2)水压试验或灌水试验。 (3)室内*DN*32以内钢管包括管卡及托钩制作安装。 (4)钢管包括弯管制作与安装(伸缩器除外),无论是现场煨制或成品弯管均不得换算。 (5)铸铁排水管、雨水管及塑料排水管,均包括管卡及托吊支架、臭气帽、雨水漏斗制作安装。 (6)穿墙及过楼板铁皮套管安装人工	

续表一

序号	项目	定额说明		工程量计算规则
1	管道安装	定额不包括工作内容	(1)室内外管道沟土方及管道基础，应执行《全国统一建筑工程基础定额》。 (2)管道安装中不包括法兰、阀门及伸缩器的制作、安装，按相应项目另行计算。 (3)室内外给水、雨水铸铁管包括接头零件所需的人工，但接头零件价格应另行计算。 (4)*DN*32 以上的钢管支架，按定额管道支架另行计算。 (5)过楼板的钢套管的制作、安装工料，按室外钢管(焊接)项目计算	(5)管道消毒、冲洗、压力试验，均按管道长度以“m”为计量单位，不扣除阀门、管件所占的长度
2	阀门、水位标尺安装	(1)螺纹阀门安装适用于各种内外螺纹连接的阀门安装。 (2)法兰阀门安装适用于各种法兰阀门的安装。如仅为一侧法兰连接时，定额中的法兰、带帽螺栓及钢垫圈数量减半。 (3)各种法兰连接用垫片均按石棉橡胶板计算，如用其他材料，不得调整。 (4)浮标液面计 FQ－Ⅱ型安装是按《采暖通风国家标准图集》(N102－3)编制的。 (5)水塔、水池浮漂水位标尺制作安装，是按《全国通用给水排水标准图集》(S318)编制的		(1)各种阀门安装，均以“个”为计量单位。法兰阀门安装，如仅为一侧法兰连接时，定额所列法兰、带帽螺栓及垫圈数量减半，其余不变。 (2)各种法兰连接用垫片，均按石棉橡胶板计算。如用其他材料时，不得调整。 (3)法兰阀(带短管甲乙)安装，均以“套”为计量单位。如接口材料不同时，可调整。 (4)自动排气阀安装以“个”为计量单位，已包括了支架制作安装，不得另行计算。 (5)浮球阀安装均以“个”为计量单位，已包括了联杆及浮球的安装，不得另行计算。 (6)浮标液面计、水位标尺是按国标编制的，如设计与国标不符时，可调整

续表二

序号	项目	定额说明	工程量计算规则
3	低压器具、水表组成与安装	(1)减压器、疏水器组成与安装是按《采暖通风国家标准图集》(N108)编制的,如实际组成与此不同时,阀门和压力表数量可按实际调整,其余不变。 (2)法兰水表安装是按《全国通用给水排水标准图集》(S145)编制的,定额内包括旁通管及止回阀。如实际安装形式与此不同时,阀门及止回阀可按实际调整,其余不变	(1)减压器、疏水器组成安装以"组"为计量单位。如设计组成与定额不同时,阀门和压力表数量可按设计用量进行调整,其余不变。 (2)减压器安装,按高压侧的直径计算。 (3)法兰水表安装以"组"为计量单位,定额中旁通管及止回阀如与设计规定的安装形式不同时,阀门及止回阀可按设计规定进行调整,其余不变
4	卫生器具制作安装	(1)定额中所有卫生器具安装项目,均参照《全国通用给水排水标准图集》中有关标准图集计算,除以下说明者外,设计无特殊要求均不做调整。 (2)成组安装的卫生器具,定额均已按标准图集计算了与给水、排水管道连接的人工和材料。 (3)浴盆安装适用于各种型号的浴盆,但浴盆支座和浴盆周边的砌砖、瓷砖粘贴应另行计算。 (4)洗脸盆、洗手盆、洗涤盆适用于各种型号。 (5)化验盆安装中的鹅颈水嘴、化验单嘴、双嘴适用于成品件安装。 (6)洗脸盆肘式开关安装,不分单双把均执行同一项目。 (7)脚踏开关安装包括弯管和喷头的安装人工和材料。 (8)淋浴器铜制品安装适用于各种成品淋浴器安装	(1)卫生器具组成安装,以"组"为计量单位,已按标准图综合了卫生器具与给水管、排水管连接的人工与材料用量,不得另行计算。 (2)浴盆安装不包括支座和四周侧面的砌砖及瓷砖粘贴。 (3)蹲式大便器安装,已包括了固定大便器的垫砖,但不包括大便器蹲台砌筑。 (4)大便槽、小便槽自动冲洗水箱安装,以"套"为计量单位,已包括了水箱托架的制作安装,不得另行计算。 (5)小便槽冲洗管制作与安装,以"m"为计量单位,不包括阀门安装,其工程量可按相应定额另行计算

续表三

序号	项目	定额说明	工程量计算规则
4	卫生器具制作安装	(9)蒸汽一水加热器安装项目中,包括了莲蓬头安装,但不包括支架制作安装;阀门和疏水器安装可按相应项目另行计算。 (10)冷热水混合器安装项目中包括了温度计安装,但不包括支座制作安装,其工程量可按相应项目另行计算。 (11)小便槽冲洗管制作安装定额中,不包括阀门安装,其工程量可按相应项目另行计算。 (12)大、小便槽水箱托架安装已按标准图集计算在定额内,不得另行计算。 (13)高(无)水箱蹲式大便器、低水箱坐式大便器安装,适用于各种型号。 (14)电热水器、电开水炉安装定额内只考虑了本体安装,连接管、连接件等可按相应项目另行计算。 (15)饮水器安装的阀门和脚踏开关安装,可按相应项目另行计算。 (16)容积式水加热器安装,定额内已按标准图集计算了其中的附件,但不包括安全阀安装、本体保温、刷油漆和基础砌筑	(6)脚踏开关安装,已包括了弯管与喷头的安装,不得另行计算。 (7)冷热水混合器安装,以"套"为计量单位,不包括支架制作安装及阀门安装,其工程量可按相应定额另行计算。 (8)蒸汽一水加热器安装,以"台"为计量单位,包括莲蓬头安装,不包括支架制作安装及阀门、疏水器安装,其工程量可按相应定额另行计算。 (9)容积式水加热器安装,以"台"为计量单位,不包括安全阀安装、保温与基础砌筑,其工程量可按相应定额另行计算。 (10)电热水器、电开水炉安装,以"台"为计量单位,只考虑本体安装,连接管、连接件等工程量可按相应定额另行计算。 (11)饮水器安装以"台"为计量单位,阀门和脚踏开关工程量可按相应定额另行计算

二、采暖工程全统定额工程量计算

采暖工程全统定额工程量计算见表5-65。

表5-65　　采暖工程全统定额工程量计算

序号	项目	定额说明	工程量计算规则
1	管道安装	(1)界限划分： 1)室内外管道以入口阀门或建筑物外墙皮1.5m为界； 2)与工业管道以锅炉房或泵站外墙皮1.5m为界； 3)工厂车间内采暖管道以采暖系统与工业管道碰头点为界； 4)设在高层建筑内的加压泵间管道以泵站间外墙皮为界。 (2)室内采暖管道的工程量均按图示中心线的“延长米”为单位计算，阀门、管件所占长度均不从延长米中扣除，但暖气片所占长度应扣除。 室内采暖管道安装工程除管道本身价值和直径在32mm以上钢管支架需另行计算外，以下工作内容均已考虑在定额中，不得重复计算：管道及接头零件安装；水压试验或灌水试验；*DN*32以内钢管的管卡及托钩制作安装；弯管制作与安装(伸缩器、圆形补偿器除外)；穿墙及过楼板铁皮套管安装人工等。穿墙及过楼板镀锌铁皮套管的制作应按镀锌铁皮套管项目另行计算，钢套管的制作安装工料，按室外焊接钢管安装项目计算。 (3)除锅炉房和泵房管道安装以及高层建筑内加压泵间的管道安装执行全统定额《工业管道工程》分册的相应项目外，其余部分均按全统定额《给排水、采暖、燃气工程》分册执行。 (4)安装的管子规格如与定额中子目规定不相符合时，应使用接近规格的项目，规格居中时按大者套，超过定额最大规格时可作补充定额。 (5)各种伸缩器制作安装根据其不同形式、连接方式和公称直径，分别以“个”为单位计算	(1)阀门安装工程量以“个”为单位计算，不分低压、中压，使用同一定额，但连接方式应按螺纹式和法兰式以及不同规格分别计算。螺纹阀门安装适用于内外螺纹的阀门安装。法兰阀门安装适用于各种法兰阀门的安装。如仅为一侧法兰连接时，定额中的法兰、带帽螺栓及钢垫圈数量减半计算。

续表

序号	项目	定额说明	工程量计算规则
1	管道安装	用直管弯制伸缩器，在计算工程量时，应分别并入不同直径的导管延长米内，弯曲的两臂长度原则上应按设计确定的尺寸计算。若设计未明确时，按弯曲臂长(H)的两倍计算。 套筒式以及除去以直管弯制的伸缩器以外的各种形式的补偿器，在计算时，均不扣除所占管道的长度	(2)各种法兰连接用垫片均按橡胶合棉板计算，如用其他材料，均不做调整
2	低压器具安装	采暖工程中的低压器具是指减压器和疏水器	减压器和疏水器的组成与安装均应区分连接方式和公称直径的不同，分别以“组”为单位计算。减压器安装按高压侧的直径计算。减压器、疏水器如设计组成与定额不同时，阀门和压力表数量可按设计需要量调整，其余不变。但单体安装的减压器、疏水器应按阀门安装项目执行。单体安装的安全阀可按阀门安装相应定额项目乘以系数 2.0 计算
3	供暖器具安装	(1)定额系参照 1993 年《全国通用暖通空调标准图集·采暖系统及散热器安装》(T9N112)编制的。 (2)各类型散热器不分明装或暗装，均按类型分别编制。柱型散热器为挂装时，可执行 M132 项目。 (3)柱型和 M132 型铸铁散热器安装用拉条时，拉条另行计算。 (4)定额中列出的接口密封材料，除圆翼汽包垫采用橡胶石棉板外，其余均采用成品汽包垫。如采用其他材料，不作换算	(1)热空气幕安装，以“台”为计量单位，其支架制作安装可按相应定额另行计算。 (2)长翼、柱型铸铁散热器组成安装，以“片”为计量单位，其汽包垫不得换算；圆翼型铸铁散热器组成安装，以“节”为计量单位

续表

序号	项目	定额说明	工程量计算规则
3	供暖器具安装	(5)光排管散热器制作、安装项目,单位每10m系指光排管长度。联管作为材料已列入定额,不得重复计算。 (6)板式、壁板式,已计算了托钩的安装人工和材料;闭式散热器,如主材价不包括托钩者,托钩价格另行计算	(3)光排管散热器制作安装,以"m"为计量单位,已包括联管长度,不得另行计算
4	小型容器制作安装	(1)定额系参照《全国通用给水排水标准图集》(S151,S342)及《全国通用采暖通风标准图集》(T905,T906)编制,适用于给排水、采暖系统中一般低压碳钢容器的制作和安装。 (2)各种水箱连接管,均未包括在定额内,可执行室内管道安装的相应项目。 (3)各类水箱均未包括支架制作安装,若为型钢支架,执行本定额"一般管道支架"项目;混凝土或砖支座可按土建相应项目执行。 (4)水箱制作,包括水箱本身及人孔的质量。水位计、内外人梯均未包括在定额内,发生时,可另行计算	(1)钢板水箱制作,按施工图所示尺寸,不扣除人孔、手孔质量,以"kg"为计量单位。法兰和短管水位计可按相应定额另行计算。 (2)钢板水箱安装,按国家标准图集水箱容量"m^3",执行相应定额。各种水箱安装,均以"个"为计量单位

三、燃气工程全统定额工程量计算

燃气工程全统定额工程量计算见表5-66。

表5-66　燃气工程全统定额工程量计算

项目	定额说明	工程量计算规则
燃气工程	(1)定额包括低压镀锌钢管、铸铁管、管道附件、器具安装。 (2)室内外管道分界。 1)地下引入室内的管道,以室内第一个阀门为界。 2)地上引入室内的管道,以墙外三通为界。 (3)室外管道与市政管道,以两者的碰头点为界。 (4)各种管道安装定额的工作内容 1)场内搬运,检查清扫,分段试压。 2)管件制作(包括机械煨弯、三通)。 3)室内托钩角钢卡制作与安装。 (5)钢管焊接安装项目适用于无缝钢管和焊接钢管	(1)各种管道安装,均按设计管道中心线长度,以"m"为计量单位,不扣除各种管件和阀门所占长度。 (2)除铸铁管外,管道安装中已包括管件安装和管件本身价值

续表

<table>
<tr><th>项目</th><th>定额说明</th><th>工程量计算规则</th></tr>
<tr>
<td>燃气工程</td>
<td>
(6)编制预算时，下列项目应另行计算
1)阀门安装，按本定额相应项目另行计算。
2)法兰安装，按本定额相应项目另行计算(调长器安装、调长器与阀门联装、燃气计量表安装除外)。
3)穿墙套管：铁皮管按本定额相应项目计算，内墙用钢套管按本定额室外钢管焊接定额相应项目计算，外墙钢套管按《工业管道工程》定额相应项目计算。
4)埋地管道的土方工程及排水工程，执行相应预算定额。
5)非同步施工的室内管道安装的打、堵洞眼，执行《全国统一建筑工程基础定额》。
6)室外管道所有带气碰头。
7)燃气计量表安装，不包括表托、支架、表底基础。
8)燃气加热器具只包括器具与燃气管终端阀门连接，其他执行相应定额。
9)铸铁管安装，定额内未包括接头零件，可按设计数量另行计算，但人工、机械不变。
(7)承插煤气铸铁管，以N型和X型接口形式编制的；如果采用N型和SMJ型接口时，其人工乘系数1.05；当安装X型，ϕ400铸铁管接口时，每个口增加螺栓2.06套，人工乘以系数1.08。
(8)燃气输送压力大于0.2MPa时，承插煤气铸铁管安装定额中人工乘以系数1.3。燃气输送压力的分级见表1。
表1　燃气输送压力(表压)分级
<table>
<tr><th rowspan="2">名称</th><th rowspan="2">低压燃气管道</th><th colspan="2">中压燃气管道</th><th colspan="2">高压燃气管道</th></tr>
<tr><th>B</th><th>A</th><th>B</th><th>A</th></tr>
<tr><td>压力(MPa)</td><td>$P\leqslant 0.005$</td><td>$0.005<P\leqslant 0.2$</td><td>$0.2<P\leqslant 0.4$</td><td>$0.4<P\leqslant 0.8$</td><td>$0.8<P\leqslant 1.6$</td></tr>
</table>
</td>
<td>
(3)承插铸铁管安装定额中未列出接头零件，其本身价值应按设计用量另行计算，其余不变。
(4)钢管焊接挖眼接管工作，均在定额中综合取定，不得另行计算。
(5)调长器及调长器与阀门连接，包括一副法兰安装，螺栓规格和数量以压力为0.6MPa的法兰装配；如压力不同，可按设计要求的数量、规格进行调整，其他不变。
(6)燃气表安装，按不同规格、型号分别以“块”为计量单位，不包括表托、支架、表底垫层基础，其工程量可根据设计要求另行计算。
(7)燃气加热设备、灶具等，按不同用途规定型号，分别以“台”为计量单位。
(8)气嘴安装按规格型号连接方式，分别以“个”为计量单位
</td>
</tr>
</table>

第六章　水暖工程工程量清单计价

第一节　工程量清单

一、工程量清单的含义

工程量清单是指载明建设工程分部分项工程项目、措施项目、其他项目的名称和相应数量以及规费、税金项目等内容的明细清单。其中，招标工程量清单是招标人依据国家标准、招标文件、设计文件以及施工现场实际情况编制的，随招标文件发布供投标报价的工程量清单，包括其说明和表格；已标价工程量清单是指构成合同文件组成部分的投标文件中已标明价格，经算术性错误修正（如有）且承包人已确认的工程量清单，包括其说明和表格。

二、2013 版清单计价规范简介

2012 年 12 月 25 日，住房和城乡建设部发布了《建设工程工程量清单计价规范》（GB 50500—2013）（以下简称“13 计价规范”）和《房屋建筑与装饰工程工程量计算规范》（GB 50854—2013）、《仿古建筑工程工程量计算规范》（GB 50855—2013）、《通用安装工程工程量计算规范》（GB 50856—2013）、《市政工程工程量计算规范》（GB 50857—2013）、《园林绿化工程工程量计算规范》（GB 50858—2013）、《矿山工程工程量计算规范》（GB 50859—2013）、《构筑物工程工程量计算规范》（GB 50860—2013）、《城市轨道交通工程工程量计算规范》（GB 50861—2013）、《爆破工程工程量计算规范》（GB 50862—2013）等 9 本计量规范（以下简称“13 工程计量规范”），全部 10 本规范于 2013 年 7 月 1 日起实施。

“13 计价规范”及“13 工程计量规范”是在《建设工程工程量清单计价规范》（GB 50500—2008）（以下简称“08 计价规范”）基础上，以原建设部发布的工程基础定额、消耗量定额、预算定额以及各省、自治区、直辖市或行业建设主管部门发布的工程计价定额为参考，以工程计价相关的国家

或行业的技术标准、规范、规程为依据，收集近年来新的施工技术、工艺和新材料的项目资料，经过整理，在全国广泛征求意见后编制而成。

“13 计价规范”共设置 16 章、54 节、329 条，各章名称为：总则、术语、一般规定、工程量清单编制、招标控制价、投标报价、合同价款约定、工程计量、合同价款调整、合同价款期中支付、竣工结算与支付、合同解除的价款结算与支付、合同价款争议的解决、工程造价鉴定、工程计价资料与档案和工程计价表格。相比“08 计价规范”而言，分别增加了 11 章、37 节、192 条。

“13 计价规范”适用于建设工程发承包及实施阶段的招标工程量清单、招标控制价、投标报价的编制，工程合同价款的约定，竣工结算的办理以及施工过程中的工程计量、合同价款支付、施工索赔与现场签证、合同价款调整和合同价款争议的解决等计价活动。相对于“08 计价规范”，“13 计价规范”将“建设工程工程量清单计价活动”修改为“建设工程发承包及实施阶段的计价活动”，从而对清单计价规范的适用范围进一步进行了明确，表明了不分何种计价方式，建设工程发承包及实施阶段的计价活动必须执行“13 计价规范”。之所以规定“建设工程发承包及实施阶段的计价活动”，主要是因为工程建设具有周期长、金额大、不确定因素多的特点，从而决定了建设工程计价具有分阶段计价的特点，建设工程决策阶段、设计阶段的计价要求与发承包及实施阶段的计价要求是有区别的，这就避免了因理解上的歧义而发生纠纷。

“13 计价规范”规定：“建设工程发承包及实施阶段的工程造价应由分部分项工程费、措施项目费、其他项目费、规费和税金组成。”这说明了不论采用什么计价方式，建设工程发承包及实施阶段的工程造价均由这五部分组成，这五部分也称之为建筑安装工程费。

根据原人事部、原建设部《关于印发〈造价工程师执业制度暂行规定〉的通知》（人发[1996]77 号）、《注册造价工程师管理办法》（建设部第 150 号令）以及《全国建设工程造价员管理办法》（中价协[2011]021 号）的有关规定，“13 计价规范”规定：“招标工程量清单、招标控制价、投标报价、工程计量、合同价款调整、合同价款结算与支付以及工程造价鉴定等工程造价文件的编制与核对，应由具有专业资格的工程造价人员承担。”“承担工程造价文件的编制与核对的工程造价人员及其所在单位，应对工程造价文件的质量负责。”

另外,由于建设工程造价计价活动不仅要客观反映工程建设的投资,更应体现工程建设交易活动公正、公平的原则。因此“13 计价规范”规定,工程建设双方,包括受其委托的工程造价咨询方,在建设工程发承包及实施阶段从事计价活动均应遵循客观、公正、公平的原则。

三、清单计价规范的特点

“13 计价规范”具有明显的强制性、竞争性、通用性和实用性。

1. 强制性

强制性主要表现在:一是由建设主管部门按照强制性国家标准的要求批准发布,规定使用国有资金投资的建设工程发承包,必须采用工程量清单计价;非国有资金投资的建设工程,宜采用工程量清单计价。二是明确招标工程量清单必须作为招标文件的组成部分,其准确性和完整性由招标人负责。规定招标人在编制分部分项工程项目和单价措施项目清单时必须载明项目编码、项目名称、项目特征、计量单位和工程量五个要件,并明确安全文明施工费、规费和税金,应按国家或省级、行业建设主管部门的规定计价,不得作为竞争性费用,为建立全国统一的建设市场和规范计价行为提供了依据。

2. 竞争性

竞争性,一方面表现在:“13 计价规范”中从政策性规定到一般内容的具体规定,充分体现了工程造价由市场竞争形成价格的原则。对于“13 工程计量规范”中的总价措施项目,在工程量清单中只列出“项目编码”和“项目名称”,具体采用什么措施,由投标人根据企业的施工组织设计,视具体情况报价;另一方面,“13 计价规范”中人工、材料和施工机械没有具体的消耗量,为企业报价提供了自主的空间。

3. 通用性

通用性主要表现在:一是“13 计价规范”中对工程量清单计价表格规定了统一的表达格式,这样,不同省市、地区和行业在工程施工招投标过程中,互相竞争就有了统一标准,利于公平、公正竞争;二是“13 计价规范”编制考虑了与国际惯例的接轨,工程量清单计价是国际上通行的计价方法。

“13 计价规范”的相关规定符合工程量计算方法标准化、工程量计算规则统一化、工程造价确定市场化的要求。

4. 实用性

实用性表现在:在“13 工程计量规范”中,工程量清单项目及工程量计算规则的项目名称表现的是工程实体项目,项目名称明确清晰,工程量计算规则简洁明了。

第二节 工程量清单编制

一、工程量清单一般规定

(1)工程量清单应由招标人负责编制,若招标人不具有编制工程量清单的能力。则可根据《工程造价咨询企业管理办法》的规定,委托具有工程造价咨询性质的工程造价咨询人编制。

(2)采用工程量清单方式招标,工程量清单必须作为招标文件的组成部分,其准确性和完整性由招标人负责。

(3)工程量清单是工程量清单计价的基础,应作为编制招标控制价、投标报价、计算工程量、支付工程款、调整合同价款、办理竣工结算以及工程索赔等的依据之一。

二、工程量清单编制依据

(1)“13 计价规范”和“13 工程计量规范”。

(2)国家或省级、行业建设主管部门颁发的计价定额和办法。

(3)建设工程设计文件及相关资料。

(4)与建设工程有关的标准、规范、技术资料。

(5)拟定的招标文件。

(6)施工现场情况、地勘水文资料、工程特点及常规施工方案。

(7)其他相关资料。

三、分部分项工程量清单

(1)分部分项工程量清单应包括项目编码、项目名称、项目特征、计量单位和工程量。这是构成分部分项工程量清单的 5 个要件,在分部分项工程量清单的组成中缺一不可。

(2)分部分项工程量清单应根据“13 工程计量规范”中附录规定的项目编码、项目名称、项目特征、计量单位和工程量计算规则进行编制。

(3)分部分项工程量清单项目编码栏应根据相关国家工程量计算规

范项目编码栏内规定的9位数字另加3位顺序码共12位阿拉伯数字填写。各位数字的含义为:一、二位为专业工程代码,房屋建筑与装饰工程为01,仿古建筑为02,通用安装工程为03,市政工程为04,园林绿化工程为05,矿山工程为06,构筑物工程为07,城市轨道交通工程为08,爆破工程为09;三、四位为专业工程附录分类顺序码;五、六位为分部工程顺序码;七、八、九位为分项工程项目名称顺序码;十至十二位为清单项目名称顺序码。

在编制工程量清单时,应注意对项目编码的设置不得有重码,特别是当同一标段(或合同段)的一份工程量清单中含有多个单项或单位工程且工程量清单是以单项或单位工程为编制对象时,应注意项目编码中的十至十二位的设置不得重码。例如一个标段(或合同段)的工程量清单中含有三个单项或单位工程,每一单项或单位工程中都有项目特征相同的钢制散热器,在工程量清单中又需反映三个不同单项或单位工程的钢制散热器工程量时,此时工程量清单应以单项或单位工程为编制对象,第一个单项或单位工程的钢制散热器的项目编码为031005002001,第二个单项或单位工程的钢制散热器的项目编码为031005002002,第三个单项或单位工程的钢制散热器的项目编码为031005002003,并分别列出各单项或单位工程现浇混凝土矩形梁的工程量。

(4)分部分项工程量清单项目名称栏应按相关工程国家工程量计算规范的规定,根据拟建工程实际填写。在实际填写过程中,"项目名称"有两种填写方法:一是完全保持相关工程国家工程量计算规范的项目名称不变;二是根据工程实际在工程量计算规范项目名称下另行确定详细名称。

(5)分部分项工程量清单项目特征栏应按相关工程国家工程量计算规范的规定,根据拟建工程实际进行描述。在对分部分项工程项目清单的项目特征描述时,可按下列要点进行:

1)必须描述的内容:

①涉及正确计量的内容必须描述。如钢制散热器若采用"组"计量,则1组散热器有几片,直接关系到散热器的价格,对钢制散热器的型号、规格描述十分必要的。

②涉及结构要求的内容必须描述。如混凝土构件的混凝土的强度等级,因混凝土强度等级不同,其价格也不同,必须描述。

③涉及材质要求的内容必须描述。如油漆的品种，是调和漆还是硝基清漆等；管材的材质，是钢管还是塑料管等；还需要对管材的规格、型号进行描述。

④涉及安装方式的内容必须描述。如管道工程中，管道的连接方式就必须描述。

2)可不描述的内容：

①对计量计价没有实质影响的内容可以不描述。如对水质处理器的外观特征规定可以不描述，因为混凝土构件是按"台"计量，对此的描述实质意义不大。

②应由投标人根据施工方案确定的可以不描述。

③应由投标人根据当地材料和施工要求确定的可以不描述。

④应由施工措施解决的可以不描述。

3)可不详细描述的内容：

①无法准确描述的可不详细描述。如土壤类别，由于我国幅员辽阔，南北东西差异较大，特别是对于南方来说，在同一地点，由于表层土与表层土以下的土壤，其类别是不相同的，要求清单编制人准确判定某类土壤的所占比例是困难的，在这种情况下，可考虑将土壤类别描述为合格，注明由投标人根据地勘资料自行确定土壤类别，决定报价。

②施工图纸、标准图集标注明确的，可不再详细描述。对这些项目可采取详见××图集或××图号的方式，对不能满足项目特征描述要求的部分，仍应用文字描述。由于施工图纸、标准图集是发承包双方都应遵守的技术文件，这样描述可以有效减少在施工过程中对项目理解的不一致。

③有一些项目可不详细描述，但清单编制人在项目特征描述中应注明由投标人自定。

④如清单项目的项目特征与现行定额中某些项目的规定是一致的，也可采用见××定额项目的方式进行描述。

4)项目特征的描述方式。描述清单项目特征的方式大致可分为"问答式"和"简化式"两种。其中，"问答式"是指清单编写人按照工程计价软件上提供的规范，在要求描述的项目特征上采用答题的方式进行描述；"简化式"是对需要描述的项目特征内容根据当地的用语习惯，采用口语化的方式直接表述，省略了规范上的描述要求。

(6)分部分项工程量清单的计量单位应按相关工程国家工程量计算

规范规定的计量单位填写。有些项目工程量计算规范中有两个或两个以上计量单位,应根据拟建工程项目的实际,选择最适宜表现该项目特征并方便计量的单位。如管道支架项目,工程量计算规范以kg、套为计量单位表示,此时就应根据工程项目的特点,选择其中一个即可。

(7)"工程量"应按相关工程国家工程量计算规范规定的工程量计算规则计算填写。

工程量的有效位数应遵守下列规定:

1)以"t"为单位,应保留小数点后三位小数,第四位小数四舍五入;

2)以"m"、"m^2"、"m^3"、"kg"为单位,应保留小数点后两位小数,第三位小数四舍五入;

3)以"个"、"件""根""组""系统"为单位,应取整数。

(8)分部分项工程量清单编制应注意以下问题:

1)不能随意设置项目名称,清单项目名称一定要按"13工程计量规范"附录的规定设置。

2)正确对项目进行描述,一定要将完成该项目的全部内容完整地体现在清单上,不能有遗漏,以便投标人报价。

四、措施项目清单

措施项目清单是指为完成工程项目施工,发生于该工程施工准备和施工过程中的技术、生活、安全、环境保护等方面的项目。"13工程计量规范"中有关措施项目的规定和具体条文比较少。投标人可根据施工组织设计中采取的措施增加项目。

措施项目清单的设置,首先要参考拟建工程的施工组织设计,以确定安全文明施工、材料的二次搬运等项目。其次参阅施工技术方案,以确定夜间施工增加费、大型机械进出场及安拆费、脚手架工程费等项目。参阅相关的工程施工规范及工程验收规范,可以确定施工技术方案没有表达的,但是为了实现施工规范及工程验收规范要求而必须发生的技术措施。

(1)措施项目清单应根据拟建工程的实际情况列项。

(2)措施项目中可以计算工程量的项目清单宜采用分部分项工程量清单的方式编制,列出项目编码、项目名称、项目特征、计量单位和工程量计算规则;不能计算工程量的项目清单,以"项"为计量单位。

(3)"13工程计量规范"将实体性项目划分为分部分项工程量清单,非实体性项目划分为措施项目。所谓非实体性项目,一般来说,其费用的发生和金额的大小与使用时间、施工方法或者两个以上工序相关，与实际完成的实体工程量的多少关系不大，典型的是大中型施工机械、文明施工和安全防护、临时设施等。但有的非实体性项目，则是可以计算工程量的项目，典型的建筑工程是混凝土浇筑的模板工程，用分部分项工程量清单的方式采用综合单价，更有利于措施费的确定和调整，更有利于合同管理。

五、其他项目清单

(1)其他项目清单是指分部分项工程量清单、措施项目清单所包含的内容以外，因招标人的特殊要求而发生的与拟建工程有关的其他费用项目和相应数量的清单。工程建设标准的高低、工程的复杂程度、工程的工期长短、工程的组成内容、发包人对工程管理要求等都直接影响其他项目清单的具体内容。其他项目清单包括暂列金额、暂估价(包括材料暂估单价、工程设备暂估单价、专业工程暂估价)、计日工、总承包服务费。

1)暂列金额。暂列金额是招标人在工程量清单中暂定并包括在合同价款中的一笔款项。清单计价规范中明确规定，暂列金额用于施工合同签订时尚未确定或者不可预见的所需材料、设备、服务的采购，施工中可能发生的工程变更、合同约定调整因素出现时的工程价款调整，以及发生的索赔、现场签证确认等的费用。

不管采用何种合同形式，工程造价理想的标准是，一份合同的价格就是其最终的竣工结算价格，或者至少两者应尽可能接近。我国规定对政府投资工程实行概算管理，经项目审批部门批复的设计概算是工程投资控制的刚性指标，即使商业性开发项目也有成本的预先控制问题，否则，无法相对准确预测投资的收益和科学合理地进行投资控制。但工程建设自身的特性决定了工程的设计需要根据工程进展不断地进行优化和调整，业主需求可能会随工程建设进展出现变化，工程建设过程还会存在一些不能预见、不能确定的因素。消化这些因素必然会影响合同价格的调整，暂列金额正是为这类不可避免的价格调整而设立，以便达到合理确定和有效控制工程造价的目标。

另外，暂列金额列入合同价格不等于就属于承包人所有了，即使是总价包干合同，也不等于列入合同价格的所有金额就属于承包人，是否属于承包人应得金额取决于具体的合同约定，只有按照合同约定程序实际发生后，才能成为承包人的应得金额，纳入合同结算价款中。扣除实际发生金额后的暂列金额余额仍属于发包人所有。设立暂列金额并不能保证合同结算价格就不会再出现超过合同价格的情况,是否超出合同价格完全取决于工程量清单编制人暂列金额预测的准确性,以及工程建设过程是否出现了其他事先未预测到的事件。

2)暂估价。暂估价是指招标阶段直至签订合同协议时,招标人在招标文件中提供的用于支付必然发生,但暂时不能确定价格的材料以及专业工程的金额。暂估价包括材料暂估单价、工程设备暂估单价和专业工程暂估价。暂估价类似于FIDIC合同条款中的Prime Cost Items,在招标阶段预见肯定要发生,只是因为标准不明确或者需要由专业承包人完成,暂时无法确定价格。暂估价数量和拟用项目应当结合工程量清单中的"暂估价表"予以补充说明。

为方便合同管理,需要纳入分部分项工程项目清单综合单价中的暂估价应只是材料费、工程设备费,以方便投标人组价。

专业工程的暂估价一般应是综合暂估价,应当包括除规费和税金以外的管理费、利润等取费。总承包招标时,专业工程设计深度往往是不够的,一般需要交由专业设计人设计,国际上,出于提高可建造性考虑,一般由专业承包人负责设计,以发挥其专业技能和专业施工经验的优势。这类专业工程交由专业分包人完成是国际工程的良好实践,目前在我国工程建设领域也已经比较普遍。公开透明地合理确定这类暂估价的实际开支金额的最佳途径,就是通过施工总承包人与工程建设项目招标人共同组织的招标。

3)计日工。计日工是为解决现场发生的零星工作的计价而设立的,其为额外工作和变更的计价提供了一个方便快捷的途径。计日工适用的所谓零星工作一般是指合同约定之外的或者因变更而产生的、工程量清单中没有相应项目的额外工作,尤其是那些时间不允许事先商定价格的额外工作。计日工以完成零星工作所消耗的人工工时、材料数量、机械台班进行计量,并按照计日工表中填报的适用项目的单价进行计价支付。

国际上常见的标准合同条款中,大多数都设立了计日工(Daywork)计价机制。但在我国以往的工程量清单计价实践中,由于计日工项目的单价水平一般要高于工程量清单项目的单价水平,因而经常被忽略。从理论上讲,由于计日工往往是用于一些突发性的额外工作,缺少计划性,承包人在调动施工生产资源方面难免不影响已经计划好的工作,生产资源的使用效率也有一定的降低，客观上造成超出常规的额外投入。另外，其他项目清单中计日工往往是一个暂定的数量，其无法纳入有效的竞争。所以，合理的计日工单价水平一定要高于工程量清单的价格水平。为获得合理的计日工单价，发包人在其他项目清单中对计日工一定要给出暂定数量，并需要根据经验尽可能估算一个较接近实际的数量。

4)总承包服务费。总承包服务费是为了解决招标人在法律、法规允许的条件下进行专业工程发包，以及自行供应材料、设备，并需要总承包人对发包的专业工程提供协调和配合服务，对供应的材料、设备提供收、发和保管服务以及进行施工现场管理时发生，并向总承包人支付费用。招标人应预计该项费用，并按投标人的投标报价向投标人支付该项费用。

(2)为保证工程施工建设的顺利实施，投标人在编制招标工程量清单时，应对施工过程中可能出现的各种不确定因素对工程造价的影响进行估算，列出一笔暂列金额。暂列金额可根据工程的复杂程度、设计深度、工程环境条件(包括地质、水文、气候条件等)进行估算，一般可按分部分项工程费的10%～15%作为参考。

(3)暂估价中的材料、工程设备暂估单价应根据工程造价信息或参照市场价格估算，列出明细表；专业工程暂估价应分不同专业，按有关计价规定估算，列出明细表。

(4)计日工应列出项目名称、计量单位和暂估数量。

(5)总承包服务费应列出服务项目及其内容等。

(6)出现上述第(1)条中未列的项目，应根据工程实际情况补充。如办理竣工结算时就需将索赔及现场签证列入其他项目中。

六、规费项目清单

规费是根据省级政府或省级有关权力部门规定必须缴纳的，应计入建筑安装工程造价的费用。根据住房和城乡建设部、财政部“关于印发《建筑安装工程费用项目组成》的通知”(建标[2013]44号)的规定，规费主要包括社会保险费、住房公积金、工程排污费，其中社会保险费包括养老保险费、医疗保险费、失业保险费、工伤保险费和生育保险费；税金主要包括营业税、城市维护建设税、教育费附加和地方教育附加。规费作为政府和有关权力部门规定必须缴纳的费用，政府和有关权力部门可根据形势发展的需要，对规费项目进行调整，因此，清单编制人对《建筑安装工程费用项目组成》中未包括的规费项目，在编制规费项目清单时应根据省级政府或省级有关权力部门的规定列项。

规费项目清单应按照下列内容列项：

(1)社会保险费：包括养老保险费、失业保险费、医疗保险费、工伤保险费、生育保险费。

(2)住房公积金。

(3)工程排污费。

相对于“08 计价规范”,“13 计价规范”对规费项目清单进行了以下调整：

(1)根据《中华人民共和国社会保险法》的规定,将“08 计价规范”使用的“社会保障费”更名为“社会保险费”,将“工伤保险费、生育保险费”列入社会保险费。

(2)根据十一届全国人大常委会第 20 次会议将《中华人民共和国建筑法》第四十八条由“建筑施工企业必须为从事危险作业的职工办理意外伤害保险,支付保险费”修改为“建筑施工企业应当依法为职工参加工伤保险缴纳工伤保险费。鼓励企业为从事危险作业的职工办理意外伤害保险,支付保险费”。由于《中华人民共和国建筑法》将意外伤害保险由强制改为鼓励,因此,“13 计价规范”中规费项目增加了工伤保险费,删除了意外伤害保险,将其列入企业管理费中列支。

(3)根据《财政部、国家发展改革委关于公布取消和停止征收 100 项行政事业性收费项目的通知》(财综[2008]78 号)的规定,工程定额测定费从 2009 年 1 月 1 日起取消,停止征收。因此,“13 计价规范”中规费项目取消了工程定额测定费。

七、税金

根据住房和城乡建设部、财政部“关于印发《建筑安装工程费用项目组成》的通知”(建标[2013]44 号)的规定,目前我国税法规定应计入建筑安装工程造价的税种包括营业税、城市建设维护税、教育费附加和地方教育附加。如国家税法发生变化,税务部门依据职权增加了税种,应对税金项目清单进行补充。

税金项目清单应按下列内容列项：

(1)营业税。

(2)城市维护建设税。

(3)教育费附加。

(4)地方教育附加。

根据《财政部关于统一地方教育政策有关内容的通知》(财综[2011]98号)的有关规定,“13计价规范”相对于“08计价规范”,在税金项目增列了地方教育附加项目。

第三节　工程量清单计价

一、工程量清单计价概述

1. 工程量清单计价的影响因素

工程量清单报价中标的工程,无论采用何种计价方法,在正常情况下,基本说明工程造价已确定,只是当出现设计变更或工程量变动时,通过签证再结算调整另行计算。工程量清单工程成本要素的管理重点,是在既定收入的前提下,如何控制成本支出。

(1)对用工批量的有效管理。人工费支出约占建筑产品成本的17%,且随市场价格波动而不断变化。对人工单价在整个施工期间做出切合实际的预测,是控制人工费用支出的前提条件。

1)根据施工进度,月初依据工序合理做出用工数量,结合市场人工单价计算出本月控制指标。

2)在施工过程中,依据工程分部分项,对每天用工数量连续记录,在完成一个分项后,就同工程量清单报价中的用工数量对比,进行横评找出存在问题,办理相应手续以便对控制指标加以修正。每月完成几个工程分项后各自同工程量清单报价中的用工数量对比,考核控制指标完成情况。通过这种控制节约用工数量,就意味着降低人工费用支出,即增加了相应的效益。这种对用工数量控制的方法,最大优势在于不受任何工程结构形式的影响,分阶段加以控制,有很强的实用性。人工费用控制指标,主要是从量上加以控制。重点通过对在建工程过程控制,积累各类结构形式下实际用工数量的原始资料,以便形成企业定额体系。

(2)对材料费用的有效管理。材料费用开支约占建筑产品成本的63%,是成本要素控制的重点。材料费用因工程量清单报价形式、材料供应方式不同而有所不同。如业主限价的材料价格如何管理,其主要问题可从施工企业采购过程降低材料单价来把握。首先对本月施工分项所需材料用量下发采购部门,在保证材料质量前提下货比三家。采购过程以工程清单报价中材料价格为控制指标,确保采购过程产生收益。对业主供材供料,确保足斤足两,严把验收入库环节。其次在施工过程中,严格执行质量方面的程序文件,做到材料堆放合理布局,减少二次搬运。具体操作依据工程进度实行限额领料,完成一个分项后,考核控制效果。最后是杜绝没有收入的支出,把返工损失降到最低限度。月末应把控制用量和价格同实际数量横向对比,考核实际效果,对超用材料数量落实清楚,是在哪个工程子项造成的,原因是什么,是否存在同业主计取材料差价的问题等。

(3)对机械费用的有效管理。机械费的开支约占建筑产品成本的7%,其控制指标主要是根据工程量清单计算出使用的机械控制台班数。在施工过程中,每天做详细台班记录,是否存在维修、待班的台班。如存在现场停电超过合同规定时间,应在当天同业主做好待班现场签证记录,月末将实际使用台班同控制台班的绝对数进行对比,分析量差发生的原因。对机械费价格一般采取租赁协议,合同一般在结算期内不变动,所以关键是控制实际用量。依据现场情况做到设备合理布局,充分利用,特别是要合理安排大型设备进出场时间,以降低费用。

(4)对施工过程中水电费的有效管理。在以往工程施工中一直被忽视水电费的管理。水作为人类赖以生存的宝贵资源,越来越短缺,加强施工过程中水电费管理的重要性不言而喻。为便于施工过程支出的控制管理,应把控制用量计算到施工子项,以便于水电费用控制。月末依据完成子项所需水电用量同实际用量对比,找出差距的出处,以便制定改正措施。总之,施工过程中对水电用量控制不仅仅是一个经济效益的问题,更重要的是一个合理利用宝贵资源的问题。

(5)对设计变更和工程签证的有效管理。在施工过程中,时常会遇到一些原设计未预料的实际情况或业主单位提出要求改变某些施工做法、材料代用等,引发设计变更;同样,对施工图以外的内容及停水、停电,或因材料供应不及时造成停工、窝工等都需要办理工程签证。以上两部分工作,首先应由负责现场施工的技术人员做好工程量的确认,如存在工程量清单不包括的施工内容,应及时通知技术人员,将需要办理工程签证的内容落实清楚;其次工程造价人员审核变更或签证签字内容是否清楚完整、手续是否齐全，如手续不齐全，应在当天督促施工人员补办手续，变更或签证的资料应连续编号；最后工程造价人员还应特别注意在施工方案中涉及的工程造价问题。在投标时，工程量清单是依据以往的经验计价，建立在既定的施工方案基础上。施工方案的改变便是对工程量清单造价的修正。变更或签证是工程量清单工程造价中所不包括的内容，但在施工过程中费用已经发生，工程造价人员应及时地编制变更及签证后的变动价值。加强设计变更和工程签证工作是施工企业经济活动中的一个重要组成部分，它可防止应得效益的流失，反映工程真实造价构成，对施工企业各级管理者来说更显得重要。

(6)对其他成本要素的有效管理。成本要素除工料单价法包含的以外，还有管理费用、利润、临设费、税金、保险费等。这部分收入已分散在工程量清单的子项之中，中标后已成既定之数，在施工过程中应注意以下几点：

1)节约管理费用是重点，制定切实的预算指标，对每笔开支严格依据预算执行审批手续；提高管理人员的综合素质，做到高效精干，提倡一专多能。

2)利润作为工程量清单子项收入的一部分，在不亏损的情况下，就是企业既定利润。

3)临设费管理的重点是，依据施工工期及现场情况合理布局临设。尽可能就地取材搭建临设，工程接近竣工时应及时减少临设的占用。对购买的彩板房每次安拆要高抬轻放，延长使用次数。日常使用及时维护易损部位，延长使用寿命。

4)对税金、保险费的管理重点是一个资金问题，依据施工进度及时拨付工程款，确保按国家规定的税金及时上缴。

上述六个方面是施工企业的成本要素，针对工程量清单形式带来的风险性，施工企业只有从加强过程控制的管理入手，才能将风险降到最低点。积累各种结构形式下成本要素的资料，逐步形成科学合理，代表人力、财力、技术力量的企业定额体系。通过企业定额，使报价不再盲目，避免了一味过低或过高报价所形成的亏损、废标，以应付复杂激烈的市场竞争。

2. 实行工程量清单计价的目的和意义

(1)实行工程量清单计价,是促进建设市场有序竞争和企业健康发展的需要。工程量清单是招标文件的重要组成部分,由招标单位编制或委托有资质的工程造价咨询单位编制,工程量清单编制的准确、详尽、完整,有利于提高招标单位的管理水平,减少索赔事件的发生。工程量清单是公开的,有利于防止招标工程中弄虚作假、暗箱操作等不规范行为。投标单位通过对单位工程成本、利润进行分析,统筹考虑,精心选择施工方案,根据企业的定额合理确定人工、材料、机械等要素投入量的合理配置,优化组合,合理控制现场经费和施工技术措施费,在满足招标文件需要的前提下,合理确定自己的报价,让企业有自主报价权。改变了过去依赖建设行政主管部门发布的定额和规定的取费标准进行计价的模式,有利于提高劳动生产率,促进企业技术进步,节约投资和规范建设市场。采用工程量清单计价后,将使招标活动的透明度增加,在充分竞争的基础上降低了造价,提高了投资效益,且便于操作和推行,业主和承包商将都会接受这种计价模式。

(2)实行工程量清单计价,有利于我国工程造价政府职能的转变,也有利于由过去的政府控制的指令性定额转变为制定适应市场经济规律需要的工程量清单计价方法,由过去的行政干预转变为对工程造价进行依法监管,有效地强化政府对工程造价的宏观调控。

(3)实行工程量清单计价是与国际接轨的需要。工程量清单计价是目前国际上通行的做法,一些发达国家和地区,如我国香港地区基本采用这种方法,在国内的世界银行等国外金融机构、政府机构贷款项目在招标中大多也采用工程量清单计价办法。随着我国加入世贸组织,国内建筑业面临着两大变化,一是中国市场将更具有活力;二是国内市场逐步国际化,竞争更加激烈。入世以后,一是外国建筑商要进入我国建筑市场开展竞争,他们必然要带进国际惯例、规范和做法来计算工程造价;二是国内建筑公司也同样要到国外市场竞争,也需要按国际惯例、规范和做法来计算工程造价;三是我国的国内工程方面,为了与外国建筑商在国内市场竞争,也要改变过去的做法,参照国际惯例、规范和做法来计算工程承发包价格。因此,建筑产品的价格由市场形成是社会主义市场经济和适应国际惯例的需要。

(4)实行工程量清单计价是深化工程造价管理改革，推进建设市场化的重要途径。长期以来，工程预算定额是我国承发包计价、定价的主要依据。现预算定额中规定的消耗量和有关施工措施性费用是按社会平均水平编制的，以此为依据形成的工程造价基本上也属于社会平均价格。这种平均价格可作为市场竞争的参考价格，但不能反映参与竞争企业的实际消耗和技术管理水平，在一定程度上限制了企业的公平竞争。

20 世纪 90 年代，国家提出了"控制量、指导价、竞争费"的改革措施，将工程预算定额中的人工、材料、机械消耗量和相应的量价分离，国家控制量以保证质量，价格逐步走向市场化，这一措施走出了向传统工程预算定额改革的第一步。但是，这种做法难以改变工程预算定额中国家指令性内容较多的状况，难以满足招标投标竞争定价和经评审的合理低价中标的要求。因为国家定额的控制量是社会平均消耗量，不能反映企业的实际消耗量，不能全面体现企业的技术装备水平、管理水平和劳动生产率，不能体现公平竞争的原则，社会平均水平不能代表社会先进水平，改变以往的工程预算定额的计价模式，适应招标投标的需要，推行工程量清单计价办法是十分必要的。

工程量清单计价是建设工程招标投标中，按照国家统一的工程量清单计价规范，由招标人提供工程数量，投标人自主报价，经评审低价中标的工程造价计价模式。采用工程量清单计价能反映工程个别成本，有利于企业自主报价和公平竞争。

(5)在建设工程招标投标中，实行工程量清单计价是规范建筑市场秩序，适应社会主义市场经济需要的根本措施之一。工程造价是工程建设的核心，也是市场运行的核心内容，建筑市场存在着许多不规范的行为，大多数与工程造价有直接联系。尽快建立和完善市场形成工程造价的机构，是当前规范建筑市场的需要。推行工程量计价，有利于发挥企业自主报价的能力，同时也有利于规范业主在工程招标中的计价行为，有效改变招标单位在招标中盲目压价的行为，从而真正体现公开、公平、公正的原则，反映市场经济规律。

3. 工程量清单计价的特点

(1)统一计价规则。通过制定统一的建设工程工程量清单计价方法、统一的工程量计量规则、统一的工程量清单项目设置规则，达到规范计价行为的目的。这些规则和办法是强制性的，建设各方面都应该遵守,这是工程造价管理部门首次在文件中明确政府应管什么,不应管什么。

(2)有效控制消耗量。通过由政府发布统一的社会平均消耗量指导标准,为企业提供一个社会平均尺度,避免企业盲目或随意大幅度减少或扩大消耗量,从而达到保证工程质量的目的。

(3)彻底放开价格。将工程消耗量定额中的工、料、机价格和利润、管理费全面放开,由市场的供求关系自行确定价格。

(4)企业自主报价。投标企业根据自身的技术专长、材料采购渠道和管理水平等,制定企业自己的报价定额,自主报价。企业尚无报价定额的,可参考使用造价管理部门颁布的《建设工程消耗量定额》。

(5)市场有序竞争形成价格。通过建立与国际惯例接轨的工程量清单计价模式,引入充分竞争形成价格的机制,制定衡量投标报价合理性的基础标准,在投标过程中,有效引入竞争机制,淡化标底的作用,在保证质量、工期的前提下,按《中华人民共和国招标投标法》及有关条款规定,最终以"不低于成本"的合理低价中标。

4. 招标投标过程中采用工程量清单计价的优点

与在招标投标过程中采用定额计价法相比,采用工程量清单计价方法具有以下特点:

(1)满足竞争的需要。招标投标过程本身就是一个竞争的过程,招标人给出工程量清单,投标人去填单价(此单价中一般包括成本、利润),填高中不了标,填低又要赔本,这时就体现出了企业技术、管理水平的重要性,形成了企业整体实力的竞争。

(2)提供平等的竞争条件。采用施工图预算来投标报价,由于设计图纸的缺陷,不同投标企业的人员理解不同,计算出的工程量也不同,容易产生纠纷。而工程量清单报价为投标者提供一个平等竞争的条件,相同的工程量,由企业根据自身的实力来填不同的单价,符合商品交换的一般性原则。

(3)有利于工程款的拨付和工程造价的最终确定。中标后,业主要与中标施工企业签订施工合同,工程量清单报价基础上的中标价就成了合同价的基础。投标清单上的单价也就成了拨付工程款的依据。业主根据施工企业完成的工程量,可以很容易地确定进度款的拨付额。工程竣工后,再根据设计变更、工程量的增减乘以相应单价,业主也很容易确定工程的最终造价。

(4)有利于实现风险的合理分担。采用工程量清单报价方式后，投标单位只对自己所报的成本、单价等负责，而对工程量的变更或计算错误等不负责任；相应的，对于这一部分风险则应由业主承担，这种格局符合风险合理分担与权利关系对等的一般原则。

(5)有利于业主对投资的控制。采用现在的施工图预算形式，业主对因设计变更、工程量的增减所引起的工程造价变化不敏感，往往等工程竣工结算时才清楚这些对项目投资的影响有多大，而采用工程量清单计价的方式则一目了然，在要进行设计变更时，能马上确定它对工程造价的影响。这样，业主就能根据投资情况来决定是否变更或进行方案比较，以确定最恰当的处理方法。

二、工程量清单计价表格的组成

(一)工程计价表格种类及其使用范围

“13计价规范”中规定的工程计价表格的种类及其使用范围见表6-1所示。

表6-1 工程计价表格的种类及其使用范围

表格编号	表格种类	表格名称	表格使用范围				
			工程量清单	招标控制价	投标报价	竣工结算	工程造价鉴定
封-1	工程计价文件封面	招标工程量清单封面	●				
封-2		招标控制价封面		●			
封-3		投标总价封面			●		
封-4		竣工结算书封面				●	
封-5		工程造价鉴定意见书封面					●
扉-1	工程计价文件扉页	招标工程量清单扉页	●				
扉-2		招标控制价扉页		●			
扉-3		投标总价扉页			●		
扉-4		竣工结算总价扉页				●	
扉-5		工程造价鉴定意见书扉页					●
表-01	工程计价总说明	总说明	●	●	●	●	●

续表一

表格编号	表格种类	表格名称	表格使用范围				
			工程量清单	招标控制价	投标报价	竣工结算	工程造价鉴定
表-02	工程计价汇总表	建设项目招标控制价/投标报价汇总表		●	●		
表-03		单项工程招标控制价/投标报价汇总表		●	●		
表-04		单位工程招标控制价/投标报价汇总表		●	●		
表-05		建设项目竣工结算汇总表				●	●
表-06		单项工程竣工结算汇总表				●	●
表-07		单位工程竣工结算汇总表				●	●
表-08	分部分项工程和措施项目计价表	分部分项工程和单价措施项目清单与计价表	●	●	●	●	●
表-09		综合单价分析表		●	●	●	●
表-10		综合单价调整表				●	●
表-11		总价措施项目清单与计价表	●	●	●	●	●
表-12	其他项目计价表	其他项目清单与计价汇总表	●	●	●	●	●
表-12-1		暂列金额明细表	●	●	●	●	●
表-12-2		材料(工程设备)暂估单价及调整表	●	●	●	●	●
表-12-3		专业工程暂估价及结算价表	●	●	●	●	●
表-12-4		计日工表	●	●	●	●	●
表-12-5		总承包服务费计价表	●	●	●	●	●
表-12-6		索赔与现场签证计价汇总表				●	●
表-12-7		费用索赔申请(核准)表				●	●
表-12-8		现场签证表				●	●
表-13		规费、税金项目计价表	●	●	●	●	●
表-14		工程计量申请(核准)表				●	●
表-15	合同价款支付申请(核准)表	预付款支付申请(核准)表				●	●
表-16		总价项目进度款支付分解表			●	●	●
表-17		进度款支付申请(核准)表				●	●
表-18		竣工结算款支付申请(核准)表				●	●
表-19		最终结清支付申请(核准)表				●	●

续表二

表格编号	表格种类	表格名称	表格使用范围				
			工程量清单	招标控制价	投标报价	竣工结算	工程造价鉴定
表-20	主要材料、工程设备一览表	发包人提供材料和工程设备一览表	●	●	●	●	●
表-21		承包人提供主要材料和工程设备一览表（适用于造价信息差额调整法）	●	●	●	●	●
表-22		承包人提供主要材料和工程设备一览表（适用于价格指数差额调整法）	●	●	●	●	●

(二)工程计价文件封面

1. 招标工程量清单封面

＿＿＿＿＿＿＿＿＿＿工程

招标工程量清单

招　标　人：＿＿＿＿＿＿＿＿＿＿

（单位盖章）

造价咨询人：＿＿＿＿＿＿＿＿＿＿

（单位盖章）

年　月　日

封-1

《招标工程量清单封面》(封-1)填写说明：

招标工程量清单封面应填写招标工程项目的具体名称，招标人应盖单位公章，如委托工程造价咨询人编制，还应加盖工程造价咨询人所在单位公章。

2. 招标控制价封面

____________________工程 **招标控制价** 招　标　人：____________________ (单位盖章) 造价咨询人：____________________ (单位盖章) 年　月　日

封-2

《招标控制价封面》(封-2)填写说明：

招标控制价封面应填写招标工程项目的具体名称，招标人应盖单位公章，如委托工程造价咨询人编制，还应加盖工程造价咨询人所在单位公章。

3. 投标总价封面

______________工程

投 标 总 价

投　标　人：______________

（单位盖章）

年　月　日

封-3

《投标总价封面》(封-3)填写说明：

投标总价封面应填写投标工程项目的具体名称，投标人应盖单位公章。

4. 竣工结算书封面

＿＿＿＿＿＿＿＿＿＿工程 **竣工结算书** 发　包　人：＿＿＿＿＿＿＿＿ （单位盖章） 承　包　人：＿＿＿＿＿＿＿＿ （单位盖章） 造价咨询人：＿＿＿＿＿＿＿＿ （单位盖章） 年　月　日

封-4

《竣工结算书封面》(封-4)填写说明：

竣工结算书封面应填写竣工工程的具体名称，发承包双方应盖单位公章，如委托工程造价咨询人办理的，还应加盖工程造价咨询人所在单位公章。

5. 工程造价鉴定意见书封面

____________________工程

编号：××[2×××]××号

工程造价鉴定意见书

造价咨询人：__________________

（单位盖章）

年　月　日

封-5

《工程造价鉴定意见书封面》(封-5)填写说明：

工程造价鉴定意见书封面应填写鉴定工程项目的具体名称，填写意见书文号，工程造价咨询人盖所在单位公章。

(三)工程计价文件扉页

1. 招标工程量清单扉页

______________________工程

招标工程量清单

招 标 人:______________ 造价咨询人:______________
(单位盖章) (单位资质专用章)

法定代表人 法定代表人
或其授权人:______________ 或其授权人:______________
(签字或盖章) (签字或盖章)

编 制 人:______________ 复 核 人:______________
(造价人员签字盖专用章) (造价工程师签字盖专用章)

编制时间: 年 月 日 复核时间: 年 月 日

扉-1

《招标工程量清单扉页》(扉-1)填写说明:

(1)本扉页由招标人或招标人委托的工程造价咨询人编制招标工程量清单时填写。

(2)招标人自行编制工程量清单的,编制人员必须是在招标人单位注册的造价人员,由招标人盖单位公章,法定代表人或其授权人签字或盖章;当编制人是注册造价工程师时,由其签字盖执业专用章;当编制人是造价员时,由其在编制人栏签字盖专用章,并应由注册造价工程师复核,在复核人栏签字盖执业专用章。

(3)招标人委托工程造价咨询人编制工程量清单的,编制人员必须是在工程造价咨询人单位注册的造价人员。由工程造价咨询人盖单位资质专用章，法定代表人或其授权人签字或盖章；当编制人是注册造价工程师时，由其签字盖执业专用章；当编制人是造价员时，由其在编制人栏签字盖专用章，并应由注册造价工程师复核，在复核人栏签字盖执业专用章。

2. 招标控制价扉页

________________工程

招标控制价

招标控制价（小写）：________________

（大写）：________________

招 标 人：________________（单位盖章）

造价咨询人：________________（单位资质专用章）

法定代表人或其授权人：________________（签字或盖章）

法定代表人或其授权人：________________（签字或盖章）

编 制 人：________________（造价人员签字盖专用章）

复 核 人：________________（造价工程师签字盖专用章）

编制时间：　年　月　日　复核时间：　年　月　日

扉-2

《招标控制价扉页》（扉-2）填写说明：

（1）本封面由招标人或招标人委托的工程造价咨询人编制招标控制价时填写。

（2）招标人自行编制招标控制价的，编制人员必须是在招标人单位注册的造价人员，由招标人盖单位公章，法定代表人或其授权人签字或盖章;当编制人是注册造价工程师时,由其签字盖执业专用章;当编制人是造价员时,由其在编制人栏签字盖专用章,并应由注册造价工程师复核,在复核人栏签字盖执业专用章。

(3)招标人委托工程造价咨询人编制招标控制价的,编制人员必须是在工程造价咨询人单位注册的造价人员。由工程造价咨询人盖单位资质专用章,法定代表人或其授权人签字或盖章;当编制人是注册造价工程师时,由其签字盖执业专用章;当编制人是造价员时,由其在编制人栏签字盖专用章,并应由注册造价工程师复核,在复核人栏签字盖执业专用章。

3. 投标总价扉页

投标总价

招　标　人:______________________

工程名称:______________________

投标总价(小写):______________________

　　　　(大写):______________________

投　标　人:______________________

(单位盖章)

法定代表人

或其授权人:______________________

(签字或盖章)

编　制　人:______________________

(造价人员签字盖专用章)

时　　间:　　年　　月　　日

扉-3

《投标总价扉页》(扉-3)填写说明：

(1)本扉页由投标人编制投标报价时填写。

(2)投标人编制投标报价时，编制人员必须是在投标人单位注册的造价人员。由投标人盖单位公章，法定代表人或其授权签字或盖章；编制的造价人员(造价工程师或造价员)签字盖执业专用章。

4. 竣工结算总价扉页

____________________工程

竣工结算总价

签约合同价(小写)：____________　(大写)：____________

竣工结算价(小写)：____________　(大写)：____________

发 包 人：______　承 包 人：______　工程咨询人：________

(单位盖章)　(单位盖章)　(单位资质专用章)

法定代表人　法定代表人　法定代表人

或其授权人：______　或其授权人：______　或其授权人：______

(签字或盖章)　(签字或盖章)　(签字或盖章)

编 制 人：____________　核 对 人：____________

(造价人员签字盖专用章)　(造价工程师签字盖专用章)

编制时间：　年　月　日　核对时间：　年　月　日

扉-4

《竣工结算总价扉页》(扉-4)填写说明：

(1)承包人自行编制竣工结算总价，编制人员必须是承包人单位注册的造价人员。由承包人盖单位公章,法定代表人或其授权人签字或盖章;编制的造价人员(造价工程师或造价员)签字盖执业专用章。

(2)发包人自行核对竣工结算时,核对人员必须是在发包人单位注册的造价工程师。由发包人盖单位公章,法定代表人或其授权人签字或盖章,核对的造价工程师签字盖执业专用章。

(3)发包人委托工程造价咨询人核对竣工结算时,核对人员必须是在工程造价咨询人单位注册的造价工程师。由发包人盖单位公章,法定代表人或其授权人签字或盖章;工程造价咨询人盖单位资质专用章,法定代表人或其授权人签字或盖章,核对的造价工程师签字盖执业专用章。

(4)除非出现发包人拒绝或不答复承包人竣工结算书的特殊情况,竣工结算办理完毕后,竣工结算总价封面发承包双方的签字、盖章应当齐全。

5. 工程造价鉴定意见书扉页

________________工程

工程造价鉴定意见书

鉴 定 结 论:

造价咨询人:________________

(盖单位章及资质专用章)

法定代表人:________________

(签字或盖章)

造价工程师:________________

(签字盖专用章)

年　　月　　日

扉-5

《工程造价鉴定意见书扉页》(扉-5)填写说明：

工程造价鉴定意见书扉页应填写工程造价鉴定项目的具体名称，工程造价咨询人应盖单位资质专用章，法定代表人或其授权人签字或盖章，造价工程师签字盖执业专用章。

(四)工程计价总说明

总说明

工程名称：　　　　　　　　　　　　　　　　　　　　　　第　页共　页

表-01

《工程计价总说明》(表-01)填写说明：

本表适用于工程计价的各个阶段。对工程计价的不同阶段，《总说明》(表-01)中说明的内容是有差别的，要求也有所不同。

(1)工程量清单编制阶段。工程量清单中总说明应包括的内容有：①工程概况：如建设地址、建设规模、工程特征、交通状况、环保要求等；②工程招标和专业工程发包范围；③工程量清单编制依据；④工程质量、材料、施工等的特殊要求；⑤其他需要说明的问题。

(2)招标控制价编制阶段。招标控制价中总说明应包括的内容有：①采用的计价依据；②采用的施工组织设计；③采用的材料价格来源；④综合单价中风险因素、风险范围(幅度)；⑤其他等。

(3)投标报价编制阶段。投标报价总说明应包括的内容有：①采用的计价依据；②采用的施工组织设计；③综合单价中包含的风险因素，风险范围(幅度)；④措施项目的依据；⑤其他有关内容的说明等。

(4)竣工结算编制阶段。竣工结算中总说明应包括的内容有:①工程概况;②编制依据;③工程变更;④工程价款调整;⑤索赔;⑥其他等。

(5)工程造价鉴定阶段。工程造价鉴定书总说明应包括的内容有:①鉴定项目委托人名称、委托鉴定的内容;②委托鉴定的证据材料;③鉴定的依据及使用的专业技术手段;④对鉴定过程的说明;⑤明确的鉴定结论;⑥其他需说明的事宜等。

(五)工程计价汇总表

1. 建设项目招标控制价/投标报价汇总表

建设项目招标控制价/投标报价汇总表

工程名称:　　　　　　　　　　　　　　　　　　　　第　页共　页

序号	单项工程名称	金额(元)	其中:(元)		
			暂估价	安全文明施工费	规费
合　计					

注:本表适用于建设项目招标控制价或投标报价的汇总。

表-02

《建设项目招标控制价/投标报价汇总表》(表-02)填写说明：

(1)由于编制招标控制价和投标价包含的内容相同，只是对价格的处理不同，因此，招标控制价和投标报价汇总表使用同一表格。实践中，对招标控制价或投标报价可分别印制本表格。

(2)使用本表格编制投标报价时，汇总表中的投标总价与投标中标函中投标报价金额应当一致。如不一致时以投标中标函中填写的大写金额为准。

2. 单项工程招标控制价/投标报价汇总表

单项工程招标控制价/投标报价汇总表

工程名称：　　　　　　　　　　　　　　　　　　　第　页共　页

序号	单位工程名称	金额（元）	其中：(元)		
			暂估价	安全文明施工费	规费
合　计					

注：本表适用于单项工程招标控制价或投标报价的汇总。暂估价包括分部分项工程中的暂估价和专业工程暂估价。

表-03

3. 单位工程招标控制价/投标报价汇总表

单位工程招标控制价/投标报价汇总表

工程名称:　　　　标段:　　　　第　页共　页

序号	汇总内容	金额(元)	其中:暂估价(元)
1	分部分项工程		
1.1			
1.2			
1.3			
1.4			
1.5			
2	措施项目		
2.1	其中:安全文明施工费		
3	其他项目		
3.1	其中:暂列金额		
3.2	其中:专业工程暂估价		
3.3	其中:计日工		
3.4	其中:总承包服务费		
4	规费		
5	税金		
招标控制价合计=1+2+3+4+5			

注:本表适用于单位工程招标控制价或投标报价的汇总,如无单位工程划分,单项工程也使用本表汇总。

表-0

4. 建设项目竣工结算汇总表

建设项目竣工结算汇总表

序号	单项工程名称	金额(元)	其中:(元)	
			安全文明施工费	规费
合　计				

表-05

5. 单项工程竣工结算汇总表

单项工程竣工结算汇总表

序号	单位工程名称	金额(元)	其中:(元)	
			安全文明施工费	规费
合　计				

表-06

6. 单位工程竣工结算汇总表

单位工程竣工结算汇总表

工程名称：　　　　标段：　　　　第　页共　页

序号	汇总内容	金额(元)
1	分部分项工程	
1.1		
1.2		
1.3		
1.4		
1.5		
2	措施项目	
2.1	其中：安全文明施工费	
3	其他项目	
3.1	其中：专业工程结算价	
3.2	其中：计日工	
3.3	其中：总承包服务费	
3.4	其中：索赔与现场签证	
4	规费	
5	税金	
竣工结算总价合计=1+2+3+4+5		

注：如无单位工程划分，单项工程也使用本表汇总。

表-07

(六)分部分项工程和措施项目计价表

1. 分部分项工程和单价措施项目清单与计价表

分部分项工程和单价措施项目清单与计价表

工程名称：　　　　　　　　　　　　　　标段：　　　　　　　　　　　　第　页共　页

序号	项目编码	项目名称	项目特征描述	计量单位	工程量	金　额(元)		
						综合单价	合价	其中
								暂估价
本页小计								
合　计								

注：为计取规费等使用，可在表中增设“其中：定额人工费”。

表-08

《分部分项工程和单价措施项目清单与计价表》(表-08)填写说明：

(1)本表依据“08计价规范”中《分部分项工程量清单与计价表》和《措施项目清单与计价表(二)》合并而来。单价措施项目和分部分项工程项目清单编制与计价均使用本表。

(2)本表不只是编制招标工程量清单的表式，也是编制招标控制价、投标价和竣工结算的最基本用表。

(3)编制工程量清单时使用本表，在“工程名称”栏应填写详细具体的工程称谓，对于房屋建筑而言，习惯上并无标段划分，可不填写“标段”栏，但相对于管道敷设、道路施工，则往往以标段划分，此时，应填写“标段”栏，其他各表涉及此类设置，道理相同。

(4)“项目编码”栏应根据相关国家工程量计算规范项目编码栏内规定的9位数字另加3位顺序码共12位阿拉伯数字填写。

(5)“项目名称”栏应按相关工程国家工程量计算规范的规定，根据拟建工程实际填写。

(6)“项目特征”栏应按相关工程国家工程量计算规范的规定，根据拟建工程实际进行描述。

(7)“计量单位”应按相关工程国家工程量计算规范规定的计量单位填写。

(8)“工程量”应按相关工程国家工程量计算规范规定的工程量计算规则计算填写。

(9)由于各省、自治区、直辖市以及行业建设主管部门对规费计取基础的不同设置，为了计取规费等的使用，使用本表时可在表中增设“其中：定额人工费”。

(10)编制招标控制价时使用本表，“综合单价”、“合计”以及“其中：暂估价”按“13计价规范”的规定填写。

(11)编制投标报价时，投标人对表中的“项目编码”、“项目名称”、“项目特征”、“计量单位”、“工程量”均不应做改动。“综合单价”、“合价”自主决定填写，对其中的“暂估价”栏，投标人应将招标文件中提供了暂估材料单价的暂估价计入综合单价，并应计算出暂估单价的材料在“综合单价”及其“合价”中的具体数额。

(12)编制竣工结算时使用本表，可取消“暂估价”。

2. 综合单价分析表

综合单价分析表

工程名称： 标段： 第 页 共 页

<table>
<tr><td colspan="2">项目编码</td><td></td><td colspan="2">项目名称</td><td colspan="2"></td><td colspan="2">计量单位</td><td></td><td>工程量</td><td></td></tr>
<tr><td colspan="12">清单综合单价组成明细</td></tr>
<tr><td rowspan="2">定额编号</td><td rowspan="2">定额项目名称</td><td rowspan="2">定额单位</td><td rowspan="2">数量</td><td colspan="4">单 价</td><td colspan="4">合 价</td></tr>
<tr><td>人工费</td><td>材料费</td><td>机械费</td><td>管理费和利润</td><td>人工费</td><td>材料费</td><td>机械费</td><td>管理费和利润</td></tr>
<tr><td></td><td></td><td></td><td></td><td></td><td></td><td></td><td></td><td></td><td></td><td></td><td></td></tr>
<tr><td></td><td></td><td></td><td></td><td></td><td></td><td></td><td></td><td></td><td></td><td></td><td></td></tr>
<tr><td></td><td></td><td></td><td></td><td></td><td></td><td></td><td></td><td></td><td></td><td></td><td></td></tr>
<tr><td colspan="2">人工单价</td><td colspan="6">小 计</td><td></td><td></td><td></td><td></td></tr>
<tr><td colspan="2">元/工日</td><td colspan="6">未计价材料费</td><td colspan="4"></td></tr>
<tr><td colspan="8">清单项目综合单价</td><td colspan="4"></td></tr>
<tr><td rowspan="5">材料费明细</td><td colspan="5">主要材料名称、规格、型号</td><td>单位</td><td>数量</td><td>单价（元）</td><td>合价（元）</td><td>暂估单价（元）</td><td>暂估合价（元）</td></tr>
<tr><td colspan="5"></td><td></td><td></td><td></td><td></td><td></td><td></td></tr>
<tr><td colspan="5"></td><td></td><td></td><td></td><td></td><td></td><td></td></tr>
<tr><td colspan="7">其他材料费</td><td>—</td><td></td><td>—</td><td></td></tr>
<tr><td colspan="7">材料费小计</td><td>—</td><td></td><td>—</td><td></td></tr>
</table>

注：1. 如不使用省级或行业建设主管部门发布的计价依据，可不填定额编号、名称等。

2. 招标文件提供了暂估单价的材料，按暂估的单价填入表内“暂估单价”栏及“暂估合价”栏。

表-09

《综合单价分析表》(表-09)填写说明：

(1)工程量清单单价分析表是评标委员会评审和判别综合单价组成及价格完整性、合理性的主要基础，对因工程变更、工程量偏差等原因调整综合单价也是必不可少的基础价格数据来源。采用经评审的最低投标价法评标时，本表的重要性更为突出。

(2)本表集中反映了构成每一个清单项目综合单价的各个价格要素的价格及主要的“工、料、机”消耗量。投标人在投标报价时,需要对每一个清单项目进行组价,为了使组价工作具有可追溯性(回复评标质疑时尤其需要),需要表明每一个数据的来源。

(3)本表一般随投标文件一同提交,作为竞标价的工程量清单的组成部分,以便中标后作为合同文件的附属文件。投标人须知中需要就分析表提交的方式做出规定,该规定需要考虑是否有必要对分析表的合同地位给予定义。

(4)编制综合单价分析表时,对辅助性材料不必细列,可归并到其他材料费中以金额表示。

(5)编制招标控制价使用本表时,应填写使用的省级或行业建设主管部门发布的计价定额名称。

(6)编制投标报价使用本表时,可填写使用的企业定额名称,也可填写省级或行业建设主管部门发布的计价定额,如不使用则不填写。

(7)编制工程结算时,应在已标价工程量清单中的综合单价分析表中将确定的调整过后的人工单价、材料单价等进行置换,形成调整后的综合单价。

3. 综合单价调整表

综合单价调整表

工程名称： 标段： 第 页共 页

<table>
<tr><td rowspan="3">序号</td><td rowspan="3">项目编码</td><td rowspan="3">项目名称</td><td colspan="5">已标价清单综合单价(元)</td><td colspan="5">调整后综合单价(元)</td></tr>
<tr><td rowspan="2">综合单价</td><td colspan="4">其中</td><td rowspan="2">综合单价</td><td colspan="4">其中</td></tr>
<tr><td>人工费</td><td>材料费</td><td>机械费</td><td>管理费和利润</td><td>人工费</td><td>材料费</td><td>机械费</td><td>管理费和利润</td></tr>
<tr><td></td><td></td><td></td><td></td><td></td><td></td><td></td><td></td><td></td><td></td><td></td><td></td><td></td></tr>
<tr><td></td><td></td><td></td><td></td><td></td><td></td><td></td><td></td><td></td><td></td><td></td><td></td><td></td></tr>
<tr><td></td><td></td><td></td><td></td><td></td><td></td><td></td><td></td><td></td><td></td><td></td><td></td><td></td></tr>
<tr><td colspan="7">造价工程师(签章)： 发包人代表(签章)：

日期：</td><td colspan="6">造价人员(签章)： 承包人代表(签章)：

日期：</td></tr>
</table>

注:综合单价调整应附调整依据。

表-10

《综合单价调整表》(表-10)填写说明：

综合单价调整表适用于各种合同约定调整因素出现时调整综合单价，各种调整依据应附于表后。填写时应注意，项目编码和项目名称必须与已标价工程量清单保持一致，不得发生错漏，以免发生争议。

4. 总价措施项目清单与计价表

总价措施项目清单与计价表

工程名称：　　　　　　　　　　　　标段：　　　　　　　　　　第　页共　页

序号	项目编码	项目名称	计算基础	费率(%)	金额(元)	调整费率(%)	调整后金额(元)	备注
		安全文明施工费						
		夜间施工增加费						
		二次搬运费						
		冬雨季施工增加费						
		已完工程及设备保护费						
合计								

编制人(造价人员)：　　　　　　　　　　复核人(造价工程师)：

注：1. “计算基础”中安全文明施工费可为“定额基价”、“定额人工费”或“定额人工费＋定额机械费”，其他项目可为“定额人工费”或“定额人工费＋定额机械费”

2. 按施工方案计算的措施费，若无“计算基础”和“费率”的数值，也可只填“金额”数值，但应在备注栏说明施工方案出处或计算方法。

表-11

《总价措施项目清单与计价表》(表-11)填写说明：

(1)编制招标工程量清单时，表中的项目可根据工程实际情况进行增减。

(2)编制招标控制价时，计费基础、费率应按省级或行业建设主管部门的规定计取。

(3)编制投标报价时，除“安全文明施工费”必须按“13 计价规范”的强制性规定，按省级、行业建设主管部门的规定计取外，其他措施项目均可根据投标施工组织设计自主报价。

(七)其他项目计价表

1. 其他项目清单与计价汇总表

其他项目清单与计价汇总表

工程名称： 标段： 第 页共 页

序号	项目名称	金额(元)	结算金额(元)	备注
1	暂列金额			明细详见表-12-1
2	暂估价			
2.1	材料(工程设备)暂估价/结算价	—		明细详见表-12-2
2.2	专业工程暂估价/结算价			明细详见表-12-3
3	计日工			明细详见表-12-4
4	总承包服务费			明细详见表-12-5
5	索赔与现场签证	—		明细详见表-12-6
合 计				

注：材料(工程设备)暂估单价计入清单项目综合单价，此处不汇总。

表-12

《其他项目清单与计价汇总表》(表-12)填写说明：

(1)编制招标工程量清单，应汇总“暂列金额”和“专业工程暂估价”，以提供给投标人报价。

(2)编制招标控制价,应按有关计价规定估算“计日工”和“总承包服务费”。如招标工程量清单中未列“暂列金额”,应按有关规定编列。

(3)编制投标报价,应按招标文件工程量清单提供的“暂列金额”和“专业工程暂估价”填写金额,不得变动。“计日工”、“总承包服务费”自主确定报价。

(4)编制或核对竣工结算,“专业工程暂估价”按实际分包结算价填写,“计日工”、“总承包服务费”按双方认可的费用填写,如发生“索赔”或“现场签证”费用,按双方认可的金额计入本表。

2. 暂列金额明细表

暂列金额明细表

工程名称:　　　　　　　　　　标段:　　　　　　　　　　第　页共　页

序号	项目名称	计量单位	暂定金额(元)	备注
1				
2				
3				
4				
5				
6				
7				
8				
9				
10				
11				
合计				—

注:此表由招标人填写,如不能详列,也可只列暂定金额总额,投标人应将上述暂列金额计入投标总价中。

表-12-1

《暂列金额明细表》(表-12-1)填写说明:

暂列金额在实际履约过程中可能发生,也可能不发生。本表要求招标人能将暂列金额与拟用项目列出明细,但如确实不能详列也可只列暂定金额总额,投标人应将上述暂列金额计入投标总价中。

3. 材料(工程设备)暂估单价及调整表

材料(工程设备)暂估单价及调整表

工程名称:　　　　标段:　　　　第　页共　页

序号	材料(工程设备)名称、规格、型号	计量单位	数量		暂估(元)		确认(元)		差额±(元)		备注
			暂估	确认	单价	合价	单价	合价	单价	合价	
1											
2											
合计											

注:此表由招标人填写“暂估单价”,并在备注栏说明暂估单价的材料、工程设备拟用在哪些清单项目上,投标人应将上述材料、工程设备暂估单价计入工程量清单综合单价报价中。

表-12-2

《材料(工程设备)暂估单价及调整表》(表-12-2)填写说明:

暂估价是在招标阶段预见肯定要发生,只是因为标准不明确或者需要由专业承包人完成,暂时无法确定材料、工程设备的具体价格而采用的一种临时性计价方式。暂估价的材料、工程设备数量应在表内填写,拟用项目应在本表备注栏给予补充说明。

“13计价规范”要求招标人针对每一类暂估价给出相应的拟用项目,即按照材料、工程设备的名称分别给出,这样的材料、工程设备暂估价能够纳入到清单项目的综合单价中。

4. 专业工程暂估价及结算价表

专业工程暂估价及结算价表

工程名称：　　　　　　　　　　标段：　　　　　　　　　第　页共　页

序号	工程名称	工程内容	暂估金额（元）	结算金额（元）	差额±（元）	备注
合　计						

注：此表“暂估金额”由招标人填写，投标人应将“暂估金额”计入投标总价中。结算时按合同约定结算金额填写。

表-12-3

《专业工程暂估价及结算价表》(表-12-3)填写说明：

专业工程暂估价应在表内填写工程名称、工程内容、暂估金额，投标人应将上述金额计入投标总价中。专业工程暂估价项目及其表中列明的专业工程暂估价，是指分包人实施专业工程的含税金后的完整价，除了合同约定的发包人应承担的总包管理、协调、配合和服务责任所对应的总承包服务费以外，承包人为履行其总包管理、配合、协调和服务所需产生的费用应该包括在投标报价中。

5. 计日工表

计日工表

工程名称: 标段: 第 页共 页

<table>
<tr><th rowspan="2">编号</th><th rowspan="2">项目名称</th><th rowspan="2">单位</th><th rowspan="2">暂定数量</th><th rowspan="2">实际数量</th><th rowspan="2">综合单价(元)</th><th colspan="2">合价(元)</th></tr>
<tr><th>暂定</th><th>实际</th></tr>
<tr><td>一</td><td>人工</td><td></td><td></td><td></td><td></td><td></td><td></td></tr>
<tr><td>1</td><td></td><td></td><td></td><td></td><td></td><td></td><td></td></tr>
<tr><td>2</td><td></td><td></td><td></td><td></td><td></td><td></td><td></td></tr>
<tr><td>3</td><td></td><td></td><td></td><td></td><td></td><td></td><td></td></tr>
<tr><td>4</td><td></td><td></td><td></td><td></td><td></td><td></td><td></td></tr>
<tr><td colspan="6">人工小计</td><td></td><td></td></tr>
<tr><td>二</td><td>材料</td><td></td><td></td><td></td><td></td><td></td><td></td></tr>
<tr><td>1</td><td></td><td></td><td></td><td></td><td></td><td></td><td></td></tr>
<tr><td>2</td><td></td><td></td><td></td><td></td><td></td><td></td><td></td></tr>
<tr><td>3</td><td></td><td></td><td></td><td></td><td></td><td></td><td></td></tr>
<tr><td>4</td><td></td><td></td><td></td><td></td><td></td><td></td><td></td></tr>
<tr><td>5</td><td></td><td></td><td></td><td></td><td></td><td></td><td></td></tr>
<tr><td colspan="6">材料小计</td><td></td><td></td></tr>
<tr><td>三</td><td>施工机械</td><td></td><td></td><td></td><td></td><td></td><td></td></tr>
<tr><td>1</td><td></td><td></td><td></td><td></td><td></td><td></td><td></td></tr>
<tr><td>2</td><td></td><td></td><td></td><td></td><td></td><td></td><td></td></tr>
<tr><td>3</td><td></td><td></td><td></td><td></td><td></td><td></td><td></td></tr>
<tr><td>4</td><td></td><td></td><td></td><td></td><td></td><td></td><td></td></tr>
<tr><td colspan="6">施工机械小计</td><td></td><td></td></tr>
<tr><td colspan="6">四、企业管理费和利润</td><td></td><td></td></tr>
<tr><td colspan="6">总计</td><td></td><td></td></tr>
</table>

注:此表项目名称、暂定数量由招标人填写,编制招标控制价时,单价由招标人按有关规定确定;投标时,单价由投标人自主确定,按暂定数量计算合价计入投标总价中;结算时,按发承包双方确定的实际数量计算合价。

表-12-4

《计日工表》(表-12-4)填写说明：

(1)编制工程量清单时,"项目名称"、"单位"、"暂定数量"由招标人填写。

(2)编制招标控制价时,人工、材料、机械台班单价由招标人按有关计价规定填写并计算合价。

(3)编制投标报价时,人工、材料、机械台班单价由投标人自主确定,按已给暂估数量计算合价计入投标总价中。

6. 总承包服务费计价表

总承包服务费计价表

工程名称：　　　　　　　　标段：　　　　　　　　第　页共　页

序号	项目名称	项目价值(元)	服务内容	计算基础	费率(%)	金额(元)
1	发包人发包专业工程					
2	发包人提供材料					
合　计		—	—		—	

注：此表项目名称、服务内容由招标人填写,编制招标控制价时,费率及金额由招标人按有关计价规定确定;投标时,费率及金额由投标人自主报价,计入投标总价中。

表-12-5

《总承包服务费计价表》(表-12-5)填写说明：

(1)编制招标工程量清单时，招标人应将拟定进行专业分包的专业工程、自行采购的材料设备等确定，填写项目名称、服务内容，以便投标人决定报价。

(2)编制招标控制价时，招标人按有关计价规定计价。

(3)编制投标报价时，由投标人根据工程量清单中的总承包服务内容，自主决定报价。

(4)办理竣工结算时，发承包双方应按承包人已标价工程量清单中的报价计算，如发承包双方确定调整的，按调整后的金额计算。

7. 索赔与现场签证计价汇总表

索赔与现场签证计价汇总表

工程名称：　　　　　　　　　　标段：　　　　　　　　　第　页共　页

序号	签证及索赔项目名称	计量单位	数量	单价(元)	合价(元)	索赔及签证依据
本页小计		—	—	—		—
合　计		—	—	—		—

注：索赔及签证依据是指经双方认可的签证单和索赔依据的编号。

表-12-6

《索赔与现场签证计价汇总表》(表-12-6)填写说明：

本表是对发承包双方签证认可的“费用索赔申请(核准)表”和“现场签证表”的汇总。

8. 费用索赔申请(核准)表

费用索赔申请(核准)表

工程名称：　　　　　　　　　　　　　标段：　　　　　　　　　　　　编号：

<table>
<tr><td colspan="2">致：____（发包人全称）
根据施工合同条款______条的约定，由于___________原因，我方要求索赔金额(大写)___________(小写________)，请予核准。
附：1. 费用索赔的详细理由和依据：
2. 索赔金额的计算：
3. 证明材料：
承包人(章)
造价人员___________　　承包人代表___________　　日　　期___________</td></tr>
<tr><td>复核意见：
根据施工合同条款______条的约定，你方提出的费用索赔申请经复核：
□不同意此项索赔，具体意见见附件。
□同意此项索赔，索赔金额的计算，由造价工程师复核。
监理工程师_______
日　　期_______</td><td>复核意见：
根据施工合同条款______条的约定，你方提出的费用索赔申请经复核，索赔金额为(大写)_______，(小写_______)。
造价工程师_______
日　　期_______</td></tr>
<tr><td colspan="2">审核意见：
□不同意此项索赔。
□同意此项索赔，与本期进度款同期支付。
发包人(章)
发包人代表_______
日　　期_______</td></tr>
</table>

注：1. 在选择栏中的“□”内做标识“√”。

2. 本表一式四份，由承包人填报，发包人、监理人、造价咨询人、承包人各存一份。

表-12-7

《费用索赔申请(核准)表》(表-12-7)填写说明：

填写本表时，承包人代表应按合同条款的约定，阐述原因，附上索赔证据、费用计算报发包人，经监理工程师复核(按照发包人的授权不论是监理工程师或发包人现场代表均可),经造价工程师(此处造价工程师可以是发包人现场管理人员,也可以是发包人委托的工程造价咨询企业的人员)复核具体费用,经发包人审核后生效,该表以在选择栏中“□”内做标识“√”表示。

9. 现场签证表

现场签证表

工程名称:　　　　　　　　标段:　　　　　　　　编号:

<table>
<tr><td>施工部位</td><td></td><td>日期</td><td></td></tr>
<tr><td colspan="4">致:____________________(发包人全称)
根据______(指令人姓名)　年　月　日的口头指令或你方______(或监理人)　年　月　日的书面通知,我方要求完成此项工作应支付价款金额为(大写)______(小写______),请予核准。
附:1. 签证事由及原因:
2. 附图及计算式:
承包人(章)
造价人员______　承包人代表______　日　期______</td></tr>
<tr><td colspan="2">复核意见:
你方提出的此项签证申请经复核:
□不同意此项签证,具体意见见附件。
□同意此项签证,签证金额的计算,由造价工程师复核。
监理工程师______
日　期______</td><td colspan="2">复核意见:
□此项签证按承包人中标的计日工单价计算,金额为(大写)______元,(小写______元)。
□此项签证因无计日工单价,金额为(大写)______元,(小写______)。
造价工程师______
日　期______</td></tr>
<tr><td colspan="4">审核意见:
□不同意此项签证。
□同意此项签证,价款与本期进度款同期支付。
发包人(章)
发包人代表______
日　期______</td></tr>
</table>

注:1. 在选择栏中的“□”内做标识“√”。

2. 本表一式四份,由承包人在收到发包人(监理人)的口头或书面通知后填写,发包人、监理人、造价咨询人、承包人各存一份。

表-12-8

《现场签证表》(表-12-8)填写说明：

本表是对“计日工”的具体化，考虑到招标时，招标人对计日工项目的预估难免会有遗漏，可能造成实际施工发生后无相应的计日工单价时，现场签证只能包括单价一并处理，因此，在汇总时，有计日工单价的，可归并于计日工，如无计日工单价，归并于现场签证，以示区别。

(八)规费、税金项目计价表

规费、税金项目计价表

工程名称：　　　　　　　　　　　　标段：　　　　　　　　　　第　页共　页

序号	项目名称	计算基础	计算基数	计算费率(%)	金额(元)
1	规费	定额人工费			
1.1	社会保险费	定额人工费			
(1)	养老保险费	定额人工费			
(2)	失业保险费	定额人工费			
(3)	医疗保险费	定额人工费			
(4)	工伤保险费	定额人工费			
(5)	生育保险费	定额人工费			
1.2	住房公积金	定额人工费			
1.3	工程排污费	按工程所在地环境保护部门收取标准，按实计入			
2	税金	分部分项工程费＋措施项目费＋其他项目费＋规费－按规定不计税的工程设备金额			
合计					

编制人(造价人员)：　　　　　　　　　　　　复核人(造价工程师)：

表-13

《规费、税金项目计价表》(表-13)填写说明：

本表按住房和城乡建设部、财政部印发的《建筑安装工程费用项目组成》(建标[2013]44号)列举的规费项目列项，在施工实践中，有的规费项目，如工程排污费，并非每个工程所在地都要征收，实践中可作为按实计算的费用处理。

(九)工程计量申请(核准)表

工程计量申请(核准)表

工程名称：　　　　　　　　标段：　　　　　　　　第　页共　页

序号	项目编码	项目名称	计量单位	承包人申请数量	发包人核实数量	发承包人确认数量	备注
承包人代表 日期：		监理工程师： 日期：		造价工程师： 日期：		发包人代表： 日期：	

表-14

《工程计量申请(核准)表》(表-14)填写说明：

本表填写的“项目编码”、“项目名称”、“计量单位”应与已标价工程量清单中一致，承包人应在合同约定的计量周期结束时，将申请数量填写在申请数量栏，发包人核对后如与承包人填写的数量不一致，则在核实数量栏填上核实数量，经发承包双方共同核对确认的计量结果填在确认数量栏。

(十)合同价款支付申请(核准)表

合同价款支付申请(核准)表是合同履行、价款支付的重要凭证。“13计价规范”对此类表格共设计了5种，包括专用于预付款支付的《预付款支付申请(核准)表》(表-15)、用于施工过程中无法计量的总价项目及总价合同进度款支付的《总价项目进度款支付分解表》(表-16)、专用于进度款支付的《进度款支付申请(核准)表》(表-17)、专用于竣工结算价款支付的《竣工结算款支付申请(核准)表》(表-18)和用于缺陷责任期到期，承包人履行了工程缺陷修复责任后，对其预留的质量保证金最终结算的《最终结清支付申请(核准)表》(表-19)。

合同价款支付申请(复核)表包括的5种表格，均由承包人代表在每个计量周期结束后向发包人提出，由发包人授权的现场代表复核工程量，由发包人授权的造价工程师复核应付款项，经发包人批准实施。

1. 预付款支付申请（核准）表

预付款支付申请(核准)表

工程名称：　　　　　　　　　　　　标段：　　　　　　　　　　　　编号：

致：________________________________（发包人全称）

我方根据施工合同的约定，现申请支付工程预付款额为（大写）__________（小写__________），请予核准。

序号	名称	申请金额（元）	复核金额（元）	备注
1	已签约合同价款金额			
2	其中：安全文明施工费			
3	应支付的预付款			
4	应支付的安全文明施工费			
5	合计应支付的预付款			

承包人（章）

造价人员______　　　承包人代表______　　　日　　期______

复核意见：

□与合同约定不相符，修改意见见附件。

□与合同约定相符，具体金额由造价工程师复核。

监理工程师________

日　　期________

复核意见：

你方提出的支付申请经复核，应支付预付款金额为（大写）__________（小写__________）。

造价工程师________

日　　期________

审核意见：

□不同意。

□同意，支付时间为本表签发后的15天内。

发包人（章）

发包人代表________

日　　期________

注：1. 在选择栏中的“□”内做标识“√”。

2. 本表一式四份，由承包人填报，发包人、监理人、造价咨询人、承包人各存一份。

表-15

2. 总价项目进度款支付分解表

总价项目进度款支付分解表

工程名称：　　　　　　　　标段：　　　　　　　　单位：元

序号	项目名称	总价金额	首次支付	二次支付	三次支付	四次支付	五次支付	
	安全文明施工费							
	夜间施工增加费							
	二次搬运费							
	社会保险费							
	住房公积金							
	合计							

编制人(造价人员)：　　　　　　　　复核人(造价工程师)：

注：1. 本表应由承包人在投标报价时根据发包人在招标文件明确的进度款支付周期与报价填写，签订合同时，发承包双方可就支付分解协商调整后作为合同附件。

2. 单价合同使用本表，“支付”栏时间应与单价项目进度款支付周期相同。

3. 总价合同使用本表，“支付”栏时间应与约定的工程计量周期相同。

表-16

3. 进度款支付申请(核准)表

进度款支付申请(核准)表

工程名称：　　　　　　　　　　　标段：　　　　　　　　　　　　编号：

致：______________________________________(发包人全称)

我方于____至____期间已完成了__________工作，根据施工合同的约定，现申请支付本周期的合同款额为(大写)__________(小写______)，请予核准。

序号	名称	实际金额(元)	申请金额(元)	复核金额(元)	备注
1	累计已完成的合同价款		—		
2	累计已实际支付的合同价款		—		
3	本周期合计完成的合同价款				
3.1	本周期已完成单价项目的金额				
3.2	本周期应支付的总价项目的金额				
3.3	本周期已完成的计日工价款				
3.4	本周期应支付的安全文明施工费				
3.5	本周期应增加的合同价款				
4	本周期合计应扣减的金额				
4.1	本周期应抵扣的预付款				
4.2	本周期应扣减的金额				
5	本周期应支付的合同价款				

附：上述3、4详见附件清单。

承包人(章)

造价人员______　　承包人代表______　　日　期________

复核意见：

□与实际施工情况不相符，修改意见见附件。

□与实际施工情况相符，具体金额由造价工程师复核。

监理工程师__________
日　期__________

复核意见：

你方提出的支付申请经复核，本周期已完成合同款额为(大写)__________(小写______)，本周期应支付金额为(大写)__________(小写______)。

造价工程师__________
日　期__________

审核意见：

□不同意。

□同意，支付时间为本表签发后的15天内。

发包人(章)
发包人代表________
日　期________

注：1．在选择栏中的“□”内做标识“√”。

2．本表一式四份，由承包人填报，发包人、监理人、造价咨询人、承包人各存一份。

表-17

4. 竣工结算款支付申请(核准)表

竣工结算款支付申请(核准)表

工程名称：　　标段：　　编号：

致：＿＿＿＿＿＿＿＿＿＿＿＿＿＿＿＿＿＿(发包人全称)

我方于＿＿至＿＿期间已完成合同约定的工作，工程已经完工，根据施工合同的约定，现申请支付竣工结算合同款额为(大写)＿＿＿＿＿＿＿＿(小写＿＿＿＿)，请予核准。

序号	名称	申请金额(元)	复核金额(元)	备注
1	竣工结算合同价款总额			
2	累计已实际支付的合同价款			
3	应预留的质量保证金			
4	应支付的竣工结算款金额			

承包人(章)

造价人员＿＿＿　　承包人代表＿＿＿　　日　　期＿＿＿＿

复核意见：

□与实际施工情况不相符，修改意见见附件。

□与实际施工情况相符，具体金额由造价工程师复核。

监理工程师＿＿＿

日　　期＿＿＿

复核意见：

你方提出的竣工结算款支付申请经复核，竣工结算款总额为(大写)＿＿＿＿＿＿＿＿(小写＿＿＿)，扣除前期支付以及质量保证金后应支付金额为(大写)＿＿＿＿＿＿＿＿(小写＿＿＿)。

造价工程师＿＿＿

日　　期＿＿＿

审核意见：

□不同意。

□同意，支付时间为本表签发后的15天内。

发包人(章)

发包人代表＿＿＿＿

日　　期＿＿＿＿

注：1. 在选择栏中的“□”内做标识“√”。

2. 本表一式四份，由承包人填报，发包人、监理人、造价咨询人、承包人各存一份。

表-18

5. 最终结清支付申请(核准)表

最终结清支付申请(核准)表

工程名称：　　　　　　　　　　标段：　　　　　　　　　　编号：

致：________________________________(发包人全称)

我方于____至____期间已完成了缺陷修复工作，根据施工合同的约定，现申请支付最终结清合同款额为(大写)____________(小写________)，请予核准。

序号	名称	申请金额(元)	复核金额(元)	备注
1	已预留的质量保证金			
2	应增加因发包人原因造成缺陷的修复金额			
3	应扣减承包人不修复缺陷、发包人组织修复的金额			
4	最终应支付的合同价款			

附：上述3、4详见附件清单。

承包人(章)

造价人员______　　承包人代表______　　日　　期________

复核意见：

□与实际施工情况不相符，修改意见见附件。

□与实际施工情况相符，具体金额由造价工程师复核。

监理工程师______

日　　期______

复核意见：

你方提出的支付申请经复核，最终支付金额为(大写)____________(小写______)。

造价工程师______

日　　期______

审核意见：

□不同意。

□同意，支付时间为本表签发后的15天内。

发包人(章)

发包人代表________

日　　期________

注：1. 在选择栏中的“□”内做标识“√”。如监理人已退场，监理工程师栏可空缺。

2. 本表一式四份，由承包人填报，发包人、监理人、造价咨询人、承包人各存一份。

表-19

(十一)主要材料、工程设备一览表

1. 发包人提供材料和工程设备一览表

发包人提供材料和工程设备一览表

工程名称：　　　　标段：　　　　第　页共　页

序号	材料(工程设备)名称、规格、型号	单位	数量	单价(元)	交货方式	送达地点	备注

注：此表由招标人填写，供投标人在投标报价、确定总承包服务费时参考。

表-20

2. 承包人提供主要材料和工程设备一览表（适用于造价信息差额调整法）

承包人提供主要材料和工程设备一览表

（适用于造价信息差额调整法）

工程名称：　　　　　　　　　标段：　　　　　　　　　第　页共　页

序号	名称、规格、型号	单位	数量	风险系数（%）	基准单价（元）	投标单价（元）	发承包人确认单价（元）	备注

注：1. 此表由招标人填写除“投标单价”栏的内容，投标人在投标时自主确定投标单价。

2. 招标人应优先采用工程造价管理机构发布的单价作为基准单价，未发布的，通过市场调查确定其基准单价。

表-21

3. 承包人提供主要材料和工程设备一览表(适用于价格指数差额调整法)

承包人提供主要材料和工程设备一览表

(适用于价格指数调整法)

序号	名称、规格、型号	变值权重 B	基本价格指数 F_0	现行价格指数 F_t	备注
	定值权重 A		—	—	
合　计		1	—	—	

注:1. "名称、规格、型号"、"基本价格指数"栏由招标人填写,基本价格指数应首先采用工程造价管理机构发布的价格指数,没有时,可采用发布的价格代替。如人工、机械费也采用本法调整,由招标人在"名称"栏填写。

2. "变值权重"栏由投标人根据该项人工、机械费和材料、工程设备价值在投标总报价中所占比例填写,1减去其比例为定值权重。

3. "现行价格指数"按约定付款证书相关周期最后一天的前42天的各项价格指数填写,该指数应首先采用工程造价管理机构发布的价格指数,没有时,可采用发布的价格代替。

表-22

三、招标控制价

招标控制价是招标人根据国家或省级、行业建设主管部门颁发的有关计价依据和办法,按设计施工图纸计算,对招标工程限定的最高工程造价。国有资金投资的工程建设应实行工程量清单招标,并应编制招标控制价。

1. 一般规定

(1)我国对国有资金投资项目实行投资概算审批制度,国有资金投资的工程原则上不能超过批准的投资概算。因此,在工程招标发包时,当编制的招标控制价超过批准的概算,招标人应当将其报原概算审批部门重新审核。

(2)国有资金投资的工程进行招标,根据《中华人民共和国招标投标法》的规定,招标人可以设标底。当招标人不设标底时,应编制招标控制价,从而客观、合理地评审投标报价,避免哄抬标价。

(3)国有资金投资的工程,招标人编制并公布的招标控制价相当于招标人的采购预算,同时要求其不能超过批准的概算,因此,招标控制价是招标人在工程招标时能接受投标人报价的最高限价。国有资金中的财政性资金投资的工程在招标时还应符合《中华人民共和国政府采购法》相关条款的规定。国有资金投资的工程,投标人的投标报价不能高于招标控制价,否则,其投标将被拒绝。

2. 招标控制价编制依据

(1)"13 计价规范"。

(2)国家或省级、行业建设主管部门颁发的计价定额和计价办法。

(3)建设工程设计文件及相关资料。

(4)拟定的招标文件及招标工程量清单。

(5)与建设项目相关的标准、规范、技术资料。

(6)施工现场情况、工程特点及常规施工方案。

(7)工程造价管理机构发布的工程造价信息,当工程造价信息没有发布时,参照市场价。

(8)其他的相关资料。

3. 招标控制价编制人员

招标控制价应由具有编制能力的招标人编制,当招标人不具有编制招标控制价的能力时,可委托具有相应资质的工程造价咨询人编制。工程造价咨询人接受招标人委托编制招标控制价,不得再就同一工程接受投标人委托编制投标报价。

所谓具有相应工程造价咨询资质的工程造价咨询人是指根据《工程造价咨询企业管理办法》(建设部令第 149 号)的规定,依法取得工程造价咨询企业资质,并在其资质许可的范围内接受招标人的委托,编制招标控制价的工程造价咨询企业。即取得甲级工程造价咨询资质的咨询人可承担各类建设项目的招标控制价编制,取得乙级(包括乙级暂定)工程造价咨询资质的咨询人,则只能承担 5000 万元以下的招标控制价的编制。

4. 招标控制价编制注意事项

(1)使用的计价标准、计价政策应是国家或省、自治区、直辖市建设行政主管部门或行业建设主管部门颁布的计价定额和计价方法。

(2)采用的材料价格应是工程造价管理机构通过工程造价信息发布的材料单价,工程造价信息未发布材料单价的材料,其材料价格应通过市场调查确定。

(3)国家或省、自治区、直辖市建设行政主管部门或行业建设主管部门对工程造价计价中费用或费用标准有规定的,应按规定执行。

四、投标报价

1. 一般规定

(1)投标价应由投标人或受其委托具有相应资质的工程造价咨询人编制。

(2)投标价中除“13 计价规范”中规定的规费、税金及措施项目清单中的安全文明施工费应按国家或省级、行业建设主管部门的规定计价,不得作为竞争性费用外,其他项目的投标报价由投标人自主决定。

(3)投标人的投标报价不得低于工程成本。《中华人民共和国反不正当竞争法》第十一条规定:“经营者不得以排挤竞争对手为目的,以低于成本的价格销售商品”。《中华人民共和国招标投标法》第四十一规定:“中标人的投标应当符合下列条件……(二)能够满足招标文件的实质性要求,并且经评审的投标价格最低;但是投标价格低于成本的除外”。《评标委员会和评标方法暂行规定》(国家计委等七部委第 12 号令)第二十一条规定:“在评标过程中,评标委员会发现投标人的报价明显低于其他投标报价或者在设有标底时明显低于标底的,使得其投标报价可能低于其个别成本的,应当要求该投标人做出书面说明并提供相关证明材料。投标人不能合理说明或者不能提供相关证明材料的,由评标委员会认定该投标人以低于成本报价竞标,其投标应作废标处理”。

(4)实行工程量清单招标,招标人在招标文件中提供工程量清单,其目的是使各投标人在投标报价中具有共同的竞争平台。因此,要求投标人必须按招标工程量清单填报价格,工程量清单的项目编码、项目名称、项目特征、计量单位、工程数量必须与招标人招标文件中提供的招标工程量清单一致。

(5)根据《中华人民共和国政府采购法》第三十六条规定:“在招标采购中,出现下列情形之一的,应予废标……(三)投标人的报价均超过了采购预算,采购人不能支付的”。《中华人民共和国招标投标法实施条例》第五十一条规定:“有下列情形之一者,评标委员会应当否决其投标:……(五)投标报价低于成本或者高于招标文件设定的最高投标限价”。对于国有资金投资的工程,其招标控制价相当于政府采购中的采购预算,且其定义就是最高投标限价，因此投标人的投标报价不能高于招标控制价，否则，应予废标。

2. 投标报价编制与复核

(1)投标报价应根据下列依据编制与复核：

1)“13 计价规范”；

2)国家或省级、行业建设主管部门颁发的计价办法；

3)企业定额，国家或省级、行业建设主管部门颁发的计价定额和计价办法；

4)招标文件、招标工程量清单及其补充通知、答疑纪要；

5)建设工程设计文件及相关资料；

6)施工现场情况、工程特点及投标时拟定的施工组织设计或施工方案；

7)与建设项目相关的标准、规范等技术资料；

8)市场价格信息或工程造价管理机构发布的工程造价信息；

9)其他的相关资料。

(2)综合单价中应考虑招标文件中要求投标人承担的风险内容及其范围(幅度)产生的风险费用，招标文件中没有明确的，应提请招标人明确。在施工过程中，当出现的风险内容及其范围(幅度)在合同约定的范围内时，合同价款不作调整。

(3)分部分项工程和措施项目中的单价项目，应根据招标文件和招标工程量清单项目中的特征描述确定综合单价。招标工程量清单的项目特征描述是确定分部分项工程和措施项目中的单价的重要依据之一，投标人投标报价时应依据招标工程量清单项目的特征描述确定清单项目的综合单价。招投标过程中，当出现招标工程量清单项目特征描述与设计图纸不符时，投标人应以招标工程量清单的项目特征描述为准，确定投标报价的综合单价。当施工中施工图纸或设计变更与招标工程量清单的项目特征描述不一致时，发承包双方应按实际施工的项目特征，依据合同约定重新确定综合单价。

招标文件中提供了暂估单价的材料，应按暂估的单价计入综合单价；综合单价中应考虑招标文件中要求投标人承担的风险内容及其范围(幅度)产生的风险费用。在施工过程中，当出现的风险内容及其范围(幅度)在合同约定的范围内时，工程价款不作调整。

(4)投标人可根据工程实际情况并结合施工组织设计,对招标人所列的措施项目进行增补。由于各投标人拥有的施工装备、技术水平和采用的施工方法有所差异,招标人提出的措施项目清单是根据一般情况确定的,没有考虑不同投标人的"个性",投标人投标时应根据自身编制的投标施工组织设计或施工方案确定措施项目,对招标人提供的措施项目进行调整。投标人根据投标施工组织设计或施工方案调整和确定的措施项目应通过评标委员会的评审。

措施项目中的总价项目应采用综合单价计价。其中安全文明施工费应按国家或省级、行业建设主管部门的规定确定,且不得作为竞争性费用。

(5)其他项目应按下列规定报价:

1)暂列金额应按招标工程量清单中列出的金额填写,不得变动;

2)材料、工程设备暂估价应按招标工程量清单中列出的单价计入综合单价,不得变动和更改;

3)专业工程暂估价应按招标工程量清单中列出的金额填写,不得变动和更改;

4)计日工应按招标工程量清单中列出的项目和数量,自主确定综合单价并计算计日工金额;

5)总承包服务费应依据招标工程量清单中列出的专业工程暂估价内容和供应材料、设备情况,按照招标人提出协调、配合与服务要求和施工现场管理需要自主确定。

(6)规费和税金应按国家或省级、行业建设主管部门的规定计算,不得作为竞争性费用。规费和税金的计取标准是依据有关法律、法规和政策规定制定的,具有强制性。投标人是法律、法规和政策的执行者,不能改变,更不能制定,而必须按照法律、法规、政策的有关规定执行。

(7)招标工程量清单与计价表中列明的所有需要填写单价和合价的项目,投标人均应填写且只允许有一个报价。未填写单价和合价的项目,可视为此项费用已包含在已标价工程量清单中其他项目的单价和合价之中。当竣工结算时,此项目不得重新组价予以调整。

(8)实行工程量清单招标,投标人的投标总价应当与组成已标价工程量清单的分部分项工程费、措施项目费、其他项目费和规费、税金的合计金额相一致,即投标人在投标报价时,不能进行投标总价优惠(或降价、让利)，投标人对招标人的任何优惠(或降价、让利)均应反映在相应清单项目的综合单价中。

五、合同价款约定

1. 一般规定

(1)工程合同价款约定是建设工程合同的主要内容。根据有关法律条款的规定，实行招标的工程合同价款应在中标通知书发出之日起30天内，由发承包双方依据招标文件和中标人的投标文件在书面合同中约定。

工程合同价款约定应满足以下几个方面的要求：

1)约定的依据要求：招标人向中标的投标人发出的中标通知书；

2)约定的时间要求：自招标人发出中标通知书之日起30天内；

3)约定的内容要求：招标文件和中标人的投标文件；

4)合同的形式要求：书面合同。

在工程招投标及建设工程合同签订过程中，招标文件应视为要约邀请，投标文件为要约，中标通知书为承诺。因此，在签订建设工程合同时，若招标文件与中标人的投标文件有不一致的地方，应以投标文件为准。

(2)实行招标的工程，合同约定不得违背招标文件中关于工期、造价、资质等方面的实质性内容。所谓合同实质性内容，按照《中华人民共和国合同法》第三十条规定："有关合同标的、数量、质量、价款或者报酬、履行期限、履行地点和方式、违约责任和解决争议方法等的变更，是对要约内容的实质性变更"。

(3)不实行招标的工程合同价款，应在发承包双方认可的工程价款基础上，由发承包双方在合同中约定。

(4)工程建设合同的形式对工程量清单计价的适用性不构成影响，无论是单价合同、总价合同，还是成本加酬金合同均可以采用工程量清单计价。采用单价合同形式时，经标价的工程量清单是合同文件必不可少的组成内容，其中的工程量一般具备合同约束力(量可调)，工程款结算时按照合同中约定应予计量并实际完成的工程量计算进行调整，由招标人提供统一的工程量清单则彰显了工程量清单计价的主要优点。总价合同是指总价包干或总价不变合同，采用总价合同形式，工程量清单中的工程量不具备合同的约束力(量不可调)，工程量以合同图纸的标示内容为准，工程量以外的其他内容一般均赋予合同约束力，以方便合同变更的计量和计价。成本加酬金合同是承包人不承担任何价格变化风险的合同。

“13计价规范”中规定:“实行工程量清单计价的工程,应采用单价合同;建设规模较小,技术难度较低,工期较短,且施工图设计已审查批准的建设工程可采用总价合同;紧急抢险、救灾以及施工技术特别复杂的建设工程可采用成本加酬金合同”。单价合同约定的工程价款中所包含的工程量清单项目综合单价在约定条件内是固定的,不予调整,工程量允许调整;工程量清单项目综合单价在约定的条件外,允许调整。但调整方式、方法应在合同中约定。

2. 合同价款约定内容

(1)发承包双方应在合同条款中对下列事项进行约定:

1)预付工程款的数额、支付时间及抵扣方式。预付款是发包人为解决承包人在施工准备阶段资金周转问题提供的协助。如使用大宗材料,可根据工程具体情况设置工程材料预付款;

2)安全文明施工措施的支付计划,使用要求等;

3)工程计量与支付工程进度款的方式、数额及时间;

4)工程价款的调整因素、方法、程序、支付及时间;

5)施工索赔与现场签证的程序、金额确认与支付时间;

6)承担计价风险的内容、范围以及超出约定内容、范围的调整办法;

7)工程竣工价款结算编制与核对、支付及时间;

8)工程质量保证金的数额、预留方式及时间;

9)违约责任以及发生合同价款争议的解决方法及时间;

10)与履行合同、支付价款有关的其他事项等。

由于合同中涉及工程价款的事项较多,能够详细约定的事项应尽可能具体的约定,约定的用词应尽可能唯一,如有几种解释,最好对用词进行定义,尽量避免因理解上的歧义造成合同纠纷。

(2)合同中没有按照上述第(1)条的要求约定或约定不明的,若发承包双方在合同履行中发生争议由双方协商确定;当协商不能达成一致时,应按“13计价规范”的规定执行。

六、工程计量

1. 一般规定

(1)正确的计量是发包人向承包人支付合同价款的前提和依据,因此,“13计价规范”中规定:“工程量必须按照相关工程现行国家计量规范规定的工程量计算规则计算”。这就明确了不论采用何种计价方式,其工程量必须按照相关工程的现行国家计量规范规定的工程量计算规则计算。采用统一的工程量计算规则，对于规范工程建设各方的计量计价行为，有效减少计量争议具有十分重要的意义。

(2)选择恰当的工程计量方式对于正确计量是十分必要的。由于工程建设具有投资大、周期长等特点，因而“13 计价规范”中规定：“工程计量可选择按月或按工程形象进度分段计量，当采用分段结算方式时，应在合同中约定具体的工程分段划分界限”。按工程形象进度分段计量与按月计量相比，其计量结果更具稳定性，可以简化竣工结算。但应注意工程形象进度分段的时间应与按月计量保持一定关系，不应过长。

(3)因承包人原因造成的超出合同工程范围施工或返工的工程量，发包人不予计量。

(4)成本加酬金合同应按单价合同的规定计量。

2. 单价合同计量

(1)招标工程量清单标明的工程量是招标人根据拟建工程设计文件预计的工程量，不能作为承包人在实际工作中应予完成的实际和准确的工程量。招标工程量清单所列的工程量一方面是各投标人进行投标报价的共同基础；另一方面是对各投标人的投标报价进行评审的共同平台，是招投标活动应当遵循公开、公平、公正和诚实、信用原则的具体体现。

发承包双方竣工结算的工程量应以承包人按照现行国家计量规范规定的工程量计算规则计算的实际完成应予计量的工程量确定，而非招标工程量清单所列的工程量。

(2)施工中进行工程计量，当发现招标工程量清单中出现缺项、工程量偏差，或因工程变更引起工程量增减时，应按承包人在履行合同义务中完成的工程量计算。

(3)承包人应当按照合同约定的计量周期和时间向发包人提交当期已完工程量报告。发包人应在收到报告后 7 天内核实，并将核实计量结果通知承包人。发包人未在约定时间内进行核实的，承包人提交的计量报告中所列的工程量应视为承包人实际完成的工程量。

(4)发包人认为需要进行现场计量核实时，应在计量前 24 小时通知承包人，承包人应为计量提供便利条件并派人参加。当双方均同意核实结果时，双方应在上述记录上签字确认。承包人收到通知后不派人参加计量，视为认可发包人的计量核实结果。发包人不按照约定时间通知承包人,致使承包人未能派人参加计量,计量核实结果无效。

(5)当承包人认为发包人核实后的计量结果有误时,应在收到计量结果通知后的 7 天内向发包人提出书面意见,并应附上其认为正确的计量结果和详细的计算资料。发包人收到书面意见后,应在 7 天内对承包人的计量结果进行复核后通知承包人。承包人对复核计量结果仍有异议的,按照合同约定的争议解决办法处理。

(6)承包人完成已标价工程量清单中每个项目的工程量并经发包人核实无误后,发承包双方应对每个项目的历次计量报表进行汇总,以核实最终结算工程量,并应在汇总表上签字确认。

3. 总价合同计量

(1)由于工程量是招标人提供的,招标人必须对其准确性和完整性负责,且工程量必须按照相关工程现行国家计量规范规定的工程量计算规则计算,因而对于采用工程量清单方式形成的总价合同,若招标工程量清单中工程量与合同实施过程中的工程量存在差异时,都应按上述"单价合同的计量"中的相关规定进行调整。

(2)采用经审定批准的施工图纸及其预算方式发包形成的总价合同,由于承包人自行对施工图纸进行计量,因此除按照工程变更规定引起的工程量增减外,总价合同各项目的工程量是承包人用于结算的最终工程量。

(3)总价合同约定的项目计量应以合同工程经审定批准的施工图纸为依据,发承包双方应在合同中约定工程计量的形象目标或时间节点进行计量。

(4)承包人应在合同约定的每个计量周期内对已完成的工程进行计量,并向发包人提交达到工程形象目标完成的工程量和有关计量资料的报告。

(5)发包人应在收到报告后 7 天内对承包人提交的上述资料进行复核,以确定实际完成的工程量和工程形象目标。对其有异议的,应通知承包人进行共同复核。

七、合同价款调整

1. 一般规定

(1)下列事项(但不限于)发生,发承包双方应当按照合同约定调整合同价款:

1)法律法规变化;

2)工程变更；

3)项目特征不符；

4)工程量清单缺项；

5)工程量偏差；

6)计日工；

7)物价变化；

8)暂估价；

9)不可抗力；

10)提前竣工(赶工补偿)；

11)误期赔偿；

12)索赔；

13)现场签证；

14)暂列金额；

15)发承包双方约定的其他调整事项。

(2)出现合同价款调增事项(不含工程量偏差、计日工、现场签证、索赔)后的14天内,承包人应向发包人提交合同价款调增报告并附上相关资料;承包人在14天内未提交合同价款调增报告的,应视为承包人对该事项不存在调整价款请求。

此处所指合同价款调增事项不包括工程量偏差,是因为工程量偏差的调整在竣工结算完成之前均可提出;不包括计日工、现场签证和索赔,是因为这三项的合同价款调增时限在“13计价规范”中另有规定。

(3)出现合同价款调减事项(不含工程量偏差、索赔)后的14天内,发包人应向承包人提交合同价款调减报告并附相关资料;发包人在14天内未提交合同价款调减报告的,应视为发包人对该事项不存在调整价款请求。

基于上述第(2)条同样的原因,此处合同价款调减事项中不包括工程量偏差和索赔两项。

(4)发(承)包人应在收到承(发)包人合同价款调增(减)报告及相关资料之日起14天内对其核实,予以确认的应书面通知承(发)包人。当有疑问时,应向承(发)包人提出协商意见。发(承)包人在收到合同价款调增(减)报告之日起14天内未确认也未提出协商意见的,应视为承(发)包人提交的合同价款调增(减)报告已被发(承)包人认可。发(承)包人提出协商意见的,承(发)包人应在收到协商意见后的14天内对其核实,予以确认的应书面通知发(承)包人。承(发)包人在收到发(承)包人的协商意见后14天内既不确认也未提出不同意见的,应视为发(承)包人提出的意见已被承(发)包人认可。

(5)发包人与承包人对合同价款调整的不同意见不能达成一致的,只要对发承包双方履约不产生实质影响,双方应继续履行合同义务,直到其按照合同约定的争议解决方式得到处理。

(6)根据财政部、原建设部印发的《建设工程价款结算暂行办法》(财建[2004]369号)的相关规定,如第十五条:"发包人和承包人要加强施工现场的造价控制,及时对工程合同外的事项如实纪录并履行书面手续。凡由发、承包双方授权的现场代表签字的现场签证以及发、承包双方协商确定的索赔等费用,应在工程竣工结算中如实办理,不得因发、承包双方现场代表的中途变更改变其有效性","13计价规范"对发承包双方确定调整的合同价款的支付方法进行了约定,即:"经发承包双方确认调整的合同价款,作为追加(减)合同价款,应与工程进度款或结算款同期支付"。

2. 法律法规变化

(1)工程建设过程中,发、承包双方都是国家法律、法规、规章及政策的执行者。因此,在发、承包双方履行合同的过程中,当国家的法律、法规、规章及政策发生变化,国家或省级、行业建设主管部门或其授权的工程造价管理机构据此发布工程造价调整文件,工程价款应当进行调整。"13计价规范"中规定:"招标工程以投标截止日前28天、非招标工程以合同签订前28天为基准日,其后因国家的法律、法规、规章和政策发生变化引起工程造价增减变化的,发承包双方应按照省级或行业建设主管部门或其授权的工程造价管理机构据此发布的规定调整合同价款"。

(2)因承包人原因导致工期延误的,按上述第(1)条规定的调整时间,在合同工程原定竣工时间之后,合同价款调增的不予调整,合同价款调减的予以调整。这就说明由于承包人原因导致工期延误,将按不利于承包人的原则调整合同价款。

3. 工程变更

建设工程施工合同实施过程中,如果合同签订时所依赖的承包范围、设计标准、施工条件等发生变化,则必须在新的承包范围、新的设计标准或新的施工条件等前提下对发承包双方的权利和义务进行重新分配,从而建立新的平衡,追求新的公平和合理。由于施工条件变化和发包人要求变化等原因,往往会发生合同约定的工程材料性质和品种、建筑物结构形式、施工工艺和方法等的变动,此时必须变更才能维护合同的公平。因此,"13计价规范"中对因分部分项工程量清单的漏项或非承包人原因引起的工程变更,造成增加新的工程量清单项目时,新增项目综合单价的确定原则进行了约定,具体如下:

(1)因工程变更引起已标价工程量清单项目或其工程数量发生变化时,应按照下列规定调整:

1)已标价工程量清单中有适用于变更工程项目的,应采用该项目的单价;但当工程变更导致该清单项目的工程数量发生变化,且工程量偏差超过15%时,该项目单价应按照规定进行调整,即当工程量增加15%以上时,增加部分的工程量的综合单价应予调低;当工程量减少15%以上时,减少后剩余部分的工程量的综合单价应予调高。采用此条进行调整的前提条件是其采用的材料、施工工艺和方法相同,亦不因此增加关键线路上工程的施工时间。

如:某桩基工程施工过程中,由于设计变更,新增加预制钢筋混凝土管柱3根(45m),已标价工程量清单中有预制钢筋混凝土管柱项目的综合单价,且新增部分工程量偏差在15%以内,则就应采用该项目的综合单价。

2)已标价工程量清单中没有适用但有类似于变更工程项目的,可在合理范围内参照类似项目的单价。采用此条进行调整的前提条件是其采用的材料、施工工艺和方法基本相似,不增加关键线路上工程的施工时间,则可仅就其变更后的差异部分,参考类似的项目单价由发、承包双方协商新的项目单价。

如:某现浇混凝土设备基础的混凝土强度等级为C30,施工过程中设计单位将其调整为C35,此时则可将原综合单价组成中C30混凝土价格用C35混凝土价格替换,其余不变,组成新的综合单价。

3)已标价工程量清单中没有适用也没有类似于变更工程项目的,应由承包人根据变更工程资料、计量规则和计价办法、工程造价管理机构发布的信息价格和承包人报价浮动率提出变更工程项目的单价,并应报发包人确认后调整。承包人报价浮动率可按下列公式计算:

招标工程:

承包人报价浮动率 $L=(1-\text{中标价}/\text{招标控制价})\times 100\%$

非招标工程：

承包人报价浮动率 $L=(1-\text{报价}/\text{施工图预算})\times 100\%$

4)已标价工程量清单中没有适用也没有类似于变更工程项目，且工程造价管理机构发布的信息价格缺价的，应由承包人根据变更工程资料、计量规则、计价办法和通过市场调查等取得有合法依据的市场价格提出变更工程项目的单价，并应报发包人确认后调整。

(2)工程变更引起施工方案改变并使措施项目发生变化时，承包人提出调整措施项目费的，应事先将拟实施的方案提交发包人确认，并应详细说明与原方案措施项目相比的变化情况。拟实施的方案经发承包双方确认后执行，并应按照下列规定调整措施项目费：

1)安全文明施工费应按照实际发生变化的措施项目依据国家或省级、行业建设主管部门的规定计算。

2)采用单价计算的措施项目费，应按照实际发生变化的措施项目，按上述第(1)条的规定确定单价。

3)按总价(或系数)计算的措施项目费，按照实际发生变化的措施项目调整，但应考虑承包人报价浮动因素，即调整金额按照实际调整金额乘以上述第(1)条规定的承包人报价浮动率计算。

如果承包人未事先将拟实施的方案提交给发包人确认，则应视为工程变更不引起措施项目费的调整或承包人放弃调整措施项目费的权利。

(3)当发包人提出的工程变更因非承包人原因删减了合同中的某项原定工作或工程，致使承包人发生的费用或(和)得到的收益不能被包括在其他已支付或应支付的项目中，也未被包含在任何替代的工作或工程中时，承包人有权提出并应得到合理的费用及利润补偿。这主要是为了维护合同的公平，防止发包人在签约后擅自取消合同中的工作，转而由发包人自己或其他承包人实施而使本合同工程承包人蒙受损失。

4. 项目特征不符

工程量清单的项目特征是确定一个清单项目综合单价不可缺少的主要依据。对工程量清单项目特征描述具有十分重要的意义，其主要体现包括三个方面：①项目特征是区分清单项目的依据。工程量清单项目特征是用来表述分部分项清单项目的实质内容，用于区分计价规范中同一清单条目下各个具体的清单项目。没有项目特征的准确描述，对于相同或相似的清单项目名称，就无从区分。②项目特征是确定综合单价的前提。由于工程量清单项目的特征决定了工程实体的实质内容，必然直接决定了工程实体的自身价值。因此，工程量清单项目特征描述得准确与否，直接关系到工程量清单项目综合单价的准确确定。③项目特征是履行合同义务的基础。实行工程量清单计价，工程量清单及其综合单价是施工合同的组成部分，因此，如果工程量清单项目特征的描述不清甚至漏项、错误，从而引起在施工过程中的更改，都会引起分歧，导致纠纷。

在按“13 工程计量规范”对工程量清单项目的特征进行描述时，应注意“项目特征”与“工作内容”的区别。“项目特征”是工程项目的实质，决定着工程量清单项目的价值大小，而“工作内容”主要讲的是操作程序，是承包人完成能通过验收的工程项目所必须要操作的工序。在“13 工程计量规范”中，工程量清单项目与工程量计算规则、工作内容具有一一对应的关系，当采用“13 计价规范”进行计价时，工作内容即有规定，无须再对其进行描述。而“项目特征”栏中的任何一项都影响着清单项目的综合单价的确定，招标人应高度重视分部分项工程项目清单项目特征的描述，任何不描述或描述不清，均会在施工合同履约过程中产生分歧，导致纠纷、索赔。例如钢制散热器，按照“13 工程计量规范”编码为 031005002 项目中“项目特征”栏的规定，发包人在对工程量清单项目进行描述时，就必须要对散热器结构形式，型号、规格，安装方式、托架刷油设计要求等进行详细的描述，因为这其中任何一项的不同都直接影响到钢制散热器的综合单价。而在该项“工作内容”栏中阐述了钢制散热器应包括安装、托架安装、托架刷油等施工工序，这些工序即便发包人不提，承包人为完成水暖工程也必然要经过，因而，发包人在对工程量清单项目进行描述时就没有必要对钢制散热器的施工工序对承包人提出规定。

正因为此，在编制工程量清单时，必须对项目特征进行准确而且全面的描述，准确的描述工程量清单的项目特征对于准确的确定工程量清单项目的综合单价具有决定性的作用。

“13 计价规范”中对清单项目特征描述及项目特征发生变化后重新确定综合单价的有关要求进行了如下约定：

(1)发包人在招标工程量清单中对项目特征的描述，应被认为是准确的和全面的，并且与实际施工要求相符合。承包人应按照发包人提供的招标工程量清单，根据项目特征描述的内容及有关要求实施合同工程，直到项目被改变为止。

(2)承包人应按照发包人提供的设计图纸实施合同工程,若在合同履行期间出现设计图纸(含设计变更)与招标工程量清单任一项目的特征描述不符,且该变化引起该项目工程造价增减变化的,应按照实际施工的项目特征,按前述“工程计量”中的有关规定重新确定相应工程量清单项目的综合单价,并调整合同价款。

5. 工程量清单缺项

导致工程量清单缺项的原因主要包括:①设计变更;②施工条件改变;③工程量清单编制错误。由于工程量清单的增减变化必然使合同价款发生增减变化。

(1)合同履行期间,由于招标工程量清单中缺项,新增分部分项工程清单项目的,应按照前述“3. 工程变更”中的第(1)条的有关规定确定单价,并调整合同价款。

(2)新增分部分项工程清单项目后,引起措施项目发生变化的,应按照前述“3. 工程变更”中的第(2)条的有关规定,在承包人提交的实施方案被发包人批准后调整合同价款。

(3)由于招标工程量清单中措施项目缺项,承包人应将新增措施项目实施方案提交发包人批准后,按照前述“3. 工程变更”中的第(1)、(2)条的有关规定调整合同价款。

6. 工程量偏差

(1)合同履行期间,当应予计算的实际工程量与招标工程量清单出现偏差,且符合下述第(2)、(3)条规定时,发承包双方应调整合同价款。

(2)对于任一招标工程量清单项目,当因工程量偏差和前述“3. 工程变更”中规定的工程变更等原因导致工程量偏差超过 15%时,可进行调整。当工程量增加 15%以上时,增加部分的工程量的综合单价应予调低;当工程量减少 15%以上时,减少后剩余部分的工程量的综合单价应予调高。

(3)如果工程量出现变化引起相关措施项目相应发生变化时,按系数或单一总价方式计价的,工程量增加的措施项目费调增,工程量减少的措施项目费调减。反之,如未引起相关措施项目发生变化,则不予调整。

7. 计日工

(1)发包人通知承包人以计日工方式实施的零星工作,承包人应予执行。

（2）采用计日工计价的任何一项变更工作，在该项变更的实施过程中，承包人应按合同约定提交下列报表和有关凭证送发包人复核：

1）工作名称、内容和数量；

2）投入该工作所有人员的姓名、工种、级别和耗用工时；

3）投入该工作的材料名称、类别和数量；

4）投入该工作的施工设备型号、台数和耗用台时；

5）发包人要求提交的其他资料和凭证。

（3）任一计日工项目持续进行时，承包人应在该项工作实施结束后的24小时内向发包人提交有计日工记录汇总的现场签证报告一式三份。发包人在收到承包人提交现场签证报告后的两天内予以确认并将其中一份返还给承包人，作为计日工计价和支付的依据。发包人逾期未确认也未提出修改意见的，应视为承包人提交的现场签证报告已被发包人认可。

（4）任一计日工项目实施结束后，承包人应按照确认的计日工现场签证报告核实该类项目的工程数量，并应根据核实的工程数量和承包人已标价工程量清单中的计日工单价计算，提出应付价款；已标价工程量清单中没有该类计日工单价的，由发承包双方按前述“3. 工程变更”中的相关规定商定计日工单价计算。

（5）每个支付期末，承包人应按规定向发包人提交本期间所有计日工记录的签证汇总表，并应说明本期间自己认为有权得到的计日工金额，调整合同价款，列入进度款支付。

8. 物价变化

（1）合同履行期间，因人工、材料、工程设备、机械台班价格波动影响合同价款时，应根据合同约定，按“13 计价规范”附录 A 中介绍的方法之一调整合同价款。

（2）承包人采购材料和工程设备的，应在合同中约定主要材料、工程设备价格变化的范围或幅度；当没有约定，且材料、工程设备单价变化超过 5%时，超过部分的价格应按照“13 计价规范”附录 A 的方法计算调整材料、工程设备费。

（3）发生合同工程工期延误的，应按照下列规定确定合同履行期的价格调整：

1）因非承包人原因导致工期延误的，计划进度日期后续工程的价格，应采用计划进度日期与实际进度日期两者的较高者。

2)因承包人原因导致工期延误的,计划进度日期后续工程的价格,应采用计划进度日期与实际进度日期两者的较低者。

(4)发包人供应材料和工程设备的,不适用上述第(1)和第(2)条规定,应由发包人按照实际变化调整,列入合同工程的工程造价内。

9. 暂估价

(1)发包人在招标工程量清单中给定暂估价的材料、工程设备不属于依法必须招标的,应由承包人按照合同约定采购,经发包人确认单价后取代暂估价,调整合同价款。暂估材料或工程设备的单价确定后,在综合单价中只应取代暂估单价,不应再在综合单价中涉及企业管理费或利润等其他费用的变动。

(2)发包人在工程量清单中给定暂估价的专业工程不属于依法必须招标的,应按照前述“3. 工程变更”中的相关规定确定专业工程价款,并应以此为依据取代专业工程暂估价,调整合同价款。

(3)发包人在招标工程量清单中给定暂估价的专业工程,依法必须招标的,应当由发承包双方依法组织招标选择专业分包人,并接受有管辖权的建设工程招标投标管理机构的监督,还应符合下列要求:

1)除合同另有约定外,承包人不参加投标的专业工程发包招标,应由承包人作为招标人,但拟定的招标文件、评标工作、评标结果应报送发包人批准。与组织招标工作有关的费用应当被认为已经包括在承包人的签约合同价(投标总报价)中。

2)承包人参加投标的专业工程发包招标,应由发包人作为招标人,与组织招标工作有关的费用由发包人承担。同等条件下,应优先选择承包人中标。

3)应以专业工程发包中标价为依据取代专业工程暂估价,调整合同价款。

10. 不可抗力

(1)因不可抗力事件导致的人员伤亡、财产损失及其费用增加,发承包双方应按下列原则分别承担并调整合同价款和工期:

1)合同工程本身的损害、因工程损害导致第三方人员伤亡和财产损失以及运至施工场地用于施工的材料和待安装的设备的损害,应由发包人承担;

2)发包人、承包人人员伤亡应由其所在单位负责,并应承担相应费用;

3)承包人的施工机械设备损坏及停工损失,应由承包人承担;

4)停工期间,承包人应发包人要求留在施工场地的必要的管理人员及保卫人员的费用应由发包人承担;

5)工程所需清理、修复费用,应由发包人承担。

(2)不可抗力解除后复工的,若不能按期竣工,应合理延长工期。发包人要求赶工的,赶工费用应由发包人承担。

11. 提前竣工(赶工补偿)

《建设工程质量管理条例》第十条规定:"建设工程发包单位不得迫使承包方以低于成本的价格竞标,不得任意压缩合理工期"。因此为了保证工程质量,承包人除了根据标准规范、施工图纸进行施工外,还应当按照科学合理的施工组织设计,按部就班地进行施工作业。

(1)招标人应依据相关工程的工期定额合理计算工期,压缩的工期天数不得超过定额工期的20%,超过者,应在招标文件中明示增加赶工费用。赶工费用主要包括:①人工费的增加,如新增加投入人工的报酬,不经济使用人工的补贴等;②材料费的增加,如可能造成不经济使用材料而损耗过大,材料运输费的增加等;③机械费的增加,例如可能增加机械设备投入,不经济的使用机械等。

(2)发包人要求合同工程提前竣工的,应征得承包人同意后与承包人商定采取加快工程进度的措施,并应修订合同工程进度计划。发包人应承担承包人由此增加的提前竣工(赶工补偿)费用,除合同另有约定外,提前竣工补偿的金额可为合同价款的5%。

(3)发承包双方应在合同中约定提前竣工每日历天应补偿额度,此项费用应作为增加合同价款列入竣工结算文件中,应与结算款一并支付。

12. 误期赔偿

(1)如果承包人未按照合同约定施工,导致实际进度迟于计划进度的,承包人应加快进度,实现合同工期。即使承包人采取了赶工措施,赶工费用仍应由承包人承担。如合同工程仍然误期,承包人应赔偿发包人由此造成的损失,并按照合同约定向发包人支付误期赔偿费,除合同另有约定外,误期赔偿可为合同价款的5%。即使承包人支付误期赔偿费,也不能免除承包人按照合同约定应承担的任何责任和应履行的任何义务。

(2)发承包双方应在合同中约定误期赔偿费,并应明确每日历天应赔额度。误期赔偿费应列入竣工结算文件中,并应在结算款中扣除。

(3)在工程竣工之前,合同工程内的某单项(位)工程已通过了竣工验收,且该单项(位)工程接收证书中表明的竣工日期并未延误,而是合同工程的其他部分产生了工期延误时,误期赔偿费应按照已颁发工程接收证书的单项(位)工程造价占合同价款的比例幅度予以扣减。

13. 索赔

索赔是合同双方依据合同约定维护自身合法利益的行为,它的性质属于经济补偿行为,而非惩罚。

(1)索赔的条件。

当合同一方向另一方提出索赔时,应有正当的索赔理由和有效证据,并应符合合同的相关约定。建设工程施工中的索赔是发、承包双方行使正当权利的行为,承包人可向发包人索赔,发包人也可向承包人索赔。任何索赔事件的确立,其前提条件是必须有正当的索赔理由。对正当索赔理由的说明必须具有证据,因为进行索赔主要是靠证据说话。没有证据或证据不足,索赔是难以成功的。

(2)索赔的证据。

1)索赔证据的要求。一般有效的索赔证据都具有以下几个特征:

①及时性:既然干扰事件已发生,又意识到需要索赔,就应在有效时间内提出索赔意向。在规定的时间内报告事件的发展影响情况,在规定时间内提交索赔的详细额外费用计算账单,对发包人或工程师提出的疑问及时补充有关材料。如果拖延太久,将增加索赔工作的难度。

②真实性:索赔证据必须是在实际过程中产生,完全反映实际情况,能经得住对方的推敲。由于在工程过程中合同双方都在进行合同管理,收集工程资料,所以双方应有相同的证据。使用不实的、虚假证据是违反商业道德甚至法律的。

③全面性:所提供的证据应能说明事件的全过程。索赔报告中所涉及的干扰事件、索赔理由、索赔值等都应有相应的证据,不能凌乱和支离破碎,否则发包人将退回索赔报告,要求重新补充证据。这会拖延索赔的解决,损害承包商在索赔中的有利地位。

④关联性:索赔的证据应当能互相说明,相互具有关联性,不能互相矛盾。

⑤法律证明效力：索赔证据必须有法律证明效力，特别对准备递交仲裁的索赔报告更要注意这一点。

a. 证据必须是当时的书面文件，一切口头承诺、口头协议不算。

b. 合同变更协议必须由双方签署，或以会谈纪要的形式确定，且为决定性决议。一切商讨性、意向性的意见或建议都不算。

c. 工程中的重大事件、特殊情况的记录、统计应由工程师签署认可。

2)索赔证据的种类。

①招标文件、工程合同、发包人认可的施工组织设计、工程图纸、技术规范等。

②工程各项有关的设计交底记录、变更图纸、变更施工指令等。

③工程各项经发包人或合同中约定的发包人现场代表或监理工程师签认的签证。

④工程各项往来信件、指令、信函、通知、答复等。

⑤工程各项会议纪要。

⑥施工计划及现场实施情况记录。

⑦施工日报及工长工作日志、备忘录。

⑧工程送电、送水、道路开通、封闭的日期及数量记录。

⑨工程停电、停水和干扰事件影响的日期及恢复施工的日期记录。

⑩工程预付款、进度款拨付的数额及日期记录。

⑪工程图纸、图纸变更、交底记录的送达份数及日期记录。

⑫工程有关施工部位的照片及录像等。

⑬工程现场气候记录，如有关天气的温度、风力、雨雪等。

⑭工程验收报告及各项技术鉴定报告等。

⑮工程材料采购、订货、运输、进场、验收、使用等方面的凭据。

⑯国家和省级或行业建设主管部门有关影响工程造价、工期的文件、规定等。

3)索赔时效的功能。索赔时效是指合同履行过程中，索赔方在索赔事件发生后的约定期限内不行使索赔权即视为放弃索赔权利，其索赔权归于消灭的制度。一方面，索赔时效届满，即视为承包人放弃索赔权利，发包人可以此作为证据的代用，避免举证的困难；另一方面，只有促使承包人及时提出索赔要求，才能警示发包人充分履行合同义务，避免类似索赔事件的再次发生。

(3)承包人的索赔。

1)若承包人认为非承包人原因发生的事件造成了承包人的损失,承包人应在确认该事件发生后,持证明索赔事件发生的有效证据和依据正当的索赔理由,按合同约定的时间向发包人发出索赔通知。发包人应按合同约定的时间对承包人提出的索赔进行答复和确认。发包人在收到最终索赔报告后并在合同约定时间内,未向承包人做出答复,视为该项索赔已经认可。

这种索赔方式称之为单项索赔,即在每一件索赔事项发生后,递交索赔通知书,编报索赔报告书,要求单项解决支付,不与其他的索赔事项混在一起。单项索赔是施工索赔通常采用的方式。它避免了多项索赔的相互影响制约,所以解决起来比较容易。

当施工过程中受到非常严重的干扰,以致承包人的全部施工活动与原来的计划不大相同,原合同规定的工作与变更后的工作相互混淆,承包人无法为索赔保持准确而详细的成本记录资料,无法采用单项索赔的方式,而只能采用综合索赔。综合索赔俗称一揽子索赔。即对整个工程(或某项工程)中所发生的数起索赔事项,综合在一起进行索赔。采取这种方式进行索赔,是在特定的情况下被迫采用的一种索赔方法。

采取综合索赔时,承包人必须提出以下证明:①承包商的投标报价是合理的;②实际发生的总成本是合理的;③承包商对成本增加没有任何责任;④不可能采用其他方法准确地计算出实际发生的损失数额。

据合同约定,承包人应按下列程序向发包人提出索赔:

①承包人应在知道或应当知道索赔事件发生后28天内,向发包人提交索赔意向通知书,说明发生索赔事件的事由。承包人逾期未发出索赔意向通知书的,丧失索赔的权利。

②承包人应在发出索赔意向通知书后28天内,向发包人正式提交索赔通知书。索赔通知书应详细说明索赔理由和要求,并应附必要的记录和证明材料。

③索赔事件具有连续影响的,承包人应继续提交延续索赔通知,说明连续影响的实际情况和记录。

④在索赔事件影响结束后的28天内,承包人应向发包人提交最终索赔通知书,说明最终索赔要求,并应附必要的记录和证明材料。

2)承包人索赔应按下列程序处理:

①发包人收到承包人的索赔通知书后,应及时查验承包人的记录和证明材料。

②发包人应在收到索赔通知书或有关索赔的进一步证明材料后的 28 天内,将索赔处理结果答复承包人,如果发包人逾期未做出答复,视为承包人索赔要求已被发包人认可。

③承包人接受索赔处理结果的,索赔款项应作为增加合同价款,在当期进度款中进行支付;承包人不接受索赔处理结果的,应按合同约定的争议解决方式办理。

3)承包人要求赔偿时,可以选择下列一项或几项方式获得赔偿:

①延长工期;

②要求发包人支付实际发生的额外费用;

③要求发包人支付合理的预期利润;

④要求发包人按合同的约定支付违约金。

4)索赔事件发生后,在造成费用损失时,往往会造成工期的变动。当索赔事件造成的费用损失与工期相关联时,承包人应根据发生的索赔事件向发包人提出费用索赔要求的同时,提出工期延长的要求。发包人在批准承包人的索赔报告时,应将索赔事件造成的费用损失和工期延长联系起来,综合做出批准费用索赔和工期延长的决定。

5)发承包双方在按合同约定办理了竣工结算后,应被认为承包人已无权再提出竣工结算前所发生的任何索赔。承包人在提交的最终结清申请中,只限于提出竣工结算后的索赔,提出索赔的期限应自发承包双方最终结清时终止。

(4)发包人的索赔。

1)根据合同约定,发包人认为由于承包人的原因造成发包人的损失,宜按承包人索赔的程序进行索赔。当合同中未就发包人的索赔事项作具体约定,按以下规定处理。

①发包人应在确认引起索赔的事件发生后 28 天内向承包人发出索赔通知,否则,承包人免除该索赔的全部责任。

②承包人在收到发包人索赔报告后的 28 天内,应做出回应,表示同意或不同意并附具体意见,如在收到索赔报告后的 28 天内,未向发包人做出答复,视为该项索赔报告已经认可。

2)发包人要求赔偿时,可以选择下列一项或几项方式获得赔偿:

①延长质量缺陷修复期限；

②要求承包人支付实际发生的额外费用；

③要求承包人按合同的约定支付违约金。

3)承包人应付给发包人的索赔金额可从拟支付给承包人的合同价款中扣除，或由承包人以其他方式支付给发包人。

14. 现场签证

由于施工生产的特殊性，施工过程中往往会出现一些与合同工程或合同约定不一致或未约定的事项，这时就需要发承包双方用书面形式记录下来，这就是现场签证。签证有多种情形，一是发包人的口头指令，需要承包人将其提出，由发包人转换成书面签证；二是发包人的书面通知如涉及工程实施，需要承包人就完成此通知需要的人工、材料、机械设备等内容向发包人提出，取得发包人的签证确认；三是合同工程招标工程量清单中已有，但施工中发现与其不符，比如土方类别，出现流砂等，需承包人及时向发包人提出签证确认，以便调整合同价款；四是由于发包人原因未按合同约定提供场地、材料、设备或停水、停电等造成承包人停工，需承包人及时向发包人提出签证确认，以便计算索赔费用；五是合同中约定材料、设备等价格，由于市场发生变化，需承包人向发包人提出采纳数量及其单价，以便发包人核对后取得发包人的签证确认；六是其他由于施工条件、合同条件变化需现场签证的事项等。

(1)承包人应发包人要求完成合同以外的零星项目、非承包人责任事件等工作的，发包人应及时以书面形式向承包人发出指令，并应提供所需的相关资料；承包人在收到指令后，应及时向发包人提出现场签证要求。

(2)承包人应在收到发包人指令后的7天内向发包人提交现场签证报告，发包人应在收到现场签证报告后的48小时内对报告内容进行核实，予以确认或提出修改意见。发包人在收到承包人现场签证报告后的48小时内未确认也未提出修改意见的，应视为承包人提交的现场签证报告已被发包人认可。

(3)现场签证的工作如已有相应的计日工单价，现场签证中应列明完成该类项目所需的人工、材料、工程设备和施工机械台班的数量。

如现场签证的工作没有相应的计日工单价，应在现场签证报告中列明完成该签证工作所需的人工、材料设备和施工机械台班的数量及单价。

(4)合同工程发生现场签证事项，未经发包人签证确认，承包人便擅自施工的，除非征得发包人书面同意，否则发生的费用应由承包人承担。

(5)按照财政部、原建设部印发的《建设工程价款结算办法》(财建[2004]369 号)等十五条的规定："发包人和承包人要加强施工现场的造价控制，及时对工程合同外的事项如实纪录并履行书面手续。凡由发、承包双方授权的现场代表签字的现场签证以及发、承包双方协商确定的索赔等费用，应在工程竣工结算中如实办理，不得因发、承包双方现场代表的中途变更改变其有效性。"，"13 计价规范"规定："现场签证工作完成后的 7 天内，承包人应按照现场签证内容计算价款，报送发包人确认后，作为增加合同价款，与进度款同期支付。"此举可避免发包方变相拖延工程款以及发包人以现场代表变更而不承认某些索赔或签证的事件发生。

(6)在施工过程中，当发现合同工程内容因场地条件、地质水文、发包人要求等不一致时，承包人应提供所需的相关资料，并提交发包人签证认可，作为合同价款调整的依据。

15. 暂列金额

(1)已签约合同价中的暂列金额应由发包人掌握使用。

(2)暂列金额虽然列入合同价款，但并不属于承包人所有，也并不必然发生。只有按照合同约定实际发生后，才能成为承包人的应得金额，纳入工程合同结算价款中，发包人按照前述相关规定与要求进行支付后，暂列金额余额仍归发包人所有。

八、合同价款期中支付

1. 预付款

(1)预付款是发包人为解决承包人在施工准备阶段资金周转问题提供的协助，预付款用于承包人为合同工程施工购置材料、工程设备，购置或租赁施工设备以及组织施工人员进场。预付款应专用于合同工程。

(2)按照财政部、原建设部印发的《建设工程价款结算暂行办法》的相关规定，"13 计价规范"中对预付款的支付比例进行了约定：包工包料工程的预付款的支付比例不得低于签约合同价(扣除暂列金额)的 10%，不宜高于签约合同价(扣除暂列金额)的 30%。预付款的总金额，分期拨付次数，每次付款金额、付款时间等应根据工程规模、工期长短等具体情况，在合同中约定。

(3)承包人应在签订合同或向发包人提供与预付款等额的预付款保函(如有)后向发包人提交预付款支付申请。

(4)发包人应在收到支付申请的 7 天内进行核实,向承包人发出预付款支付证书,并在签发支付证书后的 7 天内向承包人支付预付款。

(5)发包人没有按合同约定按时支付预付款的,承包人可催告发包人支付;发包人在预付款期满后的 7 天内仍未支付的,承包人可在付款期满后的第 8 天起暂停施工。发包人应承担由此增加的费用和延误的工期,并应向承包人支付合理利润。

(6)当承包人取得相应的合同价款时,预付款应从每一个支付期应支付给承包人的工程进度款中扣回,直到扣回的金额达到合同约定的预付款金额为止。通常约定承包人完成签约合同价款的比例在 20%～30% 时,开始从进度款中按一定比例扣还。

(7)承包人的预付款保函(如有)的担保金额根据预付款扣回的数额相应递减,但在预付款全部扣回之前一直保持有效。发包人应在预付款扣完后的 14 天内将预付款保函退还给承包人。

2. 安全文明施工费

(1)财政部、国家安全生产监督管理总局印发的《企业安全生产费用提取和使用管理办法》(财企[2012]16 号)第十九条规定:“建设工程施工企业安全费用应当按照以下范围使用:

(一)完善、改造和维护安全防护设施设备支出(不含‘三同时’要求初期投入的安全设施),包括施工现场临时用电系统、洞口、临边、机械设备、高处作业防护、交叉作业防护、防火、防爆、防尘、防毒、防雷、防台风、防地质灾害、地下工程有害气体监测、通风、临时安全防护等设施设备支出;

(二)配备、维护、保养应急救援器材、设备支出和应急演练支出;

(三)开展重大危险源和事故隐患评估、监控和整改支出;

(四)安全生产检查、评价(不包括新建、改建、扩建项目安全评价)、咨询和标准化建设支出;

(五)配备和更新现场作业人员安全防护用品支出;

(六)安全生产宣传、教育、培训支出;

(七)安全生产适用的新技术、新标准、新工艺、新装备的推广应用支出;

(八)安全设施及特种设备检测检验支出;

(九)其他与安全生产直接相关的支出。”

由于工程建设项目因专业及施工阶段的不同,对安全文明施工措施的要求也不一致,因此"13 工程计量规范"针对不同的专业工程特点,规定了安全文明施工的内容和包含的范围。在实际执行过程中,安全文明施工费包括的内容及使用范围,既应符合国家现行有关文件的规定,也应符合"13 工程计量规范"中的规定。

(2)发包人应在工程开工后的 28 天内预付不低于当年施工进度计划的安全文明施工费总额的 60%,其余部分应按照提前安排的原则进行分解,并应与进度款同期支付。

(3)发包人没有按时支付安全文明施工费的,承包人可催告发包人支付;发包人在付款期满后的 7 天内仍未支付的,若发生安全事故,发包人应承担相应责任。

(4)承包人对安全文明施工费应专款专用,在财务账目中应单独列项备查,不得挪作他用,否则发包人有权要求其限期改正;逾期未改正的,造成的损失和延误的工期应由承包人承担。

3. 进度款

(1)发承包双方应按照合同约定的时间、程序和方法,根据工程计量结果,办理期中价款结算,支付进度款。

(2)发包人支付工程进度款,其支付周期应与合同约定的工程计量周期一致。工程量的正确计量是发包人向承包人支付工程进度款的前提和依据。计量和付款周期可采用分段或按月结算的方式。

1)按月结算与支付。即实行按月支付进度款,竣工后结算的办法。合同工期在两个年度以上的工程,在年终进行工程盘点,办理年度结算。

2)分段结算与支付。即当年开工、当年不能竣工的工程按照工程形象进度,划分不同阶段,支付工程进度款。

当采用分段结算方式时,应在合同中约定具体的工程分段划分,付款周期应与计量周期一致。

(3)已标价工程量清单中的单价项目,承包人应按工程计量确认的工程量与综合单价计算;综合单价发生调整的,以发承包双方确认调整的综合单价计算进度款。

(4)已标价工程量清单中的总价项目和采用经审定批准的施工图纸及其预算方式发包形成的总价合同应由承包人根据施工进度计划和总价构成、费用性质、计划发生时间和相应的工程量等因素按计量周期进行分解,分别列入进度款支付申请中的安全文明施工费和本周期应支付的总价项目的金额中，并形成进度款支付分解表，在投标时提交，非招标工程在合同洽商时提交。在施工过程中，由于进度计划的调整，发承包双方应对支付分解进行调整。

1)已标价工程量清单中的总价项目进度款支付分解方法可选择以下之一(但不限于)：

①将各个总价项目的总金额按合同约定的计量周期平均支付；

②按照各个总价项目的总金额占签约合同价的百分比，以及各个计量支付周期内所完成的单价项目的总金额，以百分比方式均摊支付；

③按照各个总价项目组成的性质(如时间、与单价项目的关联性等)分解到形象进度计划或计量周期中，与单价项目一起支付。

2)采用经审定批准的施工图纸及其预算方式发包形成的总价合同，除由于工程变更形成的工程量增减予以调整外，其工程量不予调整。因此，总价合同的进度款支付应按照计量周期进行支付分解，以便进度款有序支付。

(5)发包人提供的甲供材料金额，应按照发包人签约提供的单价和数量从进度款支付中扣除，列入本周期应扣减的金额中。

(6)承包人现场签证和得到发包人确认的索赔金额应列入本周期应增加的金额中。

(7)进度款的支付比例按照合同约定，按期中结算价款总额计，不低于60%，不高于90%。

(8)承包人应在每个计量周期到期后的7天内向发包人提交已完工程进度款支付申请一式四份，详细说明此周期认为有权得到的款额，包括分包人已完工程的价款。支付申请应包括下列内容：

1)累计已完成的合同价款；

2)累计已实际支付的合同价款；

3)本周期合计完成的合同价款：

①本周期已完成单价项目的金额；

②本周期应支付的总价项目的金额；

③本周期已完成的计日工价款；

④本周期应支付的安全文明施工费；

⑤本周期应增加的金额。

4)本周期合计应扣减的金额：

①本周期应扣回的预付款；

②本周期应扣减的金额。

5)本周期实际应支付的合同价款。

上述“本周期应增加的金额”中包括除单价项目、总价项目、计日工、安全文明施工费外的全部应增金额，如索赔、现场签证金额，“本周期应扣减的金额”包括除预付款外的全部应减金额。

由于进度款的支付比例最高不超过 90%，而且根据原建设部、财政部印发的《建设工程质量保证金管理暂行办法》第七条规定：“全部或者部分使用政府投资的建设项目，按工程价款结算总额 5%左右的比例预留保证金”，因此，“13 计价规范”未在进度款支付中要求扣减质量保证金，而是在竣工结算价款中预留保证金。

(9)发包人应在收到承包人进度款支付申请后的 14 天内，根据计量结果和合同约定对申请内容予以核实，确认后向承包人出具进度款支付证书。若发承包双方对部分清单项目的计量结果出现争议，发包人应对无争议部分的工程计量结果向承包人出具进度款支付证书。

(10)发包人应在签发进度款支付证书后的 14 天内，按照支付证书列明的金额向承包人支付进度款。

(11)若发包人逾期未签发进度款支付证书，则视为承包人提交的进度款支付申请已被发包人认可，承包人可向发包人发出催告付款的通知。发包人应在收到通知后的 14 天内，按照承包人支付申请的金额向承包人支付进度款。

(12)发包人未按照规定支付进度款的，承包人可催告发包人支付，并有权获得延迟支付的利息；发包人在付款期满后的 7 天内仍未支付的，承包人可在付款期满后的第 8 天起暂停施工。发包人应承担由此增加的费用和延误的工期，向承包人支付合理利润，并应承担违约责任。

(13)发现已签发的任何支付证书有错、漏或重复的数额，发包人有权予以修正，承包人也有权提出修正申请。经发承包双方复核同意修正的，应在本次到期的进度款中支付或扣除。

九、竣工结算与支付

1. 一般规定

(1)工程完工后，发承包双方必须在合同约定时间内办理工程竣工结算。合同中没有约定或约定不清的，按“13 计价规范”中有关规定处理。

(2)工程竣工结算应由承包人或受其委托具有相应资质的工程造价咨询人编制,并应由发包人或受其委托具有相应资质的工程造价咨询人核对。实行总承包的工程,由总承包人对竣工结算的编制负总责。

(3)当发承包双方或一方对工程造价咨询人出具的竣工结算文件有异议时,可向工程造价管理机构投诉,申请对其进行执业质量鉴定。

(4)工程造价管理机构对投诉的竣工结算文件进行质量鉴定,宜按下述"十二"的相关规定进行。

(5)根据《中华人民共和国建筑法》第六十一条规定:"交付竣工验收的建筑工程,必须符合规定的建筑工程质量标准,有完整的工程技术经济资料和经签署的工程保修书,并具备国家规定的其他竣工条件",由于竣工结算是反映工程造价计价规定执行情况的最终文件,竣工结算办理完毕,发包人应将竣工结算文件报送工程所在地或有该工程管辖权的行业管理部门的工程造价管理机构备案。竣工结算文件应作为工程竣工验收备案、交付使用的必备文件。

2. 编制与复核

(1)工程竣工结算应根据下列依据编制和复核:

1)"13计价规范";

2)工程合同;

3)发承包双方实施过程中已确认的工程量及其结算的合同价款;

4)发承包双方实施过程中已确认调整后追加(减)的合同价款;

5)建设工程设计文件及相关资料;

6)投标文件;

7)其他依据。

(2)分部分项工程和措施项目中的单价项目应依据发承包双方确认的工程量与已标价工程量清单的综合单价计算;发生调整的,应以发承包双方确认调整的综合单价计算。

(3)措施项目中的总价项目应依据已标价工程量清单的项目和金额计算;发生调整的,应以发承包双方确认调整的金额计算,其中安全文明施工费应按照国家或省级、行业建设主管部门的规定计算。施工过程中,国家或省级、行业建设主管部门对安全文明施工费进行了调整的,措施项目费中和安全文明施工费应作相应调整。

(4)办理竣工结算时,其他项目费的计算应按以下要求进行计价:

1)计日工的费用应按发包人实际签证确认的数量和合同约定的相应项目综合单价计算。

2)当暂估价中的材料、工程设备是招标采购的,其单价按中标价在综合单价中调整。当暂估价中的材料、设备为非招标采购的,其单价按发承包双方最终确认的单价在综合单价中调整。当暂估价中的专业工程是招标发包的,其专业工程费按中标价计算。当暂估价中的专业工程为非招标发包的,其专业工程费按发承包双方与分包人最终确认的金额计算。

3)总承包服务费应依据已标价工程量清单金额计算,发承包双方依据合同约定对总承包服务进行了调整,应按调整后的金额计算。

4)索赔事件产生的费用在办理竣工结算时应在其他项目费中反映。索赔费用的金额应依据发承包双方确认的索赔事项和金额计算。

5)现场签证发生的费用在办理竣工结算时应在其他项目费中反映。现场签证费用金额依据发承包双方签证资料确认的金额计算。

6)合同价款中的暂列金额在用于各项价款调整、索赔与现场签证后,若有余额,则余额归发包人,若出现差额,则由发包人补足并反映在相应的工程价款中。

(5)规费和税金应按国家或省级、行业建设主管部门对规费和税金的计取标准计算。规费中的工程排污费应按工程所在地环境保护部门规定的标准缴纳后按实列入。

(6)由于竣工结算与合同工程实施过程中的工程计量及其价款结算、进度款支付、合同价款调整等具有内在联系,因此,发承包双方在合同工程实施过程中已经确认的工程计量结果和合同价款,在竣工结算办理中应直接进入结算,从而简化结算流程。

3. 竣工结算

竣工结算的编制与核对是工程造价计价中发、承包双方应共同完成的重要工作。按照交易的一般原则,任何交易结束,都应做到钱、货两清,工程建设也不例外。工程施工的发承包活动作为期货交易行为,当工程竣工验收合格后,承包人将工程移交给发包人时,发承包双方应将工程价款结算清楚,即竣工结算办理完毕。

(1)合同工程完工后,承包人应在经发承包双方确认的合同工程期中价款结算的基础上汇总编制完成竣工结算文件,应在提交竣工验收申请的同时向发包人提交竣工结算文件。

承包人未在合同约定的时间内提交竣工结算文件,经发包人催告后14天内仍未提交或没有明确答复的,发包人有权根据已有资料编制竣工结算文件,作为办理竣工结算和支付结算款的依据,承包人应予以认可。

因承包人无正当理由在约定时间内未递交竣工结算书,造成工程结算价款延期支付的,责任由承包人承担。

(2)发包人应在收到承包人提交的竣工结算文件后的28天内核对。发包人经核实,认为承包人还应进一步补充资料和修改结算文件,应在上述时限内向承包人提出核实意见,承包人在收到核实意见后的28天内应按照发包人提出的合理要求补充资料,修改竣工结算文件,并应再次提交给发包人复核后批准。

(3)发包人应在收到承包人再次提交的竣工结算文件后的28天内予以复核,将复核结果通知承包人,并应遵守下列规定:

1)发包人、承包人对复核结果无异议的,应在7天内在竣工结算文件上签字确认,竣工结算办理完毕;

2)发包人或承包人对复核结果认为有误的,无异议部分按照本条第1)款规定办理不完全竣工结算;有异议部分由发承包双方协商解决;协商不成的,应按照合同约定的争议解决方式处理。

(4)《最高人民法院关于审理建设工程施工合同纠纷案件适用法律问题的解释》(法释[2004]14号)第二十条规定:“当事人约定,发包人收到竣工结算文件后,在约定期限内不予答复,视为认可竣工结算文件的,按照约定处理。承包人请求按照竣工结算文件结算工程价款的,应予支持”。根据这一规定,要求发承包双方不仅应在合同中约定竣工结算的核对时间,并应约定发包人在约定时间内对竣工结算不予答复,视为认可承包人递交的竣工结算。“13计价规范”对发包人未在竣工结算中履行核对责任的后果进行了规定,即:发包人在收到承包人竣工结算文件后的28天内,不核对竣工结算或未提出核对意见的,应视为承包人提交的竣工结算文件已被发包人认可,竣工结算办理完毕。

(5)承包人在收到发包人提出的核实意见后的28天内,不确认也未提出异议的,应视为发包人提出的核实意见已被承包人认可,竣工结算办理完毕。

(6)发包人委托工程造价咨询人核对竣工结算的,工程造价咨询人应在28天内核对完毕,核对结论与承包人竣工结算文件不一致的,应提交给承包人复核;承包人应在14天内将同意核对结论或不同意见的说明提交工程造价咨询人。工程造价咨询人收到承包人提出的异议后,应再次复核,复核无异议的,应在7天内在竣工结算文件上签字确认,竣工结算办理完毕;复核后仍有异议的,对于无异议部分按照规定办理不完全竣工结算;有异议部分由发承包双方协商解决;协商不成的,应按照合同约定的争议解决方式处理。

承包人逾期未提出书面异议的,应视为工程造价咨询人核对的竣工结算文件已经承包人认可。

(7)对发包人或发包人委托的工程造价咨询人指派的专业人员与承包人指派的专业人员经核对后无异议并签名确认的竣工结算文件,除非发承包人能提出具体、详细的不同意见,发承包人都应在竣工结算文件上签名确认,如其中一方拒不签认的,按下列规定办理:

1)若发包人拒不签认的,承包人可不提供竣工验收备案资料,并有权拒绝与发包人或其上级部门委托的工程造价咨询人重新核对竣工结算文件。

2)若承包人拒不签认的,发包人要求办理竣工验收备案的,承包人不得拒绝提供竣工验收资料,否则,由此造成的损失,承包人承担相应责任。

(8)合同工程竣工结算核对完成,发承包双方签字确认后,发包人不得要求承包人与另一个或多个工程造价咨询人重复核对竣工结算。这可以有效地解决工程竣工结算中存在的一审再审、以审代拖、久审不结的现象。

(9)发包人对工程质量有异议,拒绝办理工程竣工结算的,已竣工验收或已竣工未验收但实际投入使用的工程,其质量争议应按该工程保修合同执行,竣工结算应按合同约定办理;已竣工未验收且未实际投入使用的工程以及停工、停建工程的质量争议,双方应就有争议的部分委托有资质的检测鉴定机构进行检测,并应根据检测结果确定解决方案,或按工程质量监督机构的处理决定执行后办理竣工结算,无争议部分的竣工结算应按合同约定办理。

4. 结算款支付

(1)承包人应根据办理的竣工结算文件向发包人提交竣工结算款支付申请。申请应包括下列内容:

1)竣工结算合同价款总额;

2)累计已实际支付的合同价款;

3)应预留的质量保证金;

4)实际应支付的竣工结算款金额。

(2)发包人应在收到承包人提交竣工结算款支付申请后7天内予以核实,向承包人签发竣工结算支付证书。

(3)发包人签发竣工结算支付证书后的14天内,应按照竣工结算支付证书列明的金额向承包人支付结算款。

(4)发包人在收到承包人提交的竣工结算款支付申请后7天内不予核实,不向承包人签发竣工结算支付证书的,视为承包人的竣工结算款支付申请已被发包人认可;发包人应在收到承包人提交的竣工结算款支付申请7天后的14天内,按照承包人提交的竣工结算款支付申请列明的金额向承包人支付结算款。

(5)工程竣工结算办理完毕后,发包人应按合同约定向承包人支付工程价款。发包人按合同约定应向承包人支付而未支付的工程款视为拖欠工程款。根据《最高人民法院关于审理建设工程施工合同纠纷案件适用法律问题的解释》(法释[2004]14号)第十七条:"当事人对欠付工程价款利息计付标准有约定的,按照约定处理;没有约定的,按照中国人民银行发布的同期同类贷款利率信息。发包人应向承包人支付拖欠工程款的利息,并承担违约责任。"和《中华人民共和国合同法》第二百八十六条:"发包人未按照合同约定支付价款的,承包人可以催告发包人在合理期限内支付价款。发包人逾期不支付的,除按照建设工程的性质不宜折价、拍卖的以外,承包人可以与发包人协议将该工程折价,也可以申请人民法院将该工程依法拍卖。建设工程的价款就该工程折价或者拍卖的价款优先受偿。"等规定,"13计价规范"中指出:"发包人未按照上述第(3)条和第(4)条规定支付竣工结算款的,承包人可催告发包人支付,并有权获得延迟支付的利息。发包人在竣工结算支付证书签发后或者在收到承包人提交的竣工结算款支付申请7天后的56天内仍未支付的,除法律另有规定外,承包人可与发包人协商将该工程折价,也可直接向人民法院申请将该工程依法拍卖。承包人应就该工程折价或拍卖的价款优先受偿"。

所谓优先受偿,最高人民法院在《关于建设工程价款优先受偿权的批复》(法释[2002]16号)中规定如下:

1)人民法院在审理房地产纠纷案件和办理执行案件中,应当依照《中华人民共和国合同法》第二百八十六条的规定，认定建筑工程的承包人的优先受偿权优于抵押权和其他债权。

2)消费者交付购买商品房的全部或者大部分款项后，承包人就该商品房享有的工程价款优先受偿权不得对抗买受人。

3)建筑工程价款包括承包人为建设工程应当支付的工作人员报酬、材料款等实际支出的费用，不包括承包人因发包人违约所造成的损失。

4)建设工程承包人行使优先权的期限为六个月，自建设工程竣工之日或者建设工程合同约定的竣工之日起计算。

5. 质量保证金

(1)发包人应按照合同约定的质量保证金比例从结算款中预留质量保证金。质量保证金用于承包人按照合同约定履行属于自身责任的工程缺陷修复义务的，为发包人有效监督承包人完成缺陷修复提供资金保证。原建设部、财政部印发的《建设工程质量保证金管理暂行办法》(建质[2005]7 号)第七条规定："全部或者部分使用政府投资的建设项目，按工程价款结算总额 5%左右的比例预留保证金。社会投资项目采用预留保证金方式的，预留保证金的比例可参照执行。"

(2)承包人未按照合同约定履行属于自身责任的工程缺陷修复义务的，发包人有权从质量保证金中扣除用于缺陷修复的各项支出。经查验，工程缺陷属于发包人原因造成的，应由发包人承担查验和缺陷修复的费用。

(3)在合同约定的缺陷责任期终止后，发包人应按照规定，将剩余的质量保证金返还给承包人。原建设部、财政部印发的《建设工程质量保证金管理暂行办法》(建质[2005]7 号)第九条规定："缺陷责任期内，承包人认真履行合同约定的责任，到期后，承包人向发包人申请返还保证金"。

6. 最终结清

(1)缺陷责任期终止后，承包人已完成合同约定的全部承包工作，但合同工程的财务账目需要结清，因此承包人应按照合同约定向发包人提交最终结清支付申请。发包人对最终结清支付申请有异议的，有权要求承包人进行修正和提供补充资料。承包人修正后，应再次向发包人提交修正后的最终结清支付申请。

(2)发包人应在收到最终结清支付申请后的 14 天内予以核实，并应向承包人签发最终结清支付证书。

(3)发包人应在签发最终结清支付证书后的14天内,按照最终结清支付证书列明的金额向承包人支付最终结清款。

(4)发包人未在约定的时间内核实,又未提出具体意见的,应视为承包人提交的最终结清支付申请已被发包人认可。

(5)发包人未按期最终结清支付的,承包人可催告发包人支付,并有权获得延迟支付的利息。

(6)最终结清时,承包人被预留的质量保证金不足以抵减发包人工程缺陷修复费用的,承包人应承担不足部分的补偿责任。

(7)承包人对发包人支付的最终结清款有异议的,应按照合同约定的争议解决方式处理。

十、合同解除的价款结算与支付

合同解除是合同非常态的终止,为了限制合同的解除,法律规定了合同解除制度。根据解除权来源划分,可分为协议解除和法定解除。鉴于建设工程施工合同的特性,为了防止社会资源浪费,法律不赋予发承包人享有任意单方解除权,因此,除了协议解除,按照《最高人民法院关于审理建设工程施工合同纠纷案件适用法律问题的解释》第八条、第九条的规定,施工合同的解除有承包人根本违约的解除和发包人根本违约的解除两种。

(1)发承包双方协商一致解除合同的,应按照达成的协议办理结算和支付合同价款。

(2)由于不可抗力致使合同无法履行解除合同的,发包人应向承包人支付合同解除之日前已完成工程但尚未支付的合同价款,此外,还应支付下列金额:

1)招标文件中明示应由发包人承担的赶工费用;

2)已实施或部分实施的措施项目应付价款;

3)承包人为合同工程合理订购且已交付的材料和工程设备货款;

4)承包人撤离现场所需的合理费用,包括员工遣送费和临时工程拆除、施工设备运离现场的费用;

5)承包人为完成合同工程而预期开支的任何合理费用,且该项费用未包括在本款其他各项支付之内。

发承包双方办理结算合同价款时,应扣除合同解除之日前发包人应向承包人收回的价款。当发包人应扣除的金额超过了应支付的金额,承包人应在合同解除后的86天内将其差额退还给发包人。

(3)由于承包人违约解除合同的，对于价款结算与支付应按以下规定处理：

1)发包人应暂停向承包人支付任何价款。

2)发包人应在合同解除后28天内核实合同解除时承包人已完成的全部合同价款以及按施工进度计划已运至现场的材料和工程设备货款，按合同约定核算承包人应支付的违约金以及造成损失的索赔金额，并将结果通知承包人。发承包双方应在28天内予以确认或提出意见，并办理结算合同价款。如果发包人应扣除的金额超过了应支付的金额，则承包人应在合同解除后的56天内将其差额退还给发包人。

3)发承包双方不能就解除合同后的结算达成一致的，按照合同约定的争议解决方式处理。

(4)由于发包人违约解除合同的，对于价款结算与支付应按以下规定处理：

1)发包人除应按照上述第(2)条的有关规定向承包人支付各项价款外，应按合同约定核算发包人应支付的违约金以及给承包人造成损失或损害的索赔金额费用。该笔费用由承包人提出，发包人核实后与承包人协商确定后的7天内向承包人签发支付证书。

2)发承包双方协商不能达成一致的，按照合同约定的争议解决方式处理。

十一、合同价款争议的解决

施工合同履行过程中出现争议是在所难免的，解决合同履行过程中争议的主要方法包括协商、调解、仲裁和诉讼四种。当发承包双方发生争议后，可以先进行协商和解从而达到消除争议的目的，也可以请第三方进行调解；若争议继续存在，发承包双方可以继续通过仲裁或诉讼的途径解决，当然，也可以直接进入仲裁或诉讼程序解决争议。不论采用何种方式解决发承包双方的争议，只有及时并有效的解决施工过程中的合同价款争议，才是工程建设顺利进行的必要保证。

1. 监理或造价工程师暂定

从我国现行施工合同示范文本、监理合同示范文本、造价咨询合同示范文本的内容可以看出，合同中一般均会对总监理工程师或造价工程师在合同履行过程中发承包双方的争议如何处理有所约定。为使合同争议在施工过程中就能够由总监理工程师或造价工程师予以解决,“13计价规范”对总监理工程师或造价工程师的合同价款争议处理流程及职责权限进行了如下约定:

(1)若发包人和承包人之间就工程质量、进度、价款支付与扣除、工期延期、索赔、价款调整等发生任何法律上、经济上或技术上的争议,首先应根据已签约合同的规定,提交合同约定职责范围内的总监理工程师或造价工程师解决,并应抄送另一方。总监理工程师或造价工程师在收到此提交件后14天内应将暂定结果通知发包人和承包人。发承包双方对暂定结果认可的,应以书面形式予以确认,暂定结果成为最终决定。

(2)发承包双方在收到总监理工程师或造价工程师的暂定结果通知之后的14天内未对暂定结果予以确认也未提出不同意见的,应视为发承包双方已认可该暂定结果。

(3)发承包双方或一方不同意暂定结果的,应以书面形式向总监理工程师或造价工程师提出,说明自己认为正确的结果,同时抄送另一方,此时该暂定结果成为争议。在暂定结果对发承包双方当事人履约不产生实质影响的前提下,发承包双方应实施该结果,直到按照发承包双方认可的争议解决办法被改变为止。

2. 管理机构的解释和认定

(1)合同价款争议发生后,发承包双方可就工程计价依据的争议以书面形式提请工程造价管理机构对争议以书面文件进行解释或认定。工程造价管理机构是工程造价计价依据、办法以及相关政策的制定和管理机构。对发包人、承包人或工程造价咨询人在工程计价中,对计价依据、办法以及相关政策规定发生的争议进行解释是工程造价管理机构的职责。

(2)工程造价管理机构应在收到申请的10个工作日内就发承包双方提请的争议问题进行解释或认定。

(3)发承包双方或一方在收到工程造价管理机构书面解释或认定后仍可按照合同约定的争议解决方式提请仲裁或诉讼。除工程造价管理机构的上级管理部门做出了不同的解释或认定,或在仲裁裁决或法院判决中不予采信的外,工程造价管理机构做出的书面解释或认定应为最终结果,并应对发承包双方均有约束力。

3. 协商和解

(1)合同价款争议发生后,发承包双方任何时候都可以进行协商。协商达成一致的，双方应签订书面和解协议，并明确和解协议对发承包双方均有约束力。

(2)如果协商不能达成一致协议，发包人或承包人都可以按合同约定的其他方式解决争议。

4. 调解

按照《中华人民共和国合同法》的规定，当事人可以通过调解解决合同争议，但在工程建设领域，目前的调解主要出现在仲裁或诉讼中，即所谓司法调解；有的通过建设行政主管部门或工程造价管理机构处理，双方认可，即所谓行政调解。司法调解耗时较长，且增加了诉讼成本；行政调解受行政管理人员专业水平、处理能力等的影响，其效果也受到限制。因此，“13 计价规范”提出了由发承包双方约定相关工程专家作为合同工程争议调解人的思路，类似于国外的争议评审或争端裁决，可定义为专业调解，这在我国合同法的框架内，为有法可依，使争议尽可能在合同履行过程中得到解决，确保工程建设顺利进行。

(1)发承包双方应在合同中约定或在合同签订后共同约定争议调解人，负责双方在合同履行过程中发生争议的调解。

(2)合同履行期间，发承包双方可协议调换或终止任何调解人，但发包人或承包人都不能单独采取行动。除非双方另有协议，在最终结清支付证书生效后，调解人的任期应即终止。

(3)如果发承包双方发生了争议，任何一方可将该争议以书面形式提交调解人，并将副本抄送另一方，委托调解人调解。

(4)发承包双方应按照调解人提出的要求，给调解人提供所需要的资料、现场进入权及相应设施。调解人应被视为不是在进行仲裁人的工作。

(5)调解人应在收到调解委托后 28 天内或由调解人建议并经发承包双方认可的其他期限内提出调解书，发承包双方接受调解书的，经双方签字后作为合同的补充文件，对发承包双方均具有约束力，双方都应立即遵照执行。

(6)当发承包双方中任一方对调解人的调解书有异议时，应在收到调解书后 28 天内向另一方发出异议通知，并应说明争议的事项和理由。但除非并直到调解书在协商和解或仲裁裁决、诉讼判决中做出修改，或合同已经解除，承包人应继续按照合同实施工程。

(7)当调解人已就争议事项向发承包双方提交了调解书，而任一方在收到调解书后28天内均未发出表示异议的通知时，调解书对发承包双方应均具有约束力。

5. 仲裁、诉讼

(1)发承包双方的协商和解或调解均未达成一致意见，其中的一方已就此争议事项根据合同约定的仲裁协议申请仲裁，应同时通知另一方。进行协议仲裁时，应遵守《中华人民共和国仲裁法》的有关规定，如第四条："当事人采用仲裁方式解决纠纷，应当双方自愿，达成仲裁协议。没有仲裁协议，一方申请仲裁的，仲裁委员会不予受理"；第五条："当事人达成仲裁协议，一方向人民法院起诉的，人民法院不予受理，但仲裁协议无效的除外"；第六条："仲裁委员会应当由当事人协议选定。仲裁不实行级别管辖和地域管辖"。

(2)仲裁可在竣工之前或之后进行，但发包人、承包人、调解人各自的义务不得因在工程实施期间进行仲裁而有所改变。当仲裁是在仲裁机构要求停止施工的情况下进行时，承包人应对合同工程采取保护措施，由此增加的费用应由败诉方承担。

(3)在前述1. 至4. 中规定的期限之内，暂定或和解协议或调解书已经有约束力的情况下，当发承包中一方未能遵守暂定或和解协议或调解书时，另一方可在不损害他可能具有的任何其他权利的情况下，将未能遵守暂定或不执行和解协议或调解书达成的事项提交仲裁。

(4)发包人、承包人在履行合同时发生争议，双方不愿和解、调解或者和解、调解不成，又没有达成仲裁协议的，可依法向人民法院提起诉讼。

十二、工程造价鉴定

1. 一般规定

(1)在工程合同价款纠纷案件处理中，需做工程造价司法鉴定的，应根据《工程造价咨询企业管理办法》(建设部令第149号)第二十条的规定，委托具有相应资质的工程造价咨询人进行。

(2)工程造价咨询人接受委托时提供工程造价司法鉴定服务，不仅应符合建设工程造价方面的规定，还应按仲裁、诉讼程序和要求进行，并应符合国家关于司法鉴定的规定。

(3)按照《注册造价工程师管理办法》(建设部令第150号)的规定，工程计价活动应由造价工程师担任。《建设部关于对工程造价司法鉴定有关问题的复函》(建办标函[2005]155号)第二条："从事工程造价司法鉴定的人员，必须具备注册造价工程师执业资格，并只得在其注册的机构从事工程造价司法鉴定工作，否则不具有在该机构的工程造价成果文件上签字的权力。”鉴于进入司法程序的工程造价鉴定的难度一般较大，因此，工程造价咨询人进行工程造价司法鉴定时，应指派专业对口、经验丰富的注册造价工程师承担鉴定工作。

(4)工程造价咨询人应在收到工程造价司法鉴定资料后10天内，根据自身专业能力和证据资料判断能否胜任该项委托，如不能，应辞去该项委托。工程造价咨询人不得在鉴定期满后以上述理由不做出鉴定结论，影响案件处理。

(5)为保证工程造价司法鉴定的公正进行，接受工程造价司法鉴定委托的工程造价咨询人或造价工程师如是鉴定项目一方当事人的近亲属或代理人、咨询人以及其他关系可能影响鉴定公正的，应当自行回避；未自行回避，鉴定项目委托人以该理由要求其回避的，必须回避。

(6)《最高人民法院关于民事诉讼证据的若干规定》(法释[2001]33号)第五十九条规定："鉴定人应当出庭接受当事人质询"，因此，工程造价咨询人应当依法出庭接受鉴定项目当事人对工程造价司法鉴定意见书的质询。如确因特殊原因无法出庭的，经审理该鉴定项目的仲裁机关或人民法院准许，可以书面形式答复当事人的质询。

2. 取证

(1)工程造价的确定与当时的法律法规、标准定额以及各种要素价格具有密切关系，为做好一些基础资料不完备的工程鉴定，工程造价咨询人进行工程造价鉴定工作，应自行收集以下(但不限于)鉴定资料：

1)适用于鉴定项目的法律、法规、规章、规范性文件以及规范、标准、定额；

2)鉴定项目同时期同类型工程的技术经济指标及其各类要素价格等。

(2)真实、完整、合法的鉴定依据是做好鉴定项目工程造价司法工作鉴定的前提。工程造价咨询人收集鉴定项目的鉴定依据时，应向鉴定项目委托人提出具体书面要求，其内容包括：

1)与鉴定项目相关的合同、协议及其附件；

2)相应的施工图纸等技术经济文件；

3)施工过程中的施工组织、质量、工期和造价等工程资料；

4)存在争议的事实及各方当事人的理由；

5)其他有关资料。

(3)根据最高人民法院规定“证据应当在法庭上出示，由当事人质证。未经质证的证据，不能作为认定案件事实的依据(法释[2001] 33号)”，工程造价咨询人在鉴定过程中要求鉴定项目当事人对缺陷资料进行补充的，应征得鉴定项目委托人同意，或者协调鉴定项目各方当事人共同签认。

(4)根据鉴定工作需要现场勘验的，工程造价咨询人应提请鉴定项目委托人组织各方当事人对被鉴定项目所涉及的实物标的进行现场勘验。

(5)勘验现场应制作勘验记录、笔录或勘验图表，记录勘验的时间、地点、勘验人、在场人、勘验经过、结果，由勘验人、在场人签名或者盖章确认。绘制的现场图应注明绘制的时间、测绘人姓名、身份等内容。必要时应采取拍照或摄像取证，留下影像资料。

(6)鉴定项目当事人未对现场勘验图表或勘验笔录等签字确认的，工程造价咨询人应提请鉴定项目委托人决定处理意见，并在鉴定意见书中做出表述。

3. 鉴定

(1)《最高人民法院关于审理建设工程施工合同纠纷案件适用法律问题的解释》(法释[2004]14号)第十六条一款规定：“当事人对建设工程的计价标准或者计价方法有约定的，按照约定结算工程价款”，因此，如鉴定项目委托人明确告之合同有效，工程造价咨询人就必须依据合同约定进行鉴定，不得随意改变发承包双方合法的合意，不能以专业技术方面的惯例来否定合同的约定。

(2)工程造价咨询人在鉴定项目合同无效或合同条款约定不明确的情况下应根据法律法规、相关国家标准和“13计价规范”的规定，选择相应专业工程的计价依据和方法进行鉴定。

(3)为保证工程造价鉴定的质量，尽可能将当事人之间的分歧缩小直至化解，为司法调解、裁决或判决提供科学合理的依据，工程造价咨询人出具正式鉴定意见书之前，可报请鉴定项目委托人向鉴定项目各方当事人发出鉴定意见书征求意见稿，并指明应书面答复的期限及其不答复的相应法律责任。

(4)工程造价咨询人收到鉴定项目各方当事人对鉴定意见书征求意见稿的书面复函后，应对不同意见认真复核，修改完善后再出具正式鉴定意见书。

(5)工程造价咨询人出具的工程造价鉴定书应包括下列内容：

1)鉴定项目委托人名称、委托鉴定的内容；

2)委托鉴定的证据材料；

3)鉴定的依据及使用的专业技术手段；

4)对鉴定过程的说明；

5)明确的鉴定结论；

6)其他需说明的事宜；

7)工程造价咨询人盖章及注册造价工程师签名盖执业专用章。

(6)进入仲裁或诉讼的施工合同纠纷案件，一般都有明确的结案时限，为避免影响案件的处理，工程造价咨询人应在委托鉴定项目的鉴定期限内完成鉴定工作，如确因特殊原因不能在原定期限内完成鉴定工作时，应按照相应法规提前向鉴定项目委托人申请延长鉴定期限，并应在此期限内完成鉴定工作。

经鉴定项目委托人同意等待鉴定项目当事人提交、补充证据的，质证所用的时间不应计入鉴定期限。

(7)对于已经出具的正式鉴定意见书中有部分缺陷的鉴定结论，工程造价咨询人应通过补充鉴定做出补充结论。

十三、工程计价资料与档案

1. 工程计价资料

为有效减少甚至杜绝工程合同价款争议，发承包双方应认真履行合同义务，认真处理双方往来的信函，并共同管理好合同工程履约过程中双方之间的往来文件。

(1)发承包双方应当在合同中约定各自在合同工程中现场管理人员的职责范围，双方现场管理人员在职责范围内签字确认的书面文件是工程计价的有效凭证，但如有其他有效证据或经实证证明其是虚假的除外。

1)发承包双方现场管理人员的职责范围。首先是要明确发承包双方的现场管理人员，包括受其委托的第三方人员，如发包人委托的监理人、工程造价咨询人，仍然属于发包人现场管理人员的范畴；其次是明确管理人员的职责范围，也就是业务分工，并应明确在合同中约定，施工过程中如发生人员变动，应及时以书面形式通知对方，涉及合同中约定的主要人员变动需经对方同意的，应事先征求对方的意见，同意后才能更换。

2)现场管理人员签署的书面文件的效力。首先,双方现场管理人员在合同约定的职责范围签署的书面文件必定是工程计价的有效凭证;其次,双方现场管理人员签署的书面文件如有错误的应予纠正,这方面的错误主要有两方面的原因,一是无意识失误,属工作中偶发性错误,只要双方认真核对就可有效减少此类错误;二是有意致错,如双方现场管理人员以利益交换,有意犯错,如工程计量有意多计等。对于现场管理人员签署的书面文件,如有其他有效证据或经实证证明其是虚假的,则应更正。

(2)发承包双方不论在何种场合对与工程计价有关的事项所给予的批准、证明、同意、指令、商定、确定、确认、通知和请求,或表示同意、否定、提出要求和意见等,均应采用书面形式,口头指令不得作为计价凭证。

(3)任何书面文件送达时,应由对方签收,通过邮寄应采用挂号、特快专递传送,或以发承包双方商定的电子传输方式发送,交付、传送或传输至指定的接收人的地址。如接收人通知了另外地址时,随后通信信息应按新地址发送。

(4)发承包双方分别向对方发出的任何书面文件,均应将其抄送现场管理人员,如系复印件应加盖合同工程管理机构印章,证明与原件相同。双方现场管理人员向对方所发任何书面文件,也应将其复印件发送给发承包双方,复印件应加盖合同工程管理机构印章,证明与原件相同。

(5)发承包双方均应当及时签收另一方送达其指定接收地点的来往信函,拒不签收的,送达信函的一方可以采用特快专递或者公证方式送达,所造成的费用增加(包括被迫采用特殊送达方式所发生的费用)和延误的工期由拒绝签收一方承担。

(6)书面文件和通知不得扣压,一方能够提供证据证明另一方拒绝签收或已送达的,应视为对方已签收并应承担相应责任。

2. 计价档案

(1)发承包双方以及工程造价咨询人对具有保存价值的各种载体的计价文件,均应收集齐全,整理立卷后归档。

(2)发承包双方和工程造价咨询人应建立完善的工程计价档案管理制度,并应符合国家和有关部门发布的档案管理相关规定。

(3)工程造价咨询人归档的计价文件,保存期不宜少于五年。

(4)归档的工程计价成果文件应包括纸质原件和电子文件,其他归档文件及依据可为纸质原件、复印件或电子文件。

(5)归档文件应经过分类整理,并应组成符合要求的案卷。

(6)归档可以分阶段进行,也可以在项目竣工结算完成后进行。

(7)向接受单位移交档案时,应编制移交清单,双方应签字、盖章后方可交接。

第四节　水暖工程工程量清单计价编制实例

一、工程量清单编制实例

招标工程量清单封面

某住宅楼采暖及给水排水安装工程

招标工程量清单

招　标　人:×××
(单位盖章)

造价咨询人:×××
(单位盖章)

××××年××月××日

封-1

招标工程量清单扉页

某住宅楼采暖及给水排水安装 工程

招标工程量清单

招 标 人：×××（单位盖章）

造价咨询人：×××（单位资质专用章）

法定代表人或其授权人：×××（签字或盖章）

法定代表人或其授权人：×××（签字或盖章）

编 制 人：×××（造价人员签字盖专用章）

复 核 人：×××（造价工程师签字盖专用章）

编制时间：××××年××月××日

复核时间：××××年××月××日

总说明

工程名称:某住宅楼采暖及给水排水安装工程　　　　第　页　共　页

1. 工程概况:如建设地址、建设规模、工程特征、交通状况、环保要求等;
2. 工程招标和专业工程发包范围;
3. 工程量清单编制依据;
4. 工程质量、材料、施工等的特殊要求;
5. 其他需要说明的问题。

表-01

分部分项工程和单价措施项目清单与计价表

工程名称:某住宅楼采暖及给水排水安装工程　　标段:　　　第　页　共　页

序号	项目编码	项目名称	项目特征描述	计量单位	工程量	金额(元)		
						综合单价	合价	其中 暂估价
1	031001002001	钢管	*DN*15,室内焊接钢管安装,螺纹连接	m	1325.00			
2	031001002002	钢管	*DN*20,室内焊接钢管安装,螺纹连接	m	1855.00			
3	031001002003	钢管	*DN*25,室内焊接钢管安装,螺纹连接	m	1030.00			
4	031001002004	钢管	*DN*32,室内焊接钢管安装,螺纹连接	m	95.00			
5	031001002005	钢管	*DN*40,室内焊接钢管安装,手工电弧焊	m	120.00			

续表一

序号	项目编码	项目名称	项目特征描述	计量单位	工程量	金额(元)		
						综合单价	合价	其中 暂估价
6	031001002006	钢管	*DN*50,室内焊接钢管安装,手工电弧焊	m	230.00			
7	031001002007	钢管	*DN*70,室内焊接钢管安装,手工电弧焊	m	180.00			
8	031001002008	钢管	*DN*80,室内焊接钢管安装,手工电弧焊	m	95.00			
9	031001002009	钢管	*DN*100,室内焊接钢管安装,手工电弧焊	m	70.00			
10	031003001001	螺纹阀门	螺纹连接 J11T-16-15	个	84			
11	031003001002	螺纹阀门	螺纹连接 J11T-16-20	个	76			
12	031003001003	螺纹阀门	螺纹连接 J11T-16-25	个	52			
13	031003003001	焊接法兰阀门	J11T-100	个	6			
14	031005001001	铸铁散热器	柱形 813,手工除锈,刷1次锈漆,2次银粉漆	片	5385			
15	031002001001	管道支架	单管吊支架,ϕ20,∟40×4	kg	1200.00			
16	031009001001	采暖工程系统调试	热水采暖系统	系统	1			
17	031001001001	镀锌钢管	*DN*80,室内给水,螺纹连接	m	4.30			

续表二

序号	项目编码	项目名称	项目特征描述	计量单位	工程量	金额(元)		
						综合单价	合价	其中
								暂估价
18	031001001002	镀锌钢管	DN70，室内给水，螺纹连接	m	20.90			
19	031001006001	塑料管	DN110，室内排水，零件粘接	m	45.70			
20	031001006002	塑料管	DN75，室内排水，零件粘接	m	0.50			
21	031001007001	复合管	DN40，室内给水，螺纹连接	m	23.60			
22	031001007002	复合管	DN20，室内给水，螺纹连接	m	14.60			
23	031001007003	复合管	DN15，室内给水，螺纹连接	m	4.60			
24	031002001002	管道支架	单管托架，ϕ25，∟25×4	kg	4.94			
25	031003013001	水表	室内水表安装，DN20	组	1			
26	031004003001	洗脸盆	陶瓷，PT-8，冷热水	组	3			
27	031004010001	淋浴器	金属	套	1			
28	031004006001	大便器	陶瓷	组	5			
29	031004014001	排水栓	排水栓安装，DN5	组	1			
30	031004014002	水龙头	铜，DN15	个	4			
31	031004014003	地漏	铸铁，DN10	个	3			
32	031301017001	脚手架搭拆	综合脚手架安装	m^2	357.39			

表-08

总价措施项目清单与计价表

工程名称：住宅楼采暖及给水排水安装工程　　标段：　　第　页　共　页

序号	项目编码	项目名称	计算基础	费率(%)	金额(元)	调整费率(%)	调整后金额(元)	备注
1	031302001001	安全文明施工费						
2	031302002001	夜间施工增加费						
3	031302004001	二次搬运费						
4	031302005001	冬雨季施工增加费						
5	031302006001	已完工程及设备保护费						
		合　计						

编制人(造价人员)：　　复核人(造价工程师)：

表-11

其他项目清单与计价汇总表

工程名称:某住宅楼采暖及给水排水安装工程　　标段：　　第　页 共　页

序号	项目名称	金额(元)	结算金额(元)	备注
1	暂列金额	10000.00		明细详见表-12-1
2	暂估价			
2.1	材料(工程设备)暂估价	—		明细详见表-12-2
2.2	专业工程暂估价	50000.00		明细详见表-12-3
3	计日工			明细详见表-12-4
4	总承包服务费			明细详见表-12-5
5	索赔与现场签证	—		明细详见表-12-6
合　计		60000.00		

表-12

暂列金额明细表

工程名称:某住宅楼采暖及给水排水安装工程　　标段:　　　　第　页　共　页

序号	项目名称	计量单位	暂定金额(元)	备注
1	政策性调整和材料价格风险	项	7500.00	
2	其他	项	2500.00	
3				
4				
5				
6				
7				
8				
9				
10				
11				
合　计			10000.00	—

表-12-1

材料(工程设备)暂估单价及调整表

工程名称:某住宅楼采暖及给水排水安装工程　　标段:　　　第　页　共　页

序号	材料(工程设备)名称、规格、型号	计量单位	数量		暂估(元)		确认(元)		差额±(元)		备注
			暂估	确认	单价	合价	单价	合价	单价	合价	
1	*DN*15 钢管	m	1325.00		15.00	19875.00					用于室内给水管道项目
2	*DN*20 钢管	m	1855.00		18.00	33390.00					用于室内给水管道项目
3	*DN*25 钢管	m	1030.00		25.00	25750.00					用于室内给水管道项目
4	*DN*32 钢管	m	95.00		28.00	2660.00					用于室内给水管道项目
5	*DN*40 钢管	m	120.00		40.00	4800.00					用于室内给水管道项目
6	*DN*50 钢管	m	230.00		45.00	10350.00					用于室内给水管道项目
7	*DN*70 钢管	m	180.00		65.00	11700.00					用于室内给水管道项目
8	*DN*80 钢管	m	95.00		75.00	7125.00					用于室内给水管道项目
9	*DN*100 钢管	m	70.00		80.00	5600.00					用于室内给水管道项目
合　计						121250.00					

表-12-2

专业工程暂估价及结算价表

工程名称:某住宅楼采暖及给水排水安装工程　　标段:　　　　第　页　共　页

序号	工程名称	工程内容	暂估金额（元）	结算金额（元）	差额±（元）	备注
1	远程抄表系统	给水排水工程远程抄表系统设备、线缆等的供应、安装、调试工作	50000.00			
合　计			50000.00			

表-12-3

计日工表

工程名称:某住宅楼采暖及给水排水安装工程 标段: 第 页 共 页

编号	项目名称	单位	暂定数量	实际数量	综合单价（元）	合价（元）	
						暂定	实际
一	人工						
1	管道工	工时	100				
2	电焊工	工时	45				
3	其他工种	工时	45				
人工小计							
二	材料						
1	电焊条	kg	12.000				
2	氧气	m^3	18.00				
3	乙炔气	kg	92.00				
材料小计							
三	施工机械						
1	直流电焊机 20kW	台班	40				
2	汽车起重机	台班	10				
3	载重汽车 8t	台班	5				
施工机械小计							
四、企业管理费和利润							
总 计							

表-12-4

总承包服务费计价表

工程名称:某住宅楼采暖及给水排水安装工程　　标段:　　　　第　页　共　页

序号	项目名称	项目价值（元）	服务内容	计算基础	费率（%）	金额（元）
1	发包人发包专业工程	50000.00	1. 按专业工程承包人的要求提供施工工作面并对施工现场进行统一管理,对竣工资料统一汇总整理 2. 为专业工程承包人提供垂直运输和焊接电源接入点,并承担垂直运输费和电费			
2	发包人提供材料	121250.00	对发包人供应的材料进行验收及保管和使用			
	合　计	—	—		—	

表-12-5

规费、税金项目计价表

工程名称：某住宅楼采暖及给水排水安装工程　　标段：　　第　页　共　页

序号	项目名称	计算基础	计算基数	计算费率（%）	金额（元）
1	规费	定额人工费			
1.1	社会保险费	定额人工费			
(1)	养老保险费	定额人工费			
(2)	失业保险费	定额人工费			
(3)	医疗保险费	定额人工费			
(4)	工伤保险费	定额人工费			
(5)	生育保险费	定额人工费			
1.2	住房公积金	定额人工费			
1.3	工程排污费	按工程所在地环境保护部门收取标准，按实计入			
2	税金	分部分项工程费＋措施项目费＋其他项目费＋规费－按规定不计税的工程设备金额			
合　计					

编制人（造价人员）：　　复核人（造价工程师）：

表-13

二、工程量清单投标报价编制实例

投标总价封面

某住宅楼采暖及给水排水安装 **工程**

投 标 总 价

投　标　人：×××
（单位盖章）

××××年××月××日

封-3

投标总价扉页

投标总价

招标人：×××

工程名称：某住宅楼采暖及给水排水安装工程

投标总价：(小写)：520465.47

(大写)：伍拾贰万零肆佰陆拾伍元肆角柒分

投　标　人：×××

(单位盖章)

法定代表人或其授权人：×××

(单位盖章)

编　制　人：×××

(造价人员签字盖专用章)

时　　　间：××××年××月××日

总说明

工程名称:某住宅楼采暖及给水排水安装工程　　第　页　共　页

1. 编制依据

1.1　建设方提供的工程施工图、《某住宅楼采暖及给水排水安装工程投标邀请书》、《投标须知》、《某住宅楼采暖及给水排水安装工程招标答疑》等一系列招标文件。

1.2　××市建设工程造价管理站××××年第×期发布的材料价格,并参照市场价格。

2. 采用的施工组织设计。

3. 报价需要说明的问题:

3.1　该工程因无特殊要求,故采用一般施工方法。

3.2　因考虑到市场材料价格近期波动不大,故主要材料价格在××市建设工程造价管理站××××年第×期发布的材料价格基础上下浮3%。

3.3　综合公司经济现状及竞争力,公司所报费率如下:(略)

3.4　税金按3.413%计取。

4. 措施项目的依据。

5. 其他有关内容的说明等。

表-01

建设项目投标报价汇总表

工程名称:某住宅楼采暖及给水排水安装工程　　第　页　共　页

序号	单项工程名称	金额(元)	其中:(元)		
			暂估价	安全文明施工费	规费
1	某住宅楼采暖及给水排水安装工程	520465.47	121250.00	17753.91	20239.46
合计		520465.47	121250.00	17753.91	20239.46

表-02

单项工程投标报价汇总表

工程名称:某住宅楼采暖及给水排水安装工程　　　　第　页　共　页

序号	单项工程名称	金额(元)	其中:(元)		
			暂估价	安全文明施工费	规费
1	某住宅楼采暖及给水排水安装工程	520465.47	121250.00	17753.91	20239.46
	合　计	520465.47	121250.00	17753.91	20239.46

表-03

单位工程投标报价汇总表

工程名称:某住宅楼采暖及给水排水安装工程　　标段:　　第　页　共　页

序号	汇总内容	金额(元)	其中:暂估价(元)
1	分部分项工程	347475.20	121250.00
1.1	给排水、采暖、燃气工程	347475.20	121250.00
1.2			—
1.3			—
1.4			—
1.5			—
			—
			—
			—
			—
			—
			—
			—
			—
			—
			—
			—
2	措施项目	32584.94	—
2.1	其中:安全文明施工费	17753.91	—
3	其他项目	103003.24	—
3.1	其中:暂列金额	10000.00	—
3.2	其中:专业工程暂估价	50000.00	—
3.3	其中:计日工	38790.74	—
3.4	其中:总承包服务费	4212.50	—
4	规费	20239.46	—
5	税金	17162.63	—
投标报价合计=1+2+3+4+5		520465.47	121250.00

表-04

分部分项工程和单价措施项目清单与计价表

工程名称:某住宅楼采暖及给排水安装工程 标段: 第 页 共 页

序号	项目编码	项目名称	项目特征描述	计量单位	工程量	金额(元)		
						综合单价	合价	其中 暂估价
1	031001002001	钢管	DN15,室内焊接钢管安装,螺纹连接	m	1325.00	21.38	28328.50	19875.00
2	031001002002	钢管	DN20,室内焊接钢管安装,螺纹连接	m	1855.00	24.68	45781.40	33390.00
3	031001002003	钢管	DN25,室内焊接钢管安装,螺纹连接	m	1030.00	38.28	39428.40	25750.00
4	031001002004	钢管	DN32,室内焊接钢管安装,螺纹连接	m	95.00	45.98	4368.10	2660.00
5	031001002005	钢管	DN40,室内焊接钢管安装,手工电弧焊	m	120.00	66.24	7948.80	4800.00
6	031001002006	钢管	DN50,室内焊接钢管安装,手工电弧焊	m	230.00	66.34	15258.20	10350.00
7	031001002007	钢管	DN70,室内焊接钢管安装,手工电弧焊	m	180.00	89.28	16070.40	11700.00
8	031001002008	钢管	DN80,室内焊接钢管安装,手工电弧焊	m	95.00	101.88	9678.60	7125.00
9	031001002009	钢管	DN100,室内焊接钢管安装,手工电弧焊	m	70.00	118.13	8269.10	5600.00
10	031003001001	螺纹阀门	螺纹连接 J11T-16-15	个	84	23.26	1953.84	
11	031003001002	螺纹阀门	螺纹连接 J11T-16-20	个	76	25.88	1966.88	
12	031003001003	螺纹阀门	螺纹连接 J11T-16-25	个	52	35.20	1830.40	
13	031003003001	焊接法兰阀门	J11T-100	个	6	242.87	1457.22	
14	031005001001	铸铁散热器	柱形813,手工除锈,刷1次锈漆,2次银粉漆	片	5385	23.39	125955.15	

续表

序号	项目编码	项目名称	项目特征描述	计量单位	工程量	金额(元)		
						综合单价	合价	其中 暂估价
15	031002001001	管道支架	单管吊支架,ϕ20,∟40×4	kg	1200.00	18.42	22104.00	
16	031009001001	采暖工程系统调试	热水采暖系统	系统	1	8737.97	8737.97	
17	031001001001	镀锌钢管	*DN*80,室内给水,螺纹连接	m	4.30	56.24	241.83	
18	031001001002	镀锌钢管	*DN*70,室内给水,螺纹连接	m	20.90	50.45	1054.41	
19	031001006001	塑料管	*DN*110,室内排水,零件粘接	m	45.70	69.25	3164.73	
20	031001006002	塑料管	*DN*75,室内排水,零件粘接	m	0.50	45.78	22.89	
21	031001007001	复合管	*DN*40,室内给水,螺纹连接	m	23.60	52.44	1237.58	
22	031001007002	复合管	*DN*20,室内给水,螺纹连接	m	14.60	31.80	464.28	
23	031001007003	复合管	*DN*15,室内给水,螺纹连接	m	4.60	24.38	112.15	
24	031002001002	管道支架	单管托架,ϕ25,∟25×4	kg	4.94	14.86	73.41	
25	031003013001	水表	室内水表安装,*DN*20	组	1	67.22	67.22	
26	031004003001	洗脸盆	陶瓷,PT—8,冷热水	组	3	257.36	772.08	
27	031004010001	淋浴器	金属	套	1	48.50	48.50	
28	031004006001	大便器	陶瓷	组	5	167.34	836.70	
29	031004014001	排水栓	排水栓安装,*DN*5	组	1	33.16	33.16	
30	031004014002	水龙头	铜,*DN*15	个	4	14.18	56.72	
31	031004014003	地漏	铸铁,*DN*10	个	3	50.86	152.58	
32	031301017001	脚手架搭拆	综合脚手架安装	m²	357.39	21.36	7633.85	
合　计							355109.05	121250.00

综合单价分析表

工程名称:某住宅楼采暖及给水排水安装工程　　标段:　　　　第　页　共　页

项目编码	031003001001	项目名称	螺纹阀门	计量单位	个	工程量	84				
清单综合单价组成明细											
定额编号	定额项目名称	定额单位	数量	单价				合价			
				人工费	材料费	机械费	管理费和利润	人工费	材料费	机械费	管理费和利润
8-243	阀门安装 *DN*25	个	1	2.79	3.45		5.01	2.79	3.45		5.01
	阀门 J11T-16-15	个	1		12.01				12.01		
人工单价		小　计						2.79	15.46		5.01
50元/工日		未计价材料费									
清单项目综合单价								23.26			
材料费明细	主要材料名称、规格、型号	单位	数量	单价(元)	合价(元)	暂估单价(元)	暂估合价(元)				
	××牌螺纹阀门 *DN*25	个	1	12.01	12.01						
	黑玛钢活接头 *DN*25	个	1.010	2.67	2.70						
	铅油	kg	0.012	8.77	0.11						
	机油	kg	0.012	3.55	0.04						
	线麻	kg	0.001	10.40	0.01						
	橡胶板 $\delta1\sim\delta3$	kg	0.004	7.49	0.03						
	棉丝	kg	0.015	29.13	0.44						
	砂纸	张	0.15	0.33	0.05						
	钢锯条	根	0.12	0.62	0.07						
	其他材料费			—		—					
	材料费小计			—	15.46	—					

表-09

总价措施项目清单与计价表

工程名称:某住宅楼采暖及给水排水安装工程　　标段:　　　　第　页　共　页

序号	项目编码	项目名称	计算基础	费率(%)	金额(元)	调整费率(%)	调整后金额(元)	备注
1	031302001001	安全文明施工费	定额人工费	25	17753.91			
2	031302002001	夜间施工增加费	定额人工费	2.5	1775.39			
3	031302004001	二次搬运费	定额人工费	4.5	3195.70			
4	031302005001	冬雨季施工增加费	定额人工费	0.6	426.09			
5	031302006001	已完工程及设备保护费			1800			
合计					24951.09			

编制人(造价人员):×××　　　　复核人(造价工程师):×××

表-11

其他项目清单与计价汇总表

工程名称:某住宅楼采暖及给水排水安装工程　　标段:　　　　第　页　共　页

序号	项目名称	金额(元)	结算金额(元)	备注
1	暂列金额	10000.00		明细详见表-12-1
2	暂估价	50000.00		
2.1	材料(工程设备)暂估价	—		明细详见表-12-2
2.2	专业工程暂估价	50000.00		明细详见表-12-3
3	计日工	38790.74		明细详见表-12-4
4	总承包服务费	4212.50		明细详见表-12-5
5	索赔与现场签证	—		明细详见表-12-6
合计		103003.24		

表-12

暂列金额明细表

工程名称:某住宅楼采暖及给水排水安装工程　　　标段:　　　第　页　共　页

序号	项目名称	计量单位	暂定金额(元)	备注
1	政策性调整和材料价格风险	项	7500.00	
2	其他	项	2500.00	
3				
4				
5				
6				
7				
8				
9				
10				
11				
合　计			10000.00	—

表-12-1

材料(工程设备)暂估单价及调整表

工程名称:某住宅楼采暖及给水排水安装工程　　标段:　　第　页　共　页

序号	材料(工程设备)名称、规格、型号	计量单位	数量		暂估(元)		确认(元)		差额±(元)		备注
			暂估	确认	单价	合价	单价	合价	单价	合价	
1	*DN*15 钢管	m	1325.00		15.00	19875.00					用于室内给水管道项目
2	*DN*20 钢管	m	1855.00		18.00	33390.00					用于室内给水管道项目
3	*DN*25 钢管	m	1030.00		25.00	25750.00					用于室内给水管道项目
4	*DN*32 钢管	m	95.00		28.00	2660.00					用于室内给水管道项目
5	*DN*40 钢管	m	120.00		40.00	4800.00					用于室内给水管道项目
6	*DN*50 钢管	m	230.00		45.00	10350.00					用于室内给水管道项目
7	*DN*70 钢管	m	180.00		65.00	11700.00					用于室内给水管道项目
8	*DN*80 钢管	m	95.00		75.00	7125.00					用于室内给水管道项目
9	*DN*100 钢管	m	70.00		80.00	5600.00					用于室内给水管道项目
合计						121250.00					

表-12-2

专业工程暂估价及结算价表

工程名称：　　　　　　　　　　　　标段：　　　　　　　　　第　页　共　页

序号	工程名称	工程内容	暂估金额（元）	结算金额（元）	差额±（元）	备注
1	远程抄表系统	给水排水工程远程抄表系统设备、线缆等的供应、安装、调试工作	50000.00			
合　计			50000.00			

表-12-3

计日工表

工程名称：某住宅楼采暖及给水排水安装工程　　标段：　　　　第　页　共　页

编号	项目名称	单位	暂定数量	实际数量	综合单价（元）	合价（元）	
						暂定	实际
一	人工						
1	管道工	工时	100		140.00	14000.00	
2	电焊工	工时	45		120.00	5400.00	
3	其他工种	工时	45		75.00	3375.00	
4							
人工小计						22775.00	
二	材料						
1	电焊条	kg	12.00		5.50	66.00	
2	氧气	m^3	18.00		2.18	39.24	
3	乙炔气	kg	92.00		14.25	1311.00	
4							
5							
材料小计						1416.24	

续表

编号	项目名称	单位	暂定数量	实际数量	综合单价(元)	合价(元)	
						暂定	实际
三	施工机械						
1	直流电焊机 20kW	台班	40		180.00	7200.00	
2	汽车起重机 8t	台班	10		230.00	2300.00	
3	载重汽车 8t	台班	5		200.00	1000.00	
4							
施工机械小计						10500.00	
四、企业管理费和利润(按人工费的18%计算)						4099.50	
总　计						38790.74	

总承包服务费计价表

工程名称:某住宅楼采暖及给水排水安装工程　　标段:　　　　第　页　共　页

序号	项目名称	项目价值(元)	服务内容	计算基础	费率(%)	金额(元)
1	发包人发包专业工程	50000.00	1. 按专业工程承包人的要求提供施工工作面并对施工现场进行统一管理,对竣工资料统一汇总整理 2. 为专业工程承包人提供垂直运输和焊接电源接入点,并承担垂直运输费和电费	项目价值	6	3000.00
2	发包人提供材料	121250.00	对发包人供应的材料进行验收及保管和使用	项目价值	1	1212.50
	合　计	—	—		—	4212.50

表-12-5

规费、税金项目计价表

工程名称：某住宅楼采暖及给水排水安装工程　　标段：　　第　页　共　页

序号	项目名称	计算基础	计算基数	计算费率(%)	金额(元)
1	规费	定额人工费			20239.46
1.1	社会保险费	定额人工费	(1)+…+(5)		15978.52
(1)	养老保险费	定额人工费		14	9942.19
(2)	失业保险费	定额人工费		2	1420.31
(3)	医疗保险费	定额人工费		6	4260.94
(4)	工伤保险费	定额人工费		0.25	177.54
(5)	生育保险费	定额人工费		0.25	177.54
1.2	住房公积金	定额人工费		6	4260.94
1.3	工程排污费	按工程所在地环境保护部门收取标准，按实计入			
2	税金	分部分项工程费＋措施项目费＋其他项目费＋规费－按规定不计税的工程设备金额		3.41	17162.63
合　计					37402.09

编制人(造价人员)：×××　　　　复核人(造价工程师)：×××

表-13

第七章　水暖工程清单项目设置及工程量计算

第一节　水暖工程清单计价规范应用说明

一、概况

(1)《通用安装工程工程量计算规范》(GB 50856—2013)中附录K给排水、采暖、燃气工程中共101个项目。其中,包括给排水、采暖、燃气管道,支架及其他,管道附件,卫生器具,供暖器具,采暖、给排水设备,燃气器具及其他,医疗气体设备及附件,采暖、空调水工程系统调试。

(2)《通用安装工程工程量计算规范》(GB 50856—2013)附录K适用于采用工程量清单计价的新建、扩建的生活用给排水、采暖、燃气工程。

(3)管道界限的划分。

1)给水管道室内外划分:以建筑物外墙皮1.5m为界,入口处设阀门者以阀门为界。

2)排水管道室内外界限划分:以出户第一个排水检查井为界。

3)采暖管道室内外界限划分:以建筑物外墙皮1.5m为界,入口处设阀门者以阀门为界。

4)燃气管道室内外界限划分:地下引入室内的管道以室内第一个阀门为界,地上引入室内的管道以墙外三通为界。

(4)管道热处理、无损探伤,应按《通用安装工程工程量计算规范》(GB 50856—2013)附录H工业管道工程相关项目编码列项。

(5)医疗气体管道及附件,应按《通用安装工程工程量计算规范》(GB 50856—2013)附录H工业管道工程相关项目编码列项。

(6)管道、设备及支架除锈、刷油、保温除注明者外,应按《通用安装工程工程量计算规范》(GB 50856—2013)附录M刷油、防腐蚀、绝热工程相关项目编码列项。

(7)凿槽(沟)、打洞项目,应按《通用安装工程工程量计算规范》(GB

50856—2013)附录D电气设备安装工程相关项目编码列项。

二、工程量清单项目说明

1. 给排水、采暖、燃气管道

(1)安装部位,是指管道安装在室内、室外。

(2)输送介质包括给水、排水、中水、雨水、热媒体、燃气、空调水等。

(3)方形补偿器制作安装应包含在管道安装综合单价中。

(4)铸铁管安装适用于承插铸铁管、球墨铸铁管、柔性抗震铸铁管等。

(5)塑料管安装适用于UPVC、PVC、PP-C、PP-R、PE、PB管等塑料管材。

(6)复合管安装适用于钢塑复合管、铝塑复合管、钢骨架复合管等复合型管道安装。

(7)直埋保温管包括直埋保温管件安装及接口保温。

(8)排水管道安装包括立管检查口、透气帽。

(9)室外管道碰头:

1)适用于新建或扩建工程热源、水源、气源管道与原(旧)有管道碰头;

2)室外管道碰头包括挖工作坑、土方回填或暖气沟局部拆除及修复;

3)带介质管道碰头包括开关闸、临时放水管线铺设等费用;

4)热源管道碰头每处包括供、回水两个接口;

5)碰头形式是指带介质碰头、不带介质碰头。

(10)管道工程量计算不扣除阀门、管件(包括减压器、疏水器、水表、伸缩器等组成安装)及附属构筑物所占长度;方形补偿器以其所占长度列入管道安装工程量。

(11)压力试验按设计要求描述试验方法,如水压试验、气压试验、泄漏性试验、闭水试验、通球试验、真空试验等。

(12)吹、洗按设计要求描述吹扫、冲洗方法,如水冲洗、消毒冲洗、空气吹扫等。

2. 支架及其他

(1)单件支架质量100kg以上的管道支吊架执行设备支吊架制作安装。

(2)成品支架安装执行管道支架或设备支架项目,不再计取制作费,支架本身价值包含在综合单价中。

(3)套管制作安装,适用于穿基础、墙、楼板等部位的防水套管、填料套管、无填料套管及防火套管等,应分别列项。

3. 管道附件

(1)法兰阀门安装应包括法兰连接,不得另计。阀门安装如仅为一侧法兰连接时,应在项目特征中描述。

(2)塑料阀门连接形式需注明热熔连接、粘结、热风焊接等方式。

(3)减压器规格按高压侧管道规格描述。

(4)减压器、疏水器、倒流防止器等项目包括组成与安装工程内容,项目特征应根据设计要求描述附件配置情况,或根据××图集或××施工图做法描述。

4. 卫生器具

(1)成品卫生器具项目中的附件安装,主要指给水附件包括水嘴、阀门、喷头等,排水配件包括存水弯、排水栓、下水口等以及配备的连接管。

(2)浴缸支座和浴缸周边的砌砖、瓷砖粘结,应按现行国家标准《房屋建筑与装饰工程工程量计算规范》(GB 50854—2013)相关项目编码列项;功能性浴缸不包含电机接线和调试,应按《通用安装工程工程量计算规范》(GB 50856—2013)附录D电器设备安装工程相关项目编码列项。

(3)洗脸盆适用于洗脸盆、洗发盆、洗手盆安装。

(4)器具安装中若采用混凝土或砖基础,应按现行国家标准《房屋建筑与装饰工程工程量计算规范》(GB 50854—2013)相关项目编码列项。

(5)给、排水附(配)件是指独立安装的水嘴、地漏、地面扫出口等。

5. 供暖器具

(1)铸铁散热器,包括拉条制作安装。

(2)钢制散热器结构形式,包括钢制闭式、板式、壁板式、扁管式及柱式散热器等,应分别列项计算。

(3)光排管散热器,包括联管制作安装。

(4)地板辐射采暖,包括与分集水器连接和配合地面浇筑用工。

6. 采暖、给排水设备

(1)变频给水设备、稳压给水设备、无负压给水设备安装,说明:

1)压力容器包括气压罐、稳压罐、无负压罐;

2)水泵包括主泵及备用泵,应注明数量;

3)附件包括给水装置中配备的阀门、仪表、软接头，应注明数量，含设备、附件之间管路连接；

4)泵组底座安装，不包括基础砌(浇)筑，应按现行国家标准《房屋建筑与装饰工程工程量计算规范》(GB 50854—2013)相关项目编码列项；

5)控制柜安装及电器接线、调试应按《通用安装工程工程量计算规范》(GB 50856—2013)附录D电气设备安装工程相关项目编码列项。

(2)地源热泵机组，接管以及接管上的阀门、软接头、减震装置和基础另行计算，应按相关项目编码列项。

7. 燃气器具及其他

(1)沸水器、消毒器适用于容积式沸水器、自动沸水器、燃气消毒器等。

(2)燃气灶具适用于人工煤气灶具、液化石油气灶具、天然气燃气灶具等，用途应描述民用或公用，类型应描述所采用气源。

(3)调压器、调压装置安装部位应区分室内、室外。

(4)引入口砌筑形式，应注明地上、地下。

8. 医疗气体设备及附件

(1)气体汇流排适用于氧气、二氧化碳、氮气、笑气、氩气、压缩空气等医用气体汇流排安装。

(2)空气过滤器适用于医用气体预过滤器、精过滤器、超精过滤器等安装。

9. 采暖、空调水工程系统调试

(1)由采暖管道、阀门及供暖器具组成采暖工程系统。

(2)由空调水管道、阀门及冷水机组组成空调水工程系统。

(3)当采暖工程系统、空调水工程系统中管道工程量发生变化时，系统调试费用应作相应调整。

第二节　给排水、采暖、燃气管道及附件工程

一、给排水、采暖、燃气管道工程

(一)工程量清单项目设置及工程量计算规则

给排水、采暖、燃气管道工程工程量清单项目设置及工程量计算规则见表7-1。

表7-1　　给排水、采暖、燃气管道(编码:031001)

项目编码	项目名称	项目特征	计量单位	工程量计算规则	工作内容
031001001	镀锌钢管	1. 安装部位 2. 介质 3. 规格、压力等级 4. 连接形式 5. 压力试验及吹、洗设计要求 6. 警示带形式	m	按设计图示管道中心线以长度计算	1. 管道安装 2. 管件制作、安装 3. 压力试验 4. 吹扫、冲洗 5. 警示带铺设
031001002	钢管				
031001003	不锈钢管				
031001004	铜管				
031001005	铸铁管	1. 安装部位 2. 介质 3. 材质、规格 4. 连接形式 5. 接口材料 6. 压力试验及吹、洗设计要求 7. 警示带形式			1. 管道安装 2. 管件安装 3. 压力试验 4. 吹扫、冲洗 5. 警示带铺设
031001006	塑料管	1. 安装部位 2. 介质 3. 材质、规格 4. 连接形式 5. 阻火圈设计要求 6. 压力试验及吹、洗设计要求 7. 警示带形式			1. 管道安装 2. 管件安装 3. 塑料卡固定 4. 阻火圈安装 5. 压力试验 6. 吹扫、冲洗 7. 警示带铺设
031001007	复合管	1. 安装部位 2. 介质 3. 材质、规格 4. 连接形式 5. 压力试验及吹、洗设计要求 6. 警示带形式			1. 管道安装 2. 管件安装 3. 塑料卡固定 4. 压力试验 5. 吹扫、冲洗 6. 警示带铺设
031001008	直埋式预制保温管	1. 埋设深度 2. 介质 3. 管道材质、规格 4. 连接形式 5. 接口保温材料 6. 压力试验及吹、洗设计要求 7. 警示带形式			1. 管道安装 2. 管件安装 3. 接口保温 4. 压力试验 5. 吹扫、冲洗 6. 警示带铺设

续表

项目编码	项目名称	项目特征	计量单位	工程量计算规则	工作内容
031001009	承插陶瓷缸瓦管	1. 埋设深度 2. 规格 3. 接口方式及材料 4. 压力试验及吹、洗设计要求 5. 警示带形式	m	按设计图示管道中心线以长度计算	1. 管道安装 2. 管件安装 3. 压力试验 4. 吹扫、冲洗 5. 警示带铺设
031001010	承插水泥管				
031001011	室外管道碰头	1. 介质 2. 碰头形式 3. 材质、规格 4. 连接形式 5. 防腐、绝热设计要求	处	按设计图示以处计算	1. 挖填工作坑或暖气沟拆除及修复 2. 碰头 3. 接口处防腐 4. 接口处绝热及保护层

(二)工程量清单项目解析

1. 镀锌钢管(编码：031001001)

镀锌钢管是一般钢管的冷镀管，采用电镀工艺制成，只在钢管外壁镀锌，内壁没有镀锌。镀锌钢管的安装应符合以下要求：

(1)镀锌钢管安装要全部采用镀锌配件变径和变向，不能用加热的方法制成管件，加热会使镀锌层遭到破坏而影响防腐能力，也不能以黑铁管零件代替。

(2)铸铁管承口与镀锌钢管连接时，镀锌钢管插入的一端要翻边防止水压试验或运行时脱出，另一端要将螺纹套好。简单的翻边方法是可将管端等分锯几个口，用钳子逐个将它翻成相同的角度即可。

(3)管道接口法兰应安装在检查井内不得埋在土壤中；如必须将法兰埋在土壤中，应采取防腐蚀措施。

给水检查井内的管道安装，如果无设计要求，井壁距法兰或承口的距离为：$DN \leqslant 450$mm，管径应不小于 250mm；$DN > 450$mm，管径应不小于 350mm。

2. 钢管(编码：031001002)

(1)按生产方法分类。按生产方法分类，钢管可分为无缝钢管和焊接钢管两大类。

1)无缝钢管。无缝钢管包括热轧钢管、冷轧钢管、冷拔钢管等几种。

无缝钢管是一种具有中空截面,周边没有接缝的长条钢材。钢管具有中空截面,大量用作输送流体的管道,如输送石油、天然气、煤气、水及某些固体物料的管道等。钢管按横截面积形状的不同可分为圆管和异型管。由于在周长相等的条件下,圆面积最大,用圆形管可以输送更多的流体;此外,圆环截面在承受内部或外部径向压力时,受力较均匀,因此绝大多数钢管是圆管。无缝钢管的标准化系列执行《无缝钢管尺寸、外形、重量及允许偏差》(GB/T 17395—2008)的规定。

2)焊接钢管。焊接钢管也称焊管,是用钢板或钢带经过卷曲成型后焊接制成的钢管。焊接钢管生产工艺简单,生产效率高,品种规格多,设备投资少,但一般强度低于无缝钢管。20 世纪 30 年代以来,随着优质带钢连轧生产的迅速发展以及焊接和检验技术的进步,焊缝质量不断提高,焊接钢管的品种规格日益增多,并在越来越多的领域代替了无缝钢管。焊接钢管按焊缝的形式分为直缝焊管和螺旋焊管。

直缝焊管生产工艺简单,生产效率高,成本低,发展较快。螺旋焊管的强度一般比直缝焊管高,能用较窄的坯料生产管径较大的焊管,还可以用同样宽度的坯料生产管径不同的焊管。但是与相同长度的直缝管相比,焊缝长度增加 30%~100%,而且生产速度较低。因此,较小口径的焊管大都采用直缝焊,大口径焊管则大多采用螺旋焊。

焊接钢管尺寸及单位长度重量应符合《焊接钢管尺寸及单位长度重量》(GB/T 21835—2008)的要求。

(2)按断面形状分类。按断面形状分类,钢管可分为简单断面钢管和复杂断面钢管两大类。

1)简单断面钢管主要有圆形钢管、方形钢管、椭圆形钢管、三角形钢管、六角形钢管、菱形钢管、八角形钢管、半圆形钢管及其他。

2)复杂断面钢管主要有不等边六角形钢管、五瓣梅花形钢管、双凸形钢管、双凹形钢管、瓜子形钢管、圆锥形钢管、波纹形钢管、表壳钢管及其他。

(3)按壁厚分类。按壁厚分类,钢管可分为薄壁钢管和厚壁钢管。

3. 不锈钢管(编码:031001003)

不锈钢管的安装应符合以下要求:

(1)不锈钢管子安装前应进行清洗,并应吹干或擦干,除去油渍及其他污物。管子表面有机械损伤时,必须加以修整,使其光滑,并应进行酸洗或钝化处理。

(2)不锈钢管不允许与碳钢支架接触,应在支架与管道之间垫入不锈钢片以及不含氯离子的塑料或橡胶垫片。

(3)不锈钢管路较长或输送介质温度较高时,在管路上应设不锈钢补偿器。常用的补偿器有方型和波型两种,采用哪一种补偿器,要视管径大小和工作压力的高低而定。

(4)当采用碳钢松套法兰连接时,由于碳钢法兰锈蚀后铁锈与不锈钢表面接触,在长期接触情况下,会产生分子扩散,使不锈钢发生锈蚀现象。为了防腐绝缘,应在松套法兰与不锈钢管之间衬垫绝缘物,绝缘物可采用不含氯离子的塑料、橡皮或石棉橡胶板。

(5)不锈钢管穿过墙壁或楼板时,均应加装套管。套管与管道之间的间隙不应小于10mm,并在空隙里填充绝缘物。绝缘物内不得含有铁屑、铁锈等杂物,绝缘物可采用石棉绳。

(6)根据输送的介质与工作温度和压力的不同,法兰垫片可采用软垫片或金属垫片。

(7)不锈钢管子焊接时,一般用手工氩弧焊或手工电弧焊。所用焊条应在150～200℃温度下干燥0.5～1h,焊接环境温度不得低于－5℃,如果温度偏低,应采取预热措施。

(8)如果用水做不锈钢管道压力试验时,水的氯离子含量不得超过25mg/kg。

4. 铜管(编码: 031001004)

铜管重量较轻,导热性好,低温强度高。常用于制造换热设备(如冷凝器等)。也用于制氧设备中装配低温管路。直径小的铜管常用于输送有压力的液体(如润滑系统、油压系统等)和用作仪表的测压管等。

(1)铜管的安装应符合下列要求:

1)在同一施工现场有两种或两种以上不同牌号的铜及铜合金管道时,管子、管件验收合格后应做好涂色标记,分开存放,防止混淆。

2)在装卸、搬运和安装的过程中,应轻拿轻放,防止碰撞及表面被硬物划伤。

3)支、吊架间距应符合设计文件的规定。当设计文件无规定时,可按同规格钢管支、吊架间距的4/5采用。

4)弯管的管口至起弯点的距离应不小于管径,且不小于30mm。

5)安装铜波形补偿器时,其直管长度不得小于 100mm。

6)采用螺纹连接时,其螺纹部分应涂以石墨、甘油。

7)法兰连接有平焊法兰、对焊法兰、焊环松套法兰和翻边松套法兰四种类型。平焊法兰、对焊法兰及松套法兰的焊环(翻边)材料应与管子材料牌号相同。松套法兰用碳素钢制造。法兰垫片一般采用橡胶石棉板等软垫片。采用翻边松套法兰连接时,应保持同轴。公称直径小于或等于 50mm 时,其偏差应不大于 1mm;公称直径大于 50mm 时,其偏差应不大于 2mm。

(2)铜及铜合金拉制管的牌号、状态和规格应符合表 7-2 的规定。

表 7-2　牌号、状态和规格

<table>
<tr><th rowspan="3">牌　号</th><th rowspan="3">状　态</th><th colspan="4">规格(mm)</th></tr>
<tr><th colspan="2">圆形</th><th colspan="2">矩(方)形</th></tr>
<tr><th>外径</th><th>壁厚</th><th>对边距</th><th>壁厚</th></tr>
<tr><td rowspan="2">T2、T3、TU1、TU2、TP1、TP2</td><td>软(M),轻软(M_2)
硬(Y)、特硬(T)</td><td>3～360</td><td rowspan="2">0.5～15</td><td rowspan="6">3～100</td><td rowspan="2">1～10</td></tr>
<tr><td>半硬(Y_2)</td><td>3～100</td></tr>
<tr><td>H96、H90</td><td rowspan="4">软(M)、轻软(M_2)
半硬(Y_2)、硬(Y)</td><td rowspan="2">3～200</td><td rowspan="4">0.2～10</td><td rowspan="4">0.2～7</td></tr>
<tr><td>H85、H80、H85A</td></tr>
<tr><td>H70、H68、H59、HPb59-1、
HSn62-1、HSn70-1、H70A、H68A</td><td>3～100</td></tr>
<tr><td>H65、H63、H62、HPb66-0.5、H65A</td><td>3～200</td></tr>
<tr><td rowspan="2">HPb63-0.1</td><td>半硬(Y_2)</td><td>18～31</td><td>6.5～13</td><td rowspan="2">—</td><td rowspan="2">—</td></tr>
<tr><td>1/3 硬(Y_3)</td><td>8～31</td><td>3.0～13</td></tr>
<tr><td>BZn15-20</td><td>硬(Y)、半硬(Y_2)、软(M)</td><td>4～40</td><td rowspan="3">0.5～8</td><td rowspan="3">—</td><td rowspan="3">—</td></tr>
<tr><td>BFe10-1-1</td><td>硬(Y)、半硬(Y_2)、软(M)</td><td>8～160</td></tr>
<tr><td>BFe30-1-1</td><td>半硬(Y_2)、软(M)</td><td>8～80</td></tr>
</table>

注:1. 外径≤100mm 的圆形直管,供应长度为 1000～7000mm;其他规格的圆形直管供应长度为500～6000mm。

2. 矩(方)形直管的供应长度为 1000～5000mm。

3. 外径≤30mm、壁厚<3mm 的圆形管材和圆周长≤100mm 或圆周长与壁厚之比≤15 的矩(方)形管材,可供应长度≥6000mm 的盘管。

(3)铜及铜合金挤制管的牌号、状态、规格应符合表 7-3 的规定。

表 7-3　　　　铜及铜合金挤制管的牌号、状态、规格

牌　　号	状态	规　　格(mm)		
		外　径	壁　厚	长　度
TU1、TU2、T2、T3、TP1、TP2	挤制(R)	30～300	5～65	300～6000
H96、H62、HPb59-1、HFe59-1-1		20～300	1.5～42.5	
H80、H65、H68、HSn62-1、HSi80-3、HMn58-2、HMn57-3-1		60～220	7.5～30	
QAl9-2、QAl19-4、QAl10-3-1.5、QAl10-4-4		20～250	3～50	500～6000
QSi3.5-3-1.6		80～200	10～30	
QCr0.5		100～220	17.5～37.5	500～3000
BFel10-1-1		70～250	10～25	300～3000
BFe30-1-1		80～120	10～25	

5. 铸铁管(编码: 031001005)

铸铁管安装适用于承插铸铁管、柔性铸铁管和球墨铸铁管等。

(1)RC 型与 RC_1 型建筑排水柔性接口承插式铸铁管的规格及尺寸应分别符合表 7-4 和表 7-5 的要求。

表 7-4　　　　RC 型管材规格及尺寸

公称直径 *DN* (mm)	外径 D_2(mm)	壁厚 *T* (mm)	承口凸部质量(kg)	直部 1000mm 质量(kg)	质量(kg)			
					有效长度 L_1(mm)			总长度 *L*(mm)
					500	1000	1500	1830
50	61	4.5	0.94	5.75	3.82	6.69	9.57	11.24
75	86	5.0	1.20	9.16	5.78	10.36	14.94	17.61
100	111	5.0	1.56	11.99	7.56	13.46	19.55	23.02
125	137	5.5	2.64	16.35	10.82	19.00	27.18	31.92
150	162	5.5	3.20	19.47	12.94	22.67	32.41	38.01
200	214	6.0	4.40	28.23	18.50	32.60	46.70	54.24
250	258	7.0	10.70	42.00	31.20	52.40	73.50	85.20
300	320	7.0	14.30	50.60	38.70	64.00	89.20	102.50

表 7-5　　RC_1 型管材规格及尺寸

公称直径 DN(mm)	A 级			A_1 级			
	外径 D_2(mm)	壁厚 T (mm)	质量(kg) (L=3000mm)	外径 D_2(mm)	壁厚 T(mm)		质量(kg) (L=3000mm)
					标准	公差	
50	61	4.3	15.50	58	3.5	−0.5	13.00
75	86	4.4	24.40	83	3.5	−0.5	18.90
100	111	4.8	34.60	110	3.5	−0.5	25.20
125	137	4.8	43.10	135	4.0	−0.5	35.40
150	162	4.8	51.20	360	4.0	−0.5	42.20
200	214	5.8	81.90	210	5.0	−1.0	69.30
250	268	6.4	113.60	274	5.5	−1.0	99.80
300	318	7.0	148.00	326	5.0	−1.0	129.70

(2)柔性抗震铸铁管是国际上运用广泛的主要排水材料之一,采用离心浇铸,组织致密,管壁薄,质量轻,接口采用不锈钢卡箍和橡胶套连接,装卸方便。柔性抗震排水铸铁管是一种新型的建筑用排水管材,已被广泛用于排水、排污、雨水管道和通气管道系统,是替代传统砂型铸造排水管及 UPVC 管的新产品。

柔性抗震铸铁管具有以下特点:

1)耐用期限超过建筑物预期的寿命。

2)为不燃物、不蔓延火花、无毒。

3)抗腐蚀性强、不易老化。

4)膨胀及收缩系数小。

5)噪声低。

6)柔性抗震、耐受力强、质量轻。

7)接头防渗入和渗出。

8)安装、维修简易,环保可完全回收。

(3)铸铁管的安装要求见表 7-6。

表 7-6　　铸铁管安装要求

序号	项目	安装要求
1	铸铁管断管	(1)一般采用大锤和剁子进行断管。 (2)断管量大时,可用手动油压钳铡管器铡断。该机油压系统的最高工作压力为 60MPa,使用不同规格的刀框,即可用于直径 100～300mm 的铸铁管切断。 (3)对于直径大于 560mm 的铸铁管,手工切断相当费力,根据有关资料介绍,用黄色炸药(TNT)爆炸断管比较理想,而且还可以用于切断钢筋混凝土管,断口较整齐,无纵向裂纹
2	给水铸铁管青铅接口	给水铸铁管青铅接口时,必须由有经验的工人指导进行施工。 (1)准备好化铅工具(铅锅、铅勺等),铅应用 6 号铅。 (2)熔铅(化铅)。熔铅时要掌握火候,一般可根据铅溶液的液面颜色判断其热熔温度,如呈白色则温度低了,呈紫红色则说明温度合适。同时用一根铁棒(严禁潮湿或带水)插入到铅锅内迅速提起来,观察铁棒是否有铅熔液附着在棒的表面上,如没有熔铅附着,则说明温度适宜即可使用。在向已熔融的铅液中加入铅块时,严禁铅块带水或潮湿,避免发生爆炸事故;熬铅时严禁水滴入铅锅内。 (3)灌注铅口时,将管口内的水分及污物擦干净,必要时用喷灯烘干;挖好工作坑。 (4)将灌铅卡箍贴承口套好,开口位于上方,以便灌铅。卡箍应贴紧承口及管壁,可用黏泥将卡箍与管壁接缝部位抹严,防止漏铅,卡子口处围住黏泥。 (5)灌铅。取铅溶液时,应用漏勺将铅锅中的浮游物质除去,将铅液掐到小铅桶内,每次取一个接口的用量;灌铅者应站在管顶上部,使铅桶的口朝外,铅桶距管顶约 20cm,使铅液慢慢地流入接口内,目的是为了便于排除空气;如管径较大时铅流也可大些,以防止溶液中途凝固。每个铅口应不断地一次灌满,但中途发生爆炸应立即停止灌铅。 (6)铅凝固后,即可取下卡箍,用剁子或扁铲将铅口毛刺铲去,然后用铅錾子贴插口捻打,直至铅口打实为止,最后用錾子将多余的铅打掉并錾平。 铅接口本身的刚性及抗震性能较好,施工完毕无须养护即可通水,因此,在穿越铁路及振动性较大的部位使用或用于抢修管道均有优越性,但青铅接口造价高,用量大时,不适合全部采用

另外,铸铁管安装时应满足以下要求:

1)安装前,应对管材的外观进行检查,查看有无裂纹、毛刺等,不合格的不能使用。

2)插口装入承口前,应将承口内部和插口外部清理干净,用气焊烤掉承口内及承口外的沥青。如采用橡胶圈接口时,应先将橡胶圈套在管子的插口上,插口插入承口后调整好管子的中心位置。

3)铸铁管全部放稳后,暂将接口间隙内填塞干净的麻绳等,防止泥土及杂物进入。

4)接口前挖好操作坑。

5)如口内填麻丝时,将堵塞物拿掉,填麻的深度为承口总深的1/3,填麻应密实均匀,应保证接口环形间隙均匀。

6)打麻时,应先打油麻后打干麻。应把每圈麻拧成麻辫,麻辫直径等于承插口环形间隙的1.5倍,长度为周长的1.3倍左右为宜。打锤要用力,凿凿相压,一直到铁锤打击时发出金属声为止。

采用胶圈接口时,填打胶圈应逐渐滚入承口内,防止出现"闷鼻"现象。

7)将配置好的石棉水泥填入口内(不能将拌好的石棉水泥用料超过半小时再打口),应分几次填入,每填一次应用力打实,应凿凿相压;第一遍贴里口打,第二遍贴外口打,第三遍朝中间打,打至呈油黑色为止,最后轻打找平,如图7-1所示。如果采用膨胀水泥接口时,也应分层填入并捣实,最后捣实至表层面返浆,且比承口边缘凹进1~2mm为宜。

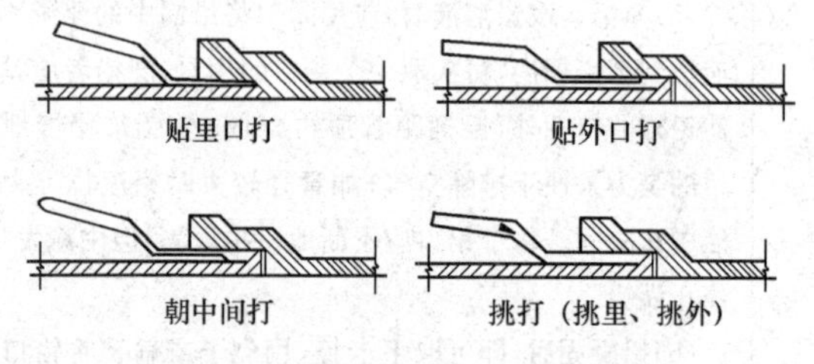

图7-1 铸铁承插管打口基本操作

8)接口完毕,应速用湿泥或用湿草袋将接口处周围覆盖好,并用虚土埋好进行养护。天气炎热时,还应铺上湿麻袋等物进行保护,防止热胀冷缩损坏管口。在太阳暴晒时,应随时洒水养护。

6. 塑料管(编码：031001006)

塑料管具有质量轻，搬运装卸便利，耐化学药品性优良，流体阻力小，施工简易，节约能源，保护环境等优点。但是塑料管容易老化，特别是室外受紫外线强光的照射，导致塑料变脆、老化、使用寿命大大降低，仅为10年左右；承压能力较弱，不足0.4MPa，而且阻燃性差。

(1)塑料管安装要点。塑料管安装应满足以下要求：

1)塑料管道上的伸缩节安装。塑料管伸缩节必须按设计要求的位置和数量进行安装。横干管应根据设计伸缩量确定；横支管上合流配件至立管超过2m应设伸缩节，但伸缩节之间的最大距离不得超过4m。管端插入伸缩节处预留的间隙应为夏季5～10mm；冬季15～20mm。

管道因环境温度和污水温度变化而引起的伸缩长度按下式计算：

$$\Delta L = L \cdot \alpha \cdot \Delta t$$

式中　L——管道长度(m)；

ΔL——管道伸缩长度(m)；

α——管道金属线膨胀系数，一般取 $\alpha=(6\sim8)\times10^{-5}$ m/(m·℃)；

Δt——温度差(℃)。

伸缩节的最大允许伸缩量为：

DN50——10mm；

DN75——12mm；

DN100——15mm。

2)管道的配管及粘结工艺。

①锯管及坡口。

a. 锯管长度应根据实测并结合连接件的尺寸逐层决定。

b. 锯管工具宜选用细齿锯、割刀和割管机等机具，断口平整并垂直于轴线，断面处不得有任何变形。

c. 插口处可用中号锉刀锉成15°～30°坡口，坡口厚度宜为管壁厚度的1/3～1/2，长度一般不小于3mm，坡口完成后，应将残屑清除干净。

②管材或管件在粘合前，应用棉纱或干布将承口内侧和插口外侧擦拭干净，使被粘结面保持清洁，无尘砂与水迹。当表面有油污时，必须用棉纱蘸丙酮等清洁剂擦净。

③配管时，应将管材与管件承口试插一次，在其表面划出标记，管端

插入的深度不得小于表 7-7 的规定。

表 7-7　　塑料管管材插入管件承口深度　　mm

代号	管子外径	管端插入承口深度	代号	管子外径	管端插入承口深度
1	40	25	4	110	50
2	50	25	5	160	60
3	75	40	—	—	—

④胶粘剂涂刷:用油刷蘸胶粘剂涂刷被粘接插口外侧及粘接承口内侧时,应轴向涂刷,动作迅速,涂抹均匀,且涂刷的胶粘剂应适量,不得漏涂或涂抹过厚。冬期施工时尤须注意,应先涂承口,后涂插口。

⑤承插口连接:承插口清洁后涂胶粘剂,立即找正方向将管子插入承口,使其准直,再加以挤压。应使管端插入深度符合所划标记,并保证承插接口的直度和接口的位置正确,还应静置 2～3min,防止接口滑脱;预制管段节点间误差应不大于 5mm。

⑥承插接口插接完毕,应将挤出的胶粘剂用棉纱或干布蘸清洁剂擦拭干净。根据胶粘剂的性能和气候条件静置至接口处固化为止。冬季施工时,固化时间应适当延长。

(2)不同种类塑料管的规格。

1)流体输送用热塑性塑料管材公称外径见表 7-8,通用壁厚见表 7-9。

表 7-8　　流体输送用热塑性塑料管材公称外径　　mm

壁厚	公称外径					
2.5	10	40	125	250	500	1000
3	12	50	140	280	550	1200
4	16	63	160	315	630	1400
5	20	75	180	355	710	1600
6	25	90	200	400	800	1800
8	32	110	225	450	900	2000

表 7-9　　通用壁厚 e_n　　mm

公称外径 d_n	管系列 S(标准尺寸比 SDR)																	
	2 (5)	2.5 (6)	3.2 (7.4)	4 (9)	5 (11)	6.3 (13.6)	8 (17)	10 (21)	11.2 (23.4)	12.5 (26)	14 (29)	16 (33)	20 (41)	25 (51)	32 (65)	40 (81)	50 (101)	63 (127)
	公称壁厚 e_n																	
2.5	0.5																	
3	0.6	0.5	0.5															
4	0.8	0.7	0.6	0.5														
5	1.0	0.9	0.7	0.6	0.5													
6	1.2	1.0	0.9	0.7	0.6	0.5												
8	1.6	1.4	1.1	0.9	0.8	0.6	0.5											
10	2.0	1.7	1.4	1.2	1.0	0.8	0.6	0.5	0.5									
12	2.4	2.0	1.7	1.4	1.1	0.9	0.8	0.6	0.6	0.5	0.5							
16	3.3	2.7	2.2	1.8	1.5	1.2	1.0	0.8	0.7	0.7	0.6	0.5						
20	4.1	3.4	2.8	2.3	1.9	1.5	1.2	1.0	0.9	0.8	0.7	0.7	0.5					
25	5.1	4.2	3.5	2.8	2.3	1.9	1.5	1.2	1.1	1.0	0.9	0.8	0.7	0.5				
32	6.5	5.4	4.4	3.6	2.9	2.4	1.9	1.6	1.4	1.3	1.0	1.0	0.8	0.7	0.5			
40	8.1	6.7	5.5	4.5	3.7	3.0	2.4	1.9	1.8	1.6	1.4	1.3	1.0	0.8	0.7	0.5		
50	10.1	8.3	6.9	5.6	4.6	3.7	3.0	2.4	2.2	2.0	1.8	1.6	1.3	1.0	0.8	0.7	0.5	

续表一

公称外径 d_n	管系列S(标准尺寸比SDR)																	
	2 (5)	2.5 (6)	3.2 (7.4)	4 (9)	5 (11)	6.3 (13.6)	8 (17)	10 (21)	11.2 (23.4)	12.5 (26)	14 (29)	16 (33)	20 (41)	25 (51)	32 (65)	40 (81)	50 (101)	63 (127)
	公称壁厚 e_n																	
63	12.7	10.5	8.6	7.1	5.8	4.7	3.8	3.0	2.7	2.5	2.2	2.0	1.6	1.3	1.0	0.8	0.7	0.3
75	15.1	12.5	10.3	8.4	6.8	5.6	4.5	3.6	3.2	2.9	2.6	2.3	1.9	1.5	1.2	1.0	0.8	0.6
90	18.1	15.0	12.3	10.1	8.2	6.7	5.4	4.3	3.9	3.5	3.1	2.8	2.2	1.8	1.4	1.2	0.9	0.8
110	22.1	18.3	15.1	12.3	10.0	8.1	6.6	5.3	4.7	4.2	3.8	3.4	2.7	2.2	1.8	1.4	1.1	0.9
125	25.1	20.8	17.1	14.0	11.4	9.2	7.4	6.0	5.4	4.8	4.3	3.9	3.1	2.5	2.0	1.6	1.3	1.0
140	28.1	23.3	19.2	15.7	12.7	10.3	8.3	6.7	6.0	5.4	4.8	4.3	3.5	2.8	2.2	1.8	1.4	1.1
160	32.1	26.6	21.9	17.9	14.6	11.8	9.5	7.7	6.9	6.2	5.5	4.9	4.0	3.2	2.5	2.0	1.6	1.3
180	36.1	29.9	24.6	20.1	16.4	13.3	10.7	8.6	7.7	6.9	6.2	5.5	4.4	3.6	2.8	2.3	1.8	1.5
200	40.1	33.2	27.4	22.4	18.2	14.7	11.9	9.6	8.6	7.7	6.9	6.2	4.9	3.9	3.2	2.5	2.0	1.6
225	45.1	37.4	30.8	25.2	20.5	16.6	13.4	10.8	9.6	8.6	7.7	6.9	5.5	4.4	3.5	2.8	2.3	1.8
250	50.1	41.5	34.2	27.9	22.7	18.4	14.8	11.9	10.7	9.6	8.6	7.7	6.2	4.9	3.9	3.1	2.5	2.0
280	56.2	46.5	38.3	31.3	25.4	20.6	16.6	13.4	12.0	10.7	9.6	8.6	6.9	5.5	4.4	3.5	2.8	2.2
315		52.3	43.1	35.2	28.6	23.2	18.7	15.0	13.5	12.1	10.8	9.7	7.7	6.2	4.9	4.0	3.2	2.5
355		59.0	48.5	39.7	32.2	26.1	21.1	16.9	15.2	13.6	12.2	10.9	8.7	7.0	5.6	4.4	3.6	2.8

续表二

公称外径 d_n	管系列S(标准尺寸比SDR)																	
	2 (5)	2.5 (6)	3.2 (7.4)	4 (9)	5 (11)	6.3 (13.6)	8 (17)	10 (21)	11.2 (23.4)	12.5 (26)	14 (29)	16 (33)	20 (41)	25 (51)	32 (65)	40 (81)	50 (101)	63 (127)
	公称壁厚 e_n																	
400			54.7	44.7	36.3	29.4	23.7	19.1	17.1	15.3	13.7	12.3	9.8	7.9	6.3	5.0	4.0	3.2
450			61.5	50.3	40.9	33.1	26.7	21.5	19.2	17.2	15.4	13.8	11.0	8.8	7.0	5.6	4.5	3.6
500				55.8	45.4	36.8	29.7	23.9	21.4	19.1	17.1	15.3	12.3	9.8	7.8	6.2	5.0	4.0
560					50.8	41.2	33.2	26.7	23.9	21.4	19.2	17.2	13.7	11.0	8.8	7.0	5.6	4.4
630					57.2	46.3	37.4	30.0	26.9	24.1	21.6	19.3	15.4	12.3	9.9	7.9	6.3	5.0
710						52.2	42.1	33.9	30.3	27.2	24.3	21.8	17.4	13.9	11.1	8.9	7.1	5.6
800						58.8	47.4	38.1	34.2	30.6	27.4	24.5	19.6	15.7	12.5	10.0	7.9	6.3
900							53.3	42.9	38.4	34.4	30.8	27.6	22.0	17.6	14.1	11.2	8.9	7.1
1000							59.3	47.7	42.7	38.2	34.2	30.6	24.5	19.6	15.6	12.4	9.9	7.9
1200								57.2	51.2	45.9	41.1	36.7	29.4	23.5	18.7	14.9	11.9	9.5
1400										53.5	47.9	42.9	34.3	27.4	21.8	17.4	13.9	11.1
1600										61.2	54.7	49.0	39.2	31.3	24.9	19.9	15.8	12.6
1800											61.6	55.1	44.0	35.2	28.1	22.4	17.8	14.2
2000											68.4	61.2	48.9	39.1	31.2	24.9	19.8	15.8

2)给水用硬聚氯乙烯(PVC-U)管材公称压力等级和规格尺寸见表7-10和表7-11。

表7-10　公称压力等级和规格尺寸(1)　mm

公称外径 d_n	管材S系列SDR系列和公称压力						
	S16 SDR33 PN0.63	S12.5 SDR26 PN0.8	S10 SDR21 PN1.0	S8 SDR17 PN1.25	S6.3 SDR13.6 PN1.6	S5 SDR11 PN2.0	S4 SDR9 PN2.5
	公称壁厚 e_n						
20	—	—	—	—	—	2.0	2.3
25	—	—	—	—	2.0	2.3	2.8
32	—	—	—	2.0	2.4	2.9	3.6
40	—	—	2.0	2.4	3.0	3.7	4.5
50	—	2.0	2.4	3.0	3.7	4.6	5.6
63	2.0	2.5	3.0	3.8	4.7	5.8	7.1
75	2.3	2.9	3.6	4.5	5.6	6.9	8.4
90	2.8	3.5	4.3	5.4	6.7	8.2	10.1

注:公称壁厚(e_n)根据设计应力(σ_s)10MPa确定,最小壁厚不小于2.0mm。

表7-11　公称压力等级和规格尺寸(2)　mm

公称外径 d_n	管材S系列SDR系列和公称压力						
	S20 SDR41 PN0.63	S16 SDR33 PN0.8	S12.5 SDR26 PN1.0	S10 SDR21 PN1.25	S8 SDR17 PN1.6	S6.3 SDR13.6 PN2.0	S5 SDR11 PN2.5
	公称壁厚 e_n						
110	2.7	3.4	4.2	5.3	6.6	8.1	10.0
125	3.1	3.9	4.8	6.0	7.4	9.2	11.4
140	3.5	4.3	5.4	6.7	8.3	10.3	12.7
160	4.0	4.9	6.2	7.7	9.5	11.8	14.6
180	4.4	5.5	6.9	8.6	10.7	13.3	16.4
200	4.9	6.2	7.7	9.6	11.9	14.7	18.2
225	5.5	6.9	8.6	10.8	13.4	16.6	—

续表

公称外径 d_n	管材S系列SDR系列和公称压力						
	S20 SDR41 PN0.63	S16 SDR33 PN0.8	S12.5 SDR26 PN1.0	S10 SDR21 PN1.25	S8 SDR17 PN1.6	S6.3 SDR13.6 PN2.0	S5 SDR11 PN2.5
	公称壁厚 e_n						
250	6.2	7.7	9.6	11.9	14.8	18.4	—
280	6.9	8.6	10.7	13.4	16.6	20.6	—
315	7.7	9.7	12.1	15.0	18.7	23.2	—
355	8.7	10.9	13.6	16.9	21.1	26.1	—
400	9.8	12.3	15.3	19.1	23.7	29.4	—
450	11.0	13.8	17.2	21.5	26.7	33.1	—
500	12.3	15.3	19.1	23.9	29.7	36.8	—
560	13.7	17.2	21.4	26.7	—	—	—
630	15.4	19.3	24.1	30.0	—	—	—
710	17.4	21.8	27.2	—	—	—	—
800	19.6	24.5	30.6	—	—	—	—
900	22.0	27.6	—	—	—	—	—
1000	24.5	30.6	—	—	—	—	—

注：公称壁厚(e_n)根据设计应力(σ_s)12.5MPa确定。

3)建筑排水用硬聚氯乙烯(PVC-U)管材平均外径、壁厚应符合表7-12的规定。

表7-12　　管材平均外径、壁厚　　mm

公称外径 d_n	平均外径		壁厚	
	最小平均外径 $d_{em,min}$	最大平均外径 $d_{em,max}$	最小壁厚 e_{min}	最大壁厚 e_{max}
32	32.0	32.2	2.0	2.4
40	40.0	40.2	2.0	2.4
50	50.0	50.2	2.0	2.4
75	75.0	75.3	2.3	2.7

续表

公称外径 d_n	平均外径		壁厚	
	最小平均外径 $d_{em,min}$	最大平均外径 $d_{em,max}$	最小壁厚 e_{min}	最大壁厚 e_{max}
90	90.0	90.3	3.0	3.5
110	110.0	110.3	3.2	3.8
125	125.0	125.3	3.2	3.8
160	160.0	160.4	4.0	4.6
200	200.0	200.5	4.9	5.6
250	250.0	250.5	6.2	7.0
315	315.0	315.6	7.8	8.6

4)聚丙烯(PP)管平均外径应符合表7-13的要求。

表7-13　聚丙烯(PP)管平均外径　mm

公称外径 d_n	平均外径 d_{em}	
	平均外径最小值 $d_{em,min}$	平均外径最大值 $d_{em,max}$
32	32.0	32.3
40	40.0	40.3
50	50.0	50.3
63	63.0	63.3
75	75.0	75.4
90	90.0	90.4
110	110.0	110.4
125	125.0	125.4
160	160.0	160.5
200	200.0	200.6
250	250.0	250.8
315	315.0	316.0

5)聚乙烯(PE)管材。PE63、PE80、PE100聚乙烯管材公称压力和规格尺寸应分别符合表7-14、表7-15、表7-16的要求。

表 7-14　　　　　　　　　**PE63 聚乙烯管材公称压力和规格尺寸**　　　　　　　　　　mm

公称外径 d_n(mm)	公称壁厚 e_n(mm)				
	标准尺寸比				
	SDR33	SDR26	SDR17.6	SDR13.6	SDR11
	公称压力(MPa)				
	0.32	0.4	0.6	0.8	1.0
16	—	—	—	—	2.3
20	—	—	—	2.3	2.3
25	—	—	2.3	2.3	2.3
32	—	—	2.3	2.4	2.9
40	—	2.3	2.3	3.0	3.7
50	—	2.3	2.9	3.7	4.6
63	2.3	2.5	3.6	4.7	5.8
75	2.3	2.9	4.3	5.6	6.8
90	2.8	3.5	5.1	6.7	8.2
110	3.4	4.2	6.3	8.1	10.0
125	3.9	4.8	7.1	9.2	11.4
140	4.3	5.4	8.0	10.3	12.7
160	4.9	6.2	9.1	11.8	14.6
180	5.5	6.9	10.2	13.3	16.4
200	6.2	7.7	11.4	14.7	18.2
225	6.9	8.6	12.8	16.6	20.5
250	7.7	9.6	14.2	18.4	22.7
280	8.6	10.7	15.9	20.6	25.4
315	9.7	12.1	17.9	23.2	28.6
355	10.9	13.6	20.1	26.1	32.2
400	12.3	15.3	22.7	29.4	36.3
450	13.8	17.2	25.5	33.1	40.9
500	15.3	19.1	28.3	36.8	45.4
560	17.2	21.4	31.7	41.2	50.8
630	19.3	24.1	35.7	46.3	57.2
710	21.8	27.2	40.2	52.2	
800	24.5	30.6	45.3	58.8	
900	27.6	34.4	51.0		
1000	30.6	38.2	56.6		

表 7-15　**PE80 聚乙烯管材公称压力和规格尺寸**　mm

公称外径 d_n(mm)	公称壁厚 e_n(mm)				
	标准尺寸比				
	SDR33	SDR21	SDR17	SDR13.6	SDR11
	公称压力(MPa)				
	0.4	0.6	0.8	1.0	1.25
16	—	—	—	—	—
20	—	—	—	—	—
25	—	—	—	—	2.3
32	—	—	—	—	3.0
40	—	—	—	—	3.7
50	—	—	—	—	4.6
63	—	—	—	4.7	5.8
75	—	—	4.5	5.6	6.8
90	—	4.3	5.4	6.7	8.2
110	—	5.3	6.6	8.1	10.0
125	—	6.0	7.4	9.2	11.4
140	4.3	6.7	8.3	10.3	12.7
160	4.9	7.7	9.5	11.8	14.6
180	5.5	8.6	10.7	13.3	16.4
200	6.2	9.6	11.9	14.7	18.2
225	6.9	10.8	13.4	16.6	20.5
250	7.7	11.9	14.8	18.4	22.7
280	8.6	13.4	16.6	20.6	25.4
315	9.7	15.0	18.7	23.2	28.6
355	10.9	16.9	21.1	26.1	32.2
400	12.3	19.1	23.7	29.4	36.3
450	13.8	21.5	26.7	33.1	40.9
500	15.3	23.9	29.7	36.8	45.4
560	17.2	26.7	33.2	41.2	50.8
630	19.3	30.0	37.4	46.3	57.2
710	21.8	33.9	42.1	52.2	
800	24.5	38.1	47.4	58.8	
900	27.6	42.9	53.3		
1000	30.6	47.7	59.3		

表 7-16　　PE100 聚乙烯管材公称压力和规格尺寸　　mm

公称外径 d_n(mm)	公称壁厚 e_n(mm)				
	标准尺寸比				
	SDR26	SDR21	SDR17	SDR13.6	SDR11
	公称压力(MPa)				
	0.6	0.8	1.0	1.25	1.6
32	—	—	—	—	3.0
40	—	—	—	—	3.7
50	—	—	—	—	4.6
63	—	—	—	4.7	5.8
75	—	—	4.5	5.6	6.8
90	—	4.3	5.4	6.7	8.2
110	4.2	5.3	6.6	8.1	10.0
125	4.8	6.0	7.4	9.2	11.4
140	5.4	6.7	8.3	10.3	12.7
160	6.2	7.7	9.5	11.8	14.6
180	6.9	8.6	10.7	13.3	16.4
200	7.7	9.6	11.9	14.7	18.2
225	8.6	10.8	13.4	16.6	20.5
250	9.6	11.9	14.8	18.4	22.7
280	10.7	13.4	16.6	20.6	25.4
315	12.1	15.0	18.7	23.2	28.6
355	13.6	16.9	21.1	26.1	32.2
400	15.3	19.1	23.7	29.4	36.3
450	17.2	21.5	26.7	33.1	40.9
500	19.1	23.9	29.7	36.8	45.4
560	21.4	26.7	33.2	41.2	50.8
630	24.1	30.0	37.4	46.3	57.2
710	27.2	33.9	42.1	52.2	
800	30.6	38.1	47.4	58.8	
900	34.4	42.9	53.3		
1000	38.2	47.7	59.3		

7. 复合管(编码: 031001007)

复合管的安装适用于钢塑复合管、铝塑复合管、钢骨架复合管等复合型管道安装。

(1)钢塑复合管具有耐压强度高、用途广泛、结构简单可靠、生产成本低的优点,广泛用作自来水管、煤气管、输油管、电线管等,其为单塑料层,并带有金属加强层,实现了塑料层和金属加强层的整体化。

(2)钢骨架复合管用于城镇供水、城镇燃气、建筑给水、消防给水以及特种流体(包括适合使用的工业废水、腐蚀性砌体溶浆、固体粉末等)输送用管材和管件。

钢骨架复合管的连接方式有:法兰连接、丝扣连接、卡箍连接和焊接连接。

8. 直埋式预制保温管(编码: 031001008)

直埋式预制保温管是由输送介质的钢管(工作管)、聚氨酯硬质泡沫塑料(保温层)、高密度聚乙烯外套管(保护层)紧密结合而成。直埋式预制保温管包括直埋保温管件安装及接口保温。

9. 承插陶瓷缸瓦管(编码: 031001009)

承插陶瓷缸瓦管的直径一般不超出500～600mm,有效长度为400～800mm。能满足污水管道在技术方面的一般要求,被广泛应用于排除酸碱度水系统中。

承插陶瓷缸瓦管由塑性耐火黏土烧制而成,缸瓦管比铸铁下水管的耐腐蚀能力更强,且价格便宜,但缸瓦管不够结实,在装运时,需特别小心,不要碰坏,即使装好后也要加强维护。

10. 承插水泥管(编码: 031001010)

常用水泥管包括混凝土管和钢筋混凝土管。

预应力钢筋混凝土管的安装方法。当地基处理好后,为了使胶圈达到预定的工作位置,必须要有产生推力和拉力的安装工具,一般采用拉杆千斤顶,即预先于横跨在已安装好的1～2节管子的管沟两侧安装一截横木,作为锚点,横木上拴一钢丝绳扣,钢丝绳扣套入一根钢筋拉杆,每根拉杆长度等于一节管长,安装一根管,加接一根拉杆,拉杆与拉杆间用S形扣连接。这样一个固定点,可以安装数十根管后再移动到新的横木固定点,然后用一根钢丝绳兜扣住千斤顶头连接到钢筋拉杆上。为了使两边钢丝绳在顶装过程中拉力保持平衡,中间应连接一个滑轮。

拉杆千斤顶法的安装步骤见表7-17。

表 7-17　拉杆千斤顶法安装步骤

序号	项目	安　装　要　求
1	套橡胶圈	在清理干净管端承插口后，即可将胶圈从管端两侧同时由管下部向上套，套好后的胶圈应平直，不允许有扭曲现象
2	初步对口	利用斜挂在跨沟架子横杆上的倒链把承口吊起，并使管段慢慢移到承口，然后用撬棍进行调整，若管位很低时，用倒链把管提起，下面填砂捣实；若管高时，沿管轴线左右晃动管子，使管下沉。为了使插口和胶圈能够均匀顺利地进入承口，达到预定位置，初步对口后，承插口间的承插间隙和距离务必均匀一致。否则，橡胶圈受压不均，进入速度不一致，将造成橡胶圈扭曲而大幅度回弹
3	顶装	初步对口正确后，即可装上千斤顶进行顶装。顶装过程中，要随时沿管四周观察橡胶圈和插口进入情况。当管下部进入较少时，可用倒链把承口端稍稍抬起；当管左部进入较少或较慢时，可用撬棍在承口右侧将管向左侧拨动。进行矫正时则应停止顶进
4	找正找平	把管子顶到设计位置时，经找正找平后方可松放千斤顶。相邻两管的高度偏差不超过±2cm。中心线左右偏差一般在 3cm 以内

11. 室外管道碰头（编码：031001011）

管道碰头是指管道与管道之间的连接。室外管道碰头适用于新建或扩建工程热源、水源、气源管道与原（旧）有管道碰头。

二、支架及其他

（一）工程量清单项目设置与工程量计算规则

支架及其他工程量清单项目设置及工程量计算规则见表 7-18。

表 7-18　支架及其他（编码：031002）

项目编码	项目名称	项目特征	计量单位	工程量计算规则	工作内容
031002001	管道支架	1. 材质 2. 管架形式	1. kg 2. 套	1. 以千克计量，按设计图示质量计算 2. 以套计量，按设计图示数量计算	1. 制作 2. 安装
031002002	设备支架	1. 材质 2. 形式			
031002003	套管	1. 名称、类型 2. 材质 3. 规格 4. 填料材质	个	按设计图示数量计算	1. 制作 2. 安装 3. 除锈、刷油

(二)工程量清单项目解析

1. 管道支架(编码: 031002001)

(1)架空敷设的水平管道支架。当水平管道沿柱或墙架空敷设时,可根据荷载的大小、管道的根数、所需管架的长度及安装方式等分别采用各种形式生根在柱上的支架(简称柱架),或生根在墙上的支架(简称墙架),如图 7-2 所示。

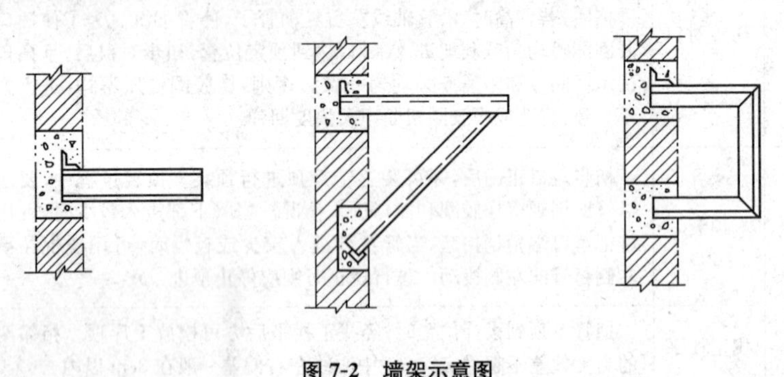

图 7-2　墙架示意图

这些形式的柱架或墙架均可根据需要设计成活动支架、固定支架、导向支架,也可组装成弹簧支架。

(2)地上平管和垂直弯管支架。一些管道离地面较近或离墙、柱、梁、楼板底等的距离较大,不便于在上述结构上生根,则可采用生根在地上的立柱式支架,如图 7-3 所示。图 7-4 所示为地上垂直弯管支架。这种支架因易形成"冷桥",故不宜用作冷冻管支架。若需采用时,高度也应很小,并将金属支架包在管道的热绝缘结构内,且需在下面垫以木块,以免形成"冷桥"。

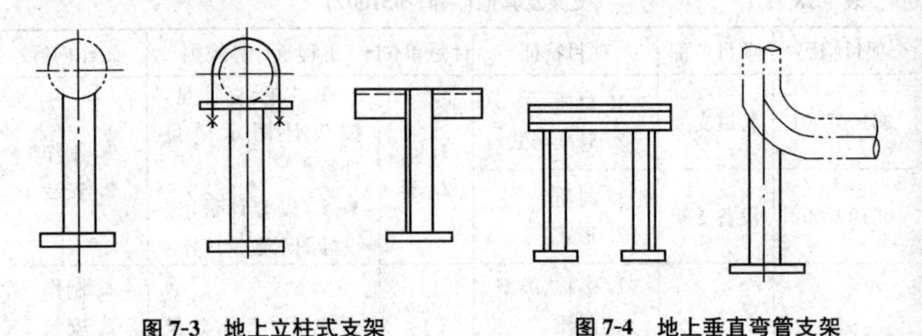

图 7-3　地上立柱式支架　　图 7-4　地上垂直弯管支架

(3)管道吊架。对于既不靠墙也不靠柱敷设的管道,或虽靠墙、柱,但因故不可安装支架时，可在楼板下、梁下或柱侧装设各种吊架，用以吊挂管道。吊架的吊杆可以用圆钢制作成柔性结构，也可用型钢制成刚性结构，但无论是柔性吊架或是刚性吊架均不可作为固定管架使用。

(4)立管支架。管道工程中，常见的立管支架的形式包括：

1)可分别用于支承沿墙敷设 $DN50$ 以下的单根或双根不保温的小管。

2)用于小直径平行敷设的双管；可用来支承直径较大的管子。

3)直径较大管道的导向支架。

(5)弹簧管架。对于支承点处有垂直位移的管道，需用弹簧管架，以调节管道与管架之间由位移引起的变化。采用弹簧管架时，弹簧构件的选取尤为重要，主要取决于管道位移的大小及荷重条件。

管道工程中，常用的弹簧构件可与前述的各种支架或吊架组合成为弹簧管道支吊架。其中，可与滑动管托组成弹簧管托，弹簧管托安装在支架上组成弹簧支架。

(6)大管支承小管的管架。当大管的最大允许跨度比小管大得多时，管道维修中可以根据这个特点，利用不经常检修的大管来支承小管，以减少单独支承小管管架的材料及其占用的空间。采用此种管架时，由于大管承受了小管及其支吊架和连接件的质量，因而其最大允许跨度应有所减小。

作为支承用的大管管径一般应大于或等于 150mm，被大管支承的小管管径应小于大管管径的 1/4，并且一般不宜大于 100mm。

2. 设备支架(编码：031002002)

设备支架是承托管道等设备用的，是管道安装中的重要构件之一。根据作用特点分为活动式和固定式两种；从形式可分为托架、吊架和管卡三种。根据沿墙、沿建筑物和构筑物不同，设备支架可分为：

(1)埋入式支架。一次埋入或预留孔洞，支架埋入深度不少于 20mm 或按照设计及有关标准图确定。

(2)焊接式支架。在钢筋混凝土构件上预埋钢板，然后将支架焊在上面。

(3)射钉和膨胀螺栓固定支架。在没有预留孔洞和预埋钢板的砖墙或混凝土墙上，用射钉枪将射钉射入墙内，然后用螺母将支架固定在射钉上，此法用于安装负荷不大的支架。用膨胀螺栓时，墙上应先按支架螺孔的位置钻孔，然后将套管套在螺栓上，带上螺母一起打入孔内，用扳手拧紧螺母,使螺栓的锥形尾部把开口管尾胀开,使支架固定于墙上。

(4)包柱式支架。沿柱子敷设管道可采用包柱式支架。放线后,用长杆螺栓将支架角钢把紧即可。

3. 套管(编码:031002003)

为防止管道受荷载被压坏,而在管道外部设置保护性套管,作用在管道外壁防止管道破损。套管制作安装适用于穿基础、墙、楼板等部位的防水套管、填料套管、无填料套管及防火套管等,应分别列项。

三、管道附件工程

(一)工程量清单项目及工程量计算规则

管道附件工程量清单项目及工程量计算规则见表7-19。

表7-19　管道附件(编码:031003)

<table>
<tr><th>项目编码</th><th>项目名称</th><th>项目特征</th><th>计量单位</th><th>工程量计算规则</th><th>工作内容</th></tr>
<tr><td>031003001</td><td>螺纹阀门</td><td rowspan="3">1. 类型
2. 材质
3. 规格、压力等级
4. 连接形式
5. 焊接方法</td><td rowspan="4">个</td><td rowspan="7">按设计图示数量计算</td><td rowspan="4">1. 安装
2. 电气接线
3. 调试</td></tr>
<tr><td>031003002</td><td>螺纹法兰阀门</td></tr>
<tr><td>031003003</td><td>焊接法兰阀门</td></tr>
<tr><td>031003004</td><td>带短管甲乙阀门</td><td>1. 材质
2. 规格、压力等级
3. 连接形式
4. 接口方式及材质</td></tr>
<tr><td>031003005</td><td>塑料阀门</td><td>1. 规格
2. 连接形式</td><td rowspan="3">组</td><td>1. 安装
2. 调试</td></tr>
<tr><td>031003006</td><td>减压器</td><td rowspan="2">1. 材质
2. 规格、压力等级
3. 连接形式
4. 附件配置</td><td rowspan="2">组装</td></tr>
<tr><td>031003007</td><td>疏水器</td></tr>
</table>

续表

项目编码	项目名称	项目特征	计量单位	工程量计算规则	工作内容
031003008	除污器（过滤器）	1. 材质 2. 规格、压力等级 3. 连接形式	个	按设计图示数量计算	安装
031003009	补偿器	1. 类型 2. 材质 3. 规格、压力等级 4. 连接形式			
031003010	软接头（软管）	1. 材质 2. 规格 3. 连接形式	个（组）		
031003011	法兰	1. 材质 2. 规格、压力等级 3. 连接形式	副（片）		
031003012	倒流防止器	1. 材质 2. 型号、规格 3. 连接形式	套		
031003013	水表	1. 安装部位(室内外) 2. 型号、规格 3. 连接形式 4. 附件配置	组（个）		组装
031003014	热量表	1. 类型 2. 型号、规格 3. 连接形式	块		安装
031003015	塑料排水管消声器	1. 规格 2. 连接形式	个		
031003016	浮标液面计		组		
031003017	浮漂水位标尺	1. 用途 2. 规格	套		

(二)工程量清单项目解析

1. 螺纹阀门(编码: 031003001)

(1)阀门。阀门型号的表示方法,如图7-5所示。

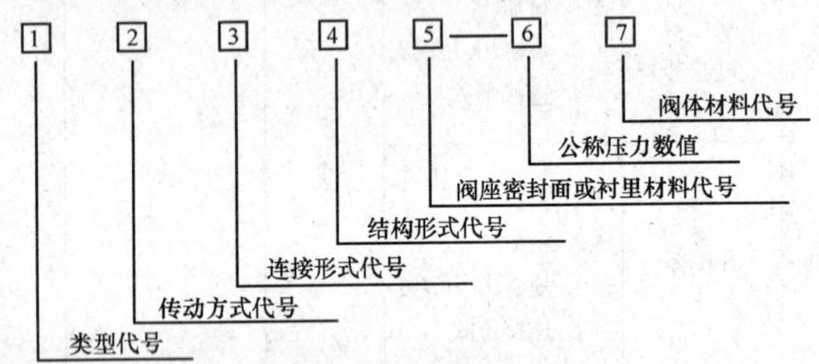

图7-5 阀门型号表示方法

1)阀门类型代号用汉语拼音字母表示,见表7-20。

表7-20 阀门类型代号

类 型	代 号	类 型	代 号	类 型	代 号
闸 阀	Z	隔膜阀	G	柱塞阀	U
截止阀	J	旋塞阀	X	减压阀	Y
节流阀	L	止回阀和底阀	H	蒸汽疏水阀	S
球 阀	Q	弹簧载荷安全阀	A	排污阀	P
蝶 阀	D	杠杆式安全阀	GA	—	—

注:低温(低于—40℃)、保温(带加热套)和带波纹管的阀门在类型代号前分别加“D”、“B”和“W”汉语拼音字母。

2)阀门传动方式代号用阿拉伯数字表示,见表7-21。

表7-21 阀门传动方式代号

传动方式	代 号	传动方式	代 号	传动方式	代 号
电磁动	0	正齿轮	4	气-液动	8
电磁-液动	1	锥齿轮	5	电 动	9
电-液动	2	气 动	6	—	—
涡 轮	3	液 动	7	—	—

注:1. 手轮、手柄和齿轮传动以及安全阀、减压阀、疏水阀省略本代号。

2. 对于气动或液动:常开式用6K、7K表示,常闭式用6B、7B表示,气动带手动用6S表示,防爆电动用9B表示。

3)阀门连接形式代号用阿拉伯数字表示,见表7-22。

表7-22　　阀门连接形式代号

连接形式	代　号	连接形式	代　号
内螺纹	1	对夹	7
外螺纹	2	卡箍	8
法　兰	4	卡套	9
焊　接	6	—	—

注:焊接包括对焊和承插焊。

4)阀门结构形式用阿拉伯数字表示,见表7-23～表7-33。

表7-23　　阀门结构形式代号

<table>
<tr><td colspan="4">结构形式</td><td>代号</td></tr>
<tr><td rowspan="5">阀杆升降式
(明杆)</td><td rowspan="3">楔式闸板</td><td colspan="2">弹性闸板</td><td>0</td></tr>
<tr><td rowspan="8">刚性闸板</td><td>单闸板</td><td>1</td></tr>
<tr><td>双闸板</td><td>2</td></tr>
<tr><td rowspan="2">平行式闸板</td><td>单闸板</td><td>3</td></tr>
<tr><td>双闸板</td><td>4</td></tr>
<tr><td rowspan="4">阀杆排升降式
(暗杆)</td><td rowspan="2">楔式闸板</td><td>单闸板</td><td>5</td></tr>
<tr><td>双闸板</td><td>6</td></tr>
<tr><td rowspan="2">平行式闸板</td><td>单闸板</td><td>7</td></tr>
<tr><td>双闸板</td><td>8</td></tr>
</table>

表7-24　　截止阀、节流阀和柱塞阀结构形式代号

<table>
<tr><td colspan="2">结构形式</td><td>代号</td><td colspan="2">结构形式</td><td>代号</td></tr>
<tr><td rowspan="5">阀瓣非平衡式</td><td>直通流道</td><td>1</td><td rowspan="5">阀瓣平衡式</td><td>直通流道</td><td>6</td></tr>
<tr><td>Z形流道</td><td>2</td><td>角式流道</td><td>7</td></tr>
<tr><td>三通流道</td><td>3</td><td>—</td><td>—</td></tr>
<tr><td>角式流道</td><td>4</td><td>—</td><td>—</td></tr>
<tr><td>直流流道</td><td>5</td><td>—</td><td>—</td></tr>
</table>

表 7-25　　球阀结构形式代号

结构形式		代号	结构形式		代号
浮动球	直通流道	1	固定球	直通流道	7
	Y形三通流道	2		四通流道	6
	L形三通流道	4		T形三通流道	8
	T形三通流道	5		L形三通流道	9
	—	—		半球直通	0

表 7-26　　蝶阀结构形式代号

结构形式		代号	结构形式		代号
密封型	单偏心	0	非密封型	单偏心	5
	中心垂直板	1		中心垂直板	6
	双偏心	2		双偏心	7
	三偏心	3		三偏心	8
	连杆机构	4		连杆机构	9

表 7-27　　旋塞阀结构形式代号

结构形式		代号	结构形式		代号
填料密封	直通流道	3	油密封	直通流道	7
	T形三通流道	4		T形三通流道	8
	四通三通流道	5		—	—

表 7-28　　隔膜阀结构形式代号

结构形式	代号	结构形式	代号
屋脊流道	1	直通流道	6
直流流道	5	Y形角式流道	8

表 7-29　　止回阀结构形式代号

结构形式		代号	结构形式		代号
升降式阀瓣	直通流道	1	旋启式阀瓣	单瓣结构	4
	立式结构	2		多瓣结构	5
	角式流道	3		双瓣结构	6
	—	—	蝶形止回阀		7

表 7-30　　安全阀结构形式代号

结构形式		代号	结构形式		代号
弹簧载荷弹簧封闭结构	带散热片全启式	0	弹簧载荷弹簧不封闭且带扳手结构	微启式双联阀	3
	微启式	1		微启式	7
	全启式	2		全启式	8
	带扳手全启式	4			
杠杆式	单杠杆	2	带控制机构全启式		6
	双杠杆	4	脉冲式		9

表 7-31　　减压阀结构形式代号

结构形式	代号	结构形式	代号
薄膜式	1	波纹臂式	4
弹簧薄膜式	2	杠杆式	5
活塞式	3	—	—

表 7-32　　蒸汽疏水阀结构形式代号

结构形式	代号	结构形式	代号
浮球式	1	蒸汽压力式或膜盒式	6
浮桶式	3	双金属片式	7
液体或固体膨胀式	4	脉冲式	8
钟形浮子式	5	圆盘热动力式	9

表 7-33　　排污阀结构形式代号

结构形式		代号	结构形式		代号
液面连续排放	截止型直通式	1	液底间断排放	截止型直流式	5
	截止型角式	2		截止型直通式	6
	—	—		截止型角式	7
	—	—		浮动闸板型直通式	8

5)阀座密封面或衬里材料代号用汉语拼音字母表示，见表 7-34。

表 7-34　　阀座密封面或衬里材料代号

阀座密封面或衬里材料	代号	阀座密封面或衬里材料	代号
铜合金	T	渗氮钢	D
橡　胶	X	硬质合金	Y
尼龙塑料	N	衬　胶	J
氟塑料	F	衬　铅	Q
锡基轴承合金(巴氏合金)	B	搪　瓷	C
Cr13 系不锈钢	H	渗硼钢	P

6)阀体材料代号用汉语拼音字母表示,见表 7-35。

表 7-35　　阀体材料代号

阀体材料	代号	阀体材料	代号
碳钢	C	铬镍钼系不锈钢	R
Cr 系不锈钢	H	塑料	S
铬钼系钢	I	铜及铜合金	T
可锻铸铁	K	钛及钛合金	Ti
铝合金	L	铬钼钒钢	V
铝镍系不锈钢	P	灰铸铁	Z
球墨铸铁钢(ZG25Ⅱ)	Q	—	—

(2)螺纹阀门。螺纹阀门是指阀体带有内螺纹或外螺纹,与管道螺纹连接的阀门。管径小于或等于 32mm 时宜采用螺纹连接。

螺纹阀门分内螺纹连接和外螺纹连接两种。

1)内螺纹阀门安装时应符合下列要求:

①把选配好的螺纹短管卡在台钳上,往螺纹上抹一层铅油,顺着螺纹方向缠麻丝(当螺纹沿旋紧方向转动时,麻丝越缠越紧),缠 4～5 圈麻丝即可。

②手拿阀门往螺纹短管上拧 2～3 扣螺纹,当用手拧不动时,再用管钳子上紧。使用管钳子上阀门时,要注意管钳子与阀件的规格相适应。

③使用管钳子操作时,一手握钳子把,一手按在钳头上,让管钳子后部牙口吃劲,使钳口咬牢管子不致打滑。扳转钳把时要用力平稳,不能贸然用力,以防钳口打滑按空而伤人。

④阀门和螺纹短管上好之后,用锯条剔去留在螺纹外面的多余麻丝,

用抹布擦去铅油。

2)外螺纹阀门的连接方法与内螺纹阀门连接方法一样,所不同的是铅油和麻丝缠在阀门的外螺纹上,再和内螺纹短管连接。

2. 螺纹法兰阀门(编码: 031003002)

螺纹法兰即以螺纹方式连接的法兰。这种法兰与管道不直接焊接在一起,而是以管口翻边为密封接触面,套法兰起紧固作用,多用于铜、铅等有色金属及不锈耐酸管道上。也有的是用螺纹与管端连接起来,分为高压和低压两种。

3. 焊接法兰阀门(编码: 031003003)

焊接法兰阀门的阀体带有焊接坡口,与管道焊接连接。焊接法兰阀门安装应符合下列要求:

(1)螺栓:在拧紧过程中,螺母朝一个方向(一般为顺时针)转动,直到不能再转动为止,有时还需要在螺母与钢材间垫上一垫片,有利于拧紧,防止螺母与钢材磨损及滑丝。

(2)阀门安装:阀门是控制水流、调节管道内水重和水压的重要设备。阀门通常放在分支管处、穿越障碍物和过长的管线上。配水干管上装设阀门的距离一般为400～1000m,并不应超过3条配水支管。阀门一般设在配水支管的下游,以便关阀门时不影响支管的供水。在支管上也设阀门。配水支管上的阀门不应隔断5个以上消火栓。阀门的口径一般和水管的直径相同。给水用的阀门包括闸阀和蝶阀。

(3)法兰阀门安装是指法兰连接,不得另计,阀门安装如仅为一侧法兰连接时,应在项目特征中描述。

4. 带短管甲乙阀门(编码: 031003004)

带短管甲乙法兰阀中的"短管甲"是"带承插口管段+法兰",用于阀门进水管侧,"短管乙"是"直管段+法兰",用于阀门出口侧。带短管甲乙的法兰阀门一般用于承插接口的管道工程中。

5. 塑料阀门(编码: 031003005)

塑料阀门的类型主要是球阀、蝶阀、止回阀、隔膜阀、闸阀和截止阀。结构形式主要有两通、三通和多通阀门,原料主要有ABS、PVC-U、PVC-C、PB、PE、PP、PVDE等。塑料阀门连接形式需注明热熔连接、粘接、热风焊接等方式。

6. 减压器(编码: 031003006)

减压器的安装应符合下列要求:

(1)减压器的安装高度,设在离地面1.2m左右处,沿墙敷设;设在离地面3m左右处,并设永久性操作台。

(2)蒸汽系统的减压器组前,应设置疏水阀。

(3)如系统中介质带渣物时,应在减压阀组前设置过滤器。

(4)为了便于减压器的调整工作,减压器组前后应装压力表。为了防止减压器后的压力超过容许限度,减压器组后应装安全阀。

(5)减压器有方向性,安装时注意勿将方向装反,并应使其垂直地安装在水平管道上。波纹管式减压器用于蒸汽时,波纹管应朝下安装;用于空气时,需将阀门反向安装。

7. 疏水器(编码: 031003007)

疏水器的安装应符合下列要求:

(1)疏水器安装时,应根据设计图纸要求的规格组配后再进行安装。组配时,其阀体应与水平回水干管相垂直,不得倾斜,以利于排水;其介质流向与阀体标志应一致;同时安排好旁通管、冲洗管、检查管、止回阀、过滤器等部件的位置,并设置必要的法兰、活接头等零件,以便于检修拆卸。

(2)疏水装置一般靠墙布置,安装时先在疏水器两侧阀门以外适当处设置型钢托架,托架栽入墙内的深度不得小于120mm。经找平找正,待支架埋设牢固后,将疏水装置搁在托架上就位。有旁通管时,旁通管朝室内侧卡在支架上。疏水器中心离墙不应小于150mm。

(3)疏水装置的连接方式一般为:疏水器的公称直径$DN \leqslant 32$mm时,压力$PN \leqslant 0.3$MPa;公称直径DN为40~50mm时,压力$PN \leqslant 0.2$MPa,可以采用螺纹连接,其余均采用法兰连接。

8. 除污器(过滤器)(编码: 031003008)

除污器的作用是防止管道介质中的杂质进入传动设备或精密部位、使生产发生故障或影响产品的质量。除污器安装在用户入口供水总管上,以及热源(冷源)、用热(冷)设备、水泵、调节阀入口处。

9. 补偿器(编码: 031003009)

补偿器习惯上也叫膨胀节,或伸缩节。由构成其工作主体的波纹管(一种弹性元件)和端管、支架、法兰、导管等附件组成。

10. 软接头(软管)(编码: 031003010)

软接头又叫作橡胶管软接头、橡胶接头、橡胶软接头、可曲挠接头、高压橡胶接头、橡胶减震器等,软接头是用于金属管道之间起挠性连接作用的中空橡胶制品，此产品可降低振动及噪声，并可对因温度变化引起的热胀冷缩起补偿作用，广泛应用于各种管道系统。

11. 法兰（编码：031003011）

法兰是用钢、铸铁、热塑性或热固性增强塑料制成的空心环状圆盘，盘上开有一定数量的螺栓孔。法兰可安装或浇铸在管端上，两法兰间用螺栓连接。通常有固定法兰、接合法兰、带帽法兰、对接法兰、栓接法兰、突面法兰等类型。采暖管道安装，管径小于或等于 32mm 时，宜采用螺纹连接；管径大于 32mm 时，宜采用焊接或法兰连接。所用法兰一般为平焊钢法兰。

平焊钢法兰一般适用于温度不超过 300℃，公称压力不超过 2.5MPa，通过介质为水、蒸汽、空气、煤气等中低压管道。

管道压力为 0.25～1MPa 时，可采用普通焊接法兰；压力为 1.6～2.5MPa 时，应采用加强焊接法兰。加强焊接是在法兰端面靠近管孔周边开坡口焊接。焊接法兰时，必须使管子与法兰端面垂直，可用法兰靠尺度量，也可用角尺代替。检查时，需从两个相隔 90°的方向进行。点焊后，还需用靠尺再次检查法兰盘的垂直度，可用手锤敲打找正。另外，插入法兰盘的管子端部，距法兰盘内端面应为管壁厚度的 1.3～1.5 倍，以便于焊接。焊完后，如焊缝有高出法兰盘内端面的部分，必须将高出部分锉平，以保证法兰连接的严密性。

安装法兰时，应将两法兰盘对平找正，先在法兰盘螺孔中顶穿几根螺栓（四孔法兰可先穿三根，六孔法兰可先穿四根），将制备好的垫插入两法兰之间，再穿好余下的螺栓。把衬垫找正后，即可用扳手拧紧螺钉。拧紧顺序应按对角顺序进行，不应将某一螺钉一拧到底，而应分 3～4 次拧到底。这样可使法兰衬垫受力均匀，保证法兰的严密性。

12. 倒流防止器（编码：031003012）

倒流防止器是根据我国目前的供水管网，尤其是生活饮用水管道回流污染严重，又无有效防止回流污染装置的情况，研制的一种严格限定管道中水只能单向流动的水力控制组合装置，它的功能是在任何工况下防止管道中的介质倒流，以达到避免倒流污染的目的。

13. 水表（编码：031003013）

用来计量液体流量的仪表称为流量计，通常室内给水系统中用的流量计叫作水表，它是一种计量用水量的工具。室内给水系统广泛采用流速式水表，它主要由表壳、翼轮测量机构、减速指示机构等部分组成。

常用水表包括旋翼式水表(*DN*15～*DN*150)、螺翼式水表(*DN*100～*DN*400)和翼轮复式水表(主表*DN*50～*DN*400,副表*DN*15～*DN*40)三种。

(1)旋翼式水表。旋翼式水表的翼轮转轴与水流方向垂直,装有平直叶片,流动阻力较大,适于测量较小的流量,多用于小直径管道上。按计数机构是否浸于水中,又分为湿式和干式两种。湿式水表的计数机构浸于水中,装在度盘上的厚玻璃可承受水压,其具有结构较简单、密封性好、计量准确、价格便宜等特点,所以应用广泛,适用于不超过40℃,不含杂质的净水管道上。干式水表的计数机构用金属圆盘与水隔开,结构较复杂,适用于90℃以下的热水管道。

(2)螺翼式水表。螺翼式水表的翼轮转轴与水流方向平行,装有螺旋叶片,流动阻力小,适于测大的流量,多用在较大直径(大于*DN*80)的管道上。

(3)翼轮复式水表。翼轮复式水表同时配有主表和副表,主表前面设有开闭器,当通过流量小时,开闭器自闭,水流经旁路通过副水表计量;通过流量大时,靠水力顶开开闭器,水流同时从主、副水表通过,两表同时计量。主、副水表均属叶轮式水表,能同时记录大小流量,因此,在建筑物内用水量变化幅度较大时,可采用复式水表。

14. 热量表(编码:031003014)

热量表是计算热量的仪表。热量表的工作原理:将一对温度传感器分别安装在通过载热流体的上行管和下行管上,流量计安装在流体入口或回流管上(流量计安装的位置不同,最终的测量结果也不同),流量计发出与流量成正比的脉冲信号,一对温度传感器给出表示温度高低的模拟信号,而积算仪采集来自流量和温度传感器的信号,利用积算公式算出热交换系统获得的热量。

15. 塑料排水管消声器(编码:031003015)

塑料排水管消声器是指设置在塑料排水管道上用于减轻或消除噪声的小型设备。

16. 浮标液面计(编码:031003016)、浮漂水位标尺(编码:031003017)

(1)浮标液面计。液面计又称液位计,是用来测量容器内液面变化情况的一种计量仪表。UFZ型浮标液面计是一种常用的直读式液位测量仪表,具有结构简单、读数直观、测量范围大、耐腐蚀的特点。

(2)浮漂水位标尺。浮漂水位标尺适用于一般工业与民用建筑中的各种水塔、蓄水池指示水位。

第三节　卫生器具和供暖器具

一、卫生器具

(一)工程量清单项目设置及工程量计算规则

卫生器具工程量清单项目设置及工程量计算规则见表 7-36。

表 7-36　　卫生器具(编码:031004)

项目编码	项目名称	项目特征	计量单位	工程量计算规则	工作内容
031004001	浴缸	1. 材质 2. 规格、类型 3. 组装形式 4. 附件名称、数量	组	按设计图示数量计算	1. 器具安装 2. 附件安装
031004002	净身盆				
031004003	洗脸盆				
031004004	洗涤盆				
031004005	化验盆				
031004006	大便器				
031004007	小便器				
031004008	其他成品卫生器具				
031004009	烘手器	1. 材质 2. 型号、规格	个	按设计图示数量计算	安装
031004010	淋浴器	1. 材质、规格 2. 组装形式 3. 附件名称、数量	套		1. 器具安装 2. 附件安装
031004011	淋浴间				
031004012	桑拿浴房				
031004013	大、小便槽自动冲洗水箱	1. 材质、类型 2. 规格 3. 水箱配件 4. 支架形式及做法 5. 器具及支架除锈、刷油设计要求			1. 制作 2. 安装 3. 支架制作、安装 4. 除锈、刷油
031004014	给、排水附(配)件	1. 材质 2. 型号、规格 3. 安装方式	个(组)		安装

续表

<table>
<tr><th>项目编码</th><th>项目名称</th><th>项目特征</th><th>计量单位</th><th>工程量计算规则</th><th>工作内容</th></tr>
<tr><td>031004015</td><td>小便槽冲洗管</td><td>1. 材质
2. 规格</td><td>m</td><td>按设计图示长度计算</td><td rowspan="4">1. 制作
2. 安装</td></tr>
<tr><td>031004016</td><td>蒸汽—水加热器</td><td rowspan="3">1. 类型
2. 型号、规格
3. 安装方式</td><td rowspan="4">套</td><td rowspan="4">按设计图示数量计算</td></tr>
<tr><td>031004017</td><td>冷热水混合器</td></tr>
<tr><td>031004018</td><td>饮水器</td></tr>
<tr><td>031004019</td><td>隔油器</td><td>1. 类型
2. 型号、规格
3. 安装部位</td><td>安装</td></tr>
</table>

(二)工程量清单项目解析

1. 浴缸(编号: 031004001)

浴缸是一种水管装置,供沐浴或淋浴之用,通常装置在家居浴室内。一直以来,大部分浴缸均属长方形,近年由于亚加力加热制浴缸逐渐普及,开始出现各种不同形状的浴缸。浴缸最常见的颜色是白色,也有其他(例如粉色等)色调。

(1)浴缸的分类。

1)按其功能可分为普通浴缸和按摩浴缸。

2)按其外形可分为带裙边浴缸和不带裙边浴缸。

3)按其材质可分为铸铁搪瓷浴缸、钢板搪瓷浴缸、玻璃钢浴缸、人造玛瑙以及人造大理石浴缸、水磨石浴缸、木质浴缸、陶瓷浴缸等。现常用铸铁搪瓷浴缸、钢板搪瓷浴缸和玻璃钢浴缸。

(2)浴缸的尺寸。

1)浴缸常用尺寸见表 7-37。

表 7-37　浴缸常用尺寸　　mm

类别	长度	宽度	高度
普通浴缸	1200、1300、1400、1500、1600、1700	700～900	355～518
坐泡式浴缸	1100	700	475(坐处 310)
按摩浴缸	1500	800～900	470

2)浴缸的接口尺寸。

①浴缸排出口尺寸,一般为 $DN40$ 或 $DN50$。

②浴缸溢流口尺寸,一般为 $DN32$ 或 $DN50$。

2. 净身盆(编码: 031004002)

净身盆也称坐浴盆、妇女卫生盆,是一种坐在上面专供洗涤妇女下身用的洁具,其平面图及纵剖面图如图 7-6 所示,一般设在纺织厂的女卫生间或妇产科医院。在妇女卫生盆后装有冷、热水龙头,冷、热水连通管上装有转换开关,使混合水流经盆底的喷嘴向上喷出。其安装形式如图 7-6 所示,其规格见表 7-38。

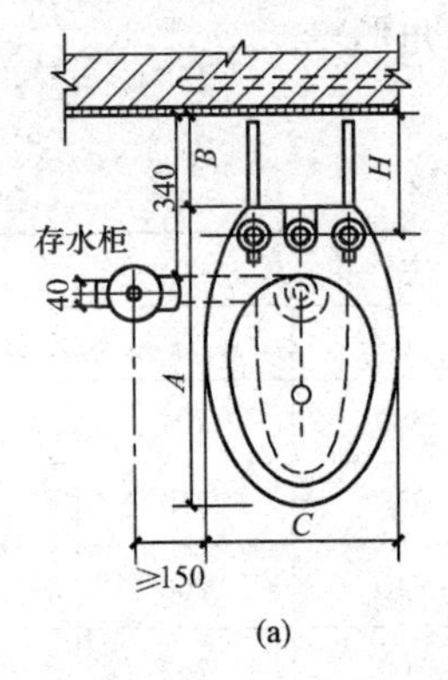

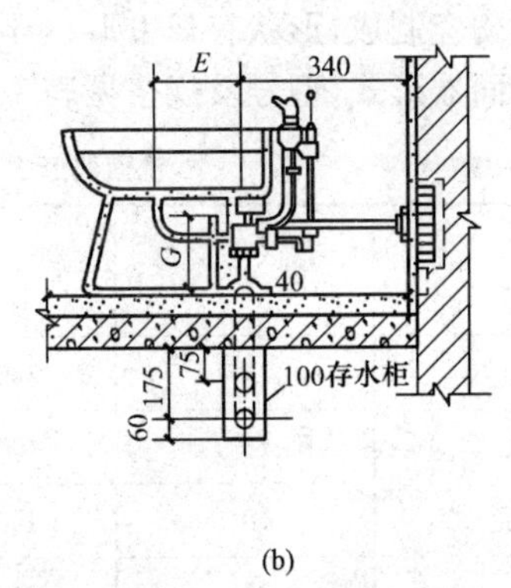

图 7-6 净身盆安装示意图

(a)平面图;(b)纵剖面图

表 7-38 净身盆规格 mm

卫生盆代号	型号					
	A	*B*	*C*	*E*	*G*	*H*
601	650	105	350	160	165	205
602	650	100	390	170	150	197
6201	585	167	370	170	155	230
6202	600	165	354	160	135	227
7201	568	175	360	150	175	230
7205	570	180	370	160	175	240

3. 洗脸盆(编码: 031004003)

洗脸盆又称洗面器,其形式较多,可分为挂式、立柱式、台式三类。

(1)挂式洗面器,是指一边靠墙悬挂安装的洗面器。它一般适用于家庭。

(2)立柱式洗面器,是指下部为立柱支承安装的洗面器。它常用在较高标准的公共卫生间内。

(3)台式洗面器,是指脸盆镶于大理石台板上或附设在化妆台的台面上的洗面器。它在宾馆的卫生间使用最为普遍。

洗面器的材质以陶瓷为主,也有人造大理石、玻璃钢等。洗面器大多用上釉陶瓷制成,形状有长方形、半圆形及三角形等。

洗面器形式、型号及规格见表 7-39。

表 7-39　洗面器形式、型号及规格　mm

形　式	型　号	主 要 尺 寸			
		长	宽	高	总高度
普通式	14#	350	360	200	—
	16#	400	310	210	—
	18#	450	310	200	—
	20#	510	300	250	—
	22#	560	410	270	—
台　式	L-610	510	440	170	—
	L-616	590	500	200	—
立柱式	L-605	600	530	240	830
	L-609	630	530	250	830
	L-621	520	430	220	780

4. 洗涤盆(编码: 031004004)

洗涤盆主要装于住宅或食堂的厨房内,供洗涤各种餐具等使用。洗涤盆的上方接有各式水嘴。洗涤盆多为陶瓷制品,其常用规格有 8 种,具体尺寸见表 7-40。

表 7-40　　洗涤盆尺寸表　　mm

尺寸部位	1号	2号	3号	4号	5号	6号	7号	8号
长	610	610	510	610	410	610	510	410
宽	460	410	360	410	310	460	360	310
高	200	200	200	150	200	150	150	150

5. 化验盆(编码: 031004005)

化验盆装置在工厂、科学研究机关、学校化验室或实验室中,通常都是陶瓷制品。化验盆内已有水封,因而排水管上不需装设存水弯和盆架,用木螺丝固定于实验台上。化验盆的出口配有橡皮塞头。根据使用要求,化验盆可装置单联、双联、三联的鹅颈型龙头。

6. 大便器(编码: 031004006)、小便器(编码: 031004007)

(1)大便器。大便器多用于住宅、办公楼、单身宿舍及旅馆等建筑物的厕所或卫生间内。大便器主要有坐式和蹲式两种形式。

1)坐式大便器。坐式大便器又分为后出水和下出水两种形式。与坐式大便器配套的有低位水箱冲洗设备(图 7-7)。坐式大便器规格见表 7-41。

2)蹲式大便器。蹲式大便器设有高位水箱、冲洗设备(图 7-8),简易的也有采用节水阀门直接冲洗的。

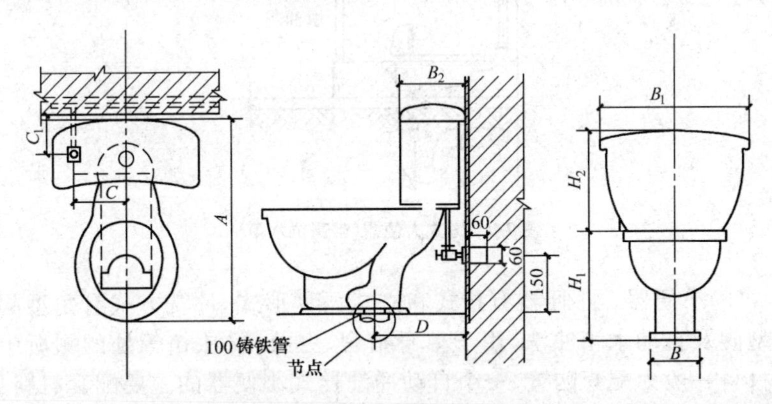

图 7-7　坐式大便器(带低位水箱)

表 7-41　　坐式大便器(带低位水箱)规格表　　mm

型号 \ 尺寸	外形尺寸						上水配管		下水配管 D
	A	B	B_1	B_2	H_1	H_2	C	C_1	
601	711	210	534	222	375	360	165	81	340
602	701	210	534	222	380	360	165	81	340
6201	725	190	480	225	360	335	165	72	470
6202	715	170	450	215	360	350	160	175	460
120	660	160	540	220	359	390	170	50	420
7201	720	186	465	213	370	375	137	90	510
7205	700	180	475	218	380	380	132	109	480

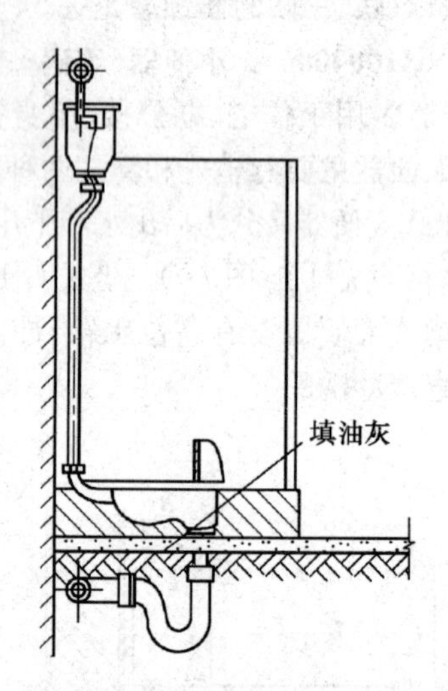

图 7-8　蹲式大便器(带高位水箱)

(2)小便器。小便器有挂式和立式两种形式,冲洗方式有角型阀、直型阀及自动水箱冲洗,用于单身宿舍、办公楼、旅馆等处的厕所中。其材料一般为配套购置,一个自动冲洗挂式小便器的主要配套材料见表 7-42。小便器的形式和规格见表 7-43。

表 7-42　一个自动冲洗挂式小便器主要材料表

编　号	名　称	规　格	材　质	单　位	数　量
1	水箱进水阀	DN15	铜	个	1
2	高水箱	1 号或 2 号	陶　瓷	个	1
3	自动冲洗阀	DN32	铸铜或铸铁	个	1
4	冲洗管及配件	DN32	铜管配件镀铬	套	1
5	挂式小便器	3 号	陶　瓷	个	1
6	连接管及配件	DN15	铜管配件镀铬	套	1
7	存水弯	DN32	铜、塑料、陶瓷	个	1
8	压　盖	DN32	铜	个	1
9	角式截止阀	DN15	铜	个	1
10	弯　头	DN15	锻　铁	个	1

表 7-43　小便器形式和规格　mm

形　式	主要尺寸		
	宽	深	高
斗　式	340	270	490
壁挂式	300	310	615
立　式	410	360	850 或 1000

7. 其他成品卫生器具(编码: 031004008)

其他成品卫生器具是指本节中未列出的卫生器具。

8. 烘手器(编码: 031004009)

烘手器一般装于宾馆、餐馆、科研机构、医院、公共娱乐场所的卫生间等用于干手。其型号、规格多种多样,应根据实际选用。

9. 淋浴器(编码: 031004010)、淋浴间(编码: 031004011)、桑拿浴房(编码: 031004012)

(1)淋浴器。淋浴器多用于公共浴室,与浴盆相比,具有占地面积小、费用低、卫生等优点。淋浴器大多现场组装,由于管件较多,布置紧凑,配管尺寸要求严格准确,安装时应注意齐整、美观。

(2)桑拿浴房。桑拿浴房适用于医院、宾馆、饭店、娱乐场所、家庭之用,根据其功能、用途可分为多种类型,如远红外线桑拿浴房、芬兰桑拿浴房、光波桑拿浴房等,可根据实际具体选用。

10. 大、小便槽自动冲洗水箱(编码:031004013)

大、小便槽自动冲洗水箱是在厕所最常见的。上面有个大水箱,当水箱里面的水流超过水浮后就会自动流水。水箱可分为以下三种类型。

(1)膨胀水箱。膨胀水箱是用钢板焊接而成,有圆形和矩形两种。膨胀管与系统连接,自然循环系统接在主立管上部,机械循环一般接在水泵吸入口处的回水干管上。检查管(或称信号管)通常引到锅炉房内,末端装设阀门,以便锅炉人员检查系统充水情况。循环管与系统回水干管的连接,在水泵与膨胀管之间距膨胀管2m左右处。膨胀管、循环管与溢流管上不得装设阀门。膨胀水箱连接管管径见表7-44,其型号、规格和质量见表7-45。

表7-44　膨胀水箱连接管管径　mm

膨胀水箱容积(L)	管径			
	膨胀管	检查管	循环管	溢流管
150以下	25	20	20	32
150～400	25	20	20	40
400以上	32	20	25	50

表7-45　膨胀水箱型号、规格和质量　mm

<table>
<tr><th>型号</th><th>容积(L)</th><th>直径</th><th>高</th><th>循环管</th><th>膨胀管</th><th>溢流管</th><th>质量(kg/个)</th></tr>
<tr><td>1</td><td>100</td><td rowspan="3">800</td><td>500</td><td rowspan="5">20</td><td rowspan="5">40</td><td rowspan="5">40</td><td>285</td></tr>
<tr><td>2</td><td>200</td><td>700</td><td>409</td></tr>
<tr><td>3</td><td>300</td><td rowspan="3">900</td><td>533</td></tr>
<tr><td>4</td><td>400</td><td>940</td><td>720</td></tr>
<tr><td>5</td><td>500</td><td>1050</td><td>879</td></tr>
</table>

续表

型号	容积(L)	直径	高	循环管	膨胀管	溢流管	质量(kg/个)
6	600	930	1200	25	50	50	951
7	800	1080					1245
8	1000	1200					1529
9	1200	1300					1759
10	1500	1480					2235
11	2000	1700					2904
12	2500	1900					3580
13	3000	2050					4156
14	3500	2220					5378
15	4000	2380					5533

(2)圆形钢板水箱。圆形钢板水箱的型号、规格和质量见表 7-46。

表 7-46　　1～50m³ 圆形钢板水箱型号、规格和质量　　mm

型号	直径	高	有效容积(m^3)	壁厚	底厚	质量(kg/个)
1	1250	1200	1.23	4	5	300
2	1750	1200	2.40			425
3	2000	1700	4.70			508
4	2500	1700	7.35	4	6	821
5	2750	1950	10.40			1140
6	3000	2200	14.10			1278
7	3500	2200	19.20			1700
8	4000	2200	25.00			1925
9	4400	2200	30.40			2197
10	4750	2200	35.50			2520
11	5000	2200	39.20			2690
12	5000	2700	49.20			2940

(3)矩形钢板水箱。矩形钢板水箱的型号、规格及质量见表7-47。

表7-47　　1～50m³ 矩形钢板水箱型号、规格和质量　　mm

<table>
<tr><th rowspan="2">型号</th><th rowspan="2">长</th><th rowspan="2">宽</th><th rowspan="2">高</th><th rowspan="2">有效容积(m³)</th><th rowspan="2">壁厚</th><th rowspan="2">底厚</th><th rowspan="2">质量(kg/个)</th><th colspan="4">所需角钢规格</th><th rowspan="2">扁钢</th></tr>
<tr><th>箱壁</th><th>箱底</th><th>箱顶</th><th>边箍</th></tr>
<tr><td>1</td><td>1400</td><td>750</td><td>1200</td><td>1.10</td><td rowspan="12">4</td><td rowspan="12">6</td><td>254</td><td rowspan="2">60×40×6</td><td rowspan="5">60×40×6</td><td rowspan="4">50×6</td><td rowspan="3">60×6</td><td rowspan="12">-40×5</td></tr>
<tr><td>2</td><td>2000</td><td>1000</td><td>1200</td><td>2.10</td><td>400</td></tr>
<tr><td>3</td><td>2500</td><td>1200</td><td>1450</td><td>3.90</td><td>510</td><td>60×40×8</td></tr>
<tr><td>4</td><td>2500</td><td>1500</td><td>1800</td><td>6.20</td><td>826</td><td rowspan="2">80×55×8</td><td rowspan="2">80×6</td></tr>
<tr><td>5</td><td>3000</td><td>1800</td><td>2000</td><td>10.00</td><td>1150</td><td rowspan="4">60×6</td></tr>
<tr><td>6</td><td>3500</td><td>2200</td><td>2200</td><td>15.80</td><td>1650</td><td rowspan="7">90×55×8</td><td rowspan="7">80×60×8</td><td rowspan="7">90×6</td></tr>
<tr><td>7</td><td>4000</td><td>2500</td><td>2200</td><td>20.50</td><td>1994</td></tr>
<tr><td>8</td><td>4500</td><td>2800</td><td>2200</td><td>25.80</td><td>2294</td></tr>
<tr><td>9</td><td>5000</td><td>3000</td><td>2200</td><td>30.80</td><td>2646</td><td rowspan="4">75×6</td></tr>
<tr><td>10</td><td>5000</td><td>3500</td><td>2200</td><td>35.90</td><td>2936</td></tr>
<tr><td>11</td><td>5500</td><td>3600</td><td>2200</td><td>40.60</td><td>3210</td></tr>
<tr><td>12</td><td>6000</td><td>4000</td><td>2200</td><td>49.20</td><td>3581</td></tr>
</table>

11. 给、排水附(配)件(编码：031004014)

给、排水附(配)件是指独立安装的水嘴、地漏、地面扫出口等。

12. 小便槽冲洗管(编码：031004015)

小便槽可用普通阀门控制多孔冲洗管进行冲洗，应尽量采用自动冲洗水箱冲洗。多孔冲洗管安装于距地面1.1m高度处。多孔冲洗管管径≥15mm，管壁上开有2mm小孔，孔间距为10～12mm，安装时，应注意使一排小孔与墙面成45°角。小便槽安装如图7-9所示。

13. 蒸汽—水加热器(编码：031004016)

蒸汽—水加热器是蒸汽喷射器与汽水混合加热器的有机结合体，是以蒸汽来加热及加压，不需要循环水泵与汽水换热器就可实现热水供暖的联合设备。

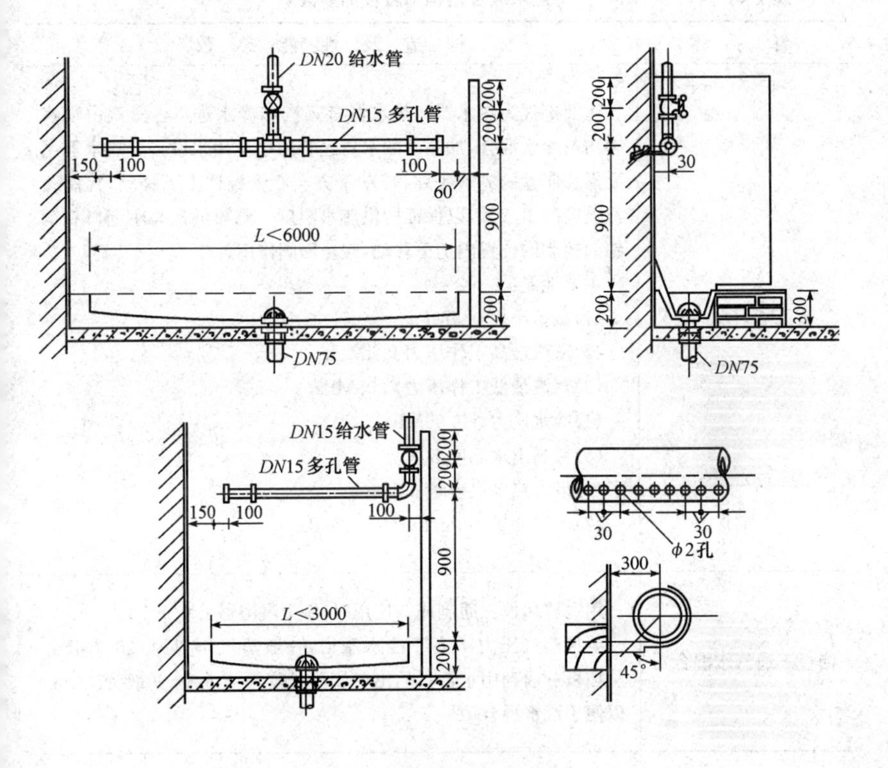

图 7-9　小便槽安装示意图

蒸汽—水加热器应具备如下功能：

(1)快速被加热水加热。

(2)浮动盘管自动除垢。

(3)在预测管、积分预测器、热媒调节阀控制下的热水出水温度不得超出设定温度±3℃。

(4)凝结水自动过冷却。

14. 冷热水混合器(编码：031004017)

冷热水混合器构造及性能参数见表 7-48。

表7-48 冷热水混合器构造及性能参数

名　称	构造及性能参数
蒸汽喷射淋浴器	主要部件为热水器。热水器有蒸汽和冷水进口。蒸汽由喷嘴喷出与冷水混合,加热后的水再经管道引至用水设备。热水器主要靠膨胀盒的灵敏胀缩,带动下方实心铜锥体上下移动,控制蒸汽喷嘴的出汽量,以保证所供热水温度。阀瓣可在阀座上口和铜销向控制的位置内上下移动,起止回阀作用。 主要性能: (1)试验压力0.5MPa。 (2)蒸汽最高工作压力0.3MPa。 (3)蒸汽最低工作压力0.05MPa。 (4)冷水压力>0.05MPa。 (5)最高出水温度80℃。 (6)最大热水供应量600kg/h。 (7)蒸汽耗量40kg/h(P=0.2MPa)
挡板三通汽水混合器	用铜铸挡板三通制成。使用时,每个淋浴器上装一个。 要求蒸汽压力不高于冷水压力,一般蒸汽压力为<0.2MPa。从挡板三通到用水器具的出口管段长度不能太短,一般为>1m,以便于汽水混合
冷热水混合器	用于单管供水系统。达到混合均匀的条件为: (1)冷、热水在混合器中须形成紊流,避免层流。 (2)水流速不能过大,避免形成短路

15. 饮水器(编码:031004018)

(1)饮水器是居住区街道及公共场所为满足人的生理卫生要求经常设置的供水设施。

(2)饮水器可分为悬挂式饮水设备、独立式饮水设备和雕塑式水龙头等。

(3)饮水器的高度宜在800mm左右,供儿童使用的饮水器高度宜在650mm左右,并应安装在高度为100~200mm的踏台上。

(4)饮水器的结构和高度还应考虑轮椅使用者的方便。

16. 隔油器（编码：031004019）

隔油器就是将含油废水中的杂质、油、水分离的一种专用设备。隔油器广泛应用于大型综合商场、办公写字楼、学校、军队、各类宾馆、饭店、高级招待所及营业性餐厅所属厨房排水管隔油清污之用，是厨房必备的隔油设备，以及车库排水管隔油的理想设备。除此之外，工业涂装废水等含油废水也有运用。

二、供暖器具

（一）工程量清单项目设置及工程量计算规则

供暖器具工程量清单项目设置及工程量计算规则见表 7-49。

表 7-49　　供暖器具（编码：031005）

<table>
<tr><th>项目编码</th><th>项目名称</th><th>项目特征</th><th>计量单位</th><th>工程量计算规则</th><th>工作内容</th></tr>
<tr><td>031005001</td><td>铸铁散热器</td><td>1. 型号、规格
2. 安装方式
3. 托架形式
4. 器具、托架除锈、刷油设计要求</td><td>片(组)</td><td rowspan="3">按设计图示数量计算</td><td>1. 组对、安装
2. 水压试验
3. 托架制作、安装
4. 除锈、刷油</td></tr>
<tr><td>031005002</td><td>钢制散热器</td><td>1. 结构形式
2. 型号、规格
3. 安装方式
4. 托架刷油设计要求</td><td rowspan="2">组(片)</td><td rowspan="2">1. 安装
2. 托架安装
3. 托架刷油</td></tr>
<tr><td>031005003</td><td>其他成品散热器</td><td>1. 材质、类型
2. 型号、规格
3. 托架刷油设计要求</td></tr>
<tr><td>031005004</td><td>光排管散热器</td><td>1. 材质、类型
2. 型号、规格
3. 托架形式及做法
4. 器具、托架除锈、刷油设计要求</td><td>m</td><td>按设计图示排管长度计算</td><td>1. 制作、安装
2. 水压试验
3. 除锈、刷油</td></tr>
</table>

续表

项目编码	项目名称	项目特征	计量单位	工程量计算规则	工作内容
031005005	暖风机	1. 质量 2. 型号、规格 3. 安装方式	台	按设计图示数量计算	安装
031005006	地板辐射采暖	1. 保温层材质、厚度 2. 钢丝网设计要求 3. 管道材质、规格 4. 压力试验及吹扫设计要求	1. m^2 2. m	1. 以平方米计量，按设计图示采暖房间净面积计算 2. 以米计量，按设计图示管道长度计算	1. 保温层及钢丝网铺设 2. 管道排布、绑扎、固定 3. 与分集水器连接 4. 水压试验、冲洗 5. 配合地面浇注
031005007	热媒集配装置	1. 材质 2. 规格 3. 附件名称、规格、数量	台	按设计图示数量计算	1. 制作 2. 安装 3. 附件安装
031005008	集气罐	1. 材质 2. 规格	个		1. 制作 2. 安装

(二)工程量清单项目解析

1. 铸铁散热器(编码: 031005001)

铸铁散热器根据形状可分为柱型和翼型两种。铸铁散热器具有耐腐蚀的优点，但承受压力一般不宜超过 0.4MPa，且质量大，组对时劳动强度大，适用于工作压力小于 0.4MPa 的采暖系统，或不超过 40m 高的建筑物内。

图 7-10 所示为常见铸铁散热器的构造尺寸，其性能参数见表 7-50。

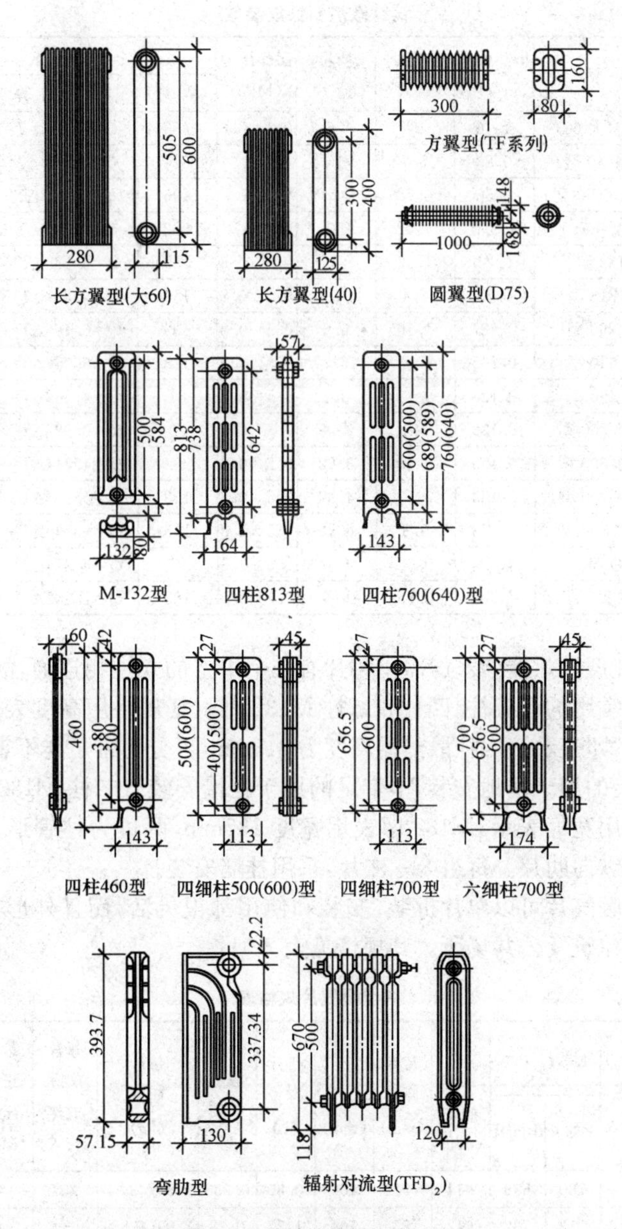

图 7-10　铸铁散热器构造尺寸

表 7-50　　铸铁散热器性能参数

序号	类　型	散热面积 (m²/片)	水容量 (L/片)	质量 (kg/片)	工作压力 (MPa)	散热量 (W/片)	计算式
1	长翼型(大 60)	1.16	8	26	0.4　0.6	480	$Q=5.307\Delta T^{1.345}$(3 片)
2	长翼型(40 型)	0.88	5.7	16	0.4	376	$Q=5.333\Delta T^{1.285}$(3 片)
3	方翼型(TF 系列)	0.56	0.78	7	0.6	196	$Q=3.233\Delta T^{1.249}$(3 片)
4	圆翼型(D75)	1.592	4.42	30	0.5	582	$Q=6.161\Delta T^{1.258}$(2 片)
5	M-132 型	0.24	1.32	7	0.5　0.8	139	$Q=6.538\Delta T^{1.286}$(10 片)
6	四柱 813 型	0.28	1.4	8	0.5　0.8	159	$Q=6.887\Delta T^{1.306}$(10 片)
7	四柱 760 型	0.237	1.16	6.6	0.5　0.8	139	$Q=6.495\Delta T^{1.287}$(10 片)
8	四柱 640 型	0.205	1.03	5.7	0.5　0.8	123	$Q=5.006\Delta T^{1.321}$(10 片)
9	四柱 460 型	0.128	0.72	3.5	0.5　0.8	81	$Q=4.562\Delta T^{1.244}$(10 片)
10	四细柱 500 型	0.126	0.4	3.08	0.5　0.8	79	$Q=3.922\Delta T^{1.272}$(10 片)
11	四细柱 600 型	0.155	0.48	3.62	0.5　0.8	92	$Q=4.744\Delta T^{1.265}$(10 片)
12	四细柱 700 型	0.183	0.57	4.37	0.5　0.8	109	$Q=5.304\Delta T^{1.279}$(10 片)
13	六细柱 700 型	0.273	0.8	6.53	0.5　0.8	153	$Q=6.750\Delta T^{1.302}$(10 片)
14	弯肋型	0.24	0.64	6.0	0.5　0.8	91	$Q=6.254\Delta T^{1.196}$(10 片)
15	辐射对流型(TFD)	0.34	0.75	6.5	0.5　0.8	162	$Q=7.902\Delta T^{1.277}$(10 片)

(1)柱型散热器(暖气片)。每片有几个中空的立柱相连通,故称柱型散热器。常用的有五柱、四柱和二柱 M132 型。其规格用高度表示,如四柱 813 型,即表示该四柱散热器高度为 813mm,可分为带足与不带足两种片型,带足的用于落地安装,不带足的用于挂墙安装。二柱 M132 型散热器的规格用宽度表示,M132 即表示宽度 132mm,两边为柱管形,中间有波浪形的纵向肋片。每组 8～24 片,采用挂墙安装。

柱型暖气片可以单片拆装,安装和使用都很灵活,而且外形美观,多用于民用建筑及公共场所。其规格见表 7-51。

表 7-51　　柱型暖气片规格表

名　称	高度 H(mm)		上下孔中心距 (mm)	每片厚度 (mm)	每片宽度 (mm)	每片容量 (L)	每片放热面积 (m²)	每片质量 (kg)	每片实际放热量(W)	最大工作压力 (MPa)	接口直径 DN (mm)
	带腿片	中间片									
四柱 760	760	696	614	51	166	0.80	0.235	8(7.3)	207	4	32
四柱 813	813	732	642	57	164	1.37	0.28	7.99(7.55)	—	4	32
五柱 700	700	626	544	50	215	1.22	0.28	1.01(9.2)	208	4	32

续表

名　　称	高度 H(mm)		上下孔中心距(mm)	每片厚度(mm)	每片宽度(mm)	每片容量(L)	每片放热面积(m^2)	每片质量(kg)	每片实际放热量(W)	最大工作压力(MPa)	接口直径 DN(mm)
	带腿片	中间片									
五柱 800	800	766	644	50	215	1.34	0.33	11.1(10.2)	251.2	4	32
二柱波利扎 3	—	590	500	80	184	2.8	0.24	7.5	202.4	4	40
二柱洛尔 150	—	390	300	60	150	—	0.13	4.92	—	4	40
二柱波利扎 6	—	1090	1000	80	184	4.9	0.46	15	329.13	4	40
二柱莫斯科 150	—	583	500	82	150	1.25	0.25	7.5	211.67	4	40
二柱莫斯科 132	—	583	500	82	132	1.1	0.25	7	198.87	4	40
二柱伽马－1	—	585	500	80	185	—	0.25	10	—	4	40
二柱伽马－3	—	1185	1100	80	185	—	0.49	19.8	—	4	40

注:括号内数字为无足暖气片质量。

(2)翼型散热器(暖气片)。这种散热器较重,采用法兰连接,一般多用于无大量灰尘的工业厂房和库房中。翼型散热器包括长翼型和圆翼型两种。

1)长翼型散热器。长翼型散热器也称大 60 和小 60,以一组为组装单位,用 ϕ10 螺纹左右丝拧紧组对,使用不够灵活,也容易黏附灰土。其规格见表 7-52。

表 7-52　　长翼型散热器规格表

名　　称	高度 H(mm)	上下孔中心距 h(mm)	宽度 B(mm)	翼　数(片)	长度(mm)	每片放热面积(m^2)	每片容量(L)
60 大	600	505	115	14	280	1.175	3
60 小	600	505	115	10	200	0.860	5.4
46 大	460	365	115	12	240	—	4.9
46 小	460	365	115	9	180	—	3.8
38 大	380	285	115	15	300	1.000	4.9
38 小	380	285	115	12	240	0.750	3.8

2)圆翼型散热器。圆翼型暖气片是以“根”为组装单位,能耐高压,可

以水平或垂直安装,也可以将两根连接合成。

圆翼型暖气片技术参数如下:

①散热面积 $2m^2$/片。

②质量 38.23kg/片。

③散热面积重叠 $19.12kg/m^2$。

④水容量 4.42L/片。

⑤工作压力 0.4MPa。

⑥试验压力 0.6MPa。

2. 钢制散热器(编码: 031005002)

钢制散热器结构形式包括钢制闭式、板式、壁挂式、扁管式及柱式散热器等,应分别列项计算。

(1)钢制闭式散热器。钢制闭式散热器是将每个串片两端折边90°形成封闭形,所以又称折边对流散热器,由钢管、钢片、联箱、放气阀及管接头组成。其结构如图7-11所示。许多封闭的垂直空气通道造成“烟囱”效应,增加了放热能力,而且防腐耐用、阻力小,适用于高层建筑。

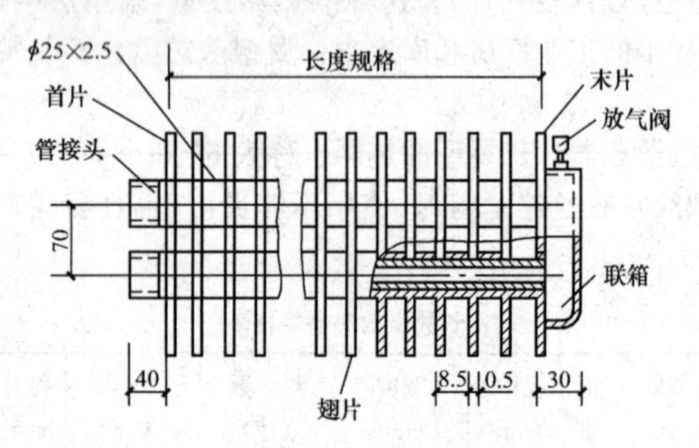

图7-11　钢制闭式散热器结构示意图

(2)钢制板式散热器。钢制板式散热器由面板、背板、对流片和水管接头及支架等部件组成。其构造如图7-12所示,高度有480mm、600mm、160mm等数种,长度由400mm开始进位至1800mm共8种规格。这种散热器结构简单,占用空间小,造型新颖美观,传热效率高,安装方便。

3. 其他成品散热器(编码: 031005003)

其他成品散热器是指本节中未列出的散热器的项目。

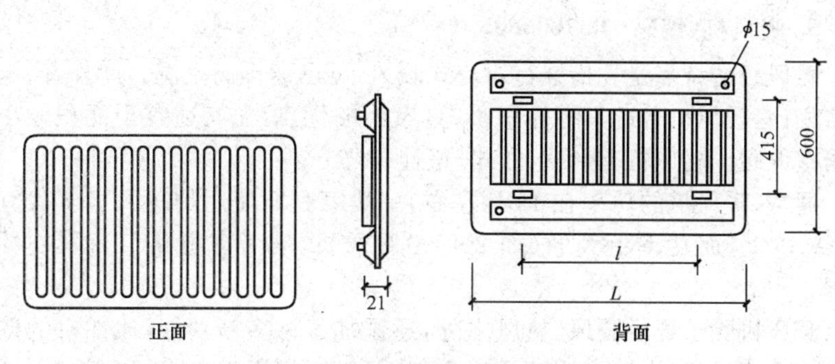

图 7-12　钢制板式散热器构造示意图

4. 光排管散热器(编码: 031005004)

光排管散热器是用管子排列制成的一种散热器,分为 A 型和 B 型两种,A 型供蒸汽采暖使用,B 型供热水采暖使用,其构造如图 7-13 所示,外形尺寸见表 7-53。

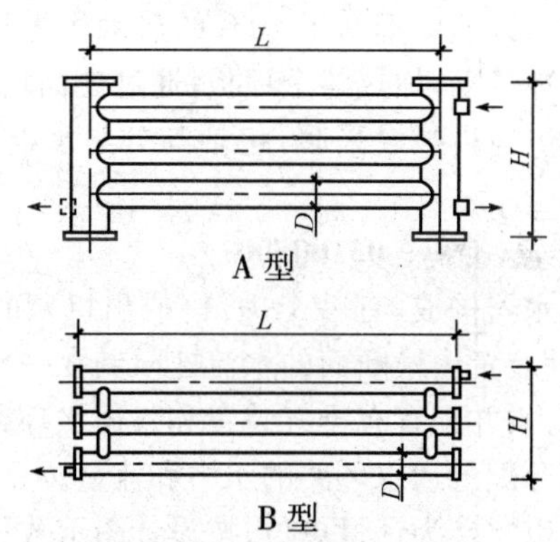

图 7-13　光排管散热器构造示意图

表 7-53　　光排管散热器的外形尺寸　　mm

型式 \ 管径 / 排数		D76×3.5		D89×3.5		D108×4		D133×4	
		三排	四排	三排	四排	三排	四排	三排	四排
L	A 型	452	578	498	637	556	714	625	809
	B 型	328	454	367	506	424	582	499	682

注:L 为 2000,2500,3000,3500,4000,4500,5000,5500,6000(mm)共 9 种。

5. 暖风机(编码: 031005005)

暖风机的特点是凭借强行对流式暖风,可迅速提高室温。此外,同电暖器相比,暖风机普遍具有体积小、重量轻的优点,尤其适宜于面积较小的居室取暖。暖风机有台式、立式、壁挂式之分。

通常,暖风机的功率在1kW左右,一般家庭所使用的暖风机电表宜在5A以上,而功率更大的(如20kW)暖风机,需考虑电路负荷限制的因素。

暖风机除了提供暖风、热风之外,还添加了许多新功能,比如有的壁挂式浴室暖风机,设计有旋转式毛巾架,可随时烘干毛巾等轻便物品;新型浴室暖风机,能对室内温度进行预设,而后机器会进行自动恒温控制;加湿暖风机具有活性炭灭菌滤网,能清烟、除尘、灭菌,同时备有加湿功能,使室内空气干湿宜人。

6. 地板辐射采暖(编码: 031005006)

地板辐射采暖是以温度不高于60℃的热水作为热源,在埋置于地板下的盘管系统内循环流动,加热整个地板,通过地面均匀地向室内辐射散热的一种供暖方式。地板敷设采暖,包括与分集水器连接和配合地面浇筑用工。

7. 热媒集配装置(编码: 031005007)

由分水器和集水器构成,有一个进口(或出口)和多个进口(或出口)的筒形承压装置,使装置内横断面的水流速限制在一定范围内,可有效调节控制局部系统水力,并配置有排气装置和各通水环路的独立阀门,以控制系统流量及均衡分配各通水环路的水力和流量。

热媒集配装置以"台"为计量单位,按设计图示数量计算。

8. 集气罐(编码: 031005008)

集气罐主要用于热力供暖管道的最高点,与排气阀相连,起到汇气稳定效果。

第四节　采暖、给排水设备

一、工程量清单项目设置及工程量计算规则

采暖、给排水设备工程工程量清单项目设置及工程量计算规则见表7-54。

表 7-54　　采暖、给排水设备(编码:031006)

项目编码	项目名称	项目特征	计量单位	工程量计算规则	工作内容
031006001	变频给水设备	1. 设备名称 2. 型号、规格 3. 水泵主要技术参数 4. 附件名称、规格、数量 5. 减震装置形式	套	按设计图示数量计算	1. 设备安装 2. 附件安装 3. 调试 4. 减震装置制作、安装
031006002	稳压给水设备				
031006003	无负压给水设备				
031006004	气压罐	1. 型号、规格 2. 安装方式	台		1. 安装 2. 调试
031006005	太阳能集热装置	1. 型号、规格 2. 安装方式 3. 附件名称、规格、数量	套		1. 安装 2. 附件安装
031006006	地源(水源、气源)热泵机组	1. 型号、规格 2. 安装方式 3. 减震装置形式	组		1. 安装 2. 减震装置制作、安装
031006007	除砂器	1. 型号、规格 2. 安装方式	台		安装
031006008	水处理器	1. 类型 2. 型号、规格			
031006009	超声波灭藻设备				
031006010	水质净化器				
031006011	紫外线杀菌设备	1. 名称 2. 规格			
031006012	热水器、开水炉	1. 能源种类 2. 型号、容积 3. 安装方式			1. 安装 2. 附件安装
031006013	消毒器、消毒锅	1. 类型 2. 型号、规格			安装

续表

项目编码	项目名称	项目特征	计量单位	工程量计算规则	工作内容
031006014	直饮水设备	1. 名称 2. 规格	套	按设计图示数量计算	安装
031006015	水箱	1. 材质、类型 2. 型号、规格	台		1. 制作 2. 安装

二、工程量清单项目解析

1. 变频给水设备(编码: 031006001)

变频给水设备通过微机控制变频调速来实现恒压供水。先设定用水点工作压力,并监测市政管网压力,压力低时自动调节水泵转速提高压力,并控制水泵以一恒定转速运行进行恒压供水。当用水量增加时转速提高,当用水量减少时转速降低,时刻保证用户的用水压力恒定。

2. 稳压给水设备(编码: 031006002)

以消防稳压给水设备为例进行介绍。消防稳压给水设备平时由稳压泵维持消防系统压力,火情发生时,自动开启消防泵,保持最不利点所需的消防流量和压力,齐全的故障保护,报警功能,消防泵自动定期巡检功能,并可接收和处理各种消防信号以及发出各种运行工况信号。

3. 无负压给水设备(编码: 031006003)

无负压给水设备是直接利用自来水管网压力的一种叠压式供水方式,卫生、节能、综合投资小。安装调试后,自来水管网的水首先进入稳流补偿器,并通过真空抑制器将罐内的空气自动排除。当安装在设备出口的压力传感器检测到自来水管网压力满足供水要求时,系统不经过加压泵直接供给;当自来水管网压力不能满足供水要求时,检测压力差额,由加压泵差多少、补多少;当自来水管网水量不足时,空气由真空抑制器进入稳流补偿器破坏罐内真空,即可自动抽取稳流补偿器内的水供给,并且管网内不产生负压。

4. 气压罐(编码: 031006004)

气压罐主要由气门盖、充气口、气囊、碳钢罐体、法兰盘组成,当其连接到水系统上时,主要起一个蓄能器的作用,当系统水压力大于膨胀罐碳钢罐体与气囊之间的氮气压力时，系统水会在系统压力的作用下挤入膨胀罐气囊内，这样，一是会压缩罐体与气囊之间的氮气，使其体积减小，压力增大；二是会增加整个系统水的容纳空间，使系统压力减小，直到系统水的压力和罐体与气囊之间的氮气压力达到新的平衡才停止进水。当系统水压力小于膨胀罐内气体压力时，气囊内的水会在罐体与气囊之间的氮气压力作用下挤出，补回到系统，系统水容积减小压力上升，罐体与气囊之间的氮气体积增大压力下降，直到两者达到新的平衡，水停止从气囊挤压回系统，压力罐起到调节系统压力波动的作用。

5. 太阳能集热装置(编码：031006005)

太阳能的热利用中，关键是将太阳的辐射能转换为热能。由于太阳能比较分散，必须设法把它集中起来，因此，集热器是各种利用太阳能装置的关键部分。由于太阳能用途不同，集热器及其匹配的系统类型分为许多种，名称也不同，如用于炊事的太阳灶、用于产生热水的太阳能热水器、用于干燥物品的太阳能干燥器、用于熔炼金属的太阳能熔炉，以及太阳房、太阳能热电站、太阳能海水淡化器等。

6. 地源(水源、气源)热泵机组(编码：031006006)

作为自然界的现象，正如水由高处流向低处那样，热量也总是从高温流向低温。但如同把水从低处提升到高处而采用水泵那样，采用热泵可以把热量从低温抽吸到高温。因此，热泵实质上是一种热量提升装置，它本身消耗一部分能量，把环境介质中贮存的能量加以挖掘，提高温位进行利用，而整个热泵装置所消耗的功仅为供热量的 1/3 或更低，这就是热泵的节能特点。热泵与制冷的原理和系统设备组成及功能是相同的，蒸气压缩式热泵(制冷)系统主要由压缩机、蒸发器、冷凝器和节流阀组成。

7. 除砂器(编码：031006007)

除砂器是从气、水或废水水流中分离出杂粒的装置。杂粒包括砂粒、石子、煤渣或其他一些重的固体构成的渣滓，其沉降速度和密度远大于水中易于腐烂的有机物。

8. 水处理器(编码：031006008)

水处理器是针对水中普遍存在的结垢、腐蚀、菌藻以及水质恶化等问题进行处理，具有防垢除垢、防腐除锈、杀菌灭藻、超净过滤的综合处理功能。

9. 超声波灭藻设备(编码: 031006009)

超声波可抑藻杀藻机理有:破坏细胞壁、破坏气胞、破坏活性酶。高强度的超声波能破坏生物细胞壁,使细胞内物质流出,这一点已在工业上得到运用。藻类细胞的特殊构造是一个占细胞体积 50% 的气胞,气胞控制藻类细胞的升降运动。超声波引起的冲击波、射流、辐射压等可能破坏气胞。在适当的频率下,气胞甚至能成为空化泡而破裂。同时,空化产生的高温高压和大量自由基,可以破坏藻细胞内活性酶和活性物质,从而影响细胞的生理生化活性。此外,超声波引发的化学效应也能分解藻毒素等藻细胞分泌物和代谢产物。

10. 水质净化器(编码: 0310060010)

水质净化器简称净水器,是集混合、反应、沉淀、过滤于一体的一元化设备,具有结构紧凑、体积小、操作管理简便和性能稳定等优点,是一种成功的净水设备。

11. 紫外线杀菌设备(编码: 031006011)

紫外线是一种肉眼看不见的光波,存在于光谱紫射线端的外侧。紫外线是来自太阳辐射电磁波之一。紫外线杀菌设备杀菌原理是利用紫外线灯管辐照强度,即紫外线杀菌灯所发出之辐照强度,与被照消毒物的距离成反比。当辐照强度一定时,被照消毒物停留时间愈久,离杀菌灯管愈近,其杀菌效果愈好,反之愈差。

12. 热水器、开水炉(编码: 031006012)

(1)热水器。

1)热水器材料要求。

①热水器的类型应符合设计要求,成品应有出厂合格证。

②集热器材料要求。

a. 透明罩要求对短波太阳辐射的透过率高,对长波热辐射的反射和吸收率高,耐气候性、耐久性、耐热性好,质轻并有一定强度。宜采用 3～5mm 厚的含铁量少的钢化玻璃。

b. 集热板和集热管表面应为黑色涂料,应具有耐气候性,附着力大,强度高。

c. 集热管要求采用导热系数高,内壁光滑,水流摩阻小,不易锈蚀,不污染水质,强度高,耐久性好,易加工的材料,宜采用铜管和不锈钢管;一般采用镀锌碳素钢管或合金铝管。筒式集热器可采用厚度为 2～3mm 的塑料管(硬聚氯乙烯)等。

d. 集热板应有良好的导热性和耐久性,不易锈蚀,宜采用铝合金板、铝板、不锈钢板或经防腐处理的钢板。

e. 集热器应有保温层和外壳,保温层可采用矿棉、玻璃棉、泡沫塑料等,外壳可采用木材、钢板、玻璃钢等。

2)热水器安装工艺流程。安装准备→支座架安装→热水器设备组装→配水管路安装→管路系统试压→管路系统冲洗或吹洗→温控仪表安装→管道防腐→系统调试运行。

(2)开水炉。开水炉用于工业企业及民用建筑的开水供应。其宜设置在专用的开水间内,开水间应有良好的通风设施。

13. 消毒器、消毒锅(编码: 031006013)

(1)消毒器。消毒器表面应喷涂均匀,颜色一致,表面应无流痕、起沟、漏漆、剥落现象。外表整齐美观,无明显的锤痕和不平,盘面仪表、开关、指示灯、标牌应安装牢固端正。外壳及骨架的焊接应牢固,无明显变形或烧穿缺陷。

(2)消毒锅。消毒锅属净化、消毒设备。

14. 直饮水设备(编码: 031006014)

直饮水是指通过设备对源水进行深度净化,达到人体能直接饮用的水。直饮水主要是指通过反渗透系统过滤后的水。

直饮水设备适用范围:办公楼、写字楼、酒店、宾馆、公寓、别墅、学校、医院、水厂、工厂等场所的直饮水供给。

15. 水箱(编码: 031006015)

水箱按材质分为SMC玻璃钢水箱、蓝博不锈钢水箱、不锈钢内胆玻璃钢水箱、海水玻璃钢水箱、搪瓷水箱五种。水箱一般配有HYFI远传液位电动阀、HYJK型水位监控系统和HYQX-II水箱自动清洗系统以及HYZZ-2-A型水箱自洁消毒器,水箱的溢流管与水箱的排水管阀后连接并设防虫网,水箱应有高低不同的两个通气管(设防虫网),水箱设内外爬梯。水箱一般有进水管、出水管(生活出水管、消防出水管)、溢流管、排水管。水箱按照功能不同分为生活水箱、消防水箱、生产水箱、人防水箱、家用水塔五种。

第五节　燃气器具及其他

一、工程量清单项目设置及工程量计算规则

燃气器具及其他工程量清单项目设置及工程量计算规则见表7-55。

表7-55　　**燃气器具及其他(编码:031007)**

项目编码	项目名称	项目特征	计量单位	工程量计算规则	工作内容
031007001	燃气开水炉	1. 型号、容量 2. 安装方式 3. 附件型号、规格	台	按设计图示数量计算	1. 安装 2. 附件安装
031007002	燃气采暖炉				
031007003	燃气沸水器、消毒器	1. 类型 2. 型号、容量 3. 安装方式 4. 附件型号、规格			
031007004	燃气热水器				
031007005	燃气表	1. 类型 2. 型号、规格 3. 连接方式 4. 托架设计要求	块(台)		1. 安装 2. 托架制作、安装
031007006	燃气灶具	1. 用途 2. 类型 3. 型号、规格 4. 安装方式 5. 附件型号、规格	台		1. 安装 2. 附件安装

续表

项目编码	项目名称	项目特征	计量单位	工程量计算规则	工作内容
031007007	气嘴	1. 单嘴、双嘴 2. 材质 3. 型号、规格 4. 连接形式	个	按设计图示数量计算	安装
031007008	调压器	1. 类型 2. 型号、规格 3. 安装方式	台		
031007009	燃气抽水缸	1. 材质 2. 规格 3. 连接形式	个		
031007010	燃气管道调长器	1. 规格 2. 压力等级 3. 连接形式			
031007011	调压箱、调压装置	1. 类型 2. 型号、规格 3. 安装部位	台		
031007012	引入口砌筑	1. 砌筑形式、材质 2. 保温、保护材料设计要求	处		1. 保温(保护)台砌筑 2. 填充保温(保护)材料

二、工程量清单项目解析

1. 燃气开水炉(编码：031007001)

燃气开水炉使用专用高位不锈钢燃烧器，特制管道吸热方式，热利用率高，产开水量大，全不锈钢制作，干净卫生。

燃气开水炉安装应遵循以下原则：

(1)燃气开水炉必须安装在空气流通的地方，烟囱处接驳排烟管道高度不超过 2m，且无异物覆盖，开水器上方安装排气扇。

(2)开水炉的水源必须有100Pa压力的自来水。

(3)开水炉安装在水平的台面上远离易燃、易爆、腐蚀性的危险物品，烟囱处温度比较高，距离其他物品必须有50cm以上才能确保安全。

2. 燃气采暖炉(编码：031007002)

燃气采暖炉是指通过消耗燃气使其转化为热能而用来采暖的一种设备。常见的燃气采暖炉包括燃气室外采暖器和燃气壁挂式采暖炉等。

(1)燃气室外采暖器可广泛应用于庭院、阳台、酒吧、野营等各种室外取暖场所。该类产品属新型采暖设备，具有热量大、热范围广、安全性能好、能耗小等特点。

(2)燃气壁挂式采暖炉具有防冻保护、防干烧保护、意外熄火保护、温度过高保护、水泵防卡死保护等多种安全保护措施。可以外接室内温度控制器，以实现个性化温度调节和达到节能的目的。

3. 燃气沸水器、消毒器(编码：031007003)

沸水器是一种利用煤气、液化气为热源的能连续不断提供热水或沸水的设备。它由壳体和壳体内的预热器、贮水管、燃烧器、点火器等构成。冷水经预热器预热进入螺旋形的贮水管得到燃烧器直接而又充分的燃烧，水温逐步上升到沸点。其具有加热速度快、热效率高、节能、可调温等特点，可广泛应用于家庭、茶馆、饮食店等行业。

4. 燃气热水器(编码：031007004)

燃气热水器可根据燃气种类、安装位置及给排气方式、用途、供暖热水系统结构形式进行分类。

(1)按使用燃气的种类可分为人工煤气热水器、天然气热水器和液化石油气热水器三种。各种燃气的分类代号和额定供气压力见表7-56。

表7-56　燃气分类

燃气种类	代号	燃气额定供气压力(Pa)
人工煤气	5R、6R、7R	1000
天然气	4T、6T	1000
	10T、12T、13T	2000
液化石油气	19Y、20Y、22Y	2800

(2)按安装位置或给排气方式分类，见表7-57。

表 7-57　按安装位置或给排气方式分类

名称		分类内容	简称
室内型	自然排气式	燃烧时所需空气取自室内,用排气管在自然抽力作用下将烟气排至室外	烟道式
	强制排气式	燃烧时所需空气取自室内,用排气管在风机作用下强制将烟气排至室外	强排式
	自然给排气式	将给排气管接至室外,利用自然抽力进行给排气	平衡式
	强制给排气式	将给排气管接至室外,利用风机强制进行给排气	强制平衡式
室外型		只可以安装在室外的热水器	室外型其他

(3)按用途分类,见表 7-58。

表 7-58　按用途分类

类别	供热水型	供暖型	两用型
用途	仅用于供热水	仅用于供暖	供热水和供暖两用

(4)按供暖热水系统结构形式分类,见表 7-59。

表 7-59　按供暖热水系统结构形式分类

循环方式	分类内容
开放式	热水器供暖循环通路与大气相通
密闭式	热水器供暖循环通路与大气隔绝

5. 燃气表(编码: 031007005)

燃气表是一种气体流量计,又称煤气表,是列入国家强检目录的强制检定计量器具。用户使用燃气表必须经质量技术监督部门进行首次强检合格。

燃气表是用铝材制造的,重约 3kg,放在钢板焊接的仪表箱里,用螺母与两根煤气管道连接。燃气表一般包括工业燃气表、膜式燃气表、IC 卡智能燃气表等。

6. 燃气灶具(编码: 031007006)

(1)燃气灶具型号。燃气灶具类型代号按功能不同用大写汉语拼音字母表示为:

JZ——表示燃气灶;

JKZ——表示烤箱灶;

JHZ——表示烘烤灶;

JH——表示烘烤器;

JK——表示烤箱;

JF——表示饭锅。

1)气电两用灶具类型代号由燃气灶具类型代号和带电能加热的灶具代号组成,用大写汉语拼音字母表示为:

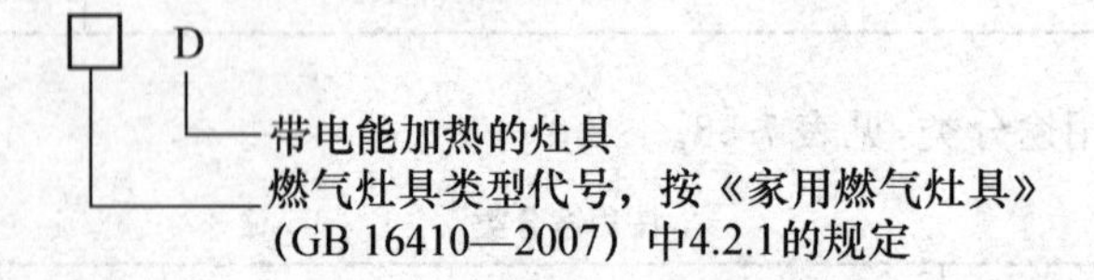

2)灶具的型号由灶具的类型代号、燃气类别代号和企业自编号组成,表示为:

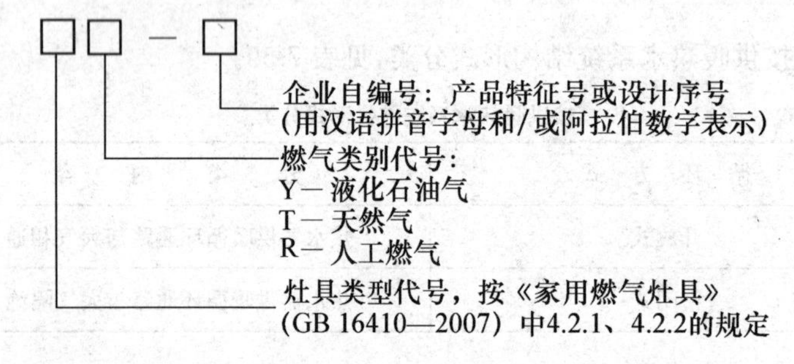

(2)燃气灶具的分类。

1)按燃气类别不同,可分为人工燃气灶具、天然气灶具和液化石油气灶具。

2)按灶眼数不同,可分为单眼灶、双眼灶和多眼灶。

3)按功能不同,可分为灶、烤箱灶、烘烤灶、烤箱、烘烤器、饭锅和气电两用灶具。

4)按结构形式不同,可分为台式、嵌入式、落地式、组合式、其他形式。

5)按加热方式不同,可分为直接式、半直接式、间接式。

7. 气嘴(编码: 031007007)

在燃气管道中,气嘴是用于连接金属管与胶管,并与旋塞阀作用的附件。

(1)气嘴与金属管连接,有内螺纹、外螺纹之分。

(2)气嘴与胶管连接,有单嘴、双嘴之分。

8. 调压器(编码: 031007008)

输配管网系统的压力工况是利用调压器来控制的,调压器的作用是根据燃气的需用情况将燃气调至不同压力。

调压器通常安设在气源厂、燃气压送站、分配站、储罐站、输配管网和用户处。

9. 燃气抽水缸(编码: 031007009)

燃气抽水缸是为了排除燃气管道中的冷凝水和天然气管道中的轻质油而设置的燃气管道附属设备。抽水缸也称排水器,是为了排除燃气管道中的冷凝水和天然气管道中的轻质油而设置的燃气管道附属设备。根据集水器制造材料的不同,抽水缸可分为铸铁抽水缸或碳钢抽水缸两种。

10. 燃气管道调长器(编码: 031007010)

燃气管道调长器也称补偿器,是用于调节管段胀缩量的设备。在燃气管道中,一般用波形补偿器,可有效地防止存水锈蚀设备。

11. 调压箱、调压装置(编码: 031007011)

调压箱是指将调压装置放置于专用箱体,设于建筑物附近,承担用气压力的调节。包括调压装置和箱体。悬挂式和地下式箱称为调压箱,落地式箱称为调压柜。

12. 引入口砌筑(编码: 031007012)

引入口砌筑形式应注明地上、地下。

第六节　医疗气体设备及附件

一、工程量清单项目设置及工程量计算规则

医疗气体设备及附件工程量清单项目设置及工程量计算规则见表 7-60。

表7-60　　　　医疗气体设备及附件(编码:031008)

<table>
<tr><th>项目编码</th><th>项目名称</th><th>项目特征</th><th>计量单位</th><th>工程量计算规则</th><th>工作内容</th></tr>
<tr><td>031008001</td><td>制氧机</td><td rowspan="5">1. 型号、规格
2. 安装方式</td><td rowspan="3">台</td><td rowspan="5">按设计图示数量计算</td><td rowspan="4">1. 安装
2. 调试</td></tr>
<tr><td>031008002</td><td>液氧罐</td></tr>
<tr><td>031008003</td><td>二级稳压箱</td></tr>
<tr><td>031008004</td><td>气体汇流排</td><td>组</td></tr>
<tr><td>031008005</td><td>集污罐</td><td>个</td><td>安装</td></tr>
<tr><td>031008006</td><td>刷手池</td><td>1. 材质、规格
2. 附件材质、规格</td><td>组</td><td rowspan="7">按设计图示数量计算</td><td>1. 器具安装
2. 附件安装</td></tr>
<tr><td>031008007</td><td>医用真空罐</td><td>1. 型号、规格
2. 安装方式
3. 附件材质、规格</td><td rowspan="4">台</td><td>1. 本体安装
2. 附件安装
3. 调试</td></tr>
<tr><td>031008008</td><td>气水分离器</td><td>1. 规格
2. 型号</td><td>安装</td></tr>
<tr><td>031008009</td><td>干燥机</td><td rowspan="4">1. 规格
2. 安装方式</td><td rowspan="7">1. 安装
2. 调试</td></tr>
<tr><td>031008010</td><td>储气罐</td></tr>
<tr><td>031008011</td><td>空气过滤器</td><td>个</td></tr>
<tr><td>031008012</td><td>集水器</td><td>台</td></tr>
<tr><td>031008013</td><td>医疗设备带</td><td>1. 材质
2. 规格</td><td>m</td><td>按设计图示长度计算</td></tr>
<tr><td>031008014</td><td>气体终端</td><td>1. 名称
2. 气体种类</td><td>个</td><td>按设计图示数量计算</td></tr>
</table>

二、工程量清单项目解析

1. 制氧机(编码: 031008001)

制氧机内装填分子筛,在加压时可将空气中氮气吸附,剩余的未被吸收的氧气被收集起来,经过净化处理后即成为高纯度的氧气。

2. 液氧罐(编码: 031008002)

液氧罐就是把氧气加压降温到零下 100 多度存放在专门的储罐中,这种罐子一般由不锈钢制造而成。

3. 二级稳压箱(编码: 031008003)

二级稳压箱主要用于病房所在楼层或手术室气体入口处,用于将管路压力调整到一定的压力范围之内。二级稳压箱同时集成了管路的减压/稳压及截止功能,减压的目的就是将管道压力控制在一定的压力范围之内,如将用于病房的氧气压力控制在 0.3～0.5MPa 左右。在气体使用区域内设置二级减压装置,还可以起到缓冲管道压力的作用,减轻对病人的影响,降低应用风险。截止功能主要实现对管道的开启和关闭功能。

4. 气体汇流排(编码: 031008004)

气体汇流排为了提高工作效率和安全生产,将单个用气点的单个供气的气源集中在一起,将多个气体盛装的容器(高压钢瓶,低温杜瓦罐等)集合起来实现集中供气的装置。

5. 集污罐(编码: 031008005)

集污罐是指将过滤器内的分离物收集后在罐内进行可燃物的挥发,挥发的气体通过排空管排入大气,罐内只遗留水和固体杂质,最后通过泵排出。

6. 刷手池(编码: 031008006)

手术室专用刷手池,洗手槽采用不锈钢双层制作,中间特殊静音处理。槽身以人体工程学设计,洗手时水花不会溅在身上。鹅颈型水龙头,光控感应式出水,安全可靠。

7. 医用真空罐(编码: 031008007)

真空罐是由一罐体及一罐盖组成,罐盖内具有吸气装置及气室,该吸气装置含有柱塞,气室内有数止逆阀;该气室设于罐盖内,罐盖上方凹陷一容纳空间,内可置入杆体,杆体末端枢接于柱塞末端,杆体预定处枢接于罐盖的容纳空间内,该气室具有数进气孔及阀孔,其内各设置止逆阀,气室内置入弹性元件,弹性元件供柱塞顶压;据此,以旋动杆体,驱使柱塞于气室内往复移动,将罐体内气体由进气孔进入气室,由阀孔排出,并借由弹性元件回复柱塞原状,达到以杠杆省力操作,又迅速地抽出空气。

8. 气水分离器(编码: 031008008)

气水分离器是指将气体和液体分离的设备。

9. 干燥机(编码: 031008009)

干燥机是一种利用热能降低物料水分的机械设备,用于对物体进行干燥操作。干燥机通过加热使物料中的湿分(一般指水分或其他可挥发性液体成分)汽化逸出,以获得规定湿含量的固体物料。干燥的目的是为了物料使用或进一步加工的需要。

10. 储气罐(编码: 031008010)

储气罐是指储存一部分压缩空气,减缓空压机排出气流脉动的容器。兼有从压缩空气中分出油、水的作用。

11. 空气过滤器(编码: 031008011)

空气过滤器是指清除空气中的微粒杂质的装置。

12. 集水器(编码: 031008012)

集水器是水系统中,用于连接各路加热管供、回水的配、集水装置。按进回水分为分水器、集水器。

13. 医疗设备带(编码: 031008013)

医疗设备带,又称气体设备带,主要用于医院病房内,可以装载气体终端、电源开关和插座等设备。它是中心供氧以及中心吸引系统必不可少的气体终端控制装置。

14. 气体终端(编码: 031008014)

气体终端是一种阀门类产品,主要安装在病房的设备带上,平时处于关闭状态,当需要使用气体时,用一个插头顶开阀芯,则气体就会流出,如果插头连续顶住阀芯,则气体就会连续流出。按照气体种类的不同,气体终端主要有氧气、负压、空气、笑气、二氧化碳、氮气、废气回收等类型。

第七节　采暖、空调水工程系统调试

一、工程量清单项目设置及工程量计算规则

采暖、空调水工程系统调试工程工程量清单项目设置及工程量计算规则见表7-61。

表 7-61　　　　采暖、空调水工程系统调试(编码:031009)

项目编码	项目名称	项目特征	计量单位	工程量计算规则	工作内容
031009001	采暖工程系统调试	1. 系统形式 2. 采暖(空调水)管道工程量	系统	按采暖工程系统计算	系统调试
031009002	空调水工程系统调试			按空调水工程系统计算	

二、工程量清单项目解析

1. 采暖工程系统调试(编码: 031009001)

(1)系统试压。室内采暖管道用试验压力 P_s 做强度试验,以系统工作压力 P 做严密性试验,其试验压力要符合表 7-62 的规定。系统工作压力按循环水泵扬程确定,试验压力由设计确定,以不超过散热器承压能力为原则。

表 7-62　　　　室内采暖系统水压试验的试验压力　　　　MPa

管道类别	工作压力 P	试验压力 P_s	
		P_s	同时要求
低压蒸汽管道	—	顶点工作压力的 2 倍	底部压力不小于 0.25
低温水及高压蒸汽管道	小于 0.43	顶点工作压力+0.1	顶部压力不小于 0.3
高温水管道	小于 0.43	$2P$	—
	0.43～0.71	$1.3P+0.3$	—

1)水压试验管路连接。根据水源的位置和工程系统情况,制定出试压程序和技术措施,再测量出各连接管的尺寸,标注在连接图上。断管、套丝、上管件及阀件,准备连接管路。一般选择在系统进户入口供水管的甩头处,连接至加压泵的管路。在试压管路的加压泵端和系统的末端安装压力表及表弯管。

2)灌水前的检查。

①检查全系统管路、设备、阀件、固定支架、套管等,必须保证安装无误。各类连接处均无遗漏。

②根据全系统试压或分系统试压的实际情况,检查系统上各类阀门

的开、关状态，不得漏检。试压管道阀门全打开，试验管段与非试验管段连接处应予以隔断。

③检查试压用压力表的灵敏度。

3)水压试验。

①打开水压试验管路中的阀门，开始向供暖系统注水。

②开启系统上各高处的排气阀，排尽管道及供暖设备里的空气。待水灌满后，关闭排气阀和进水阀，停止向系统注水。

③打开连接加压泵的阀门，用电动打压泵或手动打压泵通过管路向系统加压，同时拧开压力表上的旋塞阀，观察压力逐渐升高的情况，一般分2～3次升至试验压力。在此过程中，每加压至一定数值时，应停下来对管道进行全面检查，无异常现象方可继续加压。

④工作压力不大于0.07MPa(表压力)的蒸汽采暖系统，应以系统顶点工作压力的2倍做水压试验，在系统的低点，不得小于0.25MPa的表压力。热水供暖或工作压力超过0.07MPa的蒸汽供暖系统，应以系统顶点工作压力加上0.1MPa做水压试验。同时，在系统顶点的试验压力不得小于0.3MPa表压力。

⑤高层建筑其系统低点如果大于散热器所能承受的最大试验压力，则应分层进行水压试验。

⑥试压过程中，用试验压力对管道进行预先试压，其延续时间应不少于10min。然后将压力降至工作压力，进行全面外观检查，在检查中，对漏水或渗水的接口做上记号，便于返修。在5min内压力下降不大于0.02MPa为合格。

⑦系统试压达到合格验收标准后，放掉管道内的全部存水。不合格时应待补修后，再次按前述方法二次试压。

⑧拆除试压连接管路，将入口处供水管用盲板临时封堵严实。

(2)管道冲洗。

1)准备工作。

①对照图纸，根据管道系统情况，确定管道分段吹洗方案，对暂不吹洗管段，通过分支管线阀门将之关闭。

②不允许吹扫的附件，如孔板、调节阀、过滤器等，应暂时拆下以短管代替；对减压阀、疏水器等，应关闭进水阀，打开旁通阀，使其不参与清洗，以防污物堵塞。

③不允许吹扫的设备和管道，应暂时用盲板隔开。

④吹出口的设置。气体吹扫时，吹出口一般设置在阀门前，以保证污物不进入关闭的阀体内。水清洗时，清洗口设于系统各低点泄水阀处。

2)管道清洗。管道清洗一般按总管→干管→立管→支管的顺序依次进行。当支管数量较多时，可视具体情况，关断某些支管逐根进行清洗，也可数根支管同时清洗。

确定管道清洗方案时，应考虑所有需清洗的管道都能清洗到，不留死角。清洗介质应具有足够的流量和压力，以保证冲洗速度；管道固定应牢固；排放应安全可靠。为增加清洗效果，可用小锤敲击管子，特别是焊口和转角处。

清(吹)洗合格后，应及时填写清洗记录，封闭排放口，并将拆卸的仪表及阀件复位。

管道清洗可采用水清洗和蒸汽吹洗，见表 7-63。

表 7-63　　管道清洗方法

序号	清洗方法	内容说明
1	水清洗	(1)采暖系统在使用前，应用水进行冲洗。 (2)冲洗水选用饮用水或工业用水。 (3)冲洗前，应将管道系统内的流量孔板、温度计、压力表、调节阀芯、止回阀芯等拆除，待清洗后再重新装上。 (4)冲洗时，以系统可能达到的最大压力和流量进行，并保证冲洗水的流速不小于 1.5m/s。冲洗应连续进行，直到排出口处水的色度和透明度与入口处相同且无粒状物为合格
2	蒸汽吹洗	(1)蒸汽吹洗应先进行管道预热。预热时应开小阀门用小量蒸汽缓慢预热管道，同时检查管道的固定支架是否牢固，管道伸缩是否自如，待管道末端与首端温度相等或接近时，预热结束，即可开大阀门增大蒸汽流量进行吹洗。 (2)蒸汽吹洗应从总汽阀开始，沿蒸汽管道中蒸汽的流向逐段进行。一般每一吹洗管段只设一个排汽口。排汽口附近管道固定应牢固，排气管应接至室外安全的地方，管口朝上倾斜，并设置明显标记，严禁无关人员接近。排气管的截面积应不小于被吹洗管截面积的 75%。 (3)蒸汽管道吹洗时，应关闭减压阀、疏水器的进口阀，打开阀前的排泄阀，以排泄管做排出口，打开旁通管阀门，使蒸汽进入管道系统进行吹洗。用总阀控制吹洗蒸汽流量，用各分支管上阀门控制各分支管道吹洗流量。蒸汽吹洗压力应尽量控制在管道设计工作压力的 75%左右，最低不能低于工作压力的 25%。吹洗流量为设计流量的 40%～60%。每一排汽口的吹洗次数不应少于 2 次，每次吹洗 15～20min，并按升温→暖管→恒温→吹洗的顺序反复进行。蒸汽阀的开启和关闭都应缓慢，不应过急，以免引起水击而损伤阀件

(3)通暖试运行。

1)准备工作。

①对采暖系统(包括锅炉房或换热站、室外管网、室内采暖系统)进行全面检查,如工程项目是否全部完成,且工程质量是否达到合格;在试运行时各组成部分的设备、管道及其附件、热工测量仪表等是否完整无缺;各组成部分是否处于运行状态(有无敞口处,阀件该关的是否都关闭严密,该开的是否开启,开度是否合适,锅炉的试运行是否正常,热介质是否达到系统运行参数等)。

②系统试运行前,应制订可行性试运行方案,而且要统一指挥,明确分工,并对参与试运行人员进行技术交底。

③根据试运行方案,做好试运行前的材料、机具和人员的准备工作,保证水源、电源的运行。通暖一般在冬季进行,对气温突变影响要有充分的估计,加之系统在不断升压、升温条件下可能发生的突然事故,均应有可行的应急措施。

④冬季气温低于-3℃时,系统通暖应采取必要的防冻措施,如封闭门窗及洞口;设置临时性取暖措施,使室温保持在+5℃左右;提高供、回水温度等。如室内采暖系统较大(如高层建筑),则通暖过程中,应严密监视阀门、散热器以至管道的通暖运行工况,必要时采取局部辅助升温(如喷灯烘烤)的措施,以严防冻裂事故发生;监视各手动排气装置,一旦满水,应有专人负责关闭。

⑤试运行的组织工作。在通暖试运行时,锅炉房内、各用户入口处应有专人负责操作与监控;室内采暖系统应分环路或分片包干负责。在试运行进入正常状态前,工作人员不得擅离岗位,且应不断巡视,发现问题应及时报告并迅速抢修。

为加强联系,便于统一指挥,在高层建筑通暖时,应配置必要的通信设备。

2)通暖运行。

①对于系统较大、分支路较多并且管道复杂的采暖系统,应分系统通暖,通暖时应将其他支路的控制阀门关闭,打开放气阀。

②检查是否打开通暖支路或系统的阀门,如试暖人员少可分立管试暖。

③打开总入口处的回水管阀门,将外网的回水进入系统,这样便于系

统排气,待排气阀满水后,关闭放气阀,打开总入口的供水管阀门,使热水在系统内形成循环,检查有无漏水处。

④冬季通暖时,刚开始应将阀门开小些,进水速度慢些,防止管子骤热而产生裂纹,管子预热后再开大阀门。

⑤如果散热器接头处漏水,可关闭立管阀门,待通暖后再行修理。

3)通暖后试调。通暖后试调的主要目的是使每个房间达到设计温度,对系统远近的各个环路应达到阻力平衡,即每个小环冷热度均匀,如最近的环路过热,末端环路不热,可用立管阀门进行调整。对单管顺序式的采暖系统,如顶层过热,底层不热或达不到设计温度,可调整顶层闭合管的阀门;如各支路冷热不均匀,可用控制分支路的回水阀门进行调整,最终达到设计要求温度。在调试过程中,应测试热力入口处热媒的温度及压力是否符合设计要求。

2. 空调水工程系统调试(编码: 031009002)

由空调水管道、阀门及冷水机组组成空调水工程。由于该项工作未受到业主、设计单位和施工单位的足够重视,现在很多工程各支路水力调节不均衡,导致空调效果不理想,有的工程水泵流量过大,冷水机组进出口冷水温差太小,造成大流量小温差,水力输送能耗过大,甚至发生由超大流量导致的水泵电机超荷烧毁事故。这些现象除设计不匹配外,多与调试的效果有关。

调试应达到的要求如下:

(1)水系统应清洗干净。由于施工过程中诸方面原因,系统难免会残留焊渣等异物,如不清洗干净,将会阻塞末端设备或损坏设备。某单位曾发生由于异物残留在冷水机组内,经反复摩擦导致蒸发器换热管穿孔的事故。因此,一方面必须分段反复排污清洗;另一方面建议在水泵及风柜进口等处设置过滤器,并定期清洗过滤器。

(2)系统水流量必须严格按设计要求调整在许可偏差范围内,避免大流量小温差,各回路达到水力均衡。

(3)认真记录整理各回路的调整参数及水泵等设备的运行参数,为以后的运行、维护保养和改造提供原始技术参数。

第八章 工程项目招标与投标

第一节 概　　述

招标投标是市场经济中的一种竞争方式，建设工程实行招标投标制度是使工程项目建设任务的委托纳入市场机制，通过竞争择优选定项目的工程承包单位、勘察设计单位、施工单位、监理单位、设备制造供应单位等，达到保证工程质量、缩短建设周期、控制工程造价、提高投资效益的目的，由发包人与承包人之间通过招标投标签订承包合同的经营制度。

一、工程项目招标投标的概念

招标投标是指采购人事先提出货物、工程或服务采购的条件和要求，邀请投标人参加投标并按照规定程序从中选择交易对象的一种市场交易行为。从采购交易过程来看，它必然包括招标和投标两个最基本且相互对应的环节。

1. 工程项目招标

工程项目招标是指业主（建设单位）为发包方，根据拟建工程的内容、工期、质量和投资额等技术经济要求，招请有资格和能力的企业或单位参加投标报价，从中择优选取承担可行性研究方案论证、科学试验或勘察、设计、施工等任务的承包单位。

2. 工程项目投标

工程项目投标是指经审查获得投标资格的投标人，以同意发包方招标文件所提出的条件为前提，经过广泛的市场调查掌握一定的信息并结合自身的能力和经营目标等，以投标报价的竞争形式获取工程任务的过程。

二、工程项目招标投标的意义

（1）有利于建设市场的法制化、规范化。工程建设招标投标是招标、投标双方按照法定程序进行交易的法律行为，所以双方的行为都受法律的约束。这就意味着建设市场在招标投标活动的推动下将更趋理性化、法制化和规范化。

(2)形成市场定价的机制,使工程造价更趋于合理。招标投标活动最明显的特点是投标人之间的竞争,而其中最集中、最激烈的竞争则表现为价格的竞争。价格的竞争最终导致工程造价趋于合理的水平。

(3)有力地遏制建设领域的腐败,使工程造价趋向科学。我国在招标投标中采取设立专门机构对招标投标活动进行监督管理,从专家人才库中选取专家进行评标的方法,使工程建设项目承发包活动变得公开、公平、公正,可有效地减少暗箱操作、徇私舞弊行为,有力地遏制行贿受贿等腐败现象的发生,使工程造价的确定更加符合其价值,更趋向科学。

(4)促进建设活动中劳动消耗水平的降低,使工程造价得到有效的控制。在建设市场中,不同的投标人其劳动消耗水平是不相同的。但为了竞争招标项目在市场中取胜,降低劳动消耗水平就成了市场取胜的重要途径。当这一途径为大家所重视,必然要努力提高自身的劳动生产率,降低个别劳动消耗水平,进而导致整个工程建设领域劳动生产率的提高、平均劳动消耗水平下降,使得工程造价得到控制。

(5)促进了技术进步和管理水平的提高,有助于保证工程质量、缩短工期。投标竞争实质上是人员素质、技术装备、技术水平、管理水平的全面竞争。投标人要在竞争中获胜,就必须在报价、技术、实力、业绩等诸方面展现出优势。竞争者必须采用新材料、新技术、新工艺,加强企业和项目管理,从而促进了全行业的技术进步和管理水平的提高,进而使我国工程建设项目质量普遍得到提高,工期普遍得以合理缩短。

三、工程项目招标投标的原则

1. 公开原则

公开原则,要求建设工程招标投标活动具有较高的透明度。主要体现在以下几个方面:

(1)建设工程招标投标的信息公开。通过建立和完善建设工程项目报建登记制度,及时向社会发布建设工程招标投标信息,让有资格的投标者都能享受到同等的信息,便于进行投标决策。

(2)建设工程招标投标的条件公开。什么情况下可以组织招标,什么机构有资格组织招标,什么样的单位有资格参加投标等,必须向社会公开,便于社会监督。

(3)建设工程招标投标的程序公开。工程建设项目的招标投标应当经过哪些环节、步骤,在每一环节、每一步骤有什么具体要求和时间限制,凡是适宜公开的,均应当予以公开;在建设工程招标投标的全过程中,招标单位的主要招标活动程序、投标单位的主要投标活动程序和招标投标管理机构的主要监管程序,必须公开。

(4)建设工程招标投标的结果公开。哪些单位参加了投标,最后哪个单位中了标,应当予以公开。

2. 公平原则

公平原则是指所有当事人和中介机构在建设工程招标投标活动中,享有均等的机会,具有同等的权利,履行相应的义务。它主要体现在以下几个方面:

(1)工程建设项目,凡符合法定条件的,都一样进入市场通过招标投标进行交易,市场主体不仅包括承包方,而且也包括发包方,要体现承发包双方的平等地位。

(2)在建设工程招标投标活动中,所有合格的投标人进入市场的条件和竞争机会都是一样的,招标人对投标人不得区别对待,厚此薄彼。

(3)建设工程招标投标涉及的各方主体,都负有与其享有的权利相适应的义务,因事情变迁等原因造成各方权利义务关系不均衡的,都可以而且也应当依法予以调整或解除。

(4)当事人和中介机构对建设工程招标投标中自己有过错的损害,根据过错大小承担责任,对各方均无过错的损害,则根据实际情况分担责任。

3. 公正原则

公正原则是指在建设工程招标投标活动中,按照同一标准实事求是地对待所有的当事人和中介机构。如招标人按照统一的招标文件示范文本公正地表述招标条件和要求,按照事先经建设工程招标投标管理机构审查认定的评标定标办法,对投标文件进行公正评价,择优确定中标人等。

4. 诚实信用原则

诚实信用原则简称诚信原则,是市场经济交易当事人应当严格遵守的道德准则,招标投标的双方都要诚实守信,不得滥用权力,不得有欺骗的行为,签订合同后,任何一方都要严格、认真地履行。诚实信用原则要求维持当事人之间的权益以及当事人权益与社会权益的平衡。

第二节　工程项目招标

一、工程项目招标的分类

1. 按工程项目建设程序分类

按工程项目建设程序分类，该招标可分为工程项目开发招标、勘察设计招标和施工招标三类。这是由建筑产品交易生产过程的阶段性决定的。

(1)项目开发招标。项目开发招标是建设单位(业主)邀请工程咨询单位对建设项目进行可行性研究，其“标的物”是可行性研究报告。中标的工程咨询单位必须对自己提供的研究成果认真负责，可行性研究报告应得到建设单位认可。

(2)勘察设计招标。勘察设计招标是指招标单位就拟建工程向勘察和设计任务发布通告，以法定方式吸引勘察单位或设计单位参加竞争，经招标单位审查获得投标资格的勘察、设计单位，按照招标文件的要求、在规定的时间内向招标单位填报投标书，招标单位从中择优确定中标单位完成工程勘察或设计任务。

(3)施工招标。施工招标是针对工程施工阶段的全部工作开展的招标，根据工程施工范围大小及专业不同，可分为全部工程招标、单项工程招标和专业工程招标等。

2. 按工程承包范围分类

(1)项目总承包招标。该招标包括以下两种类型：

1)在工程项目实施阶段的全过程招标，即在设计任务书已经审完，从项目勘察、设计到交付使用进行一次性招标。

2)在工程项目全过程招标，从项目的可行性研究到交付使用进行一次性招标，业主提供项目投资和使用要求及竣工、交付使用期限，其可行性研究、勘察设计、材料和设备采购、施工安装、职工培训、生产准备和试生产、交付使用都由一个总承包商负责承包，即所谓“交钥匙工程”。

(2)专项工程承包招标。该招标是指在对工程承包招标中，对其中某项比较复杂，或专业性强，施工和制作要求特殊的单项工程，可以单独进行招标的。

3. 按行业类别分类

按行业类别分类，可以将工程项目招标分为土木工程招标、勘察设计招标、货物设备采购招标、机电设备安装工程招标、生产工艺技术转让招标、咨询服务(工程咨询)招标。土木工程包括铁路、公路、隧道、桥梁、堤坝、电站、码头、飞机场、厂房、剧院、旅馆、医院、商店、学校、住宅等。咨询服务包括项目开发性研究、可行性研究、工程监理等。货物采购包括建筑材料和大型成套设备等。我国财政部经世界银行同意，专门为世界银行贷款项目的招标采购制定了有关方面的标准文本，包括货物采购国内竞争性招标文件范本、土建工程国内竞争性招标文件范本、资格预审文件范本、货物采购国际竞争性招标文件范本、土建工程国际竞争性招标文件范本、生产工艺技术转让招标文件范本、咨询服务合同协议范本、大型复杂工厂与设备的供货和安装监督招标文件范本总包合同(交钥匙工程)招标文件范本，以便利用世界银行贷款来支持和帮助我国的国民经济建设。

4. 按工程建设项目构成分类

按工程建设项目的构成，可以将建设工程招标投标分为全部工程招标投标、单项工程招标投标、单位工程招标投标、分部工程招标投标、分项工程招标投标。

(1)全部工程招标投标，是指对一个工程建设项目(如一所学校)的全部工程进行的招标投标。

(2)单项工程招标投标，是指对一个工程建设项目(如一所学校)中所包含的若干单项工程(如教学楼、图书馆、食堂等)进行的招标投标。

(3)单位工程招标投标，是指对一个单项工程所包含的若干单位工程(如一幢房屋)进行的招标投标。

(4)分部工程招标投标，是指对一个单位工程(如建筑安装工程)所包含的若干分部工程(如给水排水及采暖工程、通风空调工程、建筑电气安装工程、智能建筑工程等)进行的招标投标。

(5)分项工程招标投标，是指对一个分部工程所包含的若干分项工程进行的招标投标。

5. 按工程是否具有涉外因素分类

按工程是否具有涉外因素分类，可以将建设工程招标投标分为国内工程招标投标和国际工程招标投标。

(1)国内工程招标投标,是指对本国没有涉外因素的建设工程进行的招标投标。

(2)国际工程招标投标,是指对有不同国家或国际组织参与的建设工程进行的招标投标。国际工程招标投标,包括本国的国际工程(习惯上称涉外工程)招标投标和国外的国际工程招标投标两个部分。

国内工程招标投标和国际工程招标投标在具体做法上有差异,但是基本原则是一致的。随着社会经济的发展和国际工程交往的增多,国内工程招标投标和国际工程招标投标在做法上的区别已越来越小。

二、工程项目招标的条件

工程项目招标必须符合主管部门规定的条件。这些条件分为建设单位应具备的条件和招标工程项目应具备的条件两个方面。

1. 建设单位招标应具备的条件

(1)招标单位是法人或依法成立的其他组织。

(2)有与招标工程相适应的经济、技术、管理人员。

(3)有组织招标文件的能力。

(4)有审查投标单位资质的能力。

(5)有组织开标、评标、定标的能力。

上述五条中,(1)、(2)两条是对招标单位资格的规定,(3)、(4)、(5)三条则是对招标人能力的要求。不具备上述(2)～(5)项条件的,须委托具有相应资质的咨询、监理等单位代理招标。

2. 招标工程项目应具备的条件

(1)概算已经批准。

(2)建设项目已经正式列入国家、部门或地方的年度固定资产投资计划。

(3)建设用地的征用工作已经完成。

(4)有能够满足施工需要的施工图纸及技术资料。

(5)建设资金和主要建筑材料,设备的来源已经落实。

(6)已经建设项目所在地规划部门批准,施工现场“三通一平”已经完成或一并列入施工招标范围。

当然,对于不同性质的工程项目,招标的条件可有所不同或有所偏重。

(1)建设工程勘察设计招标的条件,一般主要侧重于:

1)设计任务书或可行性研究报告已获批准。

2)具有设计所必需的可靠基础资料。

(2)建设工程施工招标的条件,一般主要侧重于:

1)建设工程已列入年度投资计划。

2)建设资金(含自筹资金)已按规定存入银行。

3)施工前期工作已基本完成。

4)有持证设计单位设计的施工图纸和有关设计文件。

(3)建设监理招标的条件,一般主要侧重于:

1)设计任务书或初步设计已获批准。

2)工程建设的主要技术工艺要求已确定。

(4)建设工程材料设备供应招标的条件,一般主要侧重于:

1)建设项目已列入年度投资计划。

2)建设资金(含自筹资金)已按规定存入银行。

3)具有批准的初步设计或施工图设计所附的设备清单,专用、非标设备应有设计图纸、技术资料等。

(5)建设工程总承包招标的条件,一般主要侧重于:

1)计划文件或设计任务书已获批准。

2)建设资金和地点已经落实。

根据实践经验,对建设工程招标的条件,最基本、最关键的是:①建设项目已合法成立,办理了报建登记。招标项目按照国家有关规定需要履行项目审批手续的,应当先履行审批手续,取得批准。②建设资金已基本落实,工程任务承接者确定后能实际开展动作。

三、工程项目招标的范围

工程建设招标可以是全过程招标,其工作内容包括可行性研究、勘察设计、物资供应、建筑安装施工,乃至使用后的维修;也可是阶段性建设任务的招标,包括勘察设计、项目施工;可以是整个项目发包,也可是单项工程发包;在施工阶段,还可依承包内容的不同,分为包工包料、包工部分包料、包工不包料。进行工程招标,业主必须根据工程项目的特点,结合自身的管理能力,确定工程的招标范围。

1. 必须招标的范围

根据《中华人民共和国招标投标法》的规定,在中华人民共和国境内进行的下列工程项目必须进行招标：

(1)大型基础设施、公用事业等关系社会公共利益、公众安全的项目。

(2)全部或者部分使用国有资金或者国家融资的项目。

(3)使用国际组织或者外国政府贷款、援助资金的项目。

2. 可以不进行招标的范围

根据《中华人民共和国招标投标法》和有关规定，属于下列情形之一的，经县级以上地方人民政府建设行政主管部门批准，可以不进行招标：

(1)涉及国家安全、国家秘密的工程。

(2)抢险救灾工程。

(3)利用扶贫资金实行以工代赈、需要使用农民工等特殊情况。

(4)建筑造型有特殊要求的设计。

(5)采用特定专利技术、专有技术进行设计或施工。

(6)停建或者缓建后恢复建设的单位工程，且承包人未发生变更的。

(7)施工企业自建自用的工程，且施工企业资质等级符合工程要求的。

(8)在建工程追加的附属小型工程或者主体加层工程，且承包人未发生变更的。

(9)法律、法规、规章规定的其他情形。

四、工程项目招标的方式

工程项目招标分为公开招标和邀请招标。

1. 公开招标

公开招标是指招标人在指定的报刊、电子网络或其他媒体上发布招标公告，吸引众多的投标人参加投标竞争，招标人从中择优选择中标单位的招标方式。公开招标是一种无限制的竞争方式，按竞争程度又可以分为国际竞争性招标和国内竞争性招标。

分开招标可为所有的承包商提供一个平等竞争的机会，业主有较大的选择余地，有利于降低工程造价，提高工程质量和缩短工期，但由于参与竞争的承包商可能很多，有可能出现故意压低投标报价的投机承包商以低价挤掉对报价严肃认真且报价较高的承包商。因此，采用此种招标方式时，业主要加强资格预审，认真评标。

2. 邀请招标

邀请招标也称选择性招标或有限竞争投标,是指招标人以投标邀请书的方式邀请特定的法人或者其他组织投标,选择一定数目的法人或其他组织(不少于3家)。经过选择的投标单位在施工经验、技术力量、经济和信誉上都比较可靠,因而一般能保证进度和质量要求。此外,参加投标的承包商数量少,因而招标时间相对缩短,招标费用也较少。由于邀请招标在价格、竞争的公平方面仍存在一些不足之处,因此,《中华人民共和国招标投标法》规定,国家重点项目和省、自治区、直辖市的地方重点项目不宜进行公开招标的,经过批准后可以进行邀请招标。

五、工程项目招标的程序

依法必须进行施工招标的工程,一般应遵循下列程序:

(1)招标单位自行办理招标事宜的,应当建立专门的招标工作机构。

(2)招标单位在发布招标公告或发出投标邀请书的5天前,向工程所在地县级以上地方人民政府建设行政主管部门备案。

(3)准备招标文件和招标控制价(标底),报建设行政主管部门审核或备案。

(4)发布招标公告或发出投标邀请书。

(5)投标单位申请投标。

(6)招标单位审查申请投标单位的资格,并将审查结果通知申请投标单位。

(7)向合格的投标单位分发招标文件。

(8)组织投标单位踏勘现场,召开答疑会,解答投标单位就招标文件提出的问题。

(9)建立评标组织,制定评标、定标办法。

(10)召开开标会,当场开标。

(11)组织评标,决定中标单位。

(12)发出中标和未中标通知书,收回发给未中标单位的图纸和技术资料,退还投标保证金或保函。

(13)招标单位与中标单位签订施工承包合同。

工程施工招标的程序如图8-1～图8-4所示。

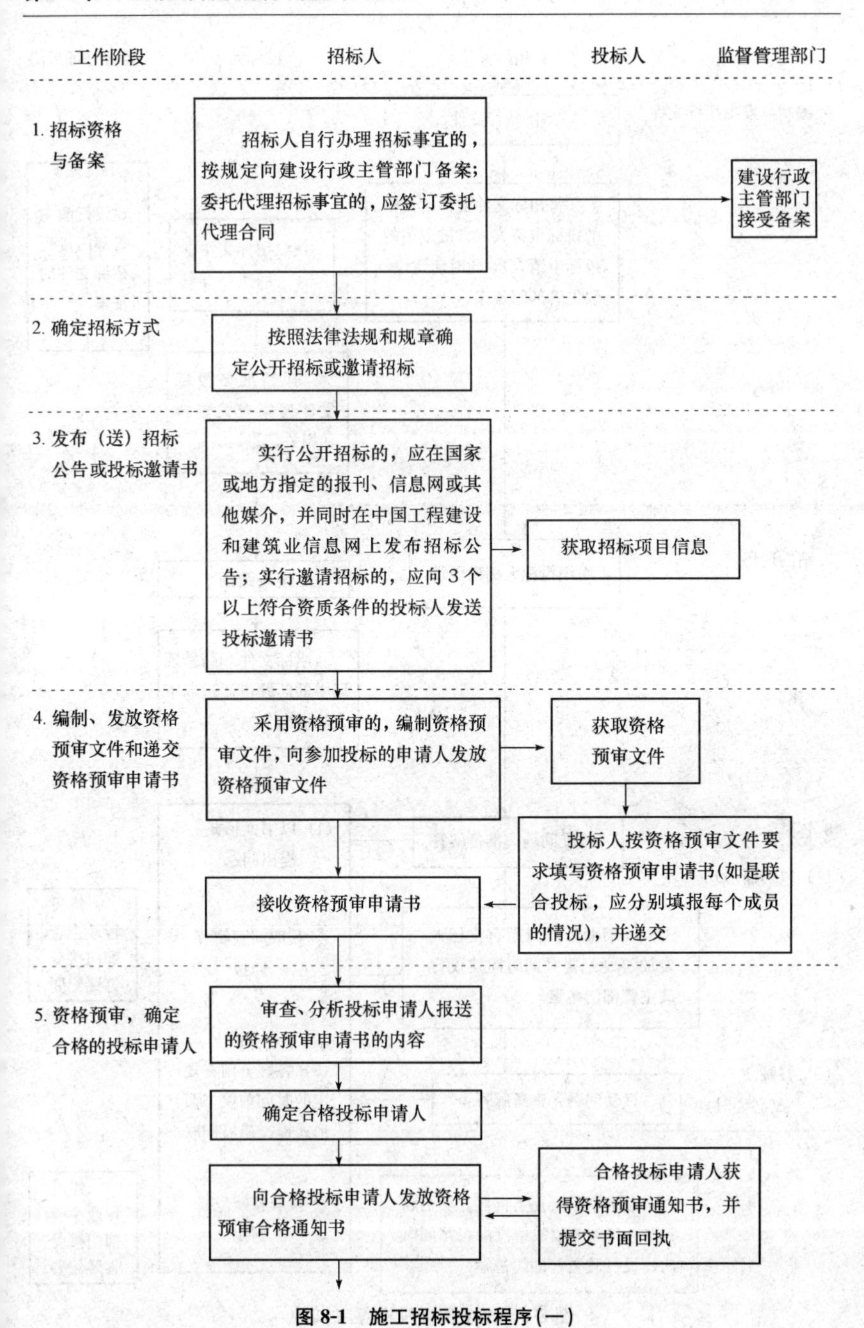

图 8-1　施工招标投标程序(一)

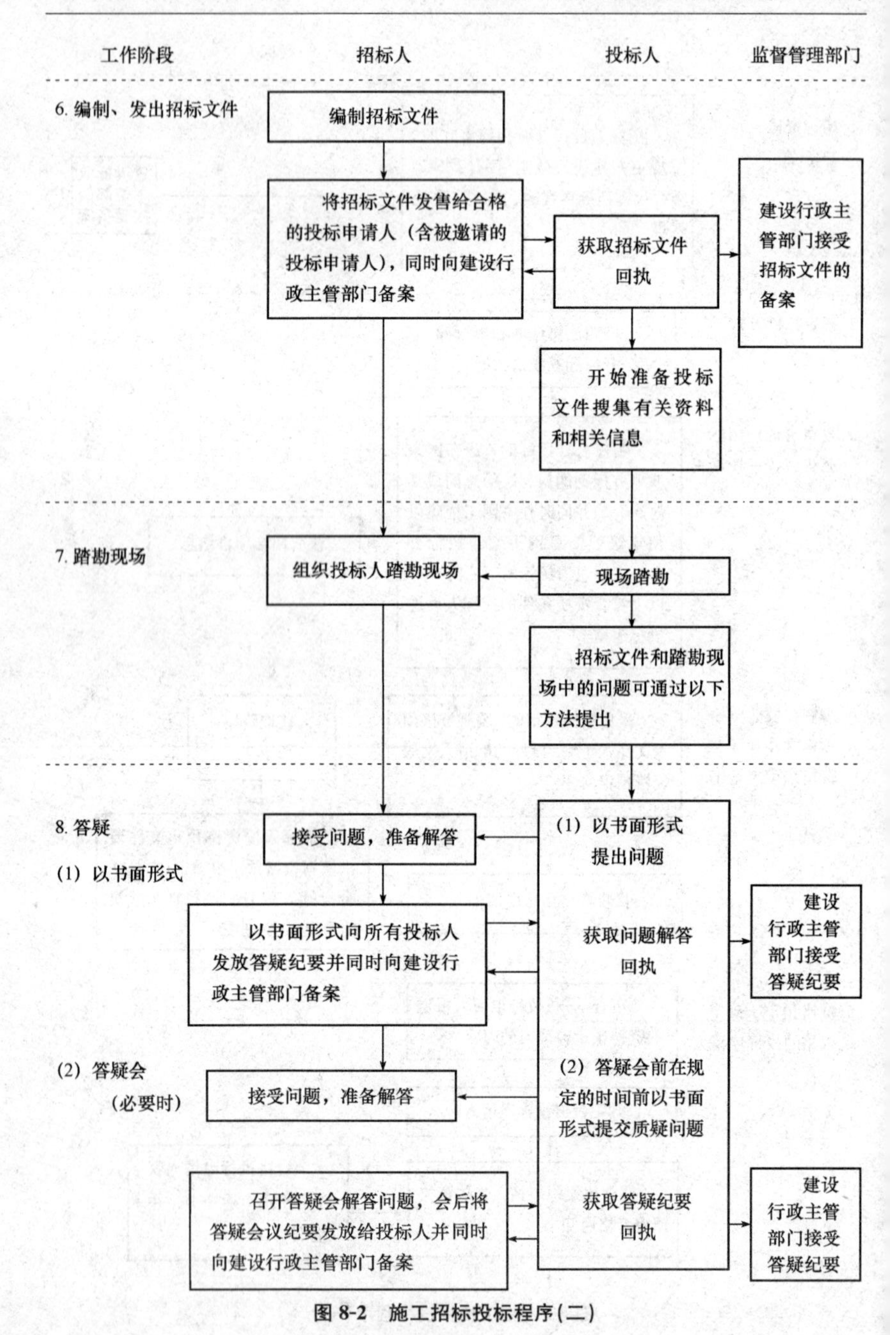

图8-2 施工招标投标程序(二)

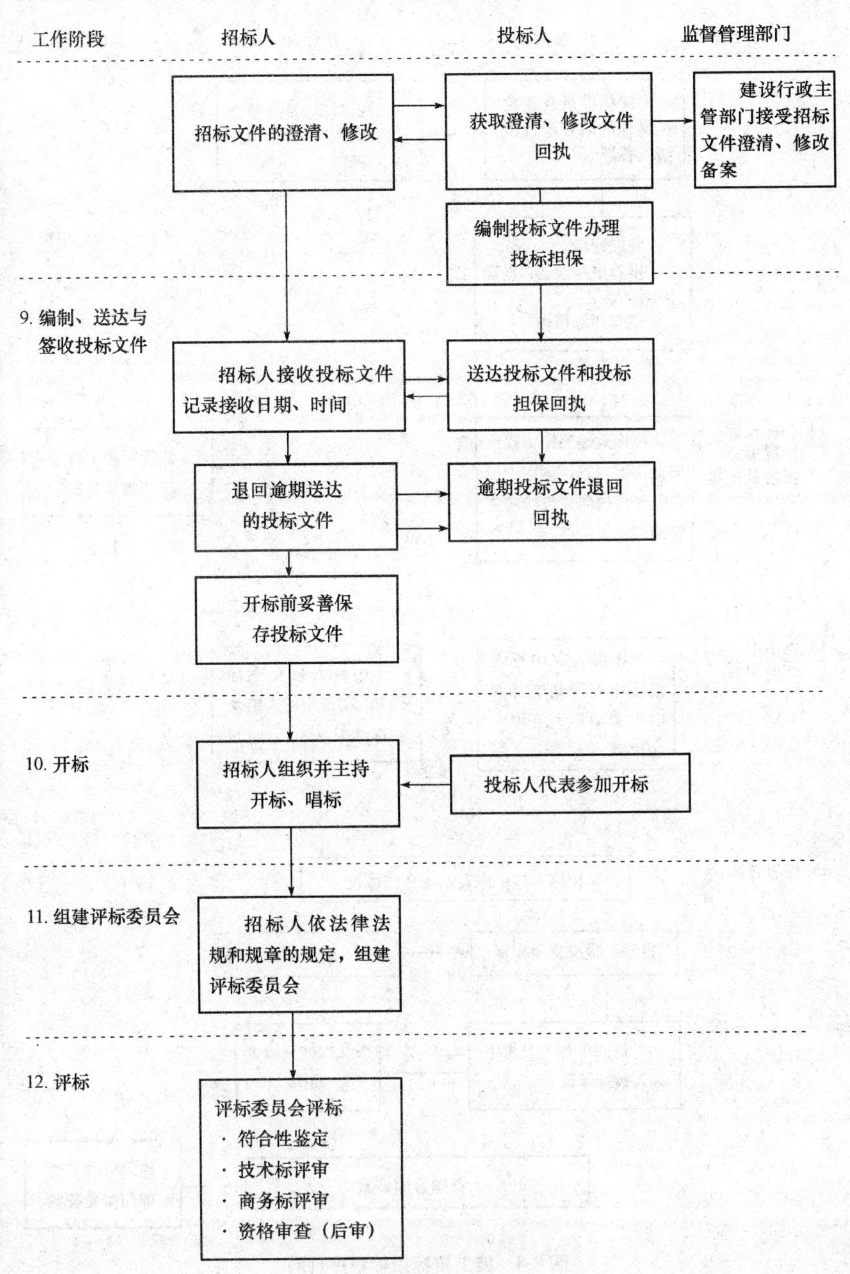

图 8-3　施工招标投标程序（三）

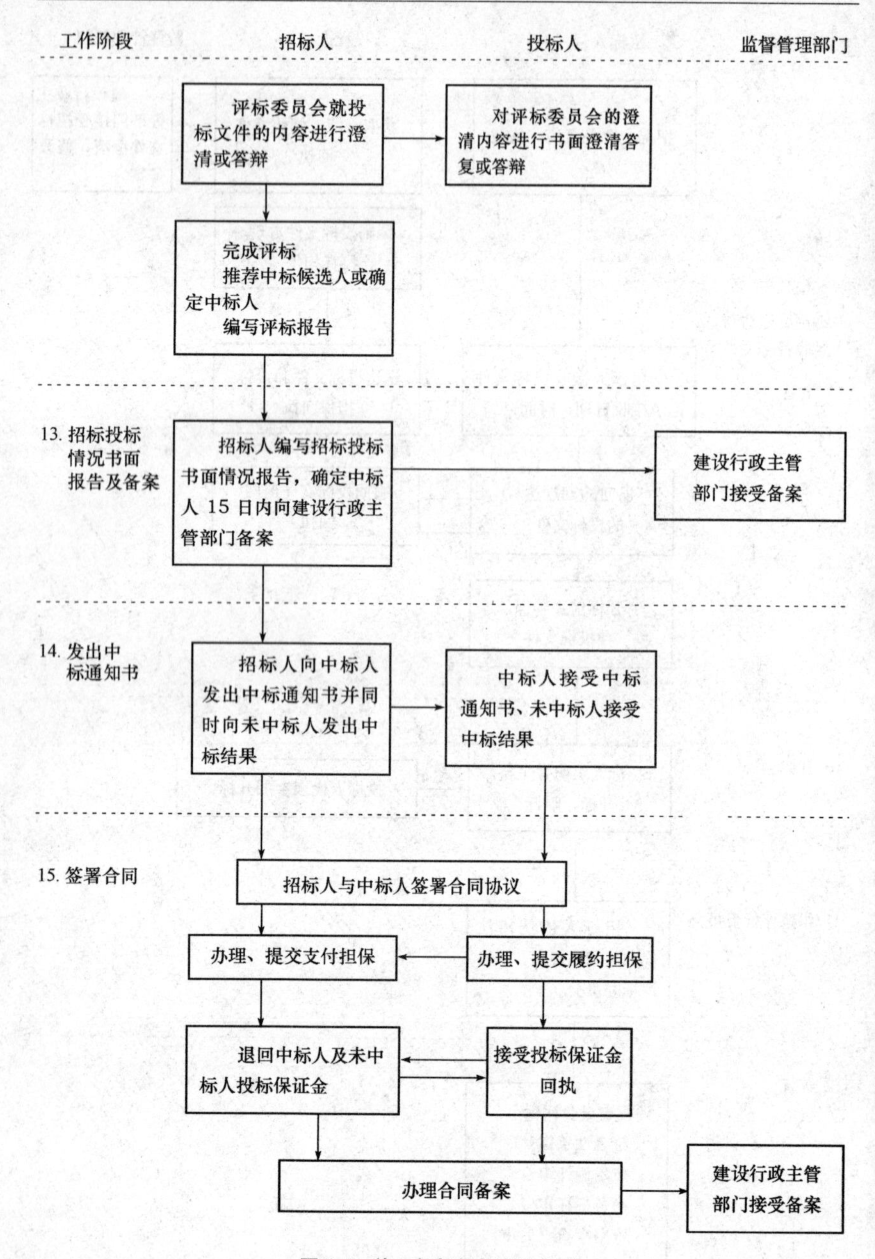

图 8-4 施工招标投标程序(四)

公开招标与邀请招标在招标程序上的区别见表8-1。

表8-1　公开招标与邀请招标在招标程序上的区别

序号	区别	内容说明
1	招标信息的发布方式不同	公开招标是利用招标公告发布招标信息，而邀请招标则是向三家以上具备实施能力的投标人发出投标邀请书，请他们参与投标竞争
2	对招标人资格预审的时间不同	进行公开招标时，由于投标响应者较多，为了保证投标人具备相应的实施能力，以及缩短评标时间，突出投标的竞争性，通常设置资格预审程序。而邀请招标由于竞争范围小，且招标人对邀请对象的能力有所了解，不需要再进行资格预审，但评标阶段还要对各投标人的资格和能力进行审查和比较，通常称为"资格后审"
3	邀请的对象不同	邀请招标邀请的是特定的法人或者其他组织，而公开招标则是向不特定的法人或者其他组织邀请投标

第三节　工程项目招标实务

一、招标公告发布或投标邀请书发送

公开招标的投标机会必须通过公开广告的途径予以通告，使所有合格的投标者都有同等机会了解投标要求，以形成尽可能广泛的竞争局面。例如，世界银行贷款项目采用国际竞争性招标，要求招标广告送交世界银行，免费安排在联合国出版的《发展商务报》上刊登，送交世界银行的时间，最迟不应晚于招标文件将向投标人公开发售前60天。

我国规定，依法应当公开招标的工程，必须在主管部门指定的媒介上发布招标公告。招标公告的发布应当充分公开，任何单位和个人不得非法限制招标公告的发布地点和发布范围。指定媒介发布依法必须发布的招标公告，不得收取费用。

招标公告的内容主要包括以下几项：

(1)招标人名称、地址、联系人姓名、电话，委托代理机构进行招标的，还应注明该机构的名称和地址。

(2)工程情况简介，包括项目名称、建筑规模、工程地点、结构类型、装修标准、质量要求、工期要求。

(3)承包方式，材料、设备供应方式。

(4)对投标人资质的要求及应提供的有关文件。

(5)招标日程安排。

(6)招标文件的获取办法，包括发售招标文件的地点、文件的售价及开始和截止出售的时间。

(7)其他要说明的问题。

依法实行邀请招标的工程项目，应由招标人或其委托的招标代理机构向拟邀请的投标人发送投标邀请书。邀请书的内容与招标公告大同小异。

二、资格预审

资格预审是指招标人在招标开始前或者开始初期，由招标人对申请参加投标人进行资格审查，认定合格后的潜在投标人，得以参加投标。一般来说，对于大中型建设项目、“交钥匙”项目和技术复杂的项目，资格预审程序是必不可少的。

1. 资格预审的种类

资格预审可分为临时资格预审和定期资格预审。

(1)临时资格预审，是指招标人在招标开始之前或者开始之初，由招标人对申请参加投标的潜在投标人进行资质条件、业绩、信誉、技术、资金等方面的情况进行资格审查。

(2)定期资格预审，是指在固定时间内集中进行全面的资格预审。大多数国家的政府采购使用定期资格预审的办法。审查合格者被资格审查机构列入资格审查合格者名单。

2. 资格预审的意义

(1)招标人可以通过资格预审程序了解潜在投标人的资信情况。

(2)资格预审可以降低招标人的采购成本，提高招标工作的效率。

(3)通过资格预审，招标人可以了解到潜在的投标人对项目的招标有多大兴趣。如果潜在的投标人兴趣大大低于招标人的预料，招标人可以修改招标条款，以吸引更多的投标人参加投标。

(4)资格预审可吸引实力雄厚的承包商或者供应商进行投标。而通过资格预审程序，不合格的承包商或者供应商便会被筛选掉。这样，真正有实力的承包商和供应商也愿意参加合格的投标人之间的竞争。

3. 资格预审的程序

资格预审主要包括资格预审公告，编制、发出资格预审文件以及评审资格预审文件。

(1)资格预审公告。资格预审公告是指招标人在招标开始之前或者开始之初，由招标人对申请参加投标的潜在投标人进行资质条件、业绩、信誉、技术、资金等方面的情况进行资格审查。

(2)编制、发出资格预审文件。资格预审公告后，招标人向申请参加资格预审的申请人发放或者出售资格预审文件。资格预审文件通常由资格预审须知和资格预审表两部分组成。

1)资格预审须知包括比招标广告更详细的工程概况说明；资格预审的强制性条件；发包的工作范围；申请人应提供的有关证明和材料；当为国际工程招标时，对通过资格预审的国内投标者的优惠以及指导申请人正确填写资格预审表的有关说明等。

2)资格预审表是招标单位根据发包工作内容特点，需要对投标单位资质条件、实施能力、技术水平、商业信誉等方面的情况加以全面了解，以应答式表格形式给出的调查文件。资格预审表中开列的内容应能反映投标单位的综合素质。

投标申请人通过了资格预审说明其具备承担发包工作的资质和能力，凡资格预审中评定过的条件在评标的过程中就不再重新加以评定，因此资格预审文件中的审查内容要完整、全面，避免不具备条件的投标人承担项目的建设任务。

(3)评审资格预审文件。对各申请投标人填报的资格预审文件评定，大多采用加权打分法。

1)依据工程项目特点和发包工作的性质，划分出评审的几个方面，如资质条件、人员能力、设备和技术能力、财务状况、工程经验、企业信誉等，并分别给予不同的权重。

2)对各方面再细划分评定内容和分项打分标准。

3)按照规定的原则和方法逐个对资格预审文件进行评定和打分，确定各投标人的综合素质得分。为了避免出现投标人在资格预审表中出现言过其实的情况，在有必要时还可辅以对其已实施过的工程现场调查。

4)确定投标人短名单。依据投标申请人的得分排序，以及预定的邀请投标人数目，从高分向低分录取。对短名单之内的投标单位，招标单位分别发出投标邀请书，并请他们确认投标意向。如果某一通过资格预审单位又决定不再参加投标，招标单位应以得分排序的下一名投标单位递补。对没有通过资格预审的单位，招标单位也应发出相应通知，他们就无权再参加投标竞争。

4. 资格复审

资格复审是为了使招标人能够确定投标人在资格预审时提交的资格材料是否仍然有效和准确。如果发现承包商和供应商有不轨行为,采购人可以中止或者取消承包商或者供应商的资格。

三、招标文件编制与发售

《中华人民共和国招标投标法》第十九条规定:"招标人应当根据招标项目的特点和需要编制招标文件。招标文件应当包括招标项目的技术要求、对投标人资格审查的标准、投标报价要求和评标标准等所有实质性要求和条件以及拟签订合同的主要条款。""国家对招标项目的技术、标准有规定的,招标人应当按照其规定在招标文件中提出相应要求。""招标项目需要划分标段、确定工期的,招标人应当合理划分标段、确定工期,并在招标文件中载明"。

在需要资格预审的招标中,招标文件只发售给资格合格的厂商。在不拟进行资格预审的招标中,招标文件可发给对招标通告做出反应并有兴趣参加投标的所有承包商。

在招标通告上要清楚地规定发售招标文件的地点、起止时间以及发售招标文件的费用。对发售招标文件的时间,要相应规定得长一些,以使投标者有足够的时间获得招标文件。根据世界银行的要求,发售招标文件的时间可延长到投标截止时间。

在招标文件收费的情况下,其价格应合理,一般只收成本费,以免投标者因价格过高失去购买招标文件的兴趣。

另外,要做好购买记录,内容包括购买招标文件厂商的详细名称、地址、电话、招标文件编号、招标号等,以便于掌握购买招标文件的厂商的情况,与日后投标厂商进行对照,对于未购买招标文件的投标者,将取消其投标。同时,便于在需要时与投标者进行联系,如在对招标文件进行修改时,能够将修改文件准确、及时地发给购买招标文件的厂商。

四、勘察现场

招标单位组织投标单位勘察现场的目的在于了解工程场地和周围环境情况,以获取投标单位认为有必要的信息。勘察现场一般安排在投标预备会的前1～2天。

投标单位在勘察现场中如有疑问,应在投标预备会前以书面形式向招标单位提出，但应给招标单位留有解答时间。

勘察现场主要包括如下内容：

(1)施工现场是否达到招标文件规定的条件。

(2)施工现场的地理位置、地形和地貌。

(3)施工现场的地质、土质、地下水位、水文等情况。

(4)施工现场气候条件，如气温、湿度、风力、年雨雪量等。

(5)现场环境，如交通、饮水、污水排放、生活用电、通信等。

(6)工程在施工现场的位置与布置。

(7)临时用地、临时设施搭建等。

五、标前会议

标前会议又称交底会，是指在投标截止日期前，按招标文件中规定的时间和地点，召开的解答投标人质疑的会议。在标前会议上，招标单位负责人除了向投标人介绍工程概况外，还可对招标文件中的某些内容加以修改(但须报请招标投标管理机构核准)或予以补充说明，并口头解答投标人书面提出的各种问题以及会议上即席提出的有关问题。会议结束后，招标单位应将其口头解答的会议记录加以整理，用书面补充通知(又称“补遗”)的形式发给每一位投标人。补充文件作为招标文件的组成部分，具有同等的法律效力。补充文件应在投标截止日期前一段时间发出，以便让投标者有时间做出反应。

标前会议主要议程如下：

(1)介绍参加会议单位和主要人员。

(2)介绍问题解答人。

(3)解答投标单位提出的问题。

(4)通知有关事项。

六、开标、评标与定标

投标截止日期以后，业主应在投标的有效期内开标、评标和授予合同。

投标有效期是指从投标截止之日起到公布中标之日为止的一段时间。有效期的长短根据工程的大小、繁简而定。按照国际惯例，一般为90～120天，我国在施工招标管理办法中规定10～30天，投标有效期是要保证招标单位有足够的时间对全部投标进行比较和评价。如世界银行贷款项目需考虑报世界银行审查和报送上级部门批准的时间。

投标有效期一般不应该延长，但在某些特殊情况下，招标单位要求延长投标有效期是可以的,但必须征得投标者的同意。投标者有权拒绝延长投标有效期,业主不能因此而没收其投标保证金。同意延长投标有效期的投标者不得要求在此期间修改其投标书,而且投标者必须同时相应延长其投标保证金的有效期,对于投标保证金的各有关规定在延长期内同样有效。

1. 开标

开标是指招标人将所有投标人的投标文件启封揭晓。《中华人民共和国招标投标法》规定,开标应当在招标通告中约定的地点,招标文件确定的提交投标文件截止时间的同一时间公开进行。开标由招标人主持,邀请所有投标人参加。开标时,要当众宣读投标人名称、投标价格、有无撤标情况以及招标单位认为其他合适的内容。

开标一般应按照下列程序进行:

(1)主持人宣布开标会议开始,介绍参加开标会议的单位、人员名单及工程项目的有关情况。

(2)请投标单位代表确认投标文件的密封性。

(3)宣布公证、唱标、记录人员名单和招标文件规定的评标原则、定标办法。

(4)宣读投标单位的名称、投标报价、工期、质量目标、主要材料用量、投标担保或保函以及投标文件的修改、撤回等情况,并做当场记录。

(5)与会的投标单位法定代表人或者其代理人在记录上签字,确认开标结果。

(6)宣布开标会议结束,进入评标阶段。

2. 评标

开标后进入评标阶段。采用统一的标准和方法,对符合要求的投标进行评比,来确定每项投标对招标人的价值,最后达到选定最佳中标人的目的。

(1)评标机构。《中华人民共和国招标投标法》规定,评标由招标人依法组建的评标委员会负责。依法必须招标的项目,评标委员会由招标人的代表和有关技术、经济等方面的专家组成,成员人数为5人以上的单数,其中,技术、经济等方面的专家不得少于成员总数的2/3。

(2)评标的保密性与独立性。按照《中华人民共和国招标投标法》,招标人应当采取必要措施,保证评标在严格保密的情况下进行。所谓评标的严格保密,是指评标在封闭状态下进行,评标委员会在评标过程中有关检查、评审和授标的建议等情况均不得向投标人或与该程序无关的人员透露。

(3)投标文件的澄清和说明。评标时,评标委员会可以要求投标人对投标文件中含义不明确的内容做必要的澄清或者说明,比如投标文件有关内容前后不一致、明显打字(书写)错误或纯属计算上的错误等,评标委员会应通知投标人做出澄清或说明,以确认其正确的内容。澄清的要求和投标人的答复均应采用书面形式,且投标人的答复必须经法定代表人或授权代表人签字,作为投标文件的组成部分。

(4)评标原则和程序。为保证评标的公正、公平性,评标必须按照招标文件确定的评标标准、步骤和方法,不得采用招标文件中未列明的任何评标标准和方法,也不得改变招标确定的评标标准和方法。评标委员会完成评标后,应当向招标人提交书面评标报告,并推荐合格的中标候选人。招标人根据评标委员会提出的书面评标报告和推荐的中标候选人确定中标人。招标人也可授权评标委员会直接确定中标人。

1)评标原则。评标只对有效投标进行评审。评标应遵循的原则见表8-2。

表8-2　　评标原则

序号	原则	内容说明
1	平等竞争,机会均等	制定评标定标办法要对各投标人一视同仁,在评标定标的实际操作和决策过程中,要用一个标准衡量,保证投标人能平等地参加竞争。对投标人来说,在评标定标办法中不存在对某一方有利或不利的条款,大家在定标结果正式出来之前,中标的机会是均等的,不允许针对某一特定的投标人在某一方面的优势或弱势而在评标定标具体条款中带有倾向性
2	客观公正,科学合理	对投标文件的评价、比较和分析,要客观公正,不以主观好恶为标准,不带成见,真正在投标文件的响应性、技术性、经济性等方面评出客观的差别和优劣。采用的评标定标方法,对评审指标的设置和评分标准的具体划分,都要在充分考虑招标项目的具体特点和招标人的合理意愿的基础上,尽量避免和减少人为因素,做到科学合理
3	实事求是,择优定标	对投标文件的评审,要从实际出发,实事求是。任何一个招标项目都有自己的具体内容和特点,招标人作为合同的一方主体,对合同的签订和履行负有其他任何单位和个人都无法替代的责任,所以,在其招标的根本目的在于择优,而择优决定了评标定标办法中的突出重点、照顾工程特点和招标人意图,只能是在同等的条件下,针对实际存在的客观因素而不是纯粹招标人主观上的需要,才被允许,才是公正合理的。所以,在实践中,也要注意避免将招标人的主观好恶掺入评标定标办法中,防止影响和损害招标的择优宗旨

2)评标程序。评标程序一般分为初步评审和详细评审两个阶段,见表8-3。

表8-3　评标程序

序号	评标程序		内容说明
1	初步评审	符合性评审	符合性评审包括商务符合性评审和技术符合性鉴定。投标文件应实质性响应招标文件的所有条款、条件,无显著差异和保留。所谓显著差异和保留包括以下情况:对工程的范围、质量以及使用性能产生实质性影响;对合同中规定的招标单位的权利及投标单位的责任造成实质性限制;而且纠正这种差异或保留,将会对其他实质性响应的投标单位的竞争地位产生不公正的影响
		技术性评审	技术性评审主要包括对投标人所报的方案或组织设计、关键工序、进度计划,人员和机械设备的配备,技术能力,质量控制措施,临时设施的布置和临时用地情况,施工现场周围环境污染的保护措施等进行评估
		商务性评审	商务性评审指对确定为实质上响应招标文件要求的投标文件进行投标报价评估,包括对投标报价进行校核,审查全部报价数据是否有计算上或累计上的算术错误,分析报价构成的合理性。发现报价数据上有算术错误,修改的原则是:如果用数字表示的数额与用文字表示的数额不一致时,以文字数额为准;当单价与工程量的乘积与合价之间不一致时,通常以标出的单价为准,除非评标组织认为有明显的小数点错位,此时应以标出的合价为准,并修改单价。按上述原则调整投标书中的投标报价,经投标人确认同意后,对投标人起约束作用。如果投标人不接受修正后的投标报价,则其投标将被拒绝
2	详细评审		经过初步评审合格的投标文件,评标委员会应当根据招标文件确定的评标标准和方法,对其技术部分和商务部分作进一步评审、比较

(5)评标方法。评标方法的科学性对于实施平等的竞争,公正合理地选择中标者是非常重要的。评标涉及的因素很多,应在分门别类、有主有次的基础上,结合工程的特点确定科学的评标方法。目前国内外采用较

多的包括专家评议法、低标价法和打分法。

1)专家评议法：评标委员会根据预先确定的评审内容，如报价、工期、施工方案、企业的信誉和经验以及投标者所建议的优惠条件等，对各标书进行认真的分析比较后，评标委员会的各成员进行共同的协商和评议，以投票的方式确定中选的投标者。

2)低标价法：所谓低标价法，也就是以标价最低者为中标者的评标方法，世界银行贷款项目多采用这种方法。

3)打分法：打分法是由评标委员会事先将评标的内容进行分类，并确定其评分标准，然后由每位委员无记名打分，最后统计投标者的得分。

3. 定标

评标结束后，评标小组应写出评标报告，提出中标单位的建议，交业主或其主管部门审核。评标报告一般包括以下内容：

(1)招标情况。主要包括工程说明、招标过程等。

(2)开标情况。主要包括开标时间、地点、参加开标会议人员、唱标情况等。

(3)评标情况。主要包括评标委员会的组成及评标委员会人员名单、评标工作的依据及评标内容等。

(4)推荐意见。

(5)附件。主要包括评标委员会人员名单；投标单位资格审查情况表；投标文件符合情况鉴定表；投标报价评比报价表；投标文件质询澄清的问题等。

评标报告批准后，应即向中标单位发出中标函。中标单位接受中标通知后，一般应在15～30天内签订合同，并提供履约保证。签订合同后，建设单位一般应在7天内通知未中标者，并退回投标保函，未中标者在收到投标保函后，应迅速退回招标文件。

若对第一中标者未达成签订合同的协议，可考虑与第二中标者谈判签订合同，若缺乏有效的竞争和其他正当理由，建设单位有权拒绝所有的投标。拒标的原因一般是所有投标的主要项目均未达到招标文件的要求，经建设主管部门批准后方能拒绝所有的投标。一旦拒绝所有的投标，建设单位应立即研究废标的原因，考虑是否对技术规程(规范)和项目本身进行修改，然后考虑重新招标。

第四节　工程项目投标

投标是指承建单位依据有关规定和招标单位拟定的招标文件参与竞争,并按照招标文件的要求,在规定的时间内向招标人填报投标书,并争取中标,与建设工程项目法人单位达成协议的经济法律活动。

投标是建筑企业取得工程施工合同的主要途径,投标文件就是对业主发出的要约的承诺。投标人一旦提交了投标文件,就必须在招标文件规定的期限内信守其承诺,不得随意退出投标竞争。因为投标是一种法律行为,投标人必须承担中途反悔撤出的经济和法律责任。

投标又是建筑企业经营决策的重要组成部分,它是一种针对招标的工程项目,力求实现投标活动最优化的活动。

一、工程项目投标程序

投标程序即指投标过程中各项活动的步骤及相关的内容,反映各工作环节的内在联系和逻辑关系。投标程序如图8-1～图8-4所示。

二、工程项目投标类型

投标按不同的分类标准有不同的类型,见表8-4。

表8-4　　投标分类

序号	分类标准	类型	内容说明
1	按性质分类	风险标	风险标是指明知工程承包难度大、风险大,且技术、设备、资金上都有未解决的问题,但由于队伍窝工,或因为工程盈利丰厚,或为了开拓新技术领域而决定参加投标,同时设法解决存在的问题,即为风险标。投标后,如果问题解决得好,可取得较好的经济效益;可锻炼出一支好的施工队伍,使企业更上一层楼。否则,企业的信誉、效益就会因此受到损害,严重者将导致企业严重亏损甚至破产。因此,投风险标必须审慎从事
		保险标	保险标是指对可以预见的情况从技术、设备、资金等重大问题都有了解决的对策之后再投标,谓之保险标。企业经济实力较弱,经不起失误的打击,则往往投保险标。当前,我国施工企业多数都愿意投保险标,特别是在国际工程承包市场上去投保险标

续表

序号	分类标准	类型	内容说明
2	按效益分类	盈利标	如果招标工程既是本企业的强项，又是竞争对手的弱项；或建设单位意向明确；或本企业任务饱满，利润丰厚，才考虑让企业超负荷运转，此种情况下的投标，称投盈利标
		保本标	当企业无后继工程，或已出现部分窝工，必须争取投标中标，但招标的工程项目对于本企业又无优势可言，竞争对手又是“强手如林”的局面，此时，宜投保本标，至多投薄利标，称为保本标
		亏损标	亏损标是一种非常手段，一般是在下列情况下采用，即：本企业已大量窝工，严重亏损，若中标后至少可以使部分人工、机械运转、减少亏损；或者为在对手林立的竞争中夺得头标，不惜血本压低标价；或是为了在本企业一统天下的地盘里，为挤垮企图插足的竞争对手；或为打入新市场，取得拓宽市场的立足点而压低标价。以上这些，虽然是不正常的，但在激烈的投标竞争中有时也这样做

三、工程项目投标决策

决策是指为实现一定的目标，运用科学的方法，在若干可行方案中寻找满意行动方案的过程。

1. 投标决策的内容

(1)针对项目招标决定是投标或是不投标。一定时期内，企业可能同时面临多个项目的投标机会，受施工能力所限，企业不可能实践所有的投标机会，而应在多个项目中进行选择；就某一具体项目而言，从效益的角度看有盈利标、保本标和亏损标，企业需根据项目特点和企业现实状况决定采取何种投标方式，以实现企业的既定目标，诸如获取盈利、占领市场、树立企业新形象等。

(2)倘若去投标，决定投什么性质的标。按性质划分，投标有风险标和保险标。从经济学的角度看，某项事业的收益水平与其风险程度成正比，企业需在高风险的可能的高收益与低风险的低收益之间进行抉择。

(3)投标中企业需制定如何采取扬长避短的策略与技巧，达到战胜竞争对手的目的。投标决策是投标活动的首要环节,科学的投标决策是承包商战胜竞争对手,并取得较好的经济效益与社会效益的前提。

2. 影响投标决策的主要因素

(1)企业内部因素。影响投标决策的企业内部因素见表 8-5。

表 8-5　企业内部因素

序号	因素	内容说明
1	技术方面的实力	(1)有精通本行业的估算师、建筑师、工程师、会计师和管理专家组成的组织机构。 (2)有工程项目设计、施工专业特长,能解决技术难度大的问题和各类工程施工中的技术难题的能力。 (3)具有同类工程的施工经验。 (4)有一定技术实力的合作伙伴,如实力强的分包商、合营伙伴和代理人等
2	经济方面的实力	(1)具有一定的垫付资金的能力。 (2)具有一定的固定资产和机具设备,并能投入所需资金。 (3)具有一定的资金周转用来支付施工用款。因为,对已完成的工程量需要监理工程师确认后并经过一定手续、一定的时间后才能将工程款拨入。 (4)承担国际工程尚需筹集承包工程所需外汇。 (5)具有支付各种担保的能力。 (6)具有支付各种纳税和保险的能力。 (7)由于不可抗力带来的风险。即使是属于业主的风险,承包商也会有损失;如果不属于业主的风险,则承包商损失更大。要有财力承担不可抗力带来的风险。 (8)承担国际工程往往需要重金聘请有丰富经验或有较高地位的代理人,以及其他"佣金",也需要承包商具有这方面的支付能力
3	管理方面的实力	具有高素质的项目管理人员,特别是懂技术、会经营、善管理的项目经理人选。能够根据合同的要求,高效率地完成项目管理的各项目标,通过项目管理活动为企业创造较好的经济效益和社会效益
4	信誉方面的实力	承包商一定要有良好的信誉,这是投标中标的一条重要标准。要建立良好的信誉,就必须遵守法律和行政法规,或按国际惯例办事,同时,要认真履约,保证工程的施工安全、工期和质量,而且各方面的实力要雄厚

(2)企业外部因素。影响投标决策的企业外部因素见表8-6。

表8-6　企业外部因素

序号	因素	内容说明
1	业主和监理工程师的情况	主要应考虑业主的合法地位、支付能力、履约信誉；监理工程师处理问题的公正性、合理性及与本企业间的关系等
2	竞争对手和竞争形势	是否投标，应注意竞争对手的实力、优势及投标环境的优劣情况。另外，竞争对手的在建工程情况也十分重要。如果对手的在建工程即将完工，可能急于获得新承包项目心切，投标报价不会很高；如果对手在建工程规模大、时间长，如仍参加投标，则标价可能很高。从总的竞争形势来看，大型工程的承包公司技术水平高，善于管理大型复杂工程，其适应性强，可以承包大型工程；中小型工程由中小型工程公司或当地的工程公司承包可能性大，因为当地中小型公司在当地有自己熟悉的材料、劳力供应渠道，管理人员相对比较少，有自己惯用的特殊施工方法等优势
3	法律、法规的情况	对于国内工程承包，自然适用本国的法律和法规。而且，其法制环境基本相同。因为，我国的法律、法规具有统一或基本统一的特点。如果是国际工程承包，则有一个法律适用问题。法律适用的原则包括以下5条： (1)强制适用工程所在地法的原则。 (2)意思自治原则。 (3)最密切联系原则。 (4)适用国际惯例原则。 (5)国际法效力优于国内法效力的原则
4	风险问题	工程承包，特别是国际工程承包，由于影响因素众多，所以存在很大的风险性。从来源的角度看，风险可分为政治风险、经济风险、技术风险、商务及公共关系风险和管理方面的风险等。投标决策中应对拟投标项目的各种风险进行深入研究，进行风险因素辨识，以便有效规避各种风险，避免或减少经济损失

3. 投标决策阶段的划分

投标决策可分为投标决策的前期和后期两个阶段。

(1)投标决策的前期阶段。投标决策的前期阶段必须在购买投标人资格预审资料前后完成。决策的主要依据是招标广告，以及公司对招标工程、业主的情况调研和了解程度,如果是国际工程,还包括对工程所在国和工程所在地的调研和了解程度。前期阶段必须对投标与否进行论证。通常情况下,下列招标项目应放弃投标:

1)本施工企业主管和兼营能力之外的项目。

2)工程规模、技术要求超过本施工企业技术等级的项目。

3)本施工企业生产任务饱满,而招标工程的盈利水平较低或风险较大的项目。

4)本施工企业技术等级、信誉、施工水平明显不如竞争对手的项目。

(2)投标决策的后期阶段。如果决定投标,即进入投标决策的后期阶段,它是指从申报资格预审至投标报价(封送投标书)前完成的决策研究阶段。主要研究倘若去投标,是投什么性质的标以及在投标中采取的策略问题。

参考文献

[1] 中华人民共和国住房和城乡建设部. GB 50300—2013 建设工程工程量清单计价规范[S]. 北京:中国计划出版社,2013.

[2] 规范编制组. 建设工程计价计量规范辅导[M]. 北京:中国计划出版社,2013.

[3] 中华人民共和国住房和城乡建设部 . GB 50856—2013 通用安装工程工程量计算规范[S]. 北京:中国计划出版社,2013.

[4] 中华人民共和国建设部标准定额司. GYD_{GZ}—201—2000 全国统一安装工程预算工程量计算规则[S]. 2 版. 北京:中国计划出版社,2001.

[5] 吉林省建设厅. GYD—208—2000 全国统一安装工程预算定额:给排水、采暖、燃气工程[S]. 2 版. 北京:中国计划出版社,2001.

[6] 袁建新,迟晓明. 施工图预算与工程造价控制[M]. 北京:中国建筑工业出版社,2001.

[7] 刑莉燕. 工程量清单的编制与投标报价[M]. 济南:山东科学技术出版社,2004.

[8] 全国造价工程师执业资格考试培训教材编审委员会. 工程造价计价与控制[M]. 北京:中国计划出版社,2003.

[9] 李希伦. 建设工程工程量清单计价编制实用手册[M]. 北京:中国计划出版社,2003.

[10] 张怡,方林梅. 安装工程定额与预算[M]. 北京:中国水利水电出版社,2003.

[11] 武建文. 造价工程提高必读[M]. 北京:中国电力出版社,2005.

[12] 中国建设工程造价管理协会. 建设工程造价与定额名词解释[M]. 北京:中国建筑工业出版社,2004.

[13]《造价工程师实务手册》编写组. 造价工程师实务手册[M]. 北京:机械工业出版社,2006.

[14] 张月明,赵乐宁,王明芳,等. 工程量清单计价与示例[M]. 北京:中国建筑工业出版社,2004.

[15]《给排水采暖燃气工程》编委会. 定额预算与工程量清单计价对照使用手册:给排水采暖燃气工程[M]. 北京:知识产权出版社,2007.

中国建材工业出版社
China Building Materials Press